L'énergie au Cameroun au XXe siècle

Peter Lang
Bruxelles · Bern · Berlin · New York · Oxford · Wien

Williams Pokam Kamdem

L'énergie au Cameroun au XXe siècle

Entre la puissance publique et les entreprises, une histoire intriquée

Histoire de l'énergie
Vol. 12

Image de couverture : Barrage d'Edéa
Défap-Service protestant de mission, Paris.

Cet ouvrage est publié avec le soutien financier du Comité d'histoire de l'électricité et de l'énergie, Fondation Groupe EDF.

Cette publication a fait l'objet d'une évaluation par les pairs.

ISSN 2033-7469
ISBN 978-2-8076-1876-3
ePDF 978-2-8076-1877-0
ePUB 978-2-8076-1878-7
DOI 10.3726/b18374
D/2021/5678/32

Information bibliographique publiée par « Die Deutsche Bibliothek »

« Die Deutsche Bibliothek » répertorie cette publication dans la « Deutsche Nationalbibliografie » ; les données bibliographiques détaillées sont disponibles sur le site <http://dnb.ddb.de>.

REMERCIEMENTS

Cet ouvrage est issu de la thèse de doctorat que j'ai présentée en décembre 2015 sur « les mutations du secteur de l'énergie au Cameroun ». Il est surtout le résultat d'une riche aventure humaine et de recherche. Je tiens à remercier très sincèrement Alain Beltran pour sa contribution déterminante à la conduite de cette recherche et à la publication de ces résultats. Que Jules Kouosseu et Jean Koufan Menkene trouvent également ici le témoignage de ma reconnaissance pour leur encadrement patient et précieux.

Je suis particulièrement redevable et reconnaissant à la Fondation Groupe EDF ainsi qu'au Comité d'histoire de l'électricité et de l'énergie pour leur appui. Plus largement, je voudrais remercier toutes les personnes qui, au cours de ces années d'exploration, m'ont consacré de leur temps, m'ont apporté leurs encouragements, leurs orientations et leurs remarques, ont accepté de relire mes manuscrits et ont partagé avec moi leur passion pour l'histoire. Parmi celles-ci : Léonard Laborie, Stéphanie Le Gallic, Joëlle Cauro, Arlette Toukam, Hortence Wandji, Brigitte Kamdjio, Élie Pokam Mopo, Chamberlain Nenkam, Bérenger Teku Ngunewou, Jules Sinang, Denis Christian Fouelefack Tsamo, Clovis Foutsop et Martin Donlefack, au risque d'aboutir à une énumération incomplète.

SOMMAIRE

INTRODUCTION GÉNÉRALE

Le rôle de l'État dans l'économie reste une question discutée malgré le triomphe relatif de la vision libérale. Le débat suscité a produit un champ lexical assez dense : on parle ainsi d'État producteur, d'État-providence, d'État-gendarme, d'État régalien, d'État régulateur, d'État actionnaire. Les analyses mettent en exergue, depuis quelques années déjà, la dichotomie entre ce « plus d'État » et un « moins d'État » voire un « mieux d'État »[1] en opposant à celui-ci les forces du capital privé. Le rapprochement de leurs pratiques managériales a par ailleurs produit sur le champ politique une catégorie nouvelle : l'État-entreprise[2]. Une part importante de la littérature économique contemporaine porte cependant sur les rapports entre la puissance publique et l'entreprise privée, nourrissant le paradigme « public-privé » ou valorisant la coopération entre ces acteurs, fondation d'un État-entrepreneur.

L'interventionnisme contre le libéralisme ? Un débat persistant

L'économie mondiale est fortement marquée, bien avant le vent libéral des années 1970–1980, par des discussions relatives à l'intervention de l'État et à la prépondérance du marché sur le gouvernement en matière économique. Parmi les lignes d'analyse qui se dessinent, il convient de distinguer au moins trois positions. La première se rapporte à la nécessité de maintenir une présence de la puissance publique dans la formulation et la conduite de l'activité économique,[3] mais aussi dans sa

---

1 A. Nguelieutou, « L'évolution de l'action publique au Cameroun : l'émergence de l'État régulateur », *Polis/RCSP*, vol. 15, n° 1 & 2, 2008 ; B. Contamin, Y.-A. Fauré, « Des économies et des États en Afrique francophone : comprendre l'interventionnisme », *Cahiers des sciences humaines*, vol. 28, n° 2, 1992, pp. 305–326.

2 P. Musso, *Le temps de l'État-Entreprise. Berlusconi, Trump, Macron*, Paris, Fayard, 2019.

3 Contamin et Fauré, art. cit., p. 309.

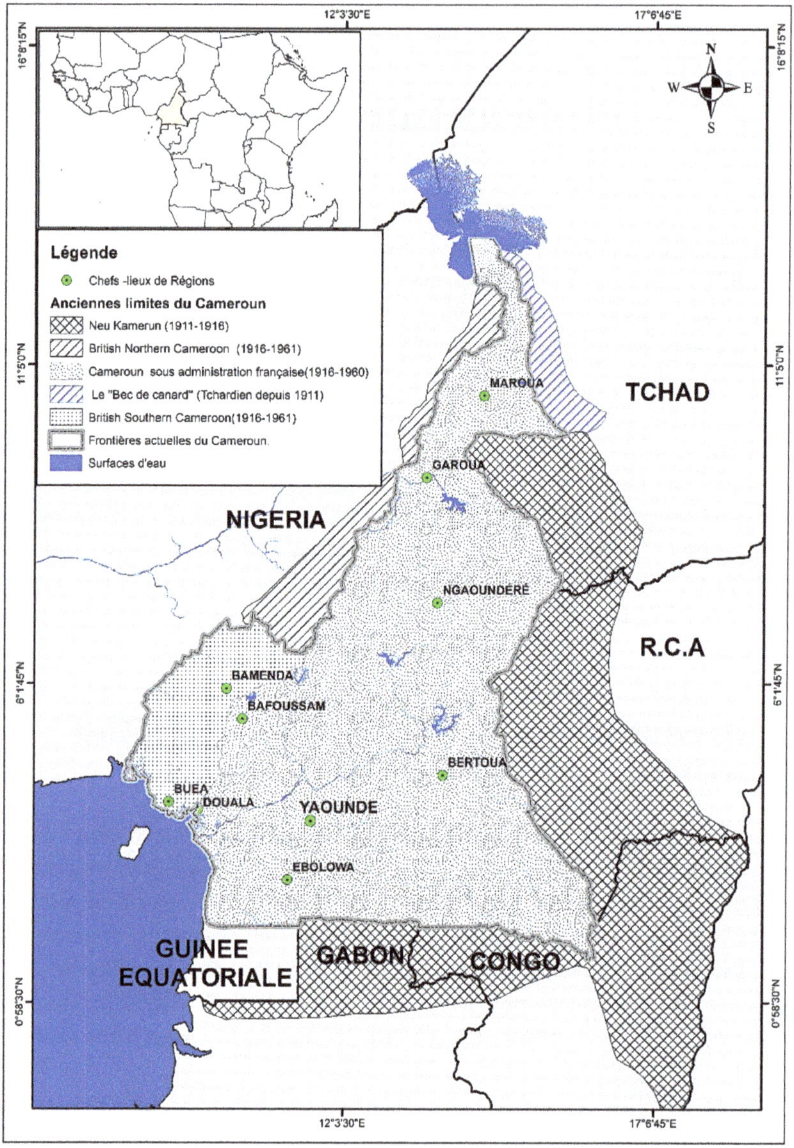

Carte 1: Le Cameroun (évolution des frontières)
Source : Adapté, d'après D. Abwa, *Cameroun : histoire d'un nationalisme 1884–1961*, Yaoundé, Éditions Clé, 2010, p. 94.

régulation[4]. Ce courant est d'inspiration keynésienne. La deuxième position est tenue par les partisans du libéralisme, très souvent jugé outrancier[5]. Elle défend l'existence d'un ordre économique naturel régissant le marché et qui s'accommode mal des entraves aux initiatives individuelles[6]. Elle reprend les positions d'Adam Smith et des autres tenants de l'économie classique et néoclassique.

Au lendemain de la crise économique de la fin des années 1980, le libéralisme s'est affirmé une nouvelle fois comme l'option dominante du monde libre et moderne. L'actualité et les connaissances récentes véhiculent pourtant une critique acerbe et une remise en cause des réformes libérales préconisées par les institutions financières internationales[7]. La critique de Georges Soros est à ce titre intéressante ; d'abord parce que ce financier prospère dans le système qu'il dénonce, ensuite parce que cette critique s'étend aux prétentions de la science économique.

> On imagine généralement, écrit-il, que l'économie est soumise à d'irréversibles lois naturelles comparables à celles de la physique. C'est faux. Chose plus grave, les décisions et les structures obéissant à cette croyance largement répandue déstabilisent l'économie et se révèlent dangereuses sur le plan politique. L'économie de marché, comme toutes les entreprises humaines, est par essence imparfaite (...) L'économie et les événements sociaux, contrairement aux phénomènes qui préoccupent les physiciens et les chimistes impliquent des acteurs pensants. Ceux-ci peuvent changer les règles des systèmes économiques et sociaux par leurs réflexions[8].

Cette attaque est certes portée à l'économie néoclassique. La critique qu'elle véhicule n'aurait néanmoins pas épargné les tenants de l'interventionnisme il y a quelques décennies encore. Ces paradigmes développés au cours du XVIIIe–XXe siècle sont donc aujourd'hui remis

---

4 J. Chevallier, « L'État régulateur », *Revue française d'administration publique*, vol. 3, n° 111, 2004, pp. 473–482.

5 B. Hibou, « Banque mondiale : les méfaits du catéchisme économique. L'exemple de l'Afrique subsaharienne », *Esprit*, n° 245, août–septembre 1998, pp. 98–140.

6 G. Doslater, « Les chemins sinueux de la pensée économique libérale », *L'économie politique*, vol 4, n° 44, 2009, pp. 42–64.

7 Voir Hibou, art. cit. ; H. Ben Hammouda, « Les théories du développement du post-ajustement », *Économie appliquée*, tome LI, n° 2, 1998, pp. 95–121.

8 G. Soros, *La crise du capitalisme mondial : l'intégrisme des marchés*, Paris, Plon, 1998, pp. 84–85. C'est dans une perspective similaire qu'il faille lire Joseph Stiglitz, *La grande désillusion*, Paris, Fayard, 2002 et S. Amin, *L'accumulation à l'échelle mondiale*, tome 1, Paris, Éditions Anthropos, 1970.

en cause. La persistance, voire dans certains cas l'aggravation du sous-développement dans les pays du Sud, démontre à l'évidence leur caractère inopérant.

L'opposition entre le libéralisme et l'interventionnisme se traduit par ailleurs dans le débat sur la nécessité de recourir ou non à l'entreprise publique. Plus qu'une entité de production, l'entreprise s'impose comme un acteur essentiel du jeu social et économique. La crise de l'entreprise publique qui éclate dans les pays du Sud au milieu des années 1980 est interprétée comme l'échec des politiques interventionnistes des États. Comme le suggèrent Bernard Contamin et Yves-André Fauré, cette renonciation de l'État à prendre en charge des parties de l'appareil productif a constitué une sous-estimation des fonctions économiques de l'entreprise publique, mais davantage une volonté d'ignorer ses fonctions sociales et politiques[9]. Cette situation a conduit à l'application des programmes d'ajustement structurel (PAS). Leur remise en cause inspire aujourd'hui les courants du post-ajustement. En favorisant le désengagement de l'État de ses entreprises, dont certaines constituaient des fleurons de l'économie nationale, les réformes d'ajustement structurel ont, en effet, privilégié la rentabilité financière au détriment de la rentabilité sociale.

L'existence de ces deux premières positions, libéralisme *versus* interventionnisme, génère de nombreuses frictions. Un point de vue intermédiaire existe. Il promeut une « co-opération » entre le secteur public et le secteur privé pour gommer leurs faiblesses réciproques et permettre que s'agrègent leurs qualités[10]. Cette position médiane a concouru à définir et à vulgariser les partenariats public-privé[11]. Les rapports divers et complexes entre la puissance publique et le capital privé recouvrent cependant différentes formes, comme les arrangements contractuels, les

---

9 Contamin et Fauré, art. cit.

10 J.-M. Uhaldeborde, « Partenariat public-privé et efficacité économique : les aléas d'une complémentarité antagonique », *Revue d'économie financière*, hors-série, 1995, pp. 65–79 ; E.S. Savas, *Privatisation et partenariats public-privé*, Paris, Nouveaux Horizons, 2002.

11 Frédéric Marty, Arnaud Voisin et Sylvie Trosa (*Les partenariats public-privé*, Paris, La Découverte, 2006, p. 3.) estiment que « dans sa définition la plus large, le terme de partenariat public-privé couvre toutes les formes d'association du secteur public et du secteur privé destinées à mettre en œuvre tout ou partie d'un service public. Ces relations s'inscrivent dans le cadre de contrats de long terme : elles se distinguent en cela des privatisations et de la sous-traitance. »

compromis, les désaccords tenaces, les nationalisations et l'étatisation, les privatisations, les duopoles et monopoles. Ils permettent également d'envisager le rôle régulateur de l'État.

La référence aux concentrations, du point de vue théorique, permet d'esquisser les situations d'agencements possibles. La concentration horizontale, ou élimination concurrentielle, renvoie à un regroupement d'entreprises fabriquant le même produit, dont la finalité est de réaliser des économies d'échelle et d'augmenter leur pouvoir de négociation face aux clients et aux fournisseurs. Cette démarche s'effectue à travers la constitution d'oligopole puis de monopole. Il faut par ailleurs noter la tendance des compagnies à étendre leur contrôle économique sur des activités économiques pour supprimer leurs concurrents plutôt que de réduire les coûts pour les battre. La concentration verticale ou intégration, est l'une des modalités d'extension du système productif; l'autre modalité étant la diversification dont l'objet est financier. La concentration verticale est un regroupement d'entreprises situées à différents niveaux du processus de production. Ce regroupement a pour finalité la réduction des coûts et l'assurance de la sécurité des approvisionnements et des débouchés[12]. La concentration peut donc se faire, en fonction des modalités techniques, juridiques et financières, par fusion d'entreprises, par fusion-scission, par absorption, par prise de participation, par filialisation ou à travers la sous-traitance[13].

Le secteur énergétique comme point de vue

L'histoire du secteur de l'énergie montre ainsi que la notion de partenariat est relativement angélique pour caractériser les rapports entre l'État et les entrepreneurs privés. L'une des questions de développement les plus pertinentes à travers le monde aujourd'hui est celle de l'approvisionnement énergétique. L'énergie constitue à juste titre un élément clé de la vie des sociétés humaines. Ayant pour fonction de fournir du travail ou d'engendrer des effets externes, l'énergie s'est imposée à travers le temps comme un produit capital pour la croissance économique et le progrès social. Sa maîtrise a permis à l'humanité de se créer des conditions de vie meilleure et de développer ses industries ainsi

---

[12] A. Silem, J.-M. Albertini (dir), *Lexique d'économie*, Paris, Dalloz, 2004, pp. 173–174.

[13] *Ibid.*

que ses modes de transport[14]. La diversité de ses sources, de ses formes et de ses utilisations a par ailleurs contribué à la constitution d'un pan entier de l'économie qui est consacré à sa production, à son transport et à sa distribution. Ce sont ces entreprises exerçant spécifiquement dans ce secteur qui sont concernées par notre étude. Les entreprises de travaux publics ou de services, qui se sont intéressées de manière ponctuelle à l'activité énergétique, ne sont pas intégrées à notre analyse.

Les enjeux géopolitiques et stratégiques que l'énergie suscite, la flambée des prix du baril de pétrole brut, la mutation du secteur de l'électricité et le recours aux énergies alternatives et/ou renouvelables en sont autant de facettes. Sa recherche a été un leitmotiv colonial, en Afrique notamment[15]. Au Cameroun de manière spécifique, la privatisation du secteur de l'électricité a coïncidé avec des difficultés dans la fourniture d'énergie électrique, aggravée par des dysfonctionnements dans la chaîne de distribution des hydrocarbures. Tout semble indiquer que le Cameroun, malgré son potentiel[16], fera face dans les prochaines années à un important défi énergétique, du fait de nombreux projets industriels et de la croissance de la consommation urbaine.

Il devient dès lors impérieux d'explorer la structuration du secteur énergétique du Cameroun et de s'interroger sur la souveraineté nationale dans ce secteur stratégique. Il s'agit aussi d'expérimenter la perspective du temps présent en traitant d'une question éminemment actuelle. Cette tâche est ardue. Lucien Febvre considère néanmoins qu'il faut « considérer “le présent humain” comme “parfaitement susceptible de connaissance scientifique” et ne pas en réserver l'étude à des disciplines “bien distinctes” de l'histoire (…), mais bien ancrer dans l'histoire elle-même »[17].

---

14 J.-P. Croset et *al.*, *Encyclopédie Axis*, volume 4, Paris, Hachette, 1993, p. 50.

15 M.W. Pokam Kamdem & J. Koufan Menkene, « Énergie et colonisation au Cameroun (1888–1959) », *Kaliao*, vol. 3, n° 5, mars, 2011, pp. 37–55.

16 Le Cameroun dispose de plusieurs ressources énergétiques. Ses réserves de pétrole et de gaz naturel, somme toute modestes, sont évaluées respectivement à 30 millions de tonnes et 186 milliards de m^3. Les ressources énergétiques renouvelables sont importantes ; le Cameroun est ainsi considéré comme ayant le deuxième plus grand potentiel forestier dans le bassin du Congo, quoiqu'inégalement réparti entre le Nord et le Sud du pays. Les ressources hydroélectriques sont également importantes : il dispose de près de 20 GW de potentiel hydroélectrique équipable, pour une productible de 115 TWH/an (MINEE, Annuaire statistique 2010, cité par Institut national de la statistique, Annuaire statistique 2011, p. 247).

17 L. Febvre, « Préface » in M. Bloch, *Apologie pour l'histoire ou métier d'historien*, Paris, Armand Colin, 1997, p. 19.

La dimension économique de l'entreprise a permis d'envisager celle-ci comme une unité « autonome combinant divers facteurs de production, produisant pour la vente des biens et des services... »[18] En cela, elle se place au cœur de l'activité économique. Elle est l'instrument clé du système productif. L'entreprise reste aussi l'un des sujets de prédilection de l'économie néoclassique, fortement influencée par le capitalisme libéral. La rentabilité financière ne constitue toutefois pas la seule finalité de l'entreprise. Elle n'oblitère pas la dimension à la fois sociale et politique de cet acteur majeur du jeu économique. L'étude de l'entreprise met ainsi en relation les questions sociales et économiques.

Distinction est faite, du point de vue juridique, entre l'entreprise publique et l'entreprise privée. Cette précision est utile dans la mesure où le secteur de l'énergie, ou de façon plus précise le secteur de l'électricité, est souvent considéré comme un monopole naturel[19] de l'État, mais également dans la mesure où les politiques libérales ont permis au capital privé d'y faire son incursion. Ces rapports générés entre l'État et les entreprises sont un volet de l'histoire des entreprises, *Business History.* Ces rapports s'articulent notamment autour des problématiques de la concession de services publics, des nationalisations et des privatisations[20]. Le thème « État et entreprises » a d'ailleurs inspiré de nombreuses communications lors du colloque « Entreprises et entrepreneurs en Afrique (XIXe et XXe siècles) », tenu en décembre 1981. On a pu en retenir, comme le souligne René Gallisot, qu'on ne peut dissocier en Afrique les changements subis par l'entreprise et l'évolution des États[21].

Au Cameroun en particulier, l'importance de la question des rapports public-privé s'est révélée par le biais des réflexions suscitées lors du colloque sur « les secrets de la performance des entreprises publiques

---

18 Silem et Albertini, op. cit., p. 312. Au sens plus large, l'entreprise, la société ou la compagnie, est une personne morale collective instituée par un contrat réunissant plusieurs personnes qui conviennent de mettre en commun des valeurs, des biens ou du travail en vue de partager les bénéfices ou les économies ou les pertes qui pourront en résulter.

19 D. Barjot, « Introduction », *Revue économique*, numéro spécial histoire des entreprises, vol. 58, n° 1, janvier 2007, p. 28.

20 *Ibid.*, p. 26.

21 R. Gallissot, « De la colonisation à l'indépendance, les métamorphoses du couple "entreprise privée – État" », *Entreprises et entrepreneurs en Afrique (XIXe–XXe siècles)*, actes du colloque, tome 2, Paris, L'Harmattan, 1983, p. 634.

camerounaises», tenu les 9 et 10 mars 1987[22]. La tenue de cette rencontre avait été suscitée par le rôle prépondérant des entreprises publiques dans l'économie camerounaise vers la fin des années 1980. L'autre motivation de ce colloque résidait cependant dans la prise en compte du vent de libéralisation économique qui remettait en cause l'interventionnisme de manière profonde. Si le bien-fondé de cette doctrine dans les économies en développement était réaffirmé à la fin des travaux, la redéfinition des rapports entre les entreprises publiques et leur(s) tutelle(s) étatique(s) était prescrite à ces acteurs de l'économie pour garantir leur efficience et leur efficacité. L'acquisition de ces deux traits de caractère tendrait à les rapprocher, du point de vue du management tout au moins, des entreprises privées.

Il n'est pas superflu de préciser que l'entité territoriale étudiée ici est le Cameroun dans ses différentes évolutions (cf. carte 1), à savoir le *Kamerun* allemand dans ses frontières de 1904 à 1916, le Cameroun sous administrations française et britannique dans les frontières de 1916 à 1961, et les différentes déclinaisons de la République du Cameroun depuis lors.

De manière précise, l'année 1904 marque la création de la *Kamerun Bergwerck Aktiengesellschaft*[23], première entreprise au Cameroun exerçant spécifiquement dans la recherche d'hydrocarbures. Les débuts de la présence allemande y sont certes marqués par des hésitations sur le plan économique. Mais, l'effort entrepris dans l'inventaire des richesses du territoire suscitait déjà l'intérêt des investisseurs privés. La plupart des textes et mesures officiels dans le domaine de l'énergie datent d'après 1907. La création de la *Kamerun Bergwerck Aktiengesellschaft* en 1904 constitue cependant le début de la construction du système et du secteur énergétiques du Cameroun.

L'année 2011 sert de point de rupture à notre analyse. Elle fait suite à l'un des faits les plus significatifs de l'histoire contemporaine des rapports public-privé au Cameroun : la privatisation de la Société Nationale d'Électricité (SONEL) en 2001. On l'a présenté comme le symbole du

---

22 Voir *Revue camerounaise de management. Revue trimestrielle de l'École supérieure des sciences économiques et commerciales*, numéro spécial, 1987.

23 ANY, 1AC94, Rapport de la mission géologique, p. 13; Rapport de M. Zinck sur les recherches de pétrole au Cameroun (traduction), 5 juillet 1925, p. 1.

« désengagement entrepreneurial » de l'État dans le secteur de l'énergie[24]. Cela ouvrait la voie, considérait-on alors, au triomphe de l'initiative privée fleurissant dans le contexte de la mondialisation. La nouvelle Loi de l'électricité du 14 décembre 2011 intègre cependant d'autres dispositions qui devraient permettre de poursuivre la libéralisation du secteur.

Par ailleurs, la littérature abonde sur les différentes thématiques abordées dans ce travail. Le rôle économique de l'État est par exemple un sujet controversé et assez documenté, sur lequel reviennent de nombreux chercheurs en économie politique. Pour Bruno Bekolo-Ebe, la contestation du rôle économique de l'État, dans la mouvance de la Révolution libérale des années 1990, est paradoxale[25]. Après leur accession à l'indépendance en effet, de nombreux États ont été encouragés à intervenir de manière forte dans l'économie nationale. Et malgré la contestation libérale, ils continuent d'être interpellés pour réguler, corriger et impulser davantage les marchés. John R. Nellis, dans un document de travail de la Banque mondiale, note à cet effet que des raisons économiques, mais aussi idéologiques, politiques et sociales président à la constitution des entreprises d'État[26].

L'extension du secteur parapublic, sur laquelle réfléchissaient les pionniers de l'économie du développement dès la décennie 1950, vise des objectifs à la fois économiques et sociaux. L'ensemble de ces objectifs, notamment à travers la notion de bénéfice public, n'a pas pu s'imposer comme un indicateur pertinent de la performance globale des entreprises publiques. La crise économique des années 1990 et l'entrée de la plupart

---

24 L'ordonnance n° 90/004 du 22 juin, ainsi que le décret n° 90/1257 du 30 août 1990, ont défini le cadre légal du désengagement entrepreneurial de l'État au Cameroun. L'une des conséquences de cette initiative a été le démantèlement des monopoles publics, notamment dans le secteur de l'énergie. C'est ainsi qu'intervient, entre 1999 et 2001, la privatisation de la SONEL, entreprise publique en situation de monopole depuis 1974 dans le domaine de la production, du transport et de la distribution d'électricité. C'est dans la même logique qu'intervient en 1999 la libéralisation des importations et des prix des produits pétroliers. Le cadre législatif de réforme du secteur de l'énergie est contenu dans divers textes : la loi n° 99/013 du 22 décembre 1999 portant Code pétrolier du Cameroun; la loi n° 2002/013 du 30 décembre 2002 portant Code gazier; la loi n° 98/022 du 24 décembre 1998 régissant le secteur de l'électricité.

25 B. Bekolo-Ebe, « Le rôle économique de l'État », *Revue camerounaise de management*, numéro spécial, 1987, pp. 31–40.

26 J.R. Nellis, *Les entreprises publiques dans l'Afrique au sud du Sahara*, Washington, Banque mondiale, 1988.

des pays du Tiers-monde dans l'économie de marché condamnent alors les entreprises publiques à transformer leur mode de gestion, ceci en empruntant aux entreprises privées leurs critères d'évaluation des performances. Ceci constitue la principale option pour leur réforme[27].

Deux autres options ont été envisagées. La première, le désengagement de l'État, s'appuie sur l'expérience globalement négative des entreprises publiques au Cameroun[28]. Il convient donc, d'après les tenants de cette position, d'envisager le transfert aux entreprises privées des activités relevant du service public (telle que la distribution d'énergie électrique) tout en gardant la main sur les activités stratégiques (notamment l'approvisionnement en produits pétroliers). La seconde option consiste à dépasser le désengagement pour favoriser, comme l'analyse Auguste Nguelieutou, l'émergence d'un État régulateur[29]. Cette posture soutient que le rôle de l'État devrait se limiter à l'adoption des règles du jeu économique et à les garantir.

Les discussions sur la réforme des entreprises publiques, sur les politiques d'ajustement, sur le financement et l'organisation du secteur énergétique africain au cours des années 1990 sont nombreuses[30]. D'autres études offrent une dimension plus profonde, présentant l'avantage de saisir les partenariats public-privé sur d'autres périodes et de s'intéresser à l'action des entreprises. Il faut citer à cet égard le remarquable travail de Flavien Tchapga[31]. Il analyse le rôle de la puissance coloniale dans l'émergence des industries électriques d'Outre-mer, en s'appuyant sur les exemples du Cameroun et de la Côte d'Ivoire. Plus tard, l'accession de ces États à la souveraineté leur a permis de constituer le secteur de l'électricité en un monopole naturel. Les inefficacités des entreprises publiques destinées à gérer ce secteur imposent cependant aux États

---

27 P. Plane, « Entreprises publiques et développement économique : l'évaluation de la performance revisitée », *Économie appliquée*, tome XLIX, n° 1, 1996, pp. 141–163.

28 Tchoungang, « L'entreprise publique camerounaise face au défi du désengagement de l'État », *Revue camerounaise de management*, numéro spécial, 1987, pp. 104–112.

29 Nguelieutou, art. cit.

30 A. Lapointe, G. Zaccour (dir), *Ajustements structurels et gestion du secteur énergétique en Afrique,* actes du colloque, Douala, 14–15 mai 1992, Paris, Éditions Technip, 1993 ; Fondja Wandji, *Le Cameroun et la crise énergétique*, Paris, L'Harmattan, 2007.

31 F. Tchapga, « L'ouverture des réseaux électriques des pays d'Afrique subsaharienne aux capitaux privés : choix organisationnels et contraintes institutionnelles », thèse de doctorat en sciences économiques, Université de Paris XIII, 2002.

qu'ils atténuent la propriété publique en envisageant un partenariat avec les entrepreneurs privés.

Nos précédents travaux universitaires[32] font écho au travail précieux mené par Joseph-Aimé Njomkam au milieu des années 1960[33]. Dans son analyse des problèmes énergétiques au Cameroun, ce dernier recense les différentes sources d'énergie disponibles (bois, pétrole, hydroélectricité) et pose le problème de leur gestion, aussi bien pendant la colonisation qu'après l'indépendance. Une part importante de ce travail est d'ailleurs consacrée à la restitution chronologique de l'activité de prospection pétrolière et à l'historique de la production et de la distribution d'énergie électrique. *L'énergie au Cameroun*[34] est également le titre de l'ouvrage publié par Modeste Nkutchet. Véritable condensé d'économétrie, ce travail s'inscrit dans le cadre de la réflexion visant, dès la fin des années 1990, à proposer des voies autonomes de sortie de la crise économique et de promotion du développement de ce pays de l'Afrique centrale. Il s'agit d'une présentation et d'une analyse des différentes constituantes du secteur de l'énergie au Cameroun.

Enfin, la situation de la France prise en exemple avec d'intéressantes perspectives de comparaison, l'intervention de l'État dans le secteur de l'énergie est un sujet souvent discuté. C'est la substance du séminaire sur la question *État et énergie XIXe–XXe siècle*[35]. Les différents contributeurs y retracent l'évolution du « modèle » français de tutelle de l'État sur le secteur de l'énergie, faisant ressortir les stratégies et les difficultés de développement de ce secteur sensible, sous le contrôle étroit de la puissance publique. La littérature considérée ci-dessus est cependant éclatée. Les motifs profonds, les modalités et les effets des rapports public-privé dans

---

32 W. Pokam Kamdem, « L'énergie dans le processus de mise en valeur du Cameroun français (1946–1959) », mémoire de Maîtrise en Histoire, Université de Yaoundé I, 2007 ; « L'entreprise et le secteur de l'énergie au Cameroun : dynamique des agencements public-privé (1904–2004) », mémoire de DEA en Histoire, Université de Dschang, 2009.

33 J.-A. Njomkam, « L'énergie et le développement du Cameroun : l'exemple du complexe électro-métallurgique d'Edéa », mémoire pour l'obtention du diplôme d'ingénieur commercial, Université de Grenoble, 1966.

34 M. Nkutchet, *L'énergie au Cameroun*, Paris, L'Harmattan, 2004.

35 A. Beltran, C. Bouneau, Y. Bouvier, D. Varashin, J-P. Williot (dir), *État et énergie XIXe – XXe siècle. Séminaire 2002–2006*, Paris, Comité pour l'histoire économique et financière de la France/La Documentation française, 2009.

le secteur de l'énergie ont été peu abordés en privilégiant une approche longue et une perspective d'histoire des entreprises au Cameroun.

La présente recherche a été initiée autour de la possibilité de dresser un bilan énergétique du Cameroun, sur l'ensemble de la période retenue. Cette perspective s'est cependant avérée fastidieuse au regard des sources disponibles. Le risque était d'ailleurs grand de verser dans une économétrie tatillonne que véhicule, au sein des administrations et des entreprises, l'obsession de la statistique. Par contre, il y a un intérêt manifeste à interroger les déterminants, les modalités et les effets du contrôle exclusif ou partiel des activités énergétiques, soit par la puissance publique soit par le capital privé au Cameroun.

Cette exploration porte alors sur le statut de l'entreprise exerçant dans le secteur de l'énergie, sur les politiques publiques qui l'accompagnent et leur remise en cause, sur la spécificité de ce secteur au Cameroun. Quels ont été les enjeux, les modalités et les effets des rapports public-privé dans le secteur de l'énergie au Cameroun ? De manière spécifique, pourquoi l'État se décide-t-il à s'approprier le contrôle des activités énergétiques ou à s'en désengager ? Comment s'opèrent les différents transferts de contrôle dans ce secteur, entre opérateurs publics et privés ? Comment le capital public et le capital privé garantissent-ils, dans ce secteur, la rentabilité (financière, sociale, politique…), le service public et l'intérêt général ?

Les sources d'une histoire à écrire

Les sources sur les entreprises et le secteur de l'énergie en Afrique et singulièrement au Cameroun sont assurément variées et abondantes. Le problème est souvent de savoir où les retrouver et comment y accéder. L'indisponibilité des sources reste aujourd'hui encore, comme le relève Daniel Abwa, « la principale menace contre l'écriture de l'histoire du Cameroun »[36]. À cela, il convient d'ajouter la contrainte statistique : l'irrégularité, la discontinuité, mais aussi les doutes sur la fiabilité des statistiques recueillies ont constitué d'importantes difficultés à surmonter.

Les sources archivistiques, en particulier, ont largement contribué à la réalisation de ce travail. Celles-ci regorgent en effet d'informations et

---

[36] D. Abwa, « Plaidoyer pour l'écriture de l'histoire contemporaine du Cameroun », *Ngaoundéré-Anthropos*, vol. 7, p. 11.

de données importantes sur la période coloniale ainsi que sur les premiers moments de la période post-coloniale. Les problèmes de leur classement ou de leur destruction dans les archives publiques au Cameroun (Archives nationales de Yaoundé et de Buea, archives des divisions administratives) ont cependant constitué une pelote bien difficile à dénouer. Le recours aux archives d'entreprises et des administrations ayant eu à leur charge les questions économiques et énergétiques au Cameroun a été mitigé : si l'accès nous a été accordé à la Société Camerounaise des Dépôts Pétroliers (SDCP) et au ministère de la Planification, de la Programmation du développement et de l'Aménagement du territoire, il nous est encore impossible de commenter les fonds d'archives des autres institutions et entreprises nationales. C'est le cas de ceux du ministère de l'eau et de l'énergie engagés dans une interminable et improbable rénovation et ceux de l'ancienne Société Nationale d'Électricité (SONEL) qui seraient partis en fumée au lendemain de la privatisation de l'entreprise en 2001. La tâche, bien qu'exaltante, s'est avérée difficile. Les Archives de la France d'outre-mer à Aix-en-Provence, les Archives historiques d'Électricité de France (EDF) à Blois et celles du Groupe Total à Paris nous ont aussi été d'un apport décisif. Les sources secondaires les plus importantes numériquement sont écrites, bien que ne relevant pas pour l'essentiel de l'historiographie. Elles sont constituées d'ouvrages généraux et spécialisés, d'articles et de communications, ainsi que de divers rapports d'organismes publics et d'organisations non gouvernementales.

Structure de l'ouvrage

Ce travail est bâti autour de trois parties chronologiquement soudées. La première partie, incrustée dans l'histoire coloniale, sonde le rôle des acteurs métropolitains dans la constitution du secteur et du système énergétiques au Cameroun. Elle porte notamment sur la prise en compte des théories et considérations économiques coloniales ainsi que leur incidence sur les rapports entre le capital privé et la puissance publique. Cette analyse est suivie d'une évaluation de ces rapports dans les secteurs des hydrocarbures et de l'électricité.

La deuxième partie, consacrée à l'âge d'or des sociétés nationales au Cameroun, couvre la période allant de l'après-indépendance à l'avènement de la crise au milieu des années 1980. Elle permet d'étudier tour à tour l'idéologie qui a guidé l'action publique au cours de cette période, ainsi que l'évolution différenciée du secteur des hydrocarbures progressivement façonné en oligopole, et du secteur de l'électricité sur lequel le monopole public s'est affirmé.

La période qui va de la fin de la décennie 1980 au début des années 2010 est caractérisée par une phase de déréglementation de l'économie camerounaise. Cette troisième partie porte ainsi sur les changements qui ont affecté le secteur énergétique, du fait de la libéralisation du secteur des hydrocarbures et la privatisation du secteur électrique. Les évolutions confinées à la marge, principalement celles de la filière bois et des énergies renouvelables, sont également abordées.

PREMIÈRE PARTIE

CAPITALISME COLONIAL ET FONDATION DU SYSTÈME ÉNERGÉTIQUE AU CAMEROUN (1904-1963)

Introduction

Une longue période de profonds bouleversements s'ouvre en Afrique à la fin du XIXe siècle. Le colonialisme s'y implante, avec son lot d'apports, de contradictions et de frustrations. C'est également à ce moment que s'y constitue un secteur de l'énergie dont le caractère vital s'affirme progressivement.

La recherche et l'exploitation de ressources telles que le pétrole, le charbon, l'uranium et l'hydroélectricité ne constituent donc pas une simple initiative visant l'approvisionnement des métropoles en produits énergétiques ou l'amélioration des conditions de vie des populations européennes et locales sur le continent africain. Elles revêtent également d'importants enjeux financiers pour les entrepreneurs privés et publics qui se sont décidés à investir dans ce secteur.

Cette première partie s'attache à déterminer comment le capitalisme colonial s'est organisé autour des activités énergétiques au Cameroun, en mettant particulièrement en lumière les interactions entre le monde des entreprises et la puissance publique. Elle tente également de relever l'incidence économique et sociale du dynamisme entrepreneurial observé au cours de la période prise en compte.

Notre analyse s'attache d'abord à rappeler le contexte doctrinal dans lequel s'est réalisée la constitution du secteur de l'énergie au Cameroun (chapitre I). À ce contexte se greffe, au gré des sources disponibles, l'évocation des différentes entreprises qui ont façonné les secteurs des hydrocarbures (chapitre II) et de l'électricité (chapitre III).

CHAPITRE I

DU LIBÉRALISME AFFIRMÉ À L'INTERVENTIONNISME ASSUMÉ : LES MUTATIONS DE L'ÉCONOMIE ET DE L'ENTREPRISE COLONIALES

Dans le contexte de la Conférence de Berlin (15 novembre 1884 – 26 février 1885), la ruée des nations européennes vers l'Afrique s'intensifie. De nombreux travaux ont été consacrés à ce moment particulier de l'histoire du monde. Ils relèvent notamment la complexité des acteurs et des motivations de ce mouvement colonial. Il est tout aussi intéressant, dans ce contexte, de noter la place influente du libéralisme économique dans ces nations colonisatrices et l'importance de cette doctrine sur la pratique coloniale elle-même. À cela, il faut rajouter l'évolution voire même les différences doctrinales entre ces pays coloniaux au cours de cette période. En effet, le libéralisme, dès les prémices de la colonisation, a conféré une place centrale aux entrepreneurs privés, notamment dans le commerce qui a constitué la seule activité économique entre Européens et Africains entre le XVIIe et le milieu du XXe siècle. Progressivement, suivant l'importation de l'État westphalien en Afrique, la colonisation marchande s'est transformée en une colonisation administrative, accordant davantage de place et de prérogatives à l'action publique et inaugurant l'intervention économique de l'État colonial. L'étude des agencements public-privé dans l'économie coloniale au Cameroun rend ainsi compte de deux principales phases. La première met en évidence un certain recul de l'État au profit des entrepreneurs privés. La seconde voit l'affirmation d'un rôle économique prépondérant de l'État.

Ce chapitre tente d'élucider les raisons de cette prééminence du capital privé dans la fondation du système et du secteur énergétiques au Cameroun précisément. Il permet ensuite de comprendre les raisons de l'éclosion tardive, mais résolue de l'entrepreneuriat public dans le secteur. Ainsi, l'incidence de la doctrine et de la pratique coloniales sur l'économie, mais aussi de nombreux aléas historiques qu'a connus ce pays au cours de la période retenue, est le fil principal de notre analyse.

I. Ambigüités doctrinales et hésitations politiques au Cameroun avant la Seconde Guerre mondiale

L'action coloniale en Afrique, dans le domaine économique principalement, a connu des réalités différentes selon les territoires et selon les nations colonisatrices, mais aussi dans le temps. Le cas du Cameroun est intéressant à évoquer ici du fait que ce territoire a expérimenté, de 1884 à 1946, la présence de trois administrations européennes : l'Allemagne d'abord, jusqu'en 1916 ; la France et l'Angleterre ensuite. L'action de ces États au Cameroun a été conditionnée aussi bien par des considérations doctrinales que par des contingences politiques. Celles-ci ont déterminé ou affecté à leur manière l'activité économique.

A. La firme et l'entreprise coloniale allemandes

L'entreprise ou l'aventure coloniale de l'Allemagne en Afrique a été largement influencée par des firmes. Elles ont constitué de ce fait l'avant-garde de l'expérience coloniale germanique sur ce continent.

1. Aux sources de la colonisation allemande : le lobby commerçant

Au Cameroun, les premières firmes allemandes s'installent sur la côte au cours de la seconde moitié du XIXe siècle. Elles y sont précédées par des firmes britanniques principalement. Dans un contexte où le commerce prospère, porté par la Révolution industrielle en Europe et l'accès, grâce au mouvement colonial, à de nouvelles aires d'approvisionnement et de distribution, la cohabitation entre les firmes européennes est rude. Elle aboutit d'ailleurs à une limitation de la liberté de commerce que la Conférence de Berlin tente de rétablir[37].

La concurrence commerciale sur la côte du Cameroun, amplifiée par les oppositions territoriales en Europe, finit par rentrer dans le champ

---

[37] Henri Brunschwig met en évidence ce qu'il appelle « l'engrenage du Congo » pour montrer qu'au début des années 1870, la compétition commerciale en Afrique centrale se faisait rude entre les nations européennes. C'est la principale raison de la convocation de la conférence de Berlin à l'initiative du chancelier Bismarck : assurer le libre-échange sur les côtes et les fleuves africains. Cela explique pourquoi le premier chapitre de l'Acte final de la conférence porte sur « la liberté du commerce dans le bassin dû Congo, ses embouchures et pays circonvoisins ». Voir Brunschwig, *Le partage de l'Afrique noire*, Paris, Flammarion, 1971, pp. 43–52 et 111–128.

politique. Pour les milieux d'affaires allemands concentrés à Hambourg (particulièrement la Chambre de commerce de la ville ainsi que les firmes Woermann et Jantzen Und Thormählen), l'aventure coloniale se présente comme une nécessité afin de protéger leurs intérêts commerciaux. Ceux-ci sont importants dans le golfe de Guinée au milieu du XIXe siècle[38]. Le lobby commerçant aurait donc usé de tout son entregent pour convaincre le gouvernement de se convertir à cette vision. Il semble d'ailleurs que le chancelier Otto von Bismarck y était initialement opposé ; une grande frange du Reichstag également. Certaines analyses tentent cependant de relativiser ce point de vue.

D'après Verkijika Fanso notamment :

> Soit le chancelier Bismarck n'avait réellement jamais été contre le colonialisme et le rejetait seulement pour cacher ses véritables intentions en attendant le moment propice pour se manifester, soit il pourrait avoir été forcé d'obéir aux considérations politiques, économiques, diplomatiques...[39]

Quoiqu'il en soit, les firmes semblent avoir joué un rôle important dans cette évolution : un mémoire de la Chambre de commerce de Hambourg de juillet 1883 insiste sur les freins au développement du commerce allemand dans le golfe de Guinée et suggère quelques solutions[40]. Quelques mois plus tard, en novembre, un mémorandum préparé par Adolf Woermann et adressé au chancelier allemand lui rappelle les avantages possibles de l'annexion du Cameroun. Il s'agit principalement d'assurer aux firmes allemandes un marché juteux[41] (cf. tableau 1).

Le tableau ci-contre permet de comprendre qu'au début des années 1880, la concurrence commerciale faisait rage entre Allemands et Anglais sur les côtes camerounaises. Il ne s'agissait pas seulement d'approvisionner les métropoles en produits de traite, mais aussi de contrôler le marché de l'approvisionnement de l'arrière-pays en produits

---

[38] L.H. Gann, P. Duigan, *The Rulers of German Africa 1884–1914*, Stanford, Stanford University Press, 1977, p. 163.

[39] V.G. Fanso., « Commerce et hégémonie sur la côte du Cameroun (1879–1887) », in M. Z. Njeuma (dir), *Histoire du Cameroun (XIXe s.–début XXe s.)*, Paris, L'Harmattan, 1989, p. 113. L'auteur souligne l'intérêt qu'il y avait alors à promouvoir et à protéger le commerce allemand dans un environnement où la compétition coloniale se généralisait.

[40] F. Etoga Eily, *Sur les chemins du développement : essai d'histoire des faits économiques du Cameroun*, Yaoundé, CEPMAE, 1971, 521 p.

[41] Fanso, art. cit., p. 112.

Tableau 1: Les activités commerciales (anglaises et allemandes) au Cameroun en 1883 et 1884

Pays	**1883**			
	Arrivée		Départ	
	Navire	Tonnage	Navire	Tonnage
Vapeurs allemands	15	20035	14	19309
Vapeurs anglais	15	20963	13	18229
Vaisseaux allemands	2	726	1	398
Vaisseaux anglais	6	2052	3	1049
Pays	**1884**			
	Arrivée		Départ	
	Navire	Tonnage	Navire	Tonnage
Vapeurs allemands	27	37791	26	37901
Vapeurs anglais	27	29450	20	28898
Vaisseaux allemands	1	1600		
Vaisseaux anglais	1	2005	6	1836

Source : V.G. Fanso., « Commerce et hégémonie sur la côte du Cameroun (1879–1887) », in M.Z. Njeuma (dir), *Histoire du Cameroun (XIXe s.–début XXe s.)*, Paris, L'Harmattan, 1989, p. 114.

manufacturés divers. Les firmes allemandes allaient progressivement prendre l'avantage sur leurs rivales anglaises en ayant recours au système de trust : elles confiaient des marchandises à des intermédiaires locaux ; ceux-ci n'en payaient le prix qu'après avoir échangé ces produits manufacturés contre des matières premières dans l'hinterland[42].

Le travail d'Henri Brunschwig tend par ailleurs à relativiser le caractère décisif de ses pressions des milieux économiques dans l'annexion du Cameroun. Pour l'historien français, l'assurance donnée par les compagnies que le gouvernement de l'Allemagne ne s'engagerait pas financièrement dans cette aventure ultra-marine est plus convaincante[43]. Bismarck finit donc par se convertir à la doctrine coloniale. À la mi-juillet 1884, il confie au consul Nachtigal la tâche de procéder à l'annexion des territoires ouest-africains où l'Allemagne, par le biais de

42 A.P. Temgoua, *Le Cameroun à l'époque des Allemands 1884–1916*, Paris, L'Harmattan, 2014, p. 142.

43 H. Brunschwig, *Le partage de l'Afrique noire*, pp. 150–151.

ces firmes, a fini par persuader des souverains locaux de se placer sous sa bannière. Dans le cas du Cameroun, les commerçants allemands, à l'instar du représentant de la firme Woermann à Douala Edouard Schmidt, s'étaient employés discrètement à baliser la voie[44]. Ce sont d'ailleurs eux qui obtiennent la signature des traités des 11 et 12 juillet 1884 par les chefs Duala (Akwa et Bell). Ces traités, socle de l'annexion du Kamerun par l'Allemagne, sont ensuite entérinés par Nachtigal le 14 juillet, faisant du Kamerun un protectorat allemand[45].

Il semble cependant acquis que Bismarck, en rangeant l'Allemagne aux côtés des nations colonisatrices, entrevoit alors la mise sur pied d'un système colonial simplifié. Pour Harry Rudin :

> *He* [Bismarck] *wanted the commercial beneficiaries of the colonial enterprise to have a greater responsibility than the German Government, the system was to be like that of the British East India Company operating under a charter.... He was opposed to costly colonial ventures that called for garrisons of soldiers and lots of officials, a system that he called "French".*[46]

La colonisation allemande s'est donc voulue empreinte d'un certain libéralisme, suivant ainsi la tendance générale de l'économie européenne. Au XIXe siècle en effet, les principes du libéralisme (richesse et propriété, mais aussi libre-échange et libre concurrence) ont valeur de règle de jeu. Cette précaution n'altère pourtant pas, au début des années 1880, la vive opposition du Reichstag au sujet de la question coloniale. Bien qu'il se soit plié à l'initiative prise de façon cavalière par Bismarck d'annexer des territoires ultra-marins, il s'est opposé farouchement à toute initiative budgétaire pour l'administration de ces nouveaux territoires. Voilà certainement ce qui a renforcé la volonté du Gouvernement impérial de laisser aux commerçants la responsabilité des affaires touchant au commerce et à l'administration générale sur ces territoires, concédant à la puissance publique les questions de politique extérieure et de justice.

---

44 D. Abwa, *Cameroun : histoire d'un nationalisme*, Yaoundé, Clé, 2010, pp. 50–51.

45 Voir D. Mokam, « Le coup allemand de 1884 et ses conséquences », in S. Michels, A.-P. Temgoua (dir), *La politique de la mémoire coloniale en Allemagne et au Cameroun*, actes du colloque, Münster, Lit Verlag, 2005, pp. 81–89. Et pour les aspects juridiques de la question, se référer à D. Oyono, *Colonie ou mandat international ? : La politique française au Cameroun de 1919 à 1946*, Paris, Éditions L'Harmattan, 1992, pp. 13–14.

46 H. R. Rudin, *Germans in the Cameroons, 1884–1914. A case study in Modern Imperialism*, New Haven, Yale University Press, 1938, pp. 120–121.

Un indice de cette volonté a été exprimé le 15 juillet 1884 lorsque la Cour d'équité[47] a été abolie et que la responsabilité du territoire du Kamerun a été confiée au Conseil du Cameroun présidé par un représentant des firmes qui avaient concouru activement à mettre la main sur ce territoire. Au Kamerun tout au moins, le commerce a semblé être la finalité de la colonisation allemande[48].

2. L'entrepreneuriat allemand au Kamerun annexé

On aurait pu penser qu'après l'annexion, la présence allemande au Cameroun en particulier, mais de façon plus générale dans l'ensemble de ses territoires, s'inscrirait dans la pratique alors répandue du libéralisme économique, notamment en matière de commerce. La formule « laissez-nous faire et protégez-nous beaucoup »,[49] à cheval entre libéralisme et protectionnisme, semble s'appliquer ici et satisfaire le Gouvernement ainsi que les commerçants. Il n'en est rien. Pour une part importante de la classe politique allemande, les libéraux principalement, la colonisation elle-même est une aberration, au nom des principes du libéralisme politique et intellectuel. Pour le lobby commerçant, la colonisation est un instrument du libéralisme économique : en protégeant les commerçants, en leur garantissant l'accès aux marchés coloniaux, le Gouvernement n'applique alors que les principes du libre-échange et de la libre concurrence. Le Gouvernement devrait alors prendre en charge les questions d'administration pour leur permettre de rechercher plus sereinement du profit[50].

On peut considérer *a posteriori* qu'ils ont eu gain de cause puisqu'en 1885, un administrateur de métier est désigné gouverneur du Kamerun,

---

[47] Établie à Douala en 1856 et à Victoria en 1858, la Cour d'équité était un organisme d'autorité britannique chargé de trancher les litiges entre commerçants locaux et européens. Son abolition par les Allemands était un moyen de réduire l'influence des Anglais sur la côte camerounaise.

[48] Temgoua, op. cit., pp. 141–144. L'importance du commerce était ainsi supérieure à celle de l'élevage et de l'agriculture de plantations, au début de la présence allemande.

[49] Cette formule de Jean Pierre Hirsch et Philippe Minard rend compte de la vision que les entrepreneurs privés avaient de la vie économique en Europe et du rôle de l'État dans celle-ci. Voir « Pour une histoire des pratiques constitutionnelles dans l'industrie française, XVIIIe – XIXe siècles », in L. Bergeron et P. Bourdellais (dir), *La France est-elle douée pour l'industrie ?* Paris, Belin, 1998, pp. 135–158.

[50] Rudin, op. cit., p. 121.

inaugurant ainsi une pratique qui a perduré jusqu'en 1916. Les difficultés d'une administration civile[51] ont également concouru à ce changement de cap, tout comme la tendance générale au sein du mouvement colonial européen. Il faut dire que la nécessité de protéger le commerce a poussé l'Allemagne à ignorer certaines dispositions des accords germano-duala (principalement la préservation du monopole que ces derniers avaient sur le commerce avec les populations de l'intérieur des terres) et à investir l'hinterland. La conséquence a été une opposition parfois violente des populations rencontrées. La pacification s'impose donc, et avec elle la nécessité de développer des forces de répression[52] et de mettre en place un pouvoir central fort.

L'administration coloniale sert le commerce. Voilà ce qui semble avoir été l'idée directrice de l'aventure coloniale de l'Allemagne ; à ses débuts tout au moins. Les commerçants, soucieux de dégager sur les côtes africaines et dans l'hinterland davantage de bénéfices, ont fini par persuader le Gouvernement impérial de les suivre dans cette voie. Mais ils ne s'arrêtent pas là. Ils œuvrent et manœuvrent pour garantir leur liberté de commerce, auprès d'une administration parfois hésitante, le plus souvent soucieuse de maintenir une ligne de conduite libérale dans la politique coloniale en soutenant le capital privé, mais véritablement engluée dans une difficile pacification du pays.

L'instauration dès 1890 d'un régime de concessions et plus tard d'une économie de plantations par le Gouverneur Jesco von Puttkamer intègre cette dynamique. Non seulement les entreprises ainsi constituées bénéficient de concessions foncières parfois démesurées et qui foulent du pied toutes les règles locales en matière de propriété de la terre, mais aussi elles peuvent impunément user de la ressource humaine et naturelle[53]. De nombreuses entités sont ainsi constituées (cf. tableau 2), à l'image

---

51 L'annexion du Kamerun et l'institution du Conseil du Cameroun suscitent de vives protestations de la part de la Grande-Bretagne ainsi que des populations qui y sont réticentes. Cela génère de nombreuses tensions qui débouchent sur les actes violents, notamment entre des éléments de ces populations et des colons allemands. Ce serait dans l'optique de mettre fin à cette situation que le gouvernement et le Reichstag auraient hâté la mise en place d'un pouvoir central au Kamerun.

52 Gann, Duignan, op. cit., p. 166.

53 K. Hausen, *Deutsche Kolonialherrschaft in Africa. Wirtschaftinteressen und kolonialverwaltung in Kamerun vor 1914*, Zurich et Freiburg, Atlantis, 1970, p. 218.

Tableau 2: Les concessions et plantations allemandes au Kamerun

Désignation	Année de fondation	Capital en millions de marks
Deutscher Westafrikanische-Handelsgesellschaft	1896	2
Westafrikanische Pflanzungsgesellschaft Viktoria	1897	2,5
Westafrikanische Pflanzungsgesellschaft Bibundi	1897	1,5
Gesellschaft Süd-Kamerun (Konzessionsgesellschaft)	1899	2
Gesellschaft Nordwest – Kamerun	1899	4
Pflanzungsgesellschaft Idenau	1899	1
Pflanzungsgesellschaft Moliwe	1899	1,1
Pflanzungsgesellschaft Oechelhäuser	1899	?

Source : K. Hausen, *Deutsche Kolonialherrschaft in Africa. Wirtschaftinteressen und kolonialverwaltung in Kamerun vor 1914*, Zurich et Freiburg, Atlantis, 1970, p. 209.

des compagnies à charte qui, pour Jean-Baptiste Duroselle, ont eu une nature mixte entre la compagnie et l'État[54].

La plupart de ces concessions et plantations ont pris racine au sud-ouest du protectorat, bénéficiant des sols fertiles autour du mont Cameroun. Parmi elles, les deux compagnies à charte (la *Gesellschaft Süd Kamerun* et la *Gesellschaft Nordwest Kamerun*) disposent d'immenses concessions, l'une de 9 millions d'hectares et l'autre de 8 millions d'hectares sur lesquels prospère la collecte d'ivoire et de caoutchouc. Les autres entités

54 J.-B. Duroselle, « Les conflits entre États et compagnies privées. Note introductive », *Revue française de science politique*, 17e année, n° 2, 1967, pp. 287–288 : les compagnies à charte seraient ainsi un véritable consensus entre les actionnaires qui y verraient le moyen d'accroître leur profit par l'établissement d'une relative souveraineté qu'ils contrôleraient, et l'État qui y verrait, lui, le moyen d'étendre sa puissance et de préparer l'annexion de territoire, à moindre coût. René Hoffherr revient d'ailleurs quelques années après sur l'utilité de cette formule, citant Paul Leroy Beaulieu : d'après l'administrateur français, ce dernier avait une bonne perception du rôle des compagnies à charte dans la politique impériale britannique et allemande. « Au point de vue des facilités qu'elle offre pour la pénétration, a écrit l'économiste et chantre de la colonisation, la prise de possession des territoires habités par des peuplades inorganisées, la grande Compagnie paraît un instrument incomparable. Elle se glisse et s'insinue dans le silence, sans que les Parlements retentissent de demandes de crédits et des discussions qui en sont inséparables ». René Hoffherr, « Les compagnies à charte comme instruments de mise en valeur de l'Afrique », *Politique étrangère*, n° 2, 1937, pp. 167.

ont une vocation agricole. Leur production porte sur la banane, le cacao, le café et l'huile de palme, lesquels sont destinés à l'exportation[55].

Ainsi, si l'administration se désintéresse pratiquement de l'économie du territoire, la laissant aux mains des commerçants, c'est que les enjeux sont ailleurs. Pour s'en convaincre, et bien que cela s'inscrive dans un mouvement plus général, il faut prendre en compte que l'administration du Kamerun et celles des autres territoires allemands sont renforcées après 1907. D'une part, la pacification est achevée. D'autre part, la politique coloniale allemande évolue : la redistribution des cartes du jeu politique au Reichstag encourage une vive critique de la première période coloniale de l'Allemagne et un changement de cap dans cette aventure. Il est alors admis qu'il aurait fallu la rendre plus humaine, mais surtout plus efficace. Il s'agit d'aménager un marché de producteurs et de consommateurs africains et de créer les conditions pour une meilleure expansion du commerce. Ce changement de cap semble se résumer ainsi :

> *Successful colonization, moreover, could not be undertaken on the cheap; the* mise en valeur *of empire required an extensive logistic infrastructure, including the creation of ports and railways; scientific research was needed by the businessman and the planter. At the same time, German administration should become more professional and more efficient.*[56]

L'administration se charge de nouvelles prérogatives. On note par exemple que l'outil réglementaire est largement étoffé et que de nombreux privilèges accordés à certaines compagnies sont abolis. L'économie de plantations s'effrite.

L'entreprise, principalement l'entreprise commerciale, est donc au cœur du mouvement colonial de l'Allemagne. Elle en a dessiné les contours et influencé la conduite, tout au moins de ses origines au début

---

[55] H. Stoecker, *Kamerun unter Deutscher Kolonialherrschaft*, tome 1, Berlin, Rütten & Loening, 1960, pp. 161–174.

[56] Gann, Duignan, *The Rulers of German Africa*, p. 177. Robert Cornevin tend à corroborer ceci puisqu'il indique que, au titre des résultats enregistrés au Kamerun à la suite de ce changement de cap, il faut citer l'entame des lignes de chemin de fer du nord et du Centre, la construction de la route Yaoundé-Kribi, l'aménagement des ports de Tiko, de Victoria, de Douala et de Kribi, et les progrès en matière d'instruction entre autres. Voir R. Cornevin, « The German in Africa before 1898 », in Gann et Duignan, *Colonialism in Africa 1870–1960*, vol. 1, *The history and Politics of colonialism 1870–1914*, Cambridge, Cambridge University Press, 1977, pp. 403–404.

de la décennie 1900. Elle constitue le bras économique de l'Allemagne outre-mer, prospérant sous l'aile bienveillante de l'État. Au Cameroun, elle s'ancre littéralement sur le territoire. Après que la Grande Guerre ait consacré l'arrivée de nouveaux « maîtres », certaines de ces entreprises continuent en effet d'y exercer, s'appuyant bon gré mal gré sur les hésitations politiques qui jaillissent alors.

B. La France, l'Angleterre et l'économie du Cameroun sous mandat

En 1914, lorsqu'éclate la Première Guerre mondiale, l'Angleterre, la France et leur allié belge portent le conflit sur le continent pour déloger là aussi l'ennemi prussien. La confrontation au Cameroun tourne relativement court : en 1916, les troupes alliées mettent en déroute les derniers éléments allemands et se répartissent le territoire. Les biens allemands sont placés sous séquestre pour servir au paiement des réparations. S'ouvre alors une demi-décennie d'administration provisoire faite du condominium franco-britannique puis du partage du territoire entre ces deux nations.

1. L'établissement du mandat sur le Cameroun

Les conférences internationales ont été présentées comme le lieu de régler le sort de ces territoires qui, comme le Cameroun, ont été arrachés des bras de l'Allemagne. La conférence de paix de Paris (10 janvier 1919–21 janvier 1920) y est largement consacrée. Elle aboutit à l'instauration du statut international de territoire sous mandat de la Société des Nations (SDN) naissante. Ainsi, le Conseil de la SDN approuve-t-il le 20 juillet 1922 les textes des mandats sur le Cameroun.

Si la SDN constitue alors l'autorité supra-étatique de gestion de ces territoires à travers la Commission des mandats, leur administration réelle est laissée aux États mandataires ; la France et l'Angleterre pour le Cameroun. Un accord provisoire était intervenu le 6 mars 1916 entre ces deux puissances pour le partage de ce territoire placé plus tard sous mandat B de la SDN[57]. Cependant, comme l'a reconnu un administrateur français, l'article 22 du Pacte de la SDN entretient quelques ambigüités à ce sujet. Gaston Joseph, ancien conseiller d'État, a ainsi estimé que la

---

[57] E. Mveng, *Histoire du Cameroun*, Yaoundé, CEPER, 1985, p. 126.

France et l'Angleterre ont œuvré pour que les compétences législatives qu'elles exerceraient sur les futurs territoires sous-mandat soient des plus étendues[58]. L'article 22 dispose que « la puissance mandataire aura pleins pouvoirs d'administration et de législation sur les contrées faisant l'objet du mandat. Ces contrées seront administrées selon la législation de la puissance mandataire comme partie intégrante de son territoire... »[59] Cette disposition permet de comprendre l'attitude générale qui a guidé l'action de l'administration coloniale dans l'organisation de la vie politique, sociale et économique au Cameroun sous mandat. Évoquant par exemple la mise en place d'un régime forestier dans la partie française du territoire en 1921, F. Etoga Eily indique que celui-ci a été calqué sur le modèle du Gabon et donc de l'Afrique Équatoriale Française (AEF). Il en tire une conclusion évidente :

> Que ce fût par paresse ou dans le dessein conscient d'assimiler les formes coloniales et mandataires d'administration, il apparaît assez nettement que les autorités de l'époque avaient entretenu cyniquement une équivoque qui aurait pu, peu à peu, effacer dans les faits, les différences essentielles, entre une colonie authentique et un territoire sous-mandat[60].

Ainsi, bien que le Cameroun ne soit pas devenu une colonie au sens juridique, il n'en a pas moins été géré et administré comme tel. Les principes de l'économie coloniale lui ont été appliqués. La consolidation de l'économie rentière, illustrée par l'insistance portée sur les cultures d'exportation, s'est poursuivie. Au nom des considérations économiques qu'elle fait déjà prévaloir dans le reste de ses colonies, la France applique dans sa partie du territoire un véritable protectionnisme colonial. Cette situation est renforcée par la crise de 1929 qui pousse les métropoles à s'appuyer davantage sur leur empire, mais aussi, de façon plus spécifique au Cameroun, du fait des heurts commerciaux et politiques qui l'opposent à l'Allemagne.

---

[58] G. Joseph, « Le mandat sur le Cameroun », *Marchés coloniaux du monde*, n° 340, 17 mai 1958, p. 1248.

[59] A. Owona, « Les liens franco-camerounais ne datent pas d'aujourd'hui », *Cameroon Tribune*, 8 février 1979, p. 44.

[60] Etoga Eily, op. cit., p. 420.

2. Les orientations économiques du mandat

Deux attitudes mises en exergue dans la politique coloniale du Cameroun ont nourri auprès des administrateurs en charge de ce territoire quelques hésitations dans la prise de décisions à caractère économique. Ce sont le délai long entre la cessation de fait d'une administration allemande et l'établissement du mandat d'une part, et les revendications coloniales de l'Allemagne, déjà suggéré, d'autre part. Six années se sont en effet écoulées entre la fin de la Grande Guerre et l'établissement du mandat sur le Cameroun. Cette lente maturation du statut appliqué à ce territoire a eu pour conséquence de rendre attentistes les administrateurs en place, principalement au Cameroun français.

Par ailleurs, la question de la présence de colons allemands au Cameroun a été résolue différemment par l'Angleterre et la France. L'Angleterre a dû autoriser leur retour après la guerre, du fait que les propriétés qu'ils avaient délaissées n'avaient pas suscité l'intérêt de colons anglais. Ce que l'on aurait donc pu considérer comme un indice de libéralisme au Cameroun britannique n'est rien d'autre qu'un aveu d'impuissance. Par contre, une certaine animosité est palpable entre la France et l'Allemagne au début des années 1920. Elle est renforcée par les revendications territoriales et la montée du mouvement pangermaniste au Cameroun. La France s'est par conséquent résolue à éliminer toute trace de la présence germanique dans ce territoire[61]. Cette tâche a requis une bonne vingtaine d'années[62]. Durant toute la période de l'administration française au Cameroun, les exportateurs allemands de Hambourg et de Francfort, soutenus par leurs chambres consulaires, ont régulièrement exprimé leur inquiétude quant à l'avenir de plus en plus improbable des échanges entre les territoires français d'Outre-mer, le Cameroun notamment et l'Allemagne[63].

Ces hésitations se sont fait ressentir aussi bien dans la partie française que dans la partie britannique du territoire. Ainsi, confessant à demi-mot le peu d'entrain économique de la France pendant le mandat sur

---

61 Voir R. A. Joseph, "The German Question in French Cameroun, 1919–1939", *Comparative Studies in Society and History*, Vol. 17, N° 1, 1975, pp. 65–90.

62 D. Abwa, *Commissaires et Hauts-commissaires de la France au Cameroun (1916–1960). Ces hommes qui ont façonné politiquement le Cameroun*, Yaoundé, PUY/PUCAC, 2000, pp. 93–249.

63 Chambre d'agriculture, de l'élevage et des forêts du Cameroun, Bulletin n° 3, septembre – octobre 1957, pp. 25–26.

le Cameroun, on fait ressortir le dicton qui veut que «*qui va piano va sano*». Les possibilités et les nécessités d'alors ne justifient pas d'effort supplémentaire à ceux qui sont produits, argue-t-on pour s'en persuader. Le commissaire Théodore Marchand semble se refuser par exemple à user de la capacité d'endettement du territoire, estimant que sa rentabilité est garantie et que son budget est autosuffisant[64]. Il faut cependant relever que cette attitude est largement tributaire des répercussions de la crise économique mondiale de 1929 qui affecte aussi bien les exportations agricoles des pays d'Outre-mer, donc leurs rentrées de devises, que leurs possibilités de lever des investissements extérieurs[65]. La marge de manœuvre budgétaire de Marchand est en réalité réduite. L'œuvre de la France au Cameroun, présentée comme exemplaire au cours de cette période,[66] a pourtant été contestée de manière répétée. Le journal *Le Radical* publie ainsi une tribune en 1931 qui remet en cause les choix opérés par l'administration.

> Alors que la situation financière du CAMEROUN est déficitaire, pouvait-on lire, on élèverait des immeubles somptueux d'utilité discutable ou tout au moins ne présentant aucun caractère d'urgence, et pour ce faire, on ajournerait des travaux d'un caractère productif susceptible de donner un essor à la vie économique du pays[67].

Il est difficile de rejeter la critique portée par ce quotidien français proche de l'extrême gauche. L'intervention de la Chambre de commerce et d'industrie du Cameroun auprès du député français Blaise Diagne en mai 1932 permet également de se convaincre de ce que, si le mandat a contribué à améliorer la situation sociale du territoire, de nombreux aspects de la vie économique notamment sont à reconsidérer[68]. Le rapport d'une vingtaine de pages que la Chambre soumet à ce député en

---

64 Abwa, op. cit., pp. 185–186

65 FR ANOM, 1AFFPOL/2535/3 & 5, La crise économique aux colonies. Coupures de presse 1930–1932 et Cameroun, activités économiques. La crise économique 1930/1932.

66 Voir F. Boisson, «Le mandat français au Cameroun», *Politique étrangère*, n° 1, 1938, pp. 59–67 et R. Capot-Rey, «Un mandat modèle : le Cameroun français», *Annales de géographie*, 1938, tome 47, n° 269, pp. 552–555.

67 FR ANOM, AGEFOM/799/1857, Georges Pierme, «La situation du Cameroun», in *Le Radical*, 8 mars 1931.

68 FR ANOM, 1AFFPOL/2535/5, La situation actuelle de la colonisation, rapport du Bureau de la Chambre de commerce et d'industrie du Cameroun au Député Blaise Diagne, 15 mai 1932, p. 3.

mission à Douala reprend alors les reproches susmentionnées et insiste sur les conséquences d'une attitude imprévoyante de l'administration sur l'évolution économique du territoire[69].

L'argumentaire officiel est quasi-identique dans la partie britannique du territoire. Jusqu'à la veille de la Seconde Guerre mondiale, l'électrification ne progresse que peu, malgré les projets qui s'accumulent. Une hypothèque pèse, difficile à lever à cause de l'avenir flou de ce territoire au statut juridique confus, le tout relevé par l'omniprésence dans l'économie du territoire de colons allemands. Ainsi, un rapport du comité provincial de développement, réuni en 1944 pour envisager les développements futurs dans le domaine de l'électricité, mentionne que tout projet significatif d'électrification serait voué à l'échec tant que le sort des plantations, éléments essentiels de l'économie locale, ne sera pas déterminé[70]. Il s'agit notamment de déterminer si celles-ci seraient dorénavant soumises à une gestion publique, auquel cas l'administration aurait intérêt à favoriser l'électrification, ou si elles continueraient d'être exploitées par des particuliers qui devraient alors se charger d'électrifier leurs différentes exploitations.

Les hésitations portent également sur le bien-fondé de la planification des économies coloniales. Le débat à ce sujet a été soulevé en France dès 1921 par Albert Sarraut, alors ministre des Colonies. Le projet qu'il présente au Parlement porte sur la fixation d'un programme de mise en valeur des colonies françaises[71]. Ledit projet a néanmoins été enterré, jugé trop défavorable au lobby patronal. Il faut prendre en compte, comme le souligne Yves Carsalade, que « l'expansion capitaliste dans les colonies repose sur le refus d'industrialiser (…) le but est l'exploitation et non la mise en valeur »[72]. Même la conférence économique de la France métropolitaine et d'outre-mer, tenue entre décembre 1934 et avril 1935, ne parvient pas à donner une issue au débat. Il a fallu attendre la conférence de Brazzaville (30 janvier–8 février 1944) pour voir se dégager une volonté nette d'établir des plans de mise en valeur pour l'Outre-mer.

---

69 Ibid., 21 p.

70 ANB, Rj 1944-1, Advisory Committee on Economic Development and Social Welfare, Cameroons Provincial Committee: Electricity Development, p. 2.

71 Voir A. Sarraut, *La mise en valeur des colonies françaises*, Paris, Payot, 1923, 663 p.

72 Y. Carsalade, *Les grandes étapes de l'histoire économique : revisiter le passé pour comprendre le présent et anticiper l'avenir*, Palaiseau, Éditions École Polytechnique, 2002, p. 121.

Dans les territoires britanniques d'Afrique, un *Colonial Development Act* a été pris dès 1929. Cette initiative a été élargie en 1940 avec l'adoption du *Colonial Development and Welfare Act* qui incorpore des mesures relatives à la santé publique et à l'enseignement[73]. En cela, l'Angleterre introduit dans ses territoires l'héritage doctrinal du *Welfare State*[74]. Mais les résultats ne suivent véritablement pas. Un natif de la partie anglaise du territoire n'hésite d'ailleurs pas à considérer : "*It is difficult to say in which line the British aimed at developing the economy of the Cameroon (...) it is almost obvious that the British had no economy policy for the territory until late in the period*"[75] Le mandat franco-britannique sur le Cameroun, peut-on alors affirmer de façon péremptoire, n'a pas constitué un grand moment de l'histoire économique du territoire.

Ainsi, le colonialisme et le capitalisme se sont établis au Cameroun sous le sceau du libéralisme, laissant une marge de manœuvre importante à l'entreprise privée. Progressivement pourtant, des aléas plus politiques qu'économiques ont permis à l'administration de se repositionner dans l'économie coloniale. Initiatrice de la mise en valeur, son rôle porte d'abord sur la réalisation des infrastructures. Ce rôle se transpose ensuite à l'orientation de la mise en valeur, tempérant l'initiative privée. Après la crise de 1929, les agencements entre la puissance publique et le capital privé se sont davantage affinés.

II. L'après-Seconde Guerre et les changements économiques au Cameroun

Dès la Grande Crise de 1929 dont les effets ont été particulièrement perceptibles en Afrique entre 1931 et 1935, on assiste à d'importants

---

73 C. Coquery – Vidrovitch, « Les changements économiques en Afrique dans le contexte mondial (1935–1980) », in A.A Mazrui (éd), *Histoire générale de l'Afrique, tome VIII : l'Afrique depuis 1935*, Paris, Unesco, 1998, p. 206.

74 Welfare State ou État-providence, est un concept intimement lié à celui de protection sociale. Il désigne les États où garantir les individus contre la pauvreté, où les prémunir contre les conséquences de certains risques sociaux sont d'une manière ou d'une autre des objectifs de gouvernement.

75 Gwanfogbe M. Basung, « An Economic History of the British Cameroons 1916–1960. A study in economic evolution of the British Cameroons », mémoire de DES en Histoire, Université de Yaoundé, 1975, p. 15.

changements économiques et sociaux[76]. À partir de cette période, mais de façon plus accentuée encore au lendemain de la Seconde Guerre mondiale, le discours et les pratiques sur le progrès des territoires coloniaux évoluent. Il a ainsi été admis que ce progrès est inévitable. Les raisons profondes de ce changement d'attitude peuvent néanmoins être discutées. L'ensemble de la littérature issue ou simplement influencée par la théorie de la dépendance[77] considère cette avancée comme l'outil même d'un embrigadement plus grand encore de l'Afrique, consistant à rendre systématique, et au profit presqu'exclusif des métropoles ravagées par la guerre, l'exploitation des ressources des territoires coloniaux. À l'opposé, les discours émanant de la métropole donnent une visée philanthropique à ce projet. De Gaulle par exemple, s'exprimant lors de la conférence de Brazzaville relève que la Seconde Guerre mondiale a permis de précipiter l'évolution politique, sociale et économique de l'Afrique française[78].

Quoi qu'il en soit, c'est dans ce contexte que la planification de l'économie, aussi bien en métropole que dans l'outre-mer, s'est généralisée. La modernisation du tissu économique des territoires coloniaux est l'objectif de cette initiative; mais il s'agit indubitablement pour les métropoles de mobiliser l'ensemble des énergies de leur empire pour assurer leur reconstruction.

---

[76] C. Coquery-Vidrovitch, «La mise en dépendance de l'Afrique noire. Essai de périodisation, 1800–1970», *Cahiers d'études africaines*, vol. 16, n° 61–62, 1976, pp. 27–28, 39. Sans remettre en cause la périodisation classique qui fait de la fin de la Seconde Guerre mondiale le moment de bouleversement des économies coloniales africaines, l'auteur propose de prendre en compte que les changements intervenus à cette période avaient été envisagés pour faire face aux problèmes structuraux dont souffraient les colonies et que la Grande Crise avait mis en exergue. La survenue de la Guerre avait freiné leur exécution. Les années 1930–1935 ont donc constitué le tournant véritable de l'histoire économique coloniale de l'Afrique, établissant la césure entre une économie d'exploitation prédatrice et une économie d'exploitation rendue plus moderne par l'apport consistant de capitaux dans la construction des infrastructures.

[77] Voir S. Amin, *L'accumulation à l'échelle mondiale*, 2 tomes, Paris, Éditions Anthropos, 1970, 502 & 446 p.

[78] Cité par J. Marseille, *Empire colonial et capitalisme français : histoire d'un divorce*, Paris, Albin Michel, 2005, p. 440.

A. Plans, industrialisation et défis énergétiques

La Seconde Guerre mondiale a ravivé, dans les territoires coloniaux, un vieux débat sur la planification des économies d'outre-mer. La réinvention des plans, l'incorporation au sein de ceux-ci de prétentions industrielles et nécessairement de projets énergétiques ont participé de cet objectif.

1. La planification au Cameroun au lendemain de la Seconde Guerre mondiale

L'histoire de la planification économique au Cameroun, avant l'indépendance, laisse entrevoir des différences de pratiques entre la partie française et la partie britannique, et par extension entre les territoires sous administration de ces deux puissances.

La loi du 30 avril 1946, portant établissement des plans d'équipement Outre-mer dans les territoires français, peut être perçue comme l'aboutissement d'un long processus débuté en 1921 et que les affres de la Seconde Guerre mondiale ont imposé comme une nécessité. Il faut par ailleurs dire que la planification coloniale s'est inspirée de celle de la métropole. La France a en effet été placée sous le régime du plan dès janvier 1946. Pour cause, commentent Christian et Arlette Ambrosi : « l'idée de planification était conforme à l'orientation politique générale, mais imposée aussi par les besoins de la reconstruction et la nécessité d'utiliser au mieux les faibles investissements disponibles »[79]. La reconstruction de la France impose la mise en valeur méthodique de l'Outre-mer. Il faut donc coordonner leur évolution sociale et économique avec celle de la métropole pour en faire des économies complémentaires, intégrées, cohérentes.

L'instrument majeur que les plans français ont mis en œuvre est le Fonds d'Investissement pour le Développement Économique et Social (FIDES) ; on parle ainsi des « plans FIDES. » Créé par l'article 3 de la loi du 30 avril 1946, le FIDES a pour mission de procéder au financement de ces plans. Les ressources dont il dispose sont de deux catégories : d'abord, une dotation de la métropole qui est fixée chaque année par la loi des finances ; ensuite, des contributions des territoires intéressés, constituées sur leurs ressources propres ou sur avance à long terme de la Caisse Centrale de la France d'Outre-mer (CCFOM) à 1 % par an. Les

---

[79] C. Ambrosi, A. Ambrosi, *La France 1870–1990*, Paris, Masson, 1991, p. 285.

modalités initialement définies ont néanmoins été réajustées[80] ; par exemple, l'intérêt sur les emprunts à long terme souscrits auprès de la CCFOM est passé au-delà des 2 %[81].

Il convient de retenir que le financement des plans repose sur trois instruments : les fonds publics du territoire camerounais, les fonds publics métropolitains (dont le FIDES) et les investissements privés. L'intérêt accordé à ces mécanismes de financement n'est pas inutile. Les travaux y référant restent largement insuffisants[82]. Jacques Marseille note d'ailleurs que

> Apprécier le volume des investissements réalisés par la métropole pour équiper son empire en voies ferrées, en routes, en ports, en canaux d'irrigation, faire la part des investissements publics et privés, analyser l'orientation de ces investissements entre les différents territoires et secteurs d'activités nous semble être le préalable nécessaire à la compréhension des relations économiques et financières entre la France et son empire colonial[83].

Dans le cas du Cameroun sous administration française, l'afflux des ressources FIDES a permis à la France d'inverser la politique économique modeste qu'elle a pratiquée avant la guerre. La planification du territoire se décline en deux périodes : le premier plan court de 1949 à 1955 et le second, de 1953 à 1958. Il est néanmoins intéressant de relever que la version finale du plan décennal[84] n'a été présentée qu'en 1951.

Le premier plan porte sur la réparation de l'infrastructure existante et qui a subi des dégradations du fait du manque d'entretien pendant la guerre. L'adaptation du réseau de chemins de fer au tonnage escompté par l'amélioration de la production et la création de nouveaux axes

---

80 ANY, 2AC49, Moyens. Plan de modernisation, p. 5.

81 Ibid.

82 M.R. Atangana, *Capitalisme et nationalisme au Cameroun au lendemain de la seconde guerre mondiale (1946–1956)*, Paris, Publications de la Sorbonne, 1998; G. Ngango, *Les investissements d'origine extérieure en Afrique noire francophone : statut et incidence sur le développement*, Paris, Présence Africaine, 1973; S. Njoh, « Le FIDES et son impact sur le développement économique et social du Cameroun sous tutelle française 1947–1957 », mémoire de DIPES II en Histoire, École Normale Supérieure de Yaoundé, 1991.

83 J. Marseille, « L'investissement français dans l'Empire colonial : l'enquête du gouvernement de Vichy (1943) », *Revue historique*, n° 512, octobre–décembre 1974, p. 410.

84 Cf. ANY, 2AC49, Plan de modernisation et de développement, 1951.

pour développer les régions restées en dehors du circuit économique sont également inscrites au premier plan. Le second plan est quant à lui consacré aux projets ayant pour effet l'accroissement rapide de la production, avec d'importants crédits consacrés au développement agricole. Néanmoins, « les grands travaux prévus par le premier plan, une fois achevés, eurent à illustrer jusqu'aux indépendances, l'efficacité de l'intervention économique de la métropole aux colonies », comme le suggèrent Nicolas Bancel et Ghislaine Mathy[85].

D'après les observateurs, la planification est beaucoup plus simple dans les territoires britanniques, voire modeste, mettant en exergue le principe du *Self-government.* Catherine Coquery-Vidrovitch note ainsi que « le fonds fut décomposé en autant d'offices de développement et de reconstruction que de territoires et l'aide fut plus différenciée que l'aide française. »[86] C'est dans ce contexte du *Colonial Development and Welfare Act* que l'Angleterre envisage, au début des années 1940, l'évolution de ses territoires. La planification prend définitivement le dessus sur le « laisser-faire » qui caractérise la politique coloniale britannique. C'est aussi dans ce contexte que sont créés dans chaque territoire des offices de développement rassemblant des chefs de services administratifs et des personnalités religieuses, sociales et traditionnelles. Ces offices ont vocation à poser localement les bases de la planification. Dans le cas du Cameroun britannique, le *Colonial Development and Welfare Act* se concrétise par l'approbation, le 7 février 1946, du *Ten-Year Plan of Development and Welfare for the Cameroons under United Kingdom Trusteeship.* Ce plan décennal est réduit en 1950 en un plan quinquennal. Par ailleurs, l'autorité britannique n'envisage pas un développement du Cameroun britannique séparé du Nigeria[87].

La critique portée à ce plan a cependant été vive. Ainsi pointe-t-on du doigt la démesure des projets, le manque de personnels et la méconnaissance des spécificités écologiques des différents territoires[88]. Toyin Falola n'hésite d'ailleurs pas à souligner que, s'inspirant

---

85 N. Bancel et *al.*, *Images et colonies : iconographie et propagande coloniale sur l'Afrique française de 1890 à 1962,* Paris, Bibliothèque de documentation internationale contemporaine, Association Connaissance de l'histoire de l'Afrique contemporaine, 1993, p. 227.

86 Coquery-Vidrovitch, art. cit., p. 208.

87 ANB, Ba 1947/1, Annual Report 1949. Cameroons Province, p. 178.

88 Coquery-Vidrovitch, art. cit., p. 208.

d'un rapport parlementaire britannique daté de 1950 : *"Even some parliamentarians in Britain were skeptical of the result: "this is not planning, if the Ten-Year Plan were carried out overnight the improvement in the condition of the mass of Nigerians would be barely perceptible." They were to be proved right"*[89]. Le progrès économique et social du Cameroun sous administration britannique intégré au Nigéria n'a en effet connu aucun développement marquant. La place réservée aux dépenses sociales montre d'ailleurs qu'il s'agissait davantage de plans économiques que sociaux, dans la partie française également. Seuls 8727 millions de francs français des 64928 millions mobilisés par la section camerounaise du FIDES jusqu'en 1958 étaient consacrés aux dépenses sociales, soit 13,44 % des investissements[90]. Le reste était dévolu à la construction d'infrastructures (40773 millions), aux dépenses de production (14953 millions) et moins significativement aux dépenses générales (475 millions)[91].

L'un des points de convergence de ces plans français et britannique est néanmoins la place significative accordée à la production de l'électricité ainsi qu'à l'industrialisation.

2. De nouveaux credo : l'industrialisation et l'énergie

Les textes des plans d'équipement du Cameroun français et britannique accordent une certaine place à l'industrialisation. L'offre d'énergie est d'ailleurs fortement liée à cette dernière, car l'implantation d'une entreprise dans un site donné est subordonnée, comme le suggère Germain Ndjieunde, à l'existence de voies de communication y conduisant et à la présence sur place d'une source d'énergie nécessaire à son fonctionnement[92]. L'ambition du plan d'équipement au Cameroun français est à cet égard d'abord de mettre en place des industries de transformation de matières premières agricoles, forestières et animales; ensuite d'implanter des industries de service pour soutenir la mécanisation

---

89 Toyin Falola, *Economic Reforms and Modernization in Nigeria, 1945–1965*, Kent State University Press, 2004, p. 103.

90 Service des statistiques d'Outre-mer, *Outre-mer 1958 : Tableau économique et social des États et Territoires d'Outre-mer à la veille de la mise en place des nouvelles institutions*, 1958, p. 528.

91 Ibid.

92 G. Ndjieunde, « La création des entreprises industrielles au Cameroun de 1950 à 1970 », thèse complémentaire de Sciences économiques, Paris, Université de Paris Dauphine, 1971, p. 108.

de la production ; enfin de construire la centrale hydroélectrique d'Edéa autour de laquelle se constituerait le noyau industriel du territoire.

Le plan décennal publié en 1951 envisage ainsi la construction d'une usine de pâte à papier à Edéa, d'une capacité annuelle de 60 000 tonnes avec un coût d'investissement estimé à 1,5 milliard de francs CFA. Face à la croissance régulière de la demande, la constitution d'une société, « la Cellulose tropicale », doit permettre de réduire le déficit de l'empire français en pâte à papier[93]. D'autres unités industrielles graviteraient autour de ce premier projet. Ce sont entre autres une usine de chlore de 600 millions de francs dont la production servirait à la fabrication de la pâte à papier et l'excédent en soude serait dirigé vers les savonneries installées à Douala; une usine à chlorate d'une capacité de 3 000 tonnes par an avec un investissement de 400 millions de francs dont la production serait utile aussi bien pour l'usine de pâte à papier que pour des travaux de désherbage. On retrouverait également une usine de méthanol obtenu par le traitement du bois, d'une capacité de 10 000 tonnes par an avec un coût évalué à 400 millions et dont la production réduirait l'importation de carburants et une usine de chaux et de ciment d'une production de 60 000 tonnes par an pour un coût de 600 millions dont la chaux produite serait utilisée par l'usine de pâte à papier. Ce noyau industriel, d'après le plan décennal, nécessiterait une consommation de 150 millions de kWh d'électricité par an et un investissement de près de 7 milliards de francs CFA[94].

Il faut noter que ces projets sont regroupés sur le croissant fertile du Cameroun, une zone de 300 kilomètres autour du port de Douala, où est concentré l'essentiel de l'infrastructure routière et ferroviaire ainsi qu'une part importante des produits destinés à l'exportation. En cela, ils intègrent une vision plus large qui veut que l'industrialisation de l'Afrique française se concentre d'abord sur des zones aux potentialités naturelles et au caractère stratégique avérés[95].

---

93 I. du Jonchay, *L'industrialisation de l'Afrique*, Paris, Payot, 1953, pp. 138–139.

94 ANY, 2AC49, Industrialisation, pp. 2–3.

95 P. Cramé et S. Paul, « Le projet d'Eurafrique en France (1946–1960) », cité par T. Deltombe et *al.*, *Kamerun ! Une guerre cachée aux origines de la Françafrique (1948–1971)*, Paris, La Découverte, 2011, p. 102.

Par la suite, il est apparu nécessaire d'envisager de nouvelles installations consommatrices d'énergie sur l'axe Edéa-Douala[96]. L'idée d'une usine métallurgique au Cameroun a germé dès 1951.[97] Tous les projets sus-mentionnés sont alors reportés, laissant place nette à la seule implantation de la compagnie Aluminium du Cameroun (ALUCAM) à Edéa. Au regard des projets montés pour constituer le noyau industriel du Cameroun français, la production d'énergie électrique devient un facteur clé. La production industrielle représente en effet un gros poste de consommation d'énergie.

Ce constat est généralement admis. Dans le cas du Cameroun sous administration britannique, on insiste sur le fait que "*For industrialization to function, it was equally necessary to search for electric power. (…) Immediately after the war, the Provincial Development Committee considered electricity alongside other projects in a Ten-year Development Plan (1946–1956).*"[98] D'ailleurs, l'intérêt pour l'électricité dans ce territoire est plus ancien. Quelques années auparavant déjà, les membres du *Cameroons Provincial Development and Welfare Board* insistaient sur la nécessité de consacrer, après la guerre, de lourds investissements au remplacement ainsi qu'à la mise à niveau des équipements électriques existants et d'envisager ensuite leur extension[99].

On peut par ailleurs noter dans ce territoire une double vocation sociale et industrielle de l'électrification. D'une part, cette initiative doit contribuer à améliorer la qualité de vie. Dans le rapport de la Commission sus-évoquée, il est retenu que

> *It is recommended, therefore, that oil driven or other generators of sufficient power to meet the local demands be installed at Bamenda, Buea, Kumba, Mamfe and Victoria and any other places where Hospitals may come into being. It is particularly recommended that electricity, sufficient to light the whole of*

---

[96] Rapport annuel du gouvernement français à l'Assemblée générale des Nations Unies sur l'administration du Cameroun placé sous tutelle de la France, année 1951, p. 164.

[97] Supra, chapitre 3.

[98] Basung Gwanfogbe, op. cit., p. 144.

[99] ANB, Rj 1944-1, Procès-verbal de la première session du Board, Buea, 12 janvier 1944.

Victoria, where there are two Hospitals, European and African, should be supplied at the earliest possible date.[100]

D'autre part, le plan décennal indique la nécessité de fournir de l'électricité aux plantations de la Cameroon Development Corporation (CDC) à Kumba, Bota, Ekona et Tiko ainsi qu'aux centres urbains de Victoria (rebaptisé Limbe depuis 1983) et Buea. Cela passe alors par la construction d'une centrale hydroélectrique sur le cours d'eau Yoke. On estime en 1947 la valeur du projet d'électrification du Cameroun britannique à 100.000 £.[101]

L'ampleur de la tâche dans le territoire sous l'administration de la France et de la Grande-Bretagne est donc telle que la participation du capital privé s'avère à nouveau incontournable dans l'économie coloniale.

B. Les formes de l'intervention publique

L'une des questions cruciales qu'ont soulevées la conception et la mise en œuvre des plans des territoires coloniaux est le financement de l'initiative. Au Cameroun, côté français par exemple, on considère en 1948 que la réalisation du plan demanderait un effort considérable d'environ 25 milliards de francs CFA[102]. Il est donc capital, dès le lancement des plans, de mobiliser des investissements conséquents. On ne se prive pas à Paris d'exporter Outre-mer une pratique qui a fait ses preuves en métropole : les sociétés d'économie mixte[103]. L'Angleterre quant à elle, déjà influencée par la théorie du *Welfare State*, favorise un engagement entrepreneurial plus important de l'État sans pour autant éliminer définitivement l'entrepreneuriat privé.

---

100 ANB, Rj1944/1 Appendix B3 of the Advisory Committee on Economic Development and Social Welfare, Cameroons Provincial Committee; Electricity Development.

101 ANB, Annual Report 1947. Cameroons Provinces, pp. 188–189.

102 Mais *a posteriori* il faut constater que cette évaluation a été largement dépassée : en 1953, la section locale du FIDES avait déjà investi 34,5 milliards au Cameroun.

103 L'économie mixte est un système économique qui combine différentes formes de propriété, notamment publique et privée. « Les raisons qui sont à l'origine de l'économie mixte sont : la croyance d'une majorité … en la supériorité de l'économie redistributive sur l'économie de marché (…) les traditions interventionnistes de l'État, et la théorie de l'échec des marchés ». Voir Silem et Albertini (dir), *Lexique d'économie*, pp. 278–279.

1. L'affirmation de l'interventionnisme colonial

Longtemps marquée par la défense du libéralisme économique, la politique coloniale britannique s'affermit en Afrique après la Seconde Guerre mondiale. L'État se constitue presque en un entrepreneur, planifiant, finançant et exécutant des projets de développement outre-mer. Une raison est évoquée, entre autres, pour justifier ce changement d'attitude de la part de l'État colonial britannique. C'est l'impératif de pallier à un secteur privé quasi inexistant :

> *To the politicians of the 1950s the private sector was not developed enough to generate the level of growth that the people were looking forward to. Neither was there a fully functioning free market that would adequately allocate resources to all the important and productive sectors of the economy. Rather than wait for a so-called free enterprise mechanism to remove the obstacles to growth, the government would initiate important changes*[104].

Il s'agit pour le gouvernement de préparer la voie à de potentiels investisseurs privés en développant les infrastructures de transport et de communication, la fourniture d'énergie électrique et de main-d'œuvre ainsi qu'en leur facilitant l'acquisition de terres. Il s'agit également d'encourager les investissements, ceci par des exonérations en matière d'importation de matériels destinés aux industries. C'est la principale mesure de l'*Aid to Pioneer Industries Ordinance* de 1952.

L'un des traits communs à l'action des Français et des Britanniques dans leurs territoires coloniaux, après la guerre, est donc cette implication plus marquée de l'État dans l'économie. Même si le contexte mondial s'y prête, ce changement est influencé par la structure de l'économie coloniale. L'ampleur des tâches sus-citées est telle que l'État et l'Administration ne peuvent se détourner de l'apport du capital privé. L'essentiel des fonds publics est logiquement dévolu à la reconstruction de la métropole, détruite pendant la guerre. La participation publique au financement des plans reste toutefois considérable[105]. La part des investisseurs privés n'aurait pu alors être négligée.

---

104 Toyin Falola, op. cit., p. 102.

105 Au Cameroun sous administration française, le financement total du plan FIDES portait sur un montant de près de 59 milliards de francs CFA. Près de 40 milliards étaient supportés par les fonds publics métropolitains ; 14 milliards représentaient la participation des investisseurs privés à des initiatives nouvelles et la part des

Ainsi, le colonat français au Cameroun se targue-t-il souvent d'être, avec l'ensemble de l'élément européen, la principale force économique d'outre-mer. Il revendique le 9/10e de l'activité économique des territoires d'outre-mer, tout comme la quasi-totalité des capitaux privés investis dans les activités minières, industrielles, bancaires, commerciales, de transport et de transit[106]. L'investissement privé se rend par conséquent incontournable.

2. L'économie mixte, un archaïsme colonial français ?

Le législateur et les politiques français, en mettant en œuvre la loi du 30 avril 1946, ont initié dans les territoires d'Outre-mer une nouvelle approche de l'activité économique. Il est question, au sens de cette loi, de « provoquer ou autoriser la formation de sociétés d'économie mixte dans lesquelles l'État, les collectivités publiques d'Outre-mer ou les établissements publics desdits territoires auront une participation majoritaire... »[107] Le recours à l'économie mixte s'impose par ce biais.

Cette pratique économique, fondée sur l'association de capitaux publics et privés au sein d'une société anonyme, est née en Europe au lendemain de la Première Guerre mondiale. Son introduction en France a été le fait d'un consensus entre les libéraux et socialistes[108]. Les premiers voient en l'économie mixte le moyen de concilier les exigences de l'étatisme et de la gestion administrative avec l'impératif de maintenir le profit capitaliste. Les seconds, par contre, trouvent que cette technique réduit sans heurts le capitalisme, tout en offrant aux collectivités publiques un apprentissage du management industriel et commercial[109]. Entre les deux guerres, l'économie mixte connaît un grand succès en France. Elle sert notamment à organiser l'intervention de l'État dans des secteurs tels

---

fonds propres du territoire était minime, soit près de 4,7 milliards. Voir M.W. Pokam Kamdem, op. cit., 2007, pp. 36–37.

106 Anonyme, *Le Cameroun libre*, n° 471, mai 1954, p. 6, cité par Atangana, *Capitalisme et nationalisme*, p. 94.

107 JOCF du 1er juin 1946, Loi n° 46–860 établissant les plans d'équipement et de développement Outre-mer, p. 704.

108 B. Chenot, *Organisation économique de l'État*, Paris, Dalloz, 1951, cité par P. Salles, *Initiation économique et sociale, tome 1 : la production et ses problèmes*, Paris, Bordas, 1975, p. 163.

109 *Ibid.*

que la production de l'énergie hydroélectrique, l'industrie chimique et les transports ferroviaire, aérien et fluvial[110].

À la fin de la Seconde Guerre pourtant, le procédé de l'économie mixte est remis en cause par la vague des nationalisations de 1944 à 1946. L'option doctrinale est alors en France d'évincer les grands groupes économiques et financiers de la direction de l'économie. Il s'agit clairement de favoriser, comme le précise Jean Dufau, « le retour à la nation des grands moyens de production monopolisés, fruit du travail commun, des sources d'énergie, des ressources du sous-sol, des compagnies d'assurances et de grandes banques »[111]. Il peut alors sembler surprenant que dans ce contexte, la France ait préconisé pour ces territoires outre-mer une pratique qui s'essouffle en métropole. Mais, comme dans les territoires britanniques, il s'agit là d'une affirmation plus marquée de l'intervention de l'État dans l'économie et d'une prise en compte de l'importance du capital privé.

Au Cameroun sous administration française comme dans l'ensemble de l'outre-mer, l'économie mixte a servi à promouvoir les activités nouvelles que l'initiative privée n'aurait pu assurer et que l'initiative publique n'aurait pu mener seule. À juste titre, les sociétés d'économie mixte présentent, à cette période-là, « le double avantage de conserver les méthodes de gestion et le profit de l'entreprise capitaliste privée, tout en permettant à l'État de contrôler l'exploitation dans l'intérêt général »[112].

Les deux sociétés d'économie mixte constituées dans le secteur de l'énergie au Cameroun sont à ce titre illustratives. D'une part, l'administration coloniale française s'efforce, entre 1951 et 1955, de promouvoir et de garantir une participation publique considérable au capital de la Société de Recherche et d'Exploitation des Pétroles du Cameroun (SEREPCA). D'autre part, l'importance financière du projet d'aménagement hydroélectrique d'Edéa par l'entreprise Énergie Électrique du Cameroun (ENELCAM) justifie, en 1948, la

---

110 *Ibid.*, p. 162 ; D. Varashin, « États et électricité en Europe occidentale », Habilitation à diriger les recherches, Université Pierre-Mendès-France/Grenoble 2, 1997, pp. 155–156.

111 J. Dufau, *Les entreprises publiques*, Paris, Éditions de l'actualité juridique, 1973, p. 38. Le procédé de l'économie mixte s'est pourtant renouvelé plus tard. Lire à ce sujet S. Guérard (dir), *Regards croisés sur l'économie mixte. Approche pluridisciplinaire : droit public et droit privé*, Paris, L'Harmattan, 2006.

112 *Ibid*, p. 30.

désignation d'un commissaire du gouvernement auprès de ladite société, en la personne de l'administrateur Descottes. Le ministre de la France d'outre-mer lui confie la mission de veiller à la rentabilité et à la bonne rémunération des investissements consentis[113]. Reste par ailleurs que la majorité des investissements émane de la métropole et par conséquent, que l'essentiel des rémunérations de capitaux échappe au territoire. Sa participation est tout de même présentée comme le seul moyen de garantir l'intérêt général du Cameroun dans ces nouvelles activités[114]. L'intervention publique se renforce. On quitte progressivement du libéralisme qui accorde une grande place à l'entrepreneuriat privé vers des formes d'interventionnisme qui donnent plus de consistance à l'État et à l'administration coloniale.

En définitive, les débuts de la colonisation ont été empreints de libéralisme économique au Cameroun. L'Allemagne en a d'abord fait une ligne de conduite. Cette attitude a grandement favorisé la mainmise des entrepreneurs privés sur l'activité économique du protectorat. De façon progressive ensuite, durant le mandat de la France et de l'Angleterre principalement, l'État colonial a tenté de se constituer une place prépondérante dans ce domaine. Son principal instrument a été la réglementation de plus en plus étoffée des différents pans de l'activité économique.

Ce cadre tracé aux rapports entre l'entrepreneuriat privé et l'État s'est renforcé à l'issue de la Seconde Guerre mondiale. L'introduction généralisée de plans de modernisation et de développement des territoires sous l'emprise coloniale a joué un rôle déterminant dans cette logique. La planification a en effet conféré à l'État la prérogative de penser, mais davantage d'organiser l'ensemble de l'économie coloniale. Les formes d'intervention publique se sont alors diversifiées. Dans le domaine industriel et énergétique, l'Angleterre a entamé la constitution de sociétés d'État ; la France, elle, a exporté dans ses territoires l'expérience métropolitaine de la société d'économie mixte. Au final, la colonisation a affirmé sa nature véritable, à savoir qu'elle consiste en une combinaison des intérêts publics et privés. Elle a été une continuelle redéfinition des rapports entre la puissance publique et le capital privé.

---

113 ANY, 2AC9402, Lettre du ministre de la France d'Outre-mer à Monsieur Descottes, relative aux instructions au commissaire du gouvernement auprès de la société Énergie Électrique du Cameroun, juillet 1948.

114 Rapport annuel du gouvernement français, année 1951..., p. 92.

CHAPITRE II

LES RAPPORTS PUBLIC-PRIVÉ DANS LE SECTEUR DES HYDROCARBURES

Dès le début de la colonisation, l'intérêt des puissances européennes s'est porté sur la recherche des sources d'énergie. Cela a d'ailleurs été un souci exprimé de manière constante dans la mise en valeur des territoires colonisés[115]. Les énergies fossiles, les hydrocarbures notamment, retiennent l'attention. En ce début du XXe siècle, l'industrie pétrolière mondiale émerge à peine. Sa constitution en terre africaine s'avère donc plus complexe. Pourtant, des initiatives se multiplient dans ce sens, portées par la conviction que le continent a des richesses fabuleuses qui pourraient alimenter le commerce déjà fructueux avec l'Europe. Progressivement, et ce jusqu'au milieu du siècle, la structure du système et du secteur pétrolier en Afrique se complexifie, rendant des résultats mitigés selon les territoires.

Ce chapitre est consacré au rôle du capitalisme colonial dans l'activité pétrolière au Cameroun, du début de la colonisation à l'indépendance. Notre analyse s'attache, pour souligner les évolutions des rapports public-privé dans le secteur concerné, à considérer tour à tour le rôle pionnier du capital privé colonial et l'incursion progressive de l'entreprise publique coloniale.

I. Le rôle pionnier de l'entrepreneuriat privé colonial

L'intérêt pour la recherche des sources d'énergie au Cameroun a d'abord été le fait de particuliers. De par la nature même des premiers moments

---

115 Le développement de nouvelles formes d'énergie avait permis à l'Europe d'entamer son industrialisation. Pour parachever ce processus, elle avait besoin de plus de matières premières, de plus de débouchés, mais aussi de plus de sources d'énergie. La colonisation vint apporter une réponse à ces besoins. La recherche d'énergie, bien qu'on n'y accorde que peu d'importance, fut un leitmotiv colonial. Voir M.W. Pokam Kamdem & J. Koufan Menkene, « Énergie et colonisation au Cameroun (1888–1959) », *Kaliao*, vol. 3, n° 5, mars, 2011, pp. 37–55.

de la colonisation allemande, fait d'un relatif effacement de l'action publique, le capital privé s'arroge presque le développement du secteur de l'énergie. La rupture s'est voulue progressive par la suite. Elle consiste d'abord en un encadrement plus prononcé du secteur et, ensuite, sous le sceau français notamment, en une incursion sinueuse de la puissance publique.

A. La quête de l'or noir au Kamerun : un espoir précoce

Dans un texte paru en 1938, Harry Rudin évoque les premières explorations pétrolières au Cameroun, pendant la période allemande. Il estime ainsi que "*The discovery of petroleum near the Wuri and Mungo Rivers in April 1904 gave rise to some very great hopes. Representatives of the plantation Company Victoria made the discovery...*"[116] Un certain nombre de renseignements peut être tiré de cette évocation. Il faut cependant noter que l'utilisation répétée du mot *discovery* (découverte), à l'inconvénient de détourner le sens de l'histoire narrée. En effet, de nombreuses sources mentionnent que les suintements d'hydrocarbures suggérés par Rudin, même s'ils n'étaient exploités que de façon rudimentaire, notamment pour servir l'éclairage des populations locales, étaient bien connus avant la présence européenne sur le continent[117]. Rien de surprenant alors qu'une entreprise implantée à près de soixante-quinze kilomètres de là s'intéresse à un produit nouveau qui pouvait diversifier son activité commerciale. Mais dans les faits, l'entreprise évoquée par cet auteur n'a pas contribué à l'aventure pétrolière au Kamerun. Cette tâche a été l'œuvre d'autres entités financières et techniques.

1. *La* Kamerun Bergwerck Aktiengesellschaft *: une émanation de l'audace du capital privé*

L'entreprise évoquée par Harry Rudin est la *Westafrikanische Pflanzungsgesellschaft Victoria* (WAPV) fondée en janvier 1897 avec un capital de 2,5 millions de marks. Elle constitue l'un des principaux

---

[116] H.R. Rudin, *Germans in the Cameroons, 1884–1914. A case study in Modern Imperialism*, New Haven, Yale University Press, 1938, pp. 275–276

[117] ANY, 1AC9787, Rapport du Chef du service des mines sur le projet de constitution d'une « société des pétroles du Cameroun », 19 octobre 1950, p. 3 ; P. Pouzet, « La recherche du pétrole », *Marchés coloniaux du monde : Cameroun 1952*, n° 340, mai 1952, p. 1321.

investisseurs privés coloniaux implantés au Kamerun[118]. Si la vocation de ce groupe est agricole, il arrive certainement que ses activités, tournées en définitive vers le commerce, portent sur tous les produits susceptibles d'être exploités sur l'étendue du domaine foncier qui lui est consacré.

Lorsque des indices d'hydrocarbures lui sont révélés en 1904, la WAPV entreprend des recherches sommaires pour en déterminer l'importance, sous la conduite d'un certain Dr Esser[119]. Les difficultés techniques inhérentes à pareille activité ainsi que l'important corollaire financier convainquent sûrement la WAPV à revoir son implication dans la conduite des travaux d'exploration. Cette entreprise a en effet une vocation agricole et n'a jusqu'alors développé aucune expertise dans le domaine pétrolier. Aussi aurait-elle cédé ses droits de recherche, si l'on en croît le géologue français Bernoulli, à un consortium de banquiers berlinois qui constituent, avec un capital de 1 million de marks,[120] la *Kamerun Bergwerck Aktiengesellschaft*. Le Dr Esser en est nommé directeur général. L'audace de ces investisseurs doit être soulignée, car l'activité pétrolière sur le continent n'est encore qu'embryonnaire. Seul le Nigeria est alors concerné; et les résultats sont loin d'être probants. Le retard de l'Afrique par rapport au reste du monde n'est cependant pas immense. Le risque financier est donc grand, mais indique bien qu'en ce début du XXe siècle nombreux sont ceux qui se persuadent que le Kamerun cache de fabuleuses richesses. Par ailleurs, il faut noter que cette entité n'a aucune vocation technique, comme on le verra par la suite. Il s'agit d'une véritable société de financement comme celles qui, aux quatre coins du globe, ont concouru à dévoiler les ressources du sous-sol.

Dans l'optique de procéder à l'exploration, mais surtout de relever la qualité technique des travaux à effectuer, la *Kamerun Bergwerck Aktiengesellschaft* passe une convention avec l'*Internationale Bohrgesellschaft* d'Erkelenz[121]. Par ladite convention, cette entreprise a à sa

---

118 K. Hausen, *Deutsche Kolonialherrschaft in Africa. Wirtschaftinteressen und kolonialverwaltung in Kamerun vor 1914*, Zurich et Freiburg, Atlantis, 1970, pp. 208–209.

119 ANY, 1AC94, Rapport de la mission géologique de W. Bernoulli au Cameroun, 1925.

120 ANY, 1AC94, Rapport de la mission géologique, p. 13; Rapport de M. Zinck sur les recherches de pétrole au Cameroun (traduction), 5 juillet 1925, p. 1.

121 Aker Wirth (société), "History of Anton Raky", sur http://www.wirth-erkelenz.de/index.php?id=249, consulté le 7 juin 2012.

charge de fournir le matériel et le personnel nécessaires aux fins de mener l'exploration pétrolière. Elle aurait été fondée par Anton Raky. Né en Allemagne en 1868 et vite initié au métier de la forge, ce dernier se serait avéré être un inventeur doué et serait devenu un ingénieur de forage. Le matériel de forage employé au Kamerun serait d'ailleurs de sa fabrication. Il aurait principalement exercé ses compétences en Alsace. En avril 1895, il lance l'*Internationale Bohrgesellschaft* dont le siège est successivement fixé à Strasbourg puis à Erkelenz. L'objet de cette société est la fabrication du matériel destiné aux forages, sur la base des inventions de Raky. Mais l'entreprise effectue également des forages pour le compte d'autres entités et, plus tard, pour son propre compte.

Dans un contexte où le principe d'égalité économique et la liberté commerciale sont prônés, mais où rien n'interdit un certain patriotisme économique, le choix du consortium berlinois se porte alors sur cette entreprise implantée à près de 312 km de Hambourg, le principal point de projection colonial de l'Allemagne, pour entreprendre les premiers travaux d'exploration au Kamerun.

*2. L'*Internationale Bohrgesellschaft *et les premières explorations pétrolières*

Durant le temps que prennent les premières explorations, probablement jusqu'en 1907, une équipe de huit (8) techniciens allemands est mobilisée. Elle est constituée d'un géologue (Dr Monke), d'un directeur technique (M. Zinck), de deux chefs sondeurs, de deux chefs de clé, d'un charpentier et d'un ajusteur. Leurs séjours au Kamerun sont ponctués de retours en Europe, pour des périodes de 4 à 6 mois du fait de la difficile adaptation au climat tropical. Une quarantaine d'ouvriers locaux est également mobilisée. Ceux-ci servent à la collecte du bois de chauffage et au forage notamment[122]. Dans une initiative où la faible expertise technique constitue en fin de compte le principal écueil, ce personnel local sert également à la détection des indices d'hydrocarbures. « Nous avions offert une prime, mentionne le directeur technique de cette opération, pour celui qui nous indiquerait un endroit pétrolifère. Les indications se firent si nombreuses que nous dûmes renvoyer les noirs sans prime »[123]. Ainsi, le mauvais choix des emplacements de sondage a

---

[122] ANY, 1AC94, Rapport de M. Zinck, pp. 1 ; 5–6.

[123] Ibid., p. 3.

été retenu comme ayant été l'une des raisons de l'échec de l'initiative de la *Kamerun Bergwerck Aktiengesellschaft*[124].

Plus généralement, la lecture du rapport établi ultérieurement par le directeur technique du projet, M. Zinck, laisse songeur quant à la capacité de cette entreprise à obtenir des résultats satisfaisants. D'abord, au cours de la première campagne forage, deux sondes sont réalisées. Aucune ne dépasse les 800 mètres de profondeur. Le directeur technique confesse qu'il aurait d'ailleurs fallu une quinzaine de mois pour atteindre 1000 mètres[125]. La première sonde, profonde de 130 mètres, est réalisée à la main. La seconde, de 800 mètres est effectuée grâce à un treuil à vapeur venu d'Erkelenz, au même titre que le reste du matériel. Ensuite, rien n'indique que des travaux préliminaires de géologiques voire de géophysique, aient été menés avant les forages. En fin de compte, aucune des sondes réalisées n'a permis de déterminer un indice pétrolifère.

Deux difficultés, couplées l'une à l'autre, viennent mettre fin à l'activité de la *Kamerun Bergwerck Aktiengesellschaft* à la fin de l'année 1907. D'une part le million de marks mobilisé en 1904 a été entièrement consommé et il ne semble pas qu'il y ait eu une augmentation de capital par la suite. D'autre part, la société a eu des difficultés relativement au renouvellement de sa concession. Ces difficultés, à peine évoquées dans les sources disponibles, tournent visiblement autour du changement d'attitude de l'administration coloniale relativement à la mise en valeur du territoire et à l'activité des sociétés qui y exercent.

À partir de 1907 en effet, le gouvernement impérial affirme sa volonté d'encourager la prospection par l'attribution de nouveaux permis miniers. Toutefois, comme il a été relevé ultérieurement, il « essayait d'imposer à la Société [la *Kamerun Bergwerck Aktiengesellschaft*] des conditions prohibitives pour le maintien des droits d'exploration sur une surface suffisamment grande »[126]. Ces conditions prohibitives tournaient-elles autour d'une réévaluation des droits miniers ? Cela est envisageable. Dans sa volonté de mettre fin au régime de privilèges qui existe à l'égard des investisseurs privés jusqu'en 1907, le gouvernement met certainement en exergue l'aspect financier de la question, puisque le consortium se retire définitivement de l'affaire. Une autre entité aurait également participé à

---

124 ANY, 1AC94, Conseil géologique n° 1, p. 1.

125 ANY, 1AC94, Rapport de M. Zinck, p. 6.

126 ANY, 1AC94, Conseil géologique n° 1, p. 2.

l'effort de prospection au Kamerun au cours des années 1905–1906,[127] mais faute d'évidence, il s'avère impossible pour nous de l'évoquer. L'exploration pétrolière semble alors avoir cessé. L'entrée en guerre n'a pas concouru à la relancer.

B. Les désillusions du Syndicat d'études et de recherches pétrolifères de Logo-baba

Après la Grande Guerre, le changement d'administration au Cameroun n'a pas eu, durant ses premières années, un effet stimulant sur l'exploration pétrolière et plus largement sur l'économie des deux territoires alors constitués. L'action de l'Angleterre et de la France dès 1916 reste en effet longtemps tributaire de considérations politiques qui tardent à se dissiper.

Au Cameroun désormais sous administration française, dans le domaine de la recherche d'hydrocarbures, la situation ne s'améliore que dans la première moitié des années 1920. L'échec de la *Kamerun Bergwerck Aktiengesellschaft*, peut-on considérer, décourage encore les potentiels investisseurs. Cette situation semble néanmoins conforme à l'activité de prospection dans les autres territoires français et britanniques d'Afrique. Ainsi, les premières explorations géologiques dans le bassin sédimentaire gabonais ne débutent-elles qu'en 1928 et la production en 1957[128]. Au Nigeria, l'exploration pétrolière débute certes en 1903. À différentes reprises, elle est suspendue (1914, 1923) et relancée (1918, 1931) avant que la production proprement dite ne débute en 1958[129]. Dans la partie du Cameroun administrée par la France, les travaux d'exploration reprennent en 1923.

1. La relance de l'exploration pétrolière. Ou presque…

En décembre 1923, de nouveaux permis d'exploration sont ainsi délivrés à la Société Nationale du Cameroun (SNC)[130]. Cette société anonyme,

---

127 ANY, 1AC94, Rapport de M. Zinck, p. 8.

128 M. Mbadinga, « Elf et Port-Gentil (Gabon) », *Networks and Communications Studies (NETCOM)*, vol. 4, n° 3–4, 2000, pp. 269 et 273.

129 P. Steyn, "Oil Exploration in Colonial Nigeria", XIV International Economic History Congress, Helsinki, 2006, p. 2.

130 F. Etoga Eily, *Sur les chemins du développement : essai d'histoire des faits économiques du Cameroun*, Yaoundé, CEPMAE, 1971, p. 286.

dont le capital est de 10 millions de francs en 1926, a été fondée le 6 juin 1919. Son objet est l'exploitation de coupes de bois dans la région de Manoka. Elle dispose ainsi d'un comptoir commercial à Douala, de plantations à Eséka, de tonnelleries et de scieries de palétuviers à Manoka[131]. Dans les faits, cette entreprise, spécialisée dans l'exploitation des bois tropicaux, agit dès 1923 pour le compte d'une entité qui ne se constitue définitivement qu'en février 1925, à savoir le Syndicat d'études et de recherches pétrolifères de Logo-baba[132]. Son siège est fixé à Paris et sa gérance assurée par L. Wenger et M. Conchon. L'objet du Syndicat est de procéder à l'exploration et à l'exploitation des pétroles du bassin sédimentaire de Douala.

La principale tâche de la SNC au Cameroun est d'entrer en contact avec le géologue français W. Bernoulli qui procède en 1925 à l'étude d'une zone de ce bassin sédimentaire. Les résultats de cette étude, jugés positifs et particulièrement intéressants, positionnent le Syndicat comme un acteur majeur dans la mise en valeur des potentialités mises au jour. Le rapport Bernoulli, commente par la suite le Syndicat, « avait déterminé le service des mines du territoire à envoyer par la suite des missions officielles dans le bassin pétrolifère de Douala »[133]. Cette attitude décrite par le Syndicat marque les débuts d'une incursion des pouvoirs publics dans le domaine des hydrocarbures au Cameroun.

En France métropolitaine d'ailleurs, cette posture est notable depuis mars 1924 lorsque la société d'économie mixte Compagnie française de pétroles (CFP) est créée. Le rôle assigné à cette entreprise est alors de réduire la dépendance de la France vis-à-vis des compagnies pétrolières anglo-saxonnes telles que Standard Oil, Anglo-Persian et Royal Dutch Shell[134]. L'État y détient 25 % des capitaux. Son objet est de représenter les intérêts de la France dans l'exploitation et la commercialisation des

---

131 FR ANOM, AGEFOM 922, dossier 8, Concessions diverses et sociétés camerounaises : Société Nationale du Cameroun. Concession du 26 janvier 1926.

132 ANY, 1AC94, Correspondance du président du Syndicat au Haut-commissaire du Cameroun, 29 novembre 1929.

133 ANY, 1AC94, Note sur le Syndicat d'études et de recherches pétrolifères de Logo-baba, 19 janvier 1952, p. 1.

134 N. Bret-Rouzaut et J.-P. Favennec (dir), *Recherche et production du pétrole et du gaz : réserve, coûts, contrats*, Paris, Éditions TECHNIP/Publications de l'Institut français du pétrole, 2002, p. 16.

pétroles d'Irak[135]. Son poids sur le secteur pétrolier français s'accroît au fil des années, principalement en 1928 lorsque la Charte du pétrole accorde à l'une de ses filiales, la Compagnie française de raffinage (CFR), le privilège de raffiner une part importante des produits pétroliers distribués sur le marché français[136].

Au Cameroun, deux démarches contribuent à l'affirmation de cette présence voire de cette implication de l'État dans l'activité pétrolière. La première, suggérée par le Syndicat, est la conduite de missions géologiques officielles, dont celles de Koretsky (1928–1929), de Brunswig (1931–1932) et la mission De Vriès (1935–1936). Celles-ci ont vocation à affirmer une expertise publique égale ou supérieure à celle déployée par le Syndicat. La mission De Vriès par exemple est consignée comme l'une des plus remarquées, ayant principalement abouti à la première carte géologique, quoique partielle, du bassin sédimentaire de Douala[137].

La seconde démarche plonge l'activité de recherche dans un véritable statu quo. Par un arrêté du 29 novembre 1929 en effet, le commissaire du Cameroun, Théodore Marchand, réserve au territoire le droit de recherche d'hydrocarbures dans la zone du permis jusqu'alors dévolue au Syndicat (cf. carte 2).

Sur les raisons de cette attitude qui limite les ambitions du Syndicat, Marchand argue que

> L'Administration vous [le Syndicat] a déjà accordé un renouvellement sur constatation des dépenses que vous aviez engagées au cours de la première période ; mais, ainsi qu'il vous a été expliqué par le Service des Mines, un renouvellement est impossible, aucun travail n'ayant été exécuté depuis la prospection du géologue Bernoulli. J'ai réservé provisoirement à la colonie, à partir du 1er février 1930, toute la région comprenant vos permis (arrêté n° 483 du 29 novembre 1929).[138]

Le peu d'entrain du Syndicat à investir beaucoup plus que les 250 000 francs qu'elle a engagés au Cameroun semble donc constituer le principal argument de l'Administration pour lui retirer ses permis de recherche.

---

135 D. Brand, M. Durousset, *La France : histoire et politiques économiques depuis 1914*, Paris, Sirey, 1991, p. 175.

136 Ibid., p. 176.

137 Pouzet, art. cit., p. 1321.

138 ANY, 1AC94, Lettre du Commissaire Marchand au Directeur de la SNC, 8 janvier 1930.

Cependant, la décision de les réserver au territoire ne fait pas, elle non plus, progresser l'exploration. Rien de significatif n'a ainsi été réalisé jusqu'au début des années 1950. Les enjeux de cette incursion des pouvoirs publics sont importants. Ils tournent principalement, à ce moment déjà, autour de l'affirmation d'un contrôle plus significatif par les pouvoirs publics de ce domaine.

De manière générale, dans la législation minière, l'action de constituer des « zones réservées » s'oppose à celle de constituer ou de maintenir des « zones libres ». Dans ce deuxième cas, l'objectif est d'éveiller l'intérêt d'un grand nombre d'investisseurs puisque, au final, le premier requérant se voit confier les droits miniers sur la zone concernée. Dans le premier cas par contre, l'administration limite la concurrence et se réserve le droit de choisir l'exploitant à sa discrétion. Le but de la manœuvre est parfois de permettre la constitution d'une entreprise publique ou d'économie mixte importante. C'est ce qui se profile au Cameroun sous les auspices de la CFP. Son intervention diffuse commence à se faire ressentir. On accuse ainsi l'administration française de lui accorder préférence et priorité dans le secteur pétrolier des colonies et des territoires sous mandat[139].

2. *L'idée d'une société des pétroles du Cameroun*

L'accusation portée contre l'administration s'avère vite fondée puisque, dès août 1930, l'idée de la création d'une société pétrolière sous l'égide de la CFP est évoquée dans les couloirs de l'administration française au Cameroun comme à Paris. Cette perspective ne réjouit pas les membres du Syndicat et leur frustration se porte sur la CFP. Néanmoins, ils auraient reçu à ce moment l'assurance que leur consortium serait pris en compte lors de la constitution d'une nouvelle entité, soit par la possibilité de prendre des actions dans cette société, soit par une rémunération en actions en raison des dépenses engagées. Les réunions se multiplient alors à l'Office National des Combustibles Liquides et au ministère des Colonies, entre les représentants de la puissance publique et ceux du Syndicat. Celles du 23 juillet 1930 et du 30 octobre 1931 aboutissent à la perspective de la constitution d'un organisme quadripartite dont l'objet serait de poursuivre l'exploration. Le territoire, l'Office National des Combustibles Liquides, la Compagnie Française des Pétroles et la

139 ANY, 1AC94, Lettre de H. Conchon au Commissaire Marchand, 23 août 1930.

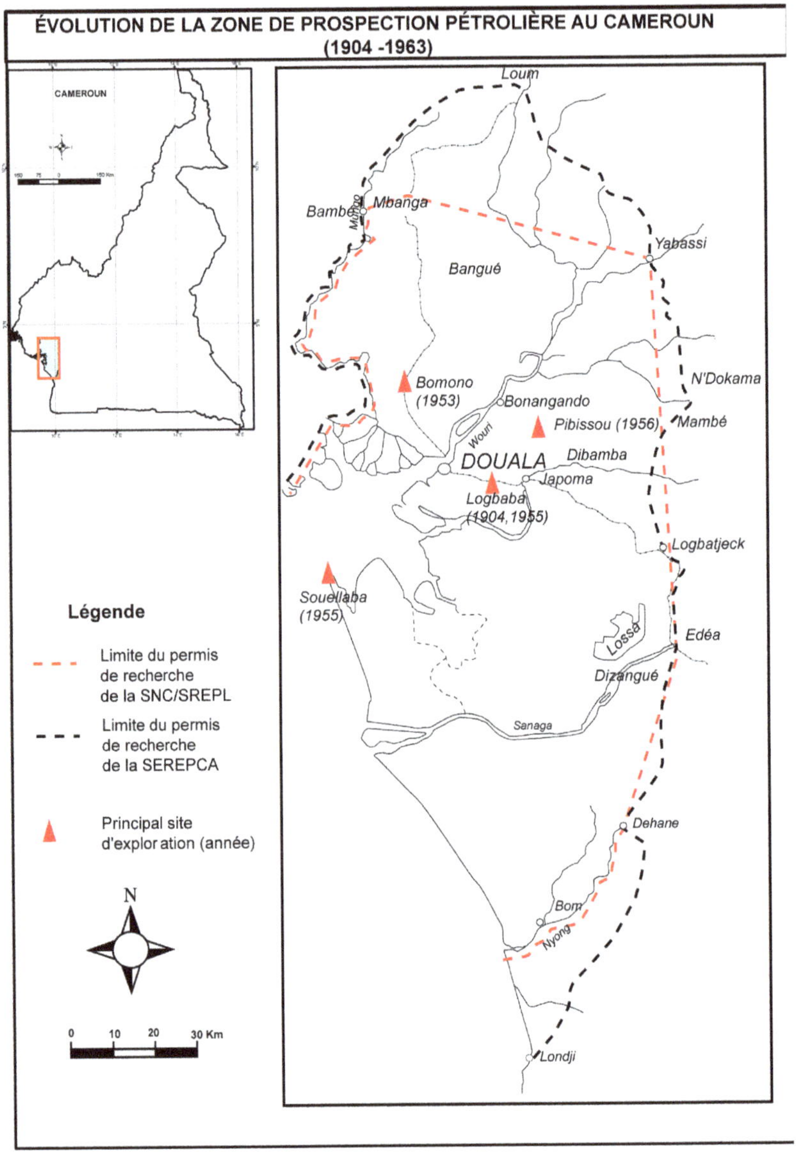

Carte 2: La zone de prospection pétrolière au Cameroun (1904–1961)
Source : Adapté, d'après ANY, 1AC94, SEREPCA, Rapport annuel 1951.

Société Nationale du Cameroun – incluant le Syndicat – auraient alors dû être associés au projet[140].

La France envisage donc la constitution d'une société d'économie mixte au Cameroun à la fin des années 1930. Plusieurs raisons semblent pourtant avoir retardé cette initiative. C'est l'éclatement de la Seconde Guerre mondiale en 1939. C'est aussi, plus significativement, la difficulté à mobiliser près de 3 millions de francs nécessaires à la relance des travaux de prospection,[141] dans un contexte où la crise de 1929 continue de limiter les possibilités de collecter des fonds, mais surtout où les administrateurs en poste au Cameroun – à l'exemple du gouverneur Théodore Marchand – ont fait le choix de limiter l'endettement du territoire et de mobiliser en priorité ses ressources propres pour sa mise en valeur[142].

Après la guerre, l'initiative de constituer une entité au capital mixte (public et privé) se concrétise enfin. Le Syndicat continue de réclamer la prise en compte de sa participation à celle-ci, sans jamais obtenir gain de cause. Cet aboutissement a cependant marqué une évolution significative dans les rapports entre la puissance publique et le capital privé dans ce secteur en plein essor. Les agencements entre ces deux catégories d'acteurs se complexifient davantage.

II. Structure et acteurs du secteur des hydrocarbures. Le cas du Cameroun français (1946–1963)

Au cours des années 1950, la question de l'approvisionnement énergétique et singulièrement en produits pétroliers est devenue une préoccupation mondiale. Pour la France et ses territoires d'outre-mer,[143] il s'agit alors

140 ANY, 1AC94, Note sur le Syndicat.

141 *Ibid.* p. 3.

142 D. Abwa, *Commissaires et Hauts-commissaires de la France au Cameroun (1916–1960). Ces hommes qui ont façonné politiquement le Cameroun*, Yaoundé, PUY/PUCAC, 2000, pp. 185–186.

143 Cette partie du travail présente le cas de la partie française du Cameroun, tout en regrettant l'absence de sources sur la partie britannique. Sur la base des rapports adressés en 1949 et 1950 par la Grande-Bretagne à l'Assemblée générale des Nations Unies et de la communication de Phia Steyn intitulée "Oil exploration in Colonial Nigeria", il faut néanmoins observer que les rares initiatives de prospection pétrolière au Cameroun sous administration britannique jusqu'au milieu des années 1950 étaient le fait d'une joint-venture entre D'Arcy Exploration

d'assurer l'indépendance énergétique de la métropole à moindres coûts,[144] de faciliter sa reconstruction et de répondre aux besoins de plus en plus croissants de l'Outre-mer. Ces impératifs se sont traduits au Cameroun en deux aspects structurants du secteur des hydrocarbures : l'intérêt croissant porté à l'exploration pétrolière par le capital public d'une part et l'engouement des investisseurs privés pour les activités d'importation et de distribution de produits pétroliers d'autre part.

A. Du BRP à la SEREPCA : perspective pétrolière et stratégies publiques

La France, puissance tutrice du Cameroun, n'a pas eu la chance d'y entamer une exploitation commerciale du pétrole. L'histoire pétrolière de ce territoire se résume surtout à des explorations plus ou moins prometteuses. Les perspectives de production d'hydrocarbures au Nigeria et au Gabon laissaient pourtant penser que l'on aurait pu s'autoriser l'espoir de voir couler l'or noir abondamment au Cameroun, ces territoires voisins partageant des similitudes dans leur constitution géologique. Cet espoir a toutefois été tempéré par de nombreux spécialistes. Le géologue Pouzet écrit par exemple :

> Croire que le pétrole va jaillir incessamment au Cameroun, serait faire preuve d'un optimisme que rien ne justifierait ; par contre, du fait que le pétrole n'a pas encore jailli, dire qu'il n'y a pas de pétrole au Cameroun, serait faire preuve d'un pessimisme pas davantage justifié[145].

L'intervention du Bureau de Recherches du Pétrole (BRP) au Cameroun français, dès 1946, et l'importance des efforts d'exploration consentis par la SEREPCA traduisent l'intérêt qu'il y avait à préciser les potentialités pétrolières du territoire.

Company Limited et Shell Overseas Exploration Company Limited. Leur présence au Cameroun était le prolongement du permis minier acquis au Sud et à l'Est du Nigeria. La grande différence avec les territoires français est certainement le caractère privé de ces opérateurs, à un moment où la France avait choisi de faire entrer en scène des opérateurs publics.

144 Brand, Durousset, op. cit., pp. 176–180.

145 Pouzet, art. cit., p. 1321.

1. Le BRP et la stratégie Migaux au Cameroun

Bien que l'exploration pétrolière ait été suspendue au lendemain de la Première Guerre mondiale, l'administration française au Cameroun a anticipé sur une éventuelle intervention publique dans ce domaine[146]. Dans les différents textes réglementant l'activité minière, l'incorporation du régime des « zones réservées » permet en effet au territoire de se réserver le droit de choisir discrétionnairement l'exploitant. Le BRP allait s'appuyer sur cette disposition pour mener ses activités au Cameroun. Créé en France en 1945, cet établissement public a pour objectifs d'établir un programme national de recherche de pétrole et d'assurer la mise en œuvre de ce programme dans l'intérêt de la France. Son champ d'action s'étend au-delà de la métropole et englobe tous les territoires coloniaux[147]. Il s'agit certainement, dans un environnement dominé par les grandes compagnies privées, par des sociétés de financement et par des fonds privés de financement, d'introduire une entité publique qui fasse contrepoids, à défaut de permettre à l'État de reprendre la main sur l'orientation et la direction du secteur. Le BRP n'est d'ailleurs pas l'unique entité publique dans ce cadre puisque, dès 1944, est créé l'Institut français du pétrole.

À partir de 1947, un travail systématique a été amorcé dans l'activité pétrolière au Cameroun, en matière de cartographie et d'études géologiques. La première action du BRP dans le territoire a été d'envoyer, en décembre 1946, le géologue Andreff au Cameroun. Entre 1947 et 1949, celui-ci établit une carte géologique détaillée du bassin sédimentaire de Douala et fournit de précieux renseignements sur sa structure géologique. Andreff conclut notamment que « la probabilité d'existence de gisements hydrocarbures est aussi grande au Cameroun qu'au Gabon »[148].

L'action d'envergure au cours de cette période a cependant été l'attribution d'un permis général de recherche de type A (superficies

---

146 Arrêté du 25 novembre 1929 réservant au territoire le droit de recherche d'hydrocarbures; arrêtés des 10 juin et 10 juillet 1949 fixant les zones où le droit de recherche de toutes les substances minérales de la première catégorie est provisoirement réservé dans le territoire.

147 A. Nouschi, « Paradoxes et stratégies industrielles : du BRP à la SONATRACH », in *Entreprises et entrepreneurs en Afrique XIXe et XXe siècles*, tome 2 : actes du colloque Paris, L'Harmattan, 1983, p. 180.

148 ANY, 1AC9787, Rapport du Chef du service des mines sur le projet de constitution d'une « société des pétroles du Cameroun », 18 octobre 1950, p. 2.

supérieures à 400 km^2) pour hydrocarbures à Léon Migaux agissant pour le compte du BRP. L'action mérite qu'on s'y attarde. La formule est en effet assez originale. Pour activer le démarrage des recherches et contourner les hésitations politiques autour du futur statut international du territoire, il a été convenu d'attribuer un permis général à un particulier qui, lui, serait financé par le BRP. Le choix porté sur Léon Migaux (1897–1975) n'est pas fortuit. Polytechnicien de formation et diplômé de l'École des Mines de Paris, il exerce durant plusieurs années au Maroc comme chef du Bureau de Recherches et de Participations Minières (BRPM), puis comme administrateur délégué de la Société Chérifienne des Pétroles. Il est cependant plus connu comme ayant été le président de la Compagnie générale de géophysique de France[149]. Il s'agit donc d'un personnage averti et assez connu de la recherche d'hydrocarbures dans l'Outre-mer.

Un décret portant attribution d'un permis général de recherches d'hydrocarbures au Cameroun est ainsi pris le 25 juin 1947. Et bien que le décret n'en fasse pas allusion, Migaux se serait engagé à céder son permis à tout syndicat ou société qui se constituerait dans ce but à l'initiative de la puissance publique[150]. Initialement prévu pour trois ans, le permis a dû être renouvelé pour deux ans par un arrêté du 30 décembre 1950, car cette entité n'avait toujours pas été constituée. Deux constatations peuvent néanmoins être faites de cette période. D'abord, jusqu'en 1950 les études de géologie et de géophysique sont entreprises pour un total des dépenses de 82 millions de francs métropolitains,[151] ce qui reflète le caractère extrêmement onéreux de la recherche d'hydrocarbures. Ensuite, les travaux d'Andreff montrent que le bassin sédimentaire de Douala s'étend dans sa partie Nord largement au-delà du permis attribué à Léon Migaux[152]. Parallèlement, les tractations pour la constitution d'une société de recherche de pétrole s'intensifient. Le recours à Léon Migaux constitue donc une véritable affirmation de la volonté de la puissance publique de vouloir contrôler l'activité pétrolière.

---

149 P. Massé, Vigier R., « Biographie de Léon Migaux (1979) », sur www.annales.org/archives/x/migaux.html, consulté le 15 septembre 2006.

150 ANY, 2AC4159, Rapport de présentation du haut-commissaire Soucadaux à M. le président de l'ARCAM d'un projet d'attribution d'un permis de recherche d'hydrocarbures à la SEREPCA, 18 octobre 1951.

151 ANY, 1AC9787, Rapport du chef du service des mines sur le projet de constitution d'une société des pétroles du Cameroun, 19 octobre 1950, p. 1.

152 ANY, 2AC4159, Rapport de présentation.

2. La constitution de la SEREPCA et son activité

La volonté de la France d'imposer des acteurs publics dans le domaine sensible de l'énergie se concrétise dès le lendemain de la Seconde Guerre. C'est dans cette logique que, dans le secteur pétrolier amont, sont par exemple constituées la Société Nationale et d'Exploitation du Pétrole d'Algérie (SNREPAL) en 1946 et la Société des pétroles d'Afrique Équatoriale Française (AEF) en 1949. Dans le cas du Cameroun, dès février 1946, une conférence interministérielle tenue à Paris réunit autour du Haut-commissaire Delavignette, des représentants des ministères de la France d'outre-mer, de l'Industrie et du Commerce et des Affaires étrangères. Le but est d'étudier les possibilités de constituer un syndicat ou une société de recherche de pétrole sur les modèles existant au Gabon et à Madagascar. Le chef du service des mines, Callot, mentionne toutefois en 1950 que «l'incertitude dans laquelle on se trouvait alors en ce qui concerne le futur statut du territoire (...) n'avait pas permis d'adopter une solution définitive»[153].

Le territoire est plus tard intervenu à diverses occasions auprès du BRP afin de parvenir à un accord sur ce sujet. On note, malgré tout, une certaine hâte dans la constitution définitive de la SEREPCA[154]. Ceci est dû aux espoirs que la France et le territoire fondent à ce moment sur la découverte du pétrole, et donc à la nécessité d'entreprendre rapidement des travaux d'envergure dans ce sens. Les hésitations relevées lors du processus de constitution de la SEREPCA sont aussi d'ordre financier, les différentes parties voulant s'assurer des garanties financières nécessaires au lancement de la société (cf. tableau 3). L'assemblée constitutive se tient finalement le 27 septembre 1951, suivi de la signature d'une convention réglant l'activité de la SEREPCA[155].

De nombreuses sources, dont celles sus-mentionnées, indiquent que l'année de sa constitution, la SEREPCA dispose d'un capital de l'ordre de 150 millions de francs CFA, reparti entre le BRP (51 %), le territoire du Cameroun (35 %) et la CCFOM (14 %). Il s'avère pourtant qu'un rapport

---

153 ANY, 1AC9787, Rapport du chef du service des mines. L'accord de tutelle sur le Cameroun n'intervint en effet qu'en décembre 1946.

154 Le Haut-commissaire Soucadaux confessait ainsi dans un rapport daté de 1951 que la «nécessité technique de procéder dès maintenant à une campagne de sondages... a poussé à hâter la formation de la société.» Voir ANY, 2AC4159, Rapport de présentation, p. 1.

155 AG TOTAL, 10AH0847-6, Statuts de la SEREPCA, 19 décembre 1951, 28 p.

Tableau 3: Participations et capital de la SEREPCA (1955–1963)

Années	BRP (%)	Territoire du Cameroun (%)	CCFOM (%)	FINAREP (%)	COFIREP (%)	Capital total (en millions de FCFA)
1955	51	35	9		5	1 700
1956	51	11,3	22,7	10	5	4 700
1957	54,7	10,73	19,57	10	5	4 700
1963	54,7	10,73	19,57	10	5	4 700

Source : Adapté, d'après divers rapports annuels du gouvernement français aux Nations Unies, années 1951–1957 ; divers rapports annuels de la direction des mines et de la géologie, années 1956–1961 ; Njomkam, « L'énergie et le développement », pp. 27–30.

de cette entreprise, daté de 1951 et truffé d'erreurs comptables, propose une lecture différente. Dans ce rapport, le capital porté est de l'ordre de 300 millions de francs CFA, reparti en actions de 10 000 francs. Les actionnaires répertoriés sont le BRP qui avec 29 795 actions détiendrait alors 99 % des parts. Le territoire n'y possède que 200 actions, soit 0,9 % des parts. Viennent ensuite un certain nombre de petits actionnaires dont les noms rappellent certains administrateurs français, chacun détenant une action (MM. Barthes, Hoffherr, Moch, De Lesques, et Postel Vinay)[156]. Le tableau suivant fait ressortir l'évolution des participations et du capital de cette entreprise entre 1955 et 1963.

La participation du BRP au capital de la SEREPCA est restée majoritaire jusqu'en 1963. Cela ne constitue d'ailleurs pas une spécificité camerounaise puisque, dans l'ensemble des sociétés de recherche de pétrole outre-mer où il prend des participations, le Bureau a vocation à détenir une part significative du capital. Dans le cas de Madagascar, la participation est par exemple de 75 %[157]. Il faut également remarquer l'arrivée tardive des fonds privés et la diminution progressive de la part du territoire.

Dans le premier cas, la participation de la Société financière des pétroles (FINAREP) et de la Compagnie financière de recherches pétrolières (COFIREP) vient compléter, dans l'ensemble de l'outre-mer, les efforts du BRP. Jean Bouvier révèle en effet qu'au lendemain de la

---

156 ANY, 1AC94, SEREPCA, Rapport annuel, année 1951, p. 8.

157 Nouschi, art. cit., p. 181.

Seconde Guerre mondiale, les investisseurs privés ont hésité à placer leurs capitaux dans l'activité pétrolière. Ils ne devinent pas alors l'avenir du pétrole dans l'empire français[158]. Les premiers résultats, pour le moins prometteurs, aiguisent les appétits. En mai 1954, la Banque de Paris et des Pays-Bas s'associe au Crédit commercial de France, au Crédit Lyonnais, à la Shell-Berre et à Mobil Oil France pour créer la FINAREP. La constitution de ce premier fonds privé suscite la concurrence : en janvier 1955, soit quelques mois après la création de la FINAREP, les frères Rothschild, associés à la Worms et Cie, au Comptoir National d'Escompte et à deux autres holdings pétroliers, fondent la COFIREP[159].

Dans le second cas, la participation élevée du territoire au cours de ces premières années, comme l'indique le tableau sus-mentionné, montre tout l'intérêt que celui-ci porte à la mise en valeur de son sous-sol[160]. Les différentes augmentations de capital font toutefois courir le risque pour le territoire de continuer à emprunter pour s'assurer une forte participation[161]. Les autorités locales choisissent donc de réduire la part du territoire au capital bien que celle-ci demeure non négligeable (d'environ 53 millions de F CFA en 1951 à plus de 504 millions en 1963). Elles permettent ainsi l'entrée dans le capital en 1956 de la FINAREP. Le volume du capital de la SEREPCA tend à justifier l'ampleur du travail de prospection et de forage.

Au début de son activité, la SEREPCA s'appuie sur le permis jadis attribué à Léon Migaux avant d'obtenir, le 20 février 1952, son propre permis[162]. Entre 1951 et 1959, l'effort d'exploration de la SEREPCA a permis de forer plus de 35 000 m en onshore,[163] utilisant divers appareils. Ceux-ci facilitent l'exploration avec plus de sécurité des couches

---

158 J. Bouvier, *Les Rothschild : histoire d'un capitalisme familial*, Paris, Éditions Complexe, 1992, p. 326.

159 Ibid.

160 ANY, 1AC8688, Exposé de P. Rocaglia sur l'augmentation de capital de la SEREPCA. 1955.

161 ANY 1AC8688, Note annexe sur les possibilités de rendement de la fiscalité d'une part et de la rémunération du capital d'autre part, 8 novembre 1955, p. 4. Il faut prendre en compte que, pour suivre les différentes augmentations de capital, le territoire était obligé de recourir à des emprunts auprès de la CCFOM.

162 JOCF, décret du 20 février 1952 accordant à la SEREPCA un permis général de recherches d'hydrocarbures au Cameroun, 16 avril 1952, p. 509.

163 EDIAFRIC, *L'industrie camerounaise*, Paris, EDIAFRIC/La Documentation française, 1985, p. 88.

sédimentaires profondes et favorisent une rapide mise en évidence des potentialités pétrolières du territoire[164].

Quelques indices d'hydrocarbures ont ainsi été mis au jour. En 1953 et 1954, une lentille de gaz a été déterminée à Bomono, localité de la région littorale du Cameroun. Les réserves sont estimées à 45 millions de m^3 de gaz qui pourraient donner lieu à un débit pratique d'exploitation de 5 000 m^3 par jour pendant 25 ans[165]. Souellaba attire également l'attention, bien que les indices mis à jour se révèlent de faible dimension avec des réserves de 15 000 m^3 de pétrole et de 6 000 000 m^3 de gaz.

L'espoir pétrolier du Cameroun au cours de la colonisation allemande déjà et française par la suite reste sans doute la localité de Logbaba. La campagne de forage de juin 1955 y provoque en effet une violente explosion qui suscite de l'intérêt. Cette éruption, difficilement maîtrisée, dure 40 jours. On estime à 780 000 m^3 le volume de gaz perdu par jour[166]. Les villages avoisinants de Ndogbassy et de Boko auraient d'ailleurs été évacués[167]. Le gaz échappé est riche en méthane et contient également près de 400g de pétrole brut par m^3 soit plus de 300 tonnes de pétrole brut évacuées par jour. La direction des mines et de la géologie considère à l'occasion qu'il y a là « un nouvel indice particulièrement intéressant quant aux possibilités de minéralisation en hydrocarbures du bassin sédimentaire de Douala... »[168] Ces estimations permettent d'envisager la mise sur pied d'une unité de dégazolinage mobile qui traiterait 140 000 m^3 de gaz par jour. En plus du méthane, cette unité aurait pu produire 1 100 tonnes de butane et de propane, 3 500 tonnes d'essence et 1 900 tonnes de kérosène[169]. Cet espoir s'évanouit cependant en 1957, malgré une réévaluation des réserves de Logbaba à 350 millions de m^3 de méthane. La direction des mines et de la géologie reconnaît en effet

164 ANY, 1AC8688, Note d'information pour le Président de l'Assemblée territoriale sur l'avancement et le financement des travaux de recherche de pétrole par la SEREPCA, 8 novembre 1955, p. 88.

165 *Ibid.*

166 A. Pianet, *L'industrie minière au Cameroun*, encyclopédie d'Outre-mer, 1956, p. 10.

167 J.-A. Njomkam, « L'énergie et le développement du Cameroun : l'exemple du complexe électro-métallurgique d'Edéa », mémoire présenté en vue de l'obtention du Diplôme d'ingénieur commercial, Université de Grenoble, 1966, p. 28.

168 ANY, 2AC9397, L'éruption de gaz de Logbaba, 9 juin 1955.

169 Direction des mines et de la géologie, Rapport annuel 1956, p. 22.

que le méthane de Logbaba ne trouve pas d'acquéreurs et donc que son utilisation doit être reportée.

Après cette date, l'activité de la SEREPCA perd en intensité et ne reprend véritablement qu'en 1963, réorientée pour la première fois au Cameroun vers les opérations offshore[170].

B. Capital privé et dynamique de l'approvisionnement en hydrocarbures

La question de l'approvisionnement du territoire en hydrocarbures, après la Seconde Guerre mondiale, est devenue cruciale. Il suffit pour s'en convaincre de compiler les textes réglementaires, les décisions et les correspondances des administrateurs, relatifs au développement du secteur pétrolier aval au Cameroun. L'un d'eux, le délégué Peux, précise dans une correspondance datée de 1947 que « l'approvisionnement en essence du territoire risque de devenir à brève échéance critique par suite d'une part de l'insuffisance de nos dotations en devises, d'autre part de la pénurie d'hydrocarbures qui sévit actuellement dans le monde »[171]. Au-delà de ces considérations, il faut aussi suggérer que la modernisation du Cameroun, du point de vue des transports, de la mécanisation et des habitudes sociales, accroît la consommation[172].

L'approvisionnement en hydrocarbures s'est par ailleurs structuré en deux filières : la première, réservée aux compagnies étrangères, assure les importations. La seconde, aux formes plus complexes, assure quant à elle la distribution sur l'ensemble du territoire.

---

170 EDIAFRIC, *L'industrie camerounaise*, p. 88.

171 ANY, 2AC9182, Correspondance du délégué du haut-commissaire à messieurs les chefs de régions au sujet de la consommation d'essence, 20 septembre 1947. Une série de mesures a été prise par la suite, consistant d'une part en des restrictions sur les dotations de carburant affectées aux véhicules publics et d'autre part au développement de dépôts d'hydrocarbures.

172 On n'a jusqu'à présent pas accordé d'importance à l'incidence que le phénomène des lampes tempête a pu avoir sur l'évolution de la consommation des produits pétroliers, par analogie à l'utilisation croissante des climatiseurs qui avait accru la consommation d'énergie électrique à Douala.

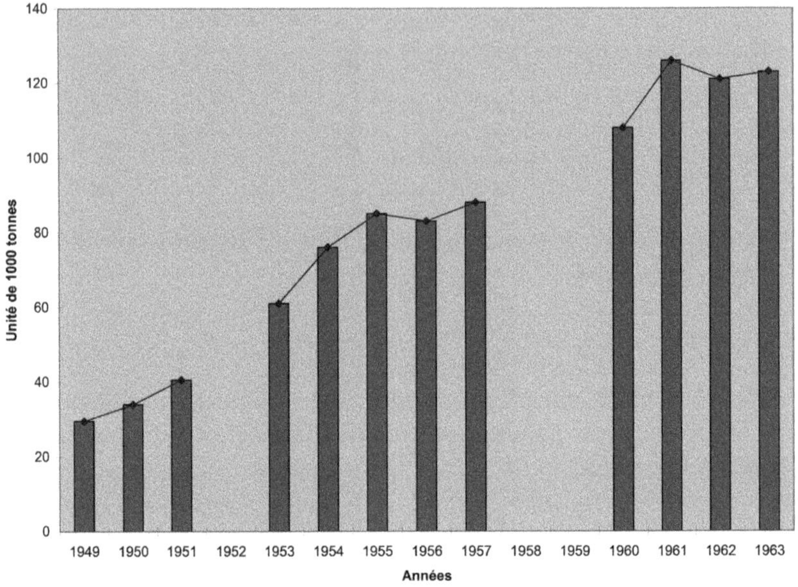

Graphique 1: Les importations de produits pétroliers (1949–1963)
Source : Adapté, d'après *Marchés coloniaux du monde : Cameroun 1952*, n° 340, 17 mai 1952, p. 1338 ; Service statistique d'Outre-mer, *Outre-mer 1958*, p. 339 ; Njomkam, « L'énergie et le développement », p. 7.

1. Les importations de produits pétroliers

Le Cameroun français n'étant pas producteur de pétrole et ne disposant d'ailleurs pas d'une véritable raffinerie, la totalité de sa consommation en produits pétroliers provient de l'importation jusqu'aux années 1970. Dès la fin de la Guerre, l'ensemble du mouvement commercial au Cameroun est en nette croissance ; les importations de produits pétroliers également. Si l'on prend en compte la moyenne des importations d'essence, de pétrole raffiné et de gasoil au Cameroun entre 1933 et 1935, soit près de 4 500 tonnes,[173] on est en deçà des chiffres recueillis pour la période 1949–1963 (cf. graphique 1).

[173] C. Coquery-Vidrovitch, « La politique des réseaux d'électrification en Afrique : comparaison Afrique de l'Ouest/Afrique du Sud », in D. Barjot et *al.* (dir), *L'électrification outre-mer de la fin du XIXe siècle aux premières décolonisations*, Publications de la Société française d'histoire d'outre-mer, 2002, p. 74.

Malgré le caractère incomplet des données présentées, la progression des importations de produits pétroliers au Cameroun se justifie globalement par le développement du parc automobile et du réseau routier. Les importations de gasoil augmentent, par exemple, du fait de l'évolution du parc automobile diesel et de la restriction des importations de combustibles solides. Cette augmentation est assurée par des maisons importatrices. Au lendemain de la Seconde Guerre mondiale, les importations de produits pétroliers dépendent pour l'essentiel des compagnies anglo-saxonnes. Cette orientation est en partie due à l'importance des crédits d'aide américains à la France et à son empire, mais également au fait que les pays anglo-saxons, les États-Unis en l'occurrence, monopolisent la production et les flux mondiaux d'hydrocarbures.

Dès 1948, le mécanisme des importations d'hydrocarbures au Cameroun français intègre de nombreux acteurs privés : les diverses maisons importatrices, toutes étrangères, sont d'abord informées des besoins prévisionnels pour l'année. Celles-ci se répartissent ensuite approximativement les contingents à importer[174]. Les compagnies américaines (SOCONY Vacuum,[175] Texas et Atlantic) importent les plus grandes cargaisons. La compagnie anglaise Shell se contente d'un peu moins de 10 % du volume total à importer. La Compagnie Française de Distribution de Pétrole en Afrique (CFDPA), avec l'intervention du territoire, réussit à contrôler entre 15 et 20 % des importations d'essence et 20 à 25 % de celles de gasoil[176]. Créée en mars 1947 à l'initiative de la Compagnie Française des Pétroles, la CFDPA s'installe la même année à Douala. Elle a pour objet d'assurer le commerce et l'industrie des produits pétroliers aussi bien en AOF (Afrique Occidentale Française), en AEF (Afrique Équatoriale Française) qu'au Cameroun et au Togo[177].

---

174 ANY, NF 522/1, Correspondance du haut-commissaire du Cameroun adressée au ministre de la France d'outre-mer sur le ravitaillement du territoire en hydrocarbures, 7 février 1950.

175 Socony Vacuum est une société à capitaux américains. Elle est issue de la fusion en 1931 de la *Standard Oil Company of New York* (SOCONY) et de la *Vacuum Oil*. Elle subit diverses mutations, devenant tour à tour la *Socony Mobil Oil Cie* et la *Mobil Oil Corporation*. Voir M.S. Vassiliou, *Historical Dictionary of the Petroleum Industry*, Lanham, The Scarecrow Press Inc., 2009, p. 525.

176 ANY, NF 522/1, Correspondance du haut-commissaire du Cameroun, 7 février 1950.

177 Après la création de la CFDPA en mars 1947, des sociétés à vocation territoriale ont également été mises sur pied telles que la CFDPAOF, la CFDPAEF et la CFDPC.

La place des compagnies anglo-saxonnes s'avère ainsi prépondérante. Au cours de la Seconde Guerre en effet, le commerce extérieur du territoire s'est orienté vers les pays anglo-saxons, du fait que leurs économies de guerre sont les plus vitales et qu'ils ont la maîtrise de la circulation des stocks alliés dans l'Atlantique notamment. Il a fallu attendre les années qui ont suivi la fin du conflit pour voir la France reprendre progressivement une place axiale, mais fragile dans ce domaine[178]. La distribution de produits pétroliers au Cameroun est en effet l'objet d'agencements mettant en scène les entreprises françaises et locales, mais aussi les entreprises anglo-saxonnes ainsi que l'administration[179].

2. *La distribution d'hydrocarbures*

Avec la fin de la Seconde Guerre mondiale s'ouvre en Afrique une vaste compétition dont l'enjeu est le contrôle de l'approvisionnement en produits pétroliers des territoires de la côte ouest-africaine[180]. Au Cameroun précisément se joue un épisode décisif de cette véritable bataille. Après s'être cantonnée à la défense de ses positions en France et au Moyen-Orient au cours de la guerre,[181] la CFP a en effet pris pied au Cameroun à la fin de la guerre, comme dans les autres territoires de l'Afrique française. Elle entre alors en opposition avec les compagnies américaines et britanniques qui contrôlent ce marché depuis la guerre. La CFP, pour conquérir des parts de marché en AOF, en AEF et au Cameroun fonde en 1947 la CFDPA puis, dans ce sillage, d'autres entreprises locales à l'instar de la Compagnie Française de Dépôts Pétroliers au Cameroun (CFDPC). Elle entreprend un vaste programme de construction dans ces territoires de dépôts pétroliers. La stratégie mise en œuvre par ses concurrents anglo-saxons consiste à construire eux aussi des dépôts dans les localités où la CFP et ses démembrements africains envisagent une implantation. Une bataille des dépôts pétroliers est engagée.

---

178 Anonyme, « Le commerce extérieur du Cameroun a marqué, en 1951, un net accroissement », *Marchés coloniaux du monde*, p. 1340.

179 Voir W. Pokam Kamdem, « La question des dépôts pétroliers au Cameroun : enjeux économiques et impérialistes (1947–1952) », *Outre-Mers. Revue d'histoire*, tome 103, n° 388–389, 2015, pp. 203–219.

180 Voir M. Riedinger, « La distribution des carburants dans les TOM », *Marchés coloniaux du monde*, n° 429, 30 janvier 1954, pp. 281–285.

181 M. L'Huillier, « La stratégie de la Compagnie Française des Pétroles durant la Seconde Guerre mondiale : sauvegarder l'essentiel », *Histoire, économie & société*, 11e année, n° 3 (Stratégies industrielles sous l'occupation), 1992, pp. 463–478.

Celle-ci a initialement été appréciée par les administrateurs coloniaux comme profitable aux territoires concernés en ce qu'elle est porteuse de concurrence. Le cas du Cameroun rend compte de l'évolution de leur position et des arrangements divers qui interviennent entre les compagnies pétrolières. En 1947 en effet, la CFPDA sollicite une autorisation pour construire à Douala un dépôt de produits pétroliers en vrac. Il s'agit d'améliorer les conditions d'approvisionnement de ce territoire où la demande, quoique modeste, est en constante progression du fait de la mise en œuvre des plans FIDES. Une demande similaire est soumise par l'African Petroleum Terminals (APT), filiale de Shell et de Texas. La Commission interministérielle de dépôts d'hydrocarbures, chargée de se prononcer sur le bien-fondé des demandes de construction de sites d'entreposage de produits pétroliers dans les territoires français, marque son approbation aux deux projets soumis. Le Haut-commissaire, qui doit en dernier ressort permettre leur concrétisation, y accède lui aussi. Leur posture consacre à Douala la construction de deux dépôts concurrents. Le premier serait contrôlé par la CFP qui détenait près de 20 % du marché. Le second serait sous le contrôle par l'APT qui avait fait alliance avec les autres compagnies anglo-saxonnes et qui, par conséquent, brasserait près de 80 % des flux pétroliers dans cette ville et dans celles qui sont approvisionnées à partir de celle-ci, à savoir l'essentiel du Sud-Cameroun.

En 1949 cependant, l'idée qu'un dépôt unique serait économiquement plus raisonnable commence à germer. La CFP, qui a le plus intérêt qu'il en soit ainsi au regard de sa mauvaise posture à Douala, contribue efficacement à répandre ce point de vue[182]. La Commission interministérielle de dépôts d'hydrocarbures finit par se rallier à cette idée en édictant que la solution du dépôt unique à utilisation collective serait dorénavant appliquée aux territoires sous administration française[183].

---

182 AG TOTAL, 86.6/-6, Correspondance de René de Montaigu à M. de Panafieu, Directeur des accords techniques au Ministère des affaires étrangères, 6 juillet 1949. Celui à qui avait été confié la responsabilité d'organiser la distribution de produits pétroliers dans l'outre-mer français y indique que la construction de dépôts uniques dans les colonies anglaises, belges et portugaises d'Afrique (à Lagos, à Matadi et à Lobito) s'était avérée profitable et rentable pour les compagnies qui y opéraient.

183 FR ANOM, 3TP/258, Négociations entre le Groupe CFP et l'African Petroleum Terminals Limited, 2 février 1951.

Si cette solution pouvait aisément être appliquée aux colonies de la France, elle s'avère difficile à mettre en œuvre au Cameroun du fait de sa spécificité juridique. La réaction des compagnies anglo-saxonnes à ce qui semble être une ruse de l'administration pour attribuer la construction et la gestion du dépôt unique à la CFP est vive. L'APT en particulier n'hésite pas à donner une dimension internationale et diplomatique à ce problème. L'intervention de sa direction en témoigne :

> Nous pensons en effet, écrivit F.A. Church son Délégué en Europe, que toute solution qui aboutirait à interdire pratiquement à notre Société d'édifier un dépôt à Douala tendrait à la constitution d'un monopole de fait et se trouverait ainsi en contradiction avec les termes de l'accord de tutelle sur le Cameroun approuvé par l'Assemblée générale des Nations Unies, le 14 décembre 1946. Nous nous sommes assurés que le Département d'État à Washington, lequel, comme vous le savez, a été saisi par nous de cette affaire et qui y attache un vif intérêt, partage notre point de vue en ce qui concerne l'interprétation à donner à ce texte.[184]

La France, en position de faiblesse depuis la guerre face aux États-Unis et la Grande-Bretagne,[185] s'en trouve embarrassée également du point de vue du droit international. La suite de l'histoire est faite du recul de l'administration française qui consent en fin de compte à encourager la tenue de négociations entre les compagnies pétrolières et à les laisser faire[186]. Cette histoire est aussi faite d'arrangements qui modifient de

[184] FR ANOM, 3TP/258, Correspondance de F.A. Church, Délégué Europe de l'APT au ministre de la France d'Outre-mer relative au dépôt unique de produits pétroliers de Douala, 24 octobre 1950, p. 3.

[185] Reléguée au statut de puissance moyenne au lendemain de la Seconde Guerre mondiale, la France a souvent dû conjuguer avec les exigences des États-Unis et de leur allié britannique sur des questions internationales, fussent-elles diplomatiques ou commerciales. Une modification de cette tendance n'est entamée qu'en 1958 quand, avec le retour de De Gaulle au pouvoir, la France choisit d'affirmer son indépendance en lançant son programme nucléaire.

[186] FR ANOM, 3TP/258, Dépêche conjointe du ministre de l'Industrie et de l'Énergie et du Ministre de la France d'Outre-mer au Haut-commissaire de la France au Cameroun relative à l'utilisation du dépôt d'hydrocarbures de Douala, 14–20 mars 1952. Ils insistaient sur le fait que « les pouvoirs publics (...) ne doivent contrarier en aucune façon les Sociétés de distribution dans la conclusion d'accords de passage et n'intervenir éventuellement que pour imposer la banalité dans le cadre strict d'un cahier des charges si l'utilisation par tous les distributeurs de l'installation unique ne pouvait s'effectuer par le libre jeu d'ententes particulières », p. 2.

façon substantielle le visage de l'entreposage de produits pétroliers en Afrique française.

> Par les accords existants et les arrangements en cours, (...) est-il consacré, sur 3 dépôts en AEF, 1 dépôt au Cameroun, 1 dépôt unifié à Abidjan, 1 dépôt à Konakry, 1 dépôt à Bamako, soit au total 8 dépôts pour les territoires d'Afrique Noire Française, le Groupe CFP en contrôlera 3 (2 dépôts en AEF, 1 au Cameroun), le Groupe américain APT en contrôlera 2 (le dépôt unifié d'Abidjan et celui de Konakry), le Groupe Shell-Vacuum en contrôlera 2 (celui de Dakar et celui de Bamako) ; (de plus, le Groupe Shell gèrera le dépôt de Bangui dont la propriété est répartie également pour 1/5 entre Shell, CFP, Texas, Petrocongo et Vacuum)[187].

La conclusion de ces négociations démontre que l'épisode camerounais de la bataille des dépôts pétroliers a été décisif. Il vient néanmoins fragiliser l'administration coloniale dans le contrôle de l'activité pétrolière aval. Le haut-commissaire du Cameroun, André Soucadaux, digère mal d'avoir été mis à l'écart des négociations et de s'être vu retirer des prérogatives aussi importantes que celle de décider de l'organisation de cette activité au Cameroun[188]. Les compagnies pétrolières démontrent là encore que leur puissance financière, leur assise politique et leur goût prononcé pour un libéralisme protégé sont en mesure de faire plier les pouvoirs publics.

La distribution d'hydrocarbures au Cameroun reste néanmoins encadrée par l'administration[189]. La structure de cette filière est verticale : globalement, il existe deux grands dépôts pour l'entreposage en vrac des hydrocarbures. Celui de Douala – Bassa, géré par la CFDPC, a initialement une capacité de stockage de 21 540 m^3, portée à 29 540 m^3 en 1957[190]. Le dépôt de Garoua quant à lui, d'une capacité de 5 480 m^3, est géré au début des années 1950 par la Société d'entreposage des

---

187 AG TOTAL, 86.6/-6, CFP, Note sur le programme du Groupe CFP en Afrique noire, 30 juillet 1951, p. 2.

188 FR ANOM, 3TP/258, Réponse du haut-commissaire de la France au Cameroun à la dépêche des ministres de l'Industrie et de la France d'Outre-mer du 14 mars 1952, 14 avril 1952.

189 Voir notamment le décret du 10 mai 1933 portant réglementation des dépôts de produits pétroliers, dérivés et résidus, rendu applicable au Cameroun par un décret de 9 juin 1934 ; l'arrêté du 7 avril 1949 réglementant la définition, la circulation et la vente des combustibles liquides, huile de graissage et graisses pour moteur ; l'arrêté du 30 octobre 1954 réglementant la distribution d'essence à la pompe.

190 Rapport annuel du gouvernement français, année 1955, p. 87 et Rapport annuel du gouvernement français, année 1957, p. 204.

hydrocarbures de Dakar (SEHD) filiale constituée par Shell et SOCONY Vacuum[191]. Les produits pétroliers sont alors importés du Nigeria voisin par chalands-citernes, sur les fleuves Niger et Bénoué. Le dépôt de Garoua sert à ravitailler tout le Nord-Cameroun[192]. L'extension du dépôt en 1957 a permis d'atteindre une capacité de stockage de 8 320 m^3.

L'administration attache par ailleurs beaucoup d'importance à ces dépôts et à leur rôle social et économique. Aussi, elle retient « que ces dépôts fonctionnent sous le régime de l'entrepôt banal et sont tenus de recevoir et traiter sans aucune discrimination les produits de toutes les compagnies de distribution d'hydrocarbures existant dans la zone qu'ils desservent »[193]. Il s'agit ainsi d'inciter les gérants de ces structures à assurer une mission de service public et de favoriser, par l'extension du réseau de distribution, la baisse des prix des produits pétroliers[194]. En plus de ces grands dépôts, on dénombre quelques dépôts-relais aux têtes de lignes du chemin de fer, notamment à Nkongsamba, Yaoundé et Mbalmayo. À partir de ces dépôts, le reste du système de distribution en vrac est alimenté par des camions-citernes[195].

Un intérêt croissant se développe pareillement pour la petite distribution. Le dépouillement des demandes d'installations d'équipement pour la seule année 1956 donne à ce titre une idée de l'intérêt qui s'est développé pour la distribution de pétrole, d'essence, de gasoil et de butane. On dénombre dans un premier cas les demandes pour l'installation de pompes sur chariot mobiles avec fût de 200 litres, bien que cette pratique ait été progressivement remplacée, au milieu des années 1950, par celle plus sécurisée de distribution à la pompe[196]. Cette autre forme de distribution par pompes fixes avec réservoirs souterrains est très dynamique et innovante, puisqu'elle aboutit aux premières stations-service dans le territoire,[197] et que certains usagers en disposent à titre

---

191 M. Riedinger, « La distribution des carburants dans les TOM », *Marchés coloniaux du monde*, n° 429, 30 janvier 1954, p. 283.

192 Ibid.

193 Rapport annuel du gouvernement français, année 1955, pp. 87–88.

194 *Ibid.*

195 *Ibid.*

196 ANY, 3AC226, Demandes de Fotso Ouambo Joseph (Bayangam) ; de Luc R. Sumo (Bangou) ; de Assiga Essomba Venant (Akono).

197 ANY, 3AC226, Demandes de la CFAO (Edéa) ; des Établissements Parisiana (Ndikiniméki) ; de Touyan Marcel (Bafoussam) ; de De Lacoste (Nanga – Eboko) ;

privé[198]. La distribution de produits pétroliers est malgré tout encadrée par l'administration. Le ravitaillement est par exemple subordonné à la production d'un bon d'achat[199]. Également, la vente au détail du pétrole lampant aux populations locales est censée être effectuée par des commerçants spécialisés[200].

Malgré ces remarques, l'état de notre recherche ne permet pas encore de décrire l'ensemble du processus de distribution ni de proposer une grille complète de prix des produits pétroliers au cours de cette période. Un arrêté du haut-commissaire René Hoffherr, daté de juin 1949 et fixant les nouveaux prix de l'essence et du pétrole, permet néanmoins de constater que lesdits prix sont alors fixés par l'administration, après consultation d'une commission constituée à cet effet. L'arrêté sus-indiqué permet de dire que l'essence est alors vendue sous deux conditionnements : le fût de 200 litres, emballage non compris, coûte 2 540 francs; le fût de 36 litres coûte quant à lui 660 francs. Quatre conditionnements sont prévus pour la vente de pétrole : le fût de 200 litres, emballage non compris, coûte 2 490 francs; le fût de 36 litres revient au consommateur à 650 francs, tandis que le jerricane de 20 litres et la tine de 14 litres sont vendus à 355 francs et à 270 francs respectivement[201].

Les rapports entre les intérêts publics et privés dans le secteur des hydrocarbures se sont avérés dynamiques au cours de la période sous administration coloniale. Prenant en compte l'évolution générale du contexte entrepreneurial au Cameroun, les investisseurs privés se sont lancés, les premiers, dans la recherche des hydrocarbures. L'audace dont a fait preuve la *Kamerun Bergwerck Aktiengesellschaft* en collaboration avec l'*Internationale Bohrgesellschaft* illustre cette volonté dès le milieu de la décennie 1900. Mais l'expérience a été brève du fait de la révision du rôle de l'État dans le secteur et de l'éclatement de la Grande Guerre. À l'issue de celle-ci, un groupe d'intérêts privés français a tenté de

---

des Ets Nazarre (Nkongsamba); de la SCOA (Lolodorf); de Kamdom Joseph (Bafang); de RW King (Nkongsamba) et de J. B. Boudin (Ebolowa).

198 ANY, 3AC226, Demandes de la CFDPA, pour le compte de M. Holstaine (Manjo) et de la Boulangerie française (Yaoundé).

199 JOCF du 15 mai 1949, Arrêté du 7 avril 1949 réglementant la définition, la circulation et la vente des combustibles liquides, huile de graissage et graisses pour moteur, pp. 554–556.

200 *Ibid.*

201 JOCF du 28 juin 1949, arrêté du 10 juin 1949 fixant les nouveaux prix de l'essence et du pétrole, p. 767.

s'imposer comme un intervenant incontournable de la recherche pétrolière au Cameroun. Cette ambition s'est toutefois opposée à celle de l'administration qui, malgré de nombreuses hésitations, envisageait de favoriser l'entrée d'intervenants publics dans ce secteur prometteur.

C'est à l'issue de la Seconde Guerre mondiale que ce changement d'attitude s'est concrétisé : l'entrée en scène du BRP a en effet permis d'aboutir à la constitution de la SEREPCA, l'une des principales entreprises d'économie mixte sur le territoire. L'histoire de cette société est particulièrement révélatrice de l'importance des rapports entre la puissance publique et le capital privé dans le secteur amont, principalement dans la mobilisation des ressources financières affectées à l'exploration pétrolière. Dans le secteur aval, ces rapports se sont avérés différents. Ils n'ont porté que peu sur le financement. Par contre, les faits mettent en exergue un domaine maîtrisé par des entrepreneurs privés, étrangers et locaux, mais fortement réglementé par l'administration. Le caractère essentiel de l'approvisionnement pétrolier a ainsi permis l'extension des réseaux de distribution et l'établissement en la matière d'un partenariat entre l'administration régulatrice et le capital privé entreprenant au Cameroun français. Dans ce contexte d'après-guerre, de reconstruction et de planification, le secteur électrique s'est lui également développé.

CHAPITRE III

LES DÉBUTS DE L'ÉLECTRIFICATION AU CAMEROUN : AGENCEMENTS ET STRATÉGIES

L'électrification revêt un caractère « féerique »[202]. Catherine Coquery-Vidrovitch en parle comme d'une « cendrillon »[203] dans le contexte de l'Afrique. Elle fait pourtant le constat que l'histoire de l'électricité sur le continent n'a que modestement progressé. La faute revient à un intérêt tout relatif pour la question, l'électricité étant restée difficile d'accès pour le commun des populations africaines. Les initiatives ne semblent pourtant pas faire défaut au cours de la période coloniale, pour en élargir l'usage et le territoire. La production électrique reste essentiellement thermique jusqu'aux années 1950. En dehors de quelques colonies de peuplement et de territoires où se mettent en place des embryons d'industrialisation (Afrique du Sud et Nigéria), le continent est faiblement électrifié. Il faut attendre la crise des années 1930 et l'après-guerre pour voir l'essor des projets d'électrification, notamment grâce à l'hydroélectricité[204].

La constitution du secteur de l'électricité au Cameroun laisse entrevoir le rôle déterminant d'acteurs privés et publics. La coexistence entre eux ne manque cependant pas de générer quelques tensions. Les rapports entre ces deux catégories d'intervenants sont donc examinés ici. Ce chapitre détermine comment le capitalisme colonial s'est organisé autour de l'électrification du Cameroun.

---

202 Souvent utilisée par Alain Beltran dans ses travaux, l'expression « fée électricité » traduit le caractère mystérieux et prodigieux de la lumière électrique lors des Expositions universelles des arts et techniques de 1900 et 1937. Voir A. Beltran, « La "fée électricité", reine et servante », *Vingtième Siècle. Revue d'histoire*, n° 16, octobre–décembre 1987, pp. 90–95.

203 C. Coquery-Vidrovitch, « La politique des réseaux d'électrification en Afrique : comparaison Afrique de l'Ouest/Afrique du Sud », in D. Barjot et *al.* (dir), *L'électrification outre-mer de la fin du XIXe siècle aux premières décolonisations*, Publications de la Société française d'histoire d'outre-mer, 2002, p. 74.

204 *Ibid.*, pp. 74–83.

Notre analyse met en lumière le rôle essentiel des initiatives autonomes dans la constitution de ce secteur. Elle revient également sur l'instauration d'un service public dans ce domaine, en apportant un éclairage sur le rôle de ces acteurs : l'entrepreneuriat privé est le premier à s'investir dans ce domaine. Mais très vite, l'administration tente d'y imposer sa vision, à défaut d'y faire prévaloir sa présence.

I. L'âge d'or des producteurs autonomes et les débuts d'un service public d'électricité

L'histoire coloniale a toujours associé l'émergence des premiers foyers d'électricité en Afrique à la présence d'Européens sur le continent. Ainsi, le colonat inaugure-t-il la production autonome d'électricité au Cameroun avant que, sous l'égide de la Compagnie Coloniale de Distribution d'Énergie Électrique (CCDEE) dans la partie française du territoire, un service public soit progressivement mis en place.

A. Les premières lueurs d'électricité

Dans un texte consacré à l'électrification du Cameroun, l'ingénieur des techniques industrielles Jean Lemoine présentait l'accès à l'électricité comme un véritable produit de luxe dans les années 1910[205]. Cette situation a perduré quelques décennies encore.

1. Le colonat, premier utilisateur

L'électricité, innovation qui a transformé la vie des cités occidentales, est à ses débuts réservée en Afrique à une population bien ciblée : le colonat. Ainsi peut-on constater que l'électrification des colonies de peuplement (en Afrique du Nord et l'Afrique du Sud) est plus précoce et plus rapide que celle du reste du continent où prospère la colonie d'exploitation[206]. Malgré la modestie des sources à ce sujet, il est donc évident que l'énergie électrique est à ses débuts un produit élitiste[207]. Pour comprendre cette situation, il faut tenir compte de ce que l'introduction de l'électricité en

---

205 J. Lemoine, « L'électrification, les adductions d'eau et l'assainissement dans les villes du Cameroun », *Marchés coloniaux du monde*, n° 340, 17 mai 1952, p. 1382.

206 Coquery-Vidrovitch, art. cit., p. 75.

207 F. Tchapga, op. cit., pp. 23–24.

Afrique a été subordonnée à deux impératifs : celui de la demande et celui du coût.

La demande industrielle d'énergie électrique, jusqu'aux années 1940, est pratiquement inexistante. Seuls quelques ateliers ainsi que quelques propriétés d'Européens prennent l'initiative de se faire installer des groupes électrogènes autonomes. De fait, le caractère restreint – voire inexistant – du réseau électrique impose des coûts de production et de distribution élevés. Il faut donc, comme le souligne Bertrand Lembezat, qu'un centre justifie d'une population suffisamment nombreuse pour que des équipements de production et de distribution d'électricité y soient installés[208].

Durant les premiers moments de la présence coloniale, l'éclairage a par conséquent eu deux traits en Afrique : le premier, souvent associé aux populations locales, est qu'il est rudimentaire, à l'aide du bois de feu, de lampes de pétrole et de torches à huile de palme[209]. Le second, celui de l'élite européenne, est plus moderne grâce à l'électricité. Malgré cela, l'équipement utilisé reste dérisoire et tout aussi sommaire, puisque constitué de poussifs groupes électrogènes dédiés à l'éclairage des propriétés européennes en début de soirées[210]. L'électricité a alors un caractère individualisé. Il faut attendre la décennie 1920 pour voir se profiler à l'horizon des initiatives de mise en commun des moyens de production et surtout de développement des infrastructures de distribution d'énergie électrique.

2. Les premiers projets d'électrification

Dans le Cameroun sous administration britannique où prospère l'économie des plantations, ces entités ont joué un rôle majeur dans le processus d'électrification de cette partie du territoire. Dans une correspondance datée du 12 juin 1925 et adressée à l'administrateur résident des provinces du Cameroun, le directeur d'*Ekona Aktiengesellschaft*, une plantation tenue par des colons allemands, suggère par exemple de fournir de l'énergie électrique à la ville de Buea, le principal centre administratif

208 B. Lembezat, *Le Cameroun*, Paris, Éditions maritimes et coloniales, 1954, p. 171.

209 Lemoine, art. cit., p. 1382 ; Y. Njike, « Yaoundé : une ville en pleine expansion, 1922–1959 », mémoire de maîtrise en Histoire, Yaoundé, Université de Yaoundé I, 2000, p. 72.

210 I. du Jonchay, *L'industrialisation de l'Afrique*, Paris, Payot, 1953, p. 43.

de cette partie du pays. Dans sa réponse, le résident Hunt reconnaît que cela constitue une proposition appréciable, mais que le gouvernement n'est pas disposé à ce moment à se pencher sur la question[211]. Dans un autre mémorandum adressé au secrétaire d'État des provinces du sud à Enugu dont dépend le Southern British Cameroon, l'administrateur Mac Gregor précise qu'en 1930 également, les responsables de la plantation de Mukonje ont fait des propositions visant à électrifier Buea par une solution hydroélectrique. Ils auraient alors exigé une garantie de 50 £ mensuelle, ce qui n'avait pas été accepté par l'administration et qui n'avait pas permis au projet d'être réalisé en fin de compte[212]. Ceci démontre que les sociétés agricoles de cette partie du territoire ont, en l'absence d'un service public, pris sur elle d'électrifier leurs concessions, aussi bien par des solutions thermiques qu'hydroélectriques. Leur production, visiblement excédentaire aux moments indiqués, aurait donc pu servir à inaugurer un service public d'électricité. Mais les réticences d'une administration hésitante et visiblement sans grand moyen se sont régulièrement opposées à ces projets.

Les plantations ne sont d'ailleurs pas les seuls producteurs autonomes d'électricité sur le territoire. Une place doit être consacrée aux ateliers du port de Douala, des travaux publics et des chemins de fer dans la partie sous administration française. Pierre Chauleur estime ainsi leur consommation annuelle à près de 160 000 kWh en 1935 dans la seule ville de Douala[213]. Le cas des chemins de fer mérite quelque attention. Si l'électricité consommée sus-mentionnée sert vraisemblablement au fonctionnement des ateliers, pour des travaux d'assemblage et de réfection, l'évocation du couple chemins de fer – électricité, comme le présente Christophe Bouneau, fait le plus souvent référence à la traction électrique[214]. Certains indices auraient pu permettre de suggérer que cette innovation de la fin du XIXe siècle aurait été envisagée au Cameroun dès le début de la présence française. Des administrateurs notaient ainsi que

---

211 ANB, Rj1925 1, mémorandum n° 789/1380/1925 du 17 juin 1925.

212 ANB, Rj 1925 1, mémorandum n° 2143/83/1930 du 25 novembre 1930.

213 P. Chauleur, *L'œuvre de la France au Cameroun*, Yaoundé, 1936, p. 121.

214 C. Bouneau, « Électrification des chemins de fer et empires coloniaux : l'expérience de l'Afrique du Nord française jusqu'au Second Conflit mondial », in Barjot, op. cit., p. 55. La traction électrique fait référence à la technique consistant à fournir à une locomotive de l'énergie électrique à partir d'une ligne électrique qui lui est extérieure.

« De Dschang à Nkongsamba, la distance est d'environ 60 kilomètres, dont 40 en pénéplaine n'offrant aucune difficulté. Les chutes d'eau, qui se succèdent d'ailleurs depuis l'origine Bonabéri [Douala] jusqu'au futur terminus, permettent l'électrification facile de la ligne »[215].

Il s'agissait, dans la perspective de poursuivre la construction du chemin de fer du nord entamée par les Allemands, d'introduire cette innovation. Mais, ce projet d'extension ferroviaire n'a jamais été réalisé ; l'introduction de la traction électrique non plus. Le matériel roulant de la régie des chemins de fer, constitué durant de nombreuses décennies de locomotives à vapeur et de locomotives de type diesel-électrique, donne une indication de ce que les lignes ferroviaires, elles, n'ont jamais été électrifiées.

Le rôle de la puissance publique en matière d'électrification s'est ainsi limité jusqu'aux années 1930 au strict nécessaire : faire fonctionner les ateliers. Les producteurs autonomes se sont engouffrés dans cette voie novatrice, suggérant parfois à l'administration de pallier ses défaillances dans ce domaine. À partir des années 1930 cependant, dans la partie française du territoire principalement, un service public de distribution d'énergie électrique commence à se constituer.

B. La CCDEE et l'électrification de Douala

L'une des raisons qui ont maintenu la puissance publique éloignée de l'initiative de l'électrification est sans doute le fait que les résultats des exploitations privées étaient déficitaires et par conséquent que les investissements engagés seraient sans doute difficilement amortis. L'attitude de l'administration finit néanmoins par changer à Douala. L'évolution démographique et économique de cette cité l'impose, faisant d'elle la cendrillon de l'électrification du Cameroun. Ce changement d'attitude est accompagné par l'entrepreneuriat privé. Une certaine

---

[215] ANY, APA11937/A, Exposé de la situation générale dans les territoires occupés de l'Ancien Cameroun, 1920, p. 34. Reprenant ce rapport, et en y intégrant les possibilités nouvelles d'extension de la ligne du Nord jusqu'à Foumban au cœur du pays bamoun, Albert Sarraut indique en 1923 : « De Foumban à Nkongsamba, la distance est d'environ 150 kilomètres, dont 40 en pénéplaine n'offrant aucune difficulté. Les chutes d'eau, qui se succèdent depuis l'origine Bonabéri, jusqu'au futur terminus, permettront l'électrification facile de ce réseau ». A. Sarraut, *La mise en valeur des colonies françaises*, Paris, Payot, 1923, p. 448.

volonté d'attribuer des concessions de distribution d'énergie électrique s'est ainsi exprimée au début des années 1920,[216] bien qu'elle ait tardé à se concrétiser. La réglementation de la distribution de l'énergie électrique au Cameroun français n'a été, quant à elle, mise en œuvre qu'en 1930, s'inspirant largement de celle existant en Afrique Équatoriale Française (AEF)[217].

1. La CCDEE, une oubliée de l'électrification coloniale

Les sources, même métropolitaines, sont avares en référence sur la CCDEE. À peine peut-on indiquer que cette entreprise créée en Guyane française s'établit à Douala au début des années 1930. Cette ville lui sert de point de projection vers les autres centres du territoire, mais aussi vers d'autres territoires de l'Afrique française. Ainsi s'implante-t-elle au Gabon en 1939 et au Dahomey (actuel Bénin) en 1948[218]. Il faut noter qu'à la fin de l'année 1947, la CCDEE (Compagnie **Coloniale**…), devient au Cameroun la Compagnie **Centrale** de Distribution d'Énergie Électrique du fait de l'évolution constitutionnelle du territoire et de l'évolution générale de la question coloniale[219].

Fondée le 26 avril 1928, la CCDEE « avait pour objet l'organisation et l'exploitation, en régie ou en concession, de tout service public ou particulier d'éclairage, de transport et de distribution d'électricité dans

216 FR ANOM, AGEFOM 922, dossier 7, Correspondance du commissaire Carde au directeur de l'Agence économique de l'Afrique équatoriale française (section du Cameroun) relative à la réglementation de la distribution d'énergie électrique dans les colonies du 7 octobre 1921. Le commissaire Carde souhaitait par cette correspondance recevoir de la documentation sur ce sujet pour anticiper sur les demandes de concessions qui pourraient alors lui être adressées.

217 FR ANOM, AGEFOM 907, dossier 2694, Projet de décret portant réglementation au Cameroun des distributions et des lignes de transport d'énergie électrique, 1930.

218 Archives EDF/GDF, Boîte 925883, Note du directeur général adjoint des travaux publics du Dahomey, 4 mars 1948.

219 Après les modifications constitutionnelles ayant abouti à la formation de l'Union Française et la signature de l'accord de tutelle en 1946 qui réaffirmait le caractère international du Cameroun, la France a dû œuvrer pour éviter les inconvénients que présentait sur le plan international l'emploi de termes tels que « colonie » et « colonial ». Dans ce cadre, de nombreuses dénominations ont été modifiées. C'est l'objet de la circulaire n° 7653 du ministre de la France d'outre-mer, du 2 septembre 1949. cf. ANY, APA 12053/C, Emploi des mots colonies et colonial dans les textes officiels, 1949.

les territoires d'outre-mer»[220]. La ville de Douala a été le champ de maturation de cette société anonyme. Elle y enregistre de bons résultats financiers.

> À sa création, elle [la CCDEE] fut une modeste société de 2 000 000 de francs de capital. En 1929, elle prit de l'envol, chiffrant son capital à 18 000 000 francs grâce à l'émission d'actions en numéraire et d'attribution d'actions d'apport. En 1931, son capital s'éleva à 25 000 000 francs.[221]

En 1955, le capital de l'entreprise a doublé, atteignant 53 250 000 de francs CFA. On doit par ailleurs souligner que la CCDEE s'est avérée être une entreprise particulièrement offensive du point de vue commercial et du contentieux administratif. Elle entretient des rapports tendus avec l'administration coloniale au Cameroun français, entre 1933 et 1943, après que celle-ci ait pris contre elle des décisions la lésant. Elle introduit ainsi deux contentieux. Le premier, rejeté par le Conseil du contentieux administratif au Cameroun en 1934, est porté à l'attention du Conseil d'État qui lui donne gain de cause par un arrêt du 17 mars 1937[222]. Le second contentieux est initié en août 1935 et porte comme le premier sur des questions d'interprétation de la convention de concession qui la lie au territoire. Une nouvelle fois, elle est déboutée par le Conseil du contentieux. Le recours qu'elle introduit auprès du Conseil d'État est lui aussi rejeté en 1943[223]. Cet épisode de la présence de la CCDEE au Cameroun dénote de rapports difficiles avec l'administration.

Il faut néanmoins faire remarquer qu'elle n'est pas la seule entreprise électrique de l'empire français à initier des contentieux contre l'administration. Cette attitude générale traduit certainement, dans l'ensemble des territoires outre-mer, les difficultés de la puissance publique à encadrer l'activité électrique et même minière. Au cours de la seule année 1937 par exemple, le Conseil d'État est saisi par la CCDEE contre le territoire du Cameroun, la Commune de Pointe-à-Pitre contre la Guadeloupe au sujet de la concession attribuée par la Guadeloupe à la

---

220 R. Lekoulekissa, *Électrification en Afrique : le cas du Gabon (1935–1985)*, Paris, L'Harmattan, p. 52.

221 *Ibid.*, p. 53.

222 FR ANOM, 1TP/1111, dossier 21, Pourvoir de la Compagnie Coloniale de distribution d'énergie électrique (1933–1937).

223 FR ANOM, 1TP/775, dossier 5, Pourvoir de la Compagnie Coloniale de distribution d'énergie électrique (1935–1943).

Compagnie Guadeloupéenne de Distribution d'Énergie Électrique, La Société Guadeloupéenne de Distribution d'Énergie Électrique contre la Guadeloupe et l'Union Électrique Coloniale contre la ville de Pondichéry au sujet de la déchéance de la société concessionnaire[224].

Une réputation d'être procédurière suit ainsi la CCDEE dans les différents territoires et colonies où elle s'est projetée[225]. La lecture de correspondances initiées par ses responsables à l'intention de l'administration coloniale dénote de cette attitude qui, en fin de compte, justifie la position que cette entreprise a réussi à se tailler dans le secteur électrique colonial. La CCDEE exerce principalement dans la construction d'équipements de production électrique et dans leur exploitation. Elle n'hésite pas à brandir l'argument de sa grande expérience et de son rôle pionnier dans le secteur pour « réclamer » et conquérir toujours plus de marchés. La puissance financière de l'entreprise lui vaut notamment de s'imposer, dès 1948, dans l'électrification du Dahomey, bravant des entreprises concurrentes à l'instar de l'Union Électrique Coloniale (UNELCO), de la société « Les entreprises du Bénin », des Établissements Collet Frères, des Installations électriques modernes et de la Compagnie fermière de services publics[226]. En 1953 également, lorsqu'il s'agit dans cette colonie ouest-africaine de transformer la gérance de la distribution d'électricité de Cotonou en une concession, même l'entreprise « Énergie AOF » confesse son impuissance à contrer l'offre soumise par la CCDEE[227].

2. *L'électrification de Douala*

En 1929, l'implantation de la CCDEE à Douala est favorisée par un changement dans l'attitude de l'administration coloniale relativement à la question de l'électrification. Ce changement ouvre la voie à la

224 FR ANOM, 1TP/1111, dossier 21, Note de l'ingénieur général des travaux publics des colonies (Labbé) pour l'ingénieur principal des mines des colonies (Faucheux), 3 février 1941 au sujet de l'état des honoraires de Maître Léon Labbé, chargé de la défense des intérêts de la colonie concernant les litiges soumis au Conseil d'État.

225 Voir Archives EDF/GDF, Boîte 925883, Note du directeur général adjoint des travaux publics du Dahomey, 4 mars 1948, p. 3.

226 *Ibid.*

227 L'offre de service que fait la CCDEE est d'injecter, dès la première année, entre 40 et 50 millions de francs dans la nouvelle concession de Cotonou. Voir Archives EDF/GDF, Boîte 925883, Lettre de J. Robin (Énergie AOF) à M. Lamassiaude (EDF) du 3 juillet 1953.

constitution du premier réseau électrique au Cameroun. Cette année-là en effet, le monde fait face à une crise économique. Elle a eu au moins pour conséquence au Cameroun le retour de nombreux Européens dans leurs pays d'origine. La consommation d'énergie électrique à Douala s'en serait trouvée diminuée, rendant inutilisés des kWh d'électricité. L'administration choisit alors, dans l'urgence, d'électrifier des bâtiments administratifs ainsi que des logements de fonctionnaires et de renforcer l'électrification des ateliers du port, des travaux publics et des chemins de fer pour éviter une telle gabegie[228]. Cette situation a-t-elle convaincu l'administration française au Cameroun d'envisager plus sérieusement la mise sur pied d'un service public d'électricité au Cameroun ? La réponse peut être positive. La même année en effet, elle confie à la CCDEE la distribution du courant électrique à Douala[229].

Mais la primauté de cette ville dans l'électrification du Cameroun tient surtout à sa condition sociale et économique. Elle est indubitablement le principal centre urbain du territoire, dont l'aménagement colonial a débuté en 1896[230]. Sa population, portée par l'immigration, est sans cesse en augmentation. Guy Mainet indique ainsi que cette population, aujourd'hui de plus de 3 700 000 d'habitants, triple entre 1945 et 1960. Elle passe de 30 000 à 150 000 habitants. La présence de l'élément européen y est considérable, si on la compare aux autres centres urbains du territoire. L'activité économique y est aussi importante, dans la mesure où avec son port et sa place centrale dans le système ferroviaire et routier, Douala constitue la principale voie d'entrée et de sortie au Cameroun. Ces différentes conditions allaient d'ailleurs être démultipliées après la Seconde Guerre mondiale.

L'électrification de Douala au cours de la période du mandat s'appuie en grande partie sur la seule centrale diesel de Koumassi. Elle a une puissance installée de 400 kW à sa construction en 1931[231]. Ceci a permis

---

228 Rapport annuel adressé par le gouvernement français au Conseil de la Société des Nations sur l'administration sous mandat du territoire du Cameroun, 1932, p. 76.

229 Chauleur, op. cit., p. 121.

230 Sur le sujet, voir G. Mainet, *Douala ville principale du Cameroun*, ORSTOM, 1981, pp. 60–66 ; R. Gouellain, « Douala : formation et développement de la ville pendant la colonisation », *Cahiers d'études africaines*, vol. 13, cahier 51, 1973, pp. 442–468.

231 ANY, 1AC730, Plan d'adduction en eau et d'électrification des principaux centres du territoire. Rapport de la commission des forces hydrauliques et électricité. 1949–1950.

d'inaugurer l'éclairage public dans les quartiers Deido, Akwa, Koumassi ainsi que dans le quartier administratif implanté dès 1896 sur le plateau Joss. Cet éclairage court de 18 heures du soir à 6 heures du matin[232]. Le choix de ces sites tient évidemment de l'implantation forte du colonat en ces lieux.

D'autres centres, à l'instar de Yaoundé, de Victoria (Limbe), de Buea et de Dschang dans une moindre mesure complètent la liste des localités où l'électrification est entrevue, avec des résultats bien plus modestes que ceux obtenus à Douala. D'ailleurs, l'extension du service public ne s'y effectue que sous l'égide de la puissance publique, après qu'un vaste mouvement mondial ait concouru à faire d'elle le principal acteur du secteur électrique.

II. L'émergence de l'entreprise publique d'électricité

L'électrification du Cameroun, à l'instar des autres territoires coloniaux, a connu un développement fulgurant après la Seconde Guerre mondiale. La production d'électricité en Afrique française, Madagascar compris, passe par exemple de 570 millions de kWh en 1945 à 1325 millions de kWh en 1950, 2 205 millions de kWh en 1955 et 3 845 millions de kWh en 1960[233]. L'essor de l'électricité concerne aussi bien les structures de gestion, les infrastructures de production, la production elle-même que l'extension des réseaux de distribution.

L'agencement du secteur de l'électricité s'en trouve modifié. L'aspect le plus spectaculaire de cette électrification au Cameroun est assurément la construction du barrage et de la centrale hydroélectrique d'Edéa. Il faut toutefois noter que d'autres initiatives, certes de moindre envergure, ont été réalisées. Cette vaste tâche échoit à de nombreux acteurs dont les principaux sont la Compagnie Coloniale de Distribution d'Énergie Électrique (CCDEE) et la société Énergie Électrique du Cameroun (ENELCAM) dans la partie sous administration française et l'Electricity Corporation of Nigeria (ECN) dans la partie sous administration britannique.

---

232 Chauleur, op. cit., p. 171.

233 A. Ligouzat, « Le développement de l'électrification en Afrique d'expression française et à Madagascar », *Marchés tropicaux et méditerranéens*, supplément n° 1306, 21 novembre 1970, p. 296.

A. De nouveaux rapports public-privé

Au lendemain de la Seconde Guerre mondiale, seule Douala dispose d'un réseau de distribution d'électricité au Cameroun. L'électricité est longtemps restée un luxe pour les territoires d'outre-mer. Le regain d'intérêt pour cette forme très « moderne » d'énergie ne peut alors que retenir l'attention de l'administration. Dans une correspondance adressée le 3 décembre 1948 aux administrateurs en poste dans les territoires français, le secrétaire d'État à la France d'outre-mer, Tony Revillon, souligne :

> Je n'ignore ni l'intérêt d'une électrification rapide des territoires d'outre-mer, base indispensable de leur développement industriel et social, ni le désir de tous les centres de quelque importance, susceptibles d'être électrifiés, d'accéder simultanément et dans les moindres délais aux bénéfices de l'électricité[234].

Cette note traduit bien l'intérêt accordé à l'électrification au Cameroun et plus généralement dans les territoires coloniaux à ce moment. Un nouveau secteur d'activité se constitue avec les travaux de construction des centrales électriques, d'extension des réseaux et la gérance des concessions ainsi que des régies de distribution du courant électrique.

1. La constitution d'entités publiques

La fin de la guerre a marqué l'entrée en jeu de la puissance publique à travers ses entreprises, dans le secteur électrique. Au Cameroun britannique, la première entité publique exerçant dans le secteur de l'électricité est l'ECN. Créée en 1950, elle a pour objet la production et la distribution publique d'électricité à travers la fédération du Nigeria,[235] le Cameroun britannique y étant incorporé. Il s'agit, comme dans le cas de la France et de ses territoires, de procéder à une intégration de l'industrie électrique.

La constitution de la société ENELCAM[236] est quant à elle décidée le 3 mars 1948 par un arrêté du ministre de la France d'outre-mer. La

---

[234] ANY, 1AC527 (1), Correspondance du secrétaire d'État à la France d'outre-mer relative à l'établissement d'un ordre pour l'examen des travaux d'électrification, 3 décembre 1948, p. 2.

[235] E.S. Simpson, "Electricity production in Nigeria", *Economic Geography*, n° 45, vol. 3, juillet 1969, p. 241.

[236] Il est souvent fait référence dans les projets de constitution au sigle EEC.

nouvelle société a pour objet « toutes entreprises et toutes opérations généralement quelconque concernant directement ou indirectement la production, le transport, la distribution et l'utilisation de l'énergie au Cameroun »[237]. Il faut souligner, dans cette initiative, la volonté de redonner à la puissance publique le contrôle de l'activité électrique. Au milieu des années 1940, cette tendance est généralisée. C'est d'ailleurs dans ce contexte qu'intervient la nationalisation de l'électricité en France. Jean Dufau insiste sur le fait qu'elle

> Avait pour but de faire disparaître les inconvénients résultant de la pluralité des producteurs et des distributeurs (variétés dans les tensions, dans les fréquences de l'énergie distribuée et surtout difficultés d'interconnexion). Une harmonisation était donc nécessaire que, seule, la création d'une entreprise unique pouvait réaliser[238].

La décision de nationalisation du gaz et de l'électricité en France s'avère être une décision pleine de complexité de par ses acteurs et de par son processus. Elle peut être considérée comme le fruit d'une évolution intellectuelle et matérielle débutée depuis le XIXe siècle[239]. De nombreux éléments ont permis cette évolution déterminante de la vie économique de la France et de son empire colonial, en particulier l'affaiblissement du droit de propriété, l'extension d'une idéologie socialisante qui s'est exprimée par une affirmation progressive de l'interventionnisme et l'évolution matérielle du capitalisme à travers un recours de plus en plus marqué à la concentration technique des entreprises. L'intégration verticale du secteur électrique français est donc réalisée. Si la création d'ENELCAM s'inscrit dans cette perspective, elle ne se traduit pas exactement de la même façon puisqu'un binôme se forme avec la CCDEE. Néanmoins, cette nouvelle entité sert de référence pour la création d'autres sociétés d'économie mixte d'énergie électrique en Afrique française[240].

---

237 JORF du 12 mars 1948, Arrêté portant constitution d'une société d'économie mixte dite Énergie Électrique du Cameroun, p. 2525.

238 J. Dufau, *Les entreprises publiques*, Paris, Éditions de l'Actualité juridique, 1973, p. 41.

239 G. Bouthillier, « La nationalisation du gaz et de l'électricité en France. Contribution à l'étude des décisions politiques », Paris, Fondation nationale des sciences politiques, non datée, p. 12.

240 D. Varashin, « EDF et l'outre-mer, de 1946 au début des années 1960 », in Barjot, op. cit., pp. 392 et 394.

L'importance d'ENELCAM se traduit dans l'augmentation du volume de son capital : de 200 millions de francs CFA à sa constitution, celui-ci passe à près de 2 milliards en 1959 pour parachever les travaux de la centrale hydroélectrique d'Edéa[241]. À l'origine, ce capital est détenu par le territoire du Cameroun (34 %), par la Commune de Douala (8 %), mais également par la Régie des chemins de fer du Cameroun et la Compagnie française du Cameroun (8 % chacune). Le reste du capital est détenu par la Caisse centrale de la France d'Outre-mer (CCFOM) à hauteur de 14 % et par Électricité de France (EDF) à hauteur de 20 %. Les 8 % restants sont détenus par des usagers représentés au Conseil d'administration par M. Chamaulte[242]. Le rôle d'EDF ne se limite pas au financement.

Elle intervient de manière générale dans l'activité d'ENELCAM. En effet, créée par la loi de nationalisation de l'électricité et du gaz en France du 8 avril 1946, EDF mène une partie de son action dans les territoires de l'empire français[243]. C'est dans ce cadre qu'elle prend des participations dans les différentes sociétés de production et de distribution d'énergie électrique en Afrique française, notamment au Gabon, au Congo, au Sénégal, à Madagascar, en Guinée, et en Côte d'Ivoire. Elle signe avec ENELCAM un contrat d'ingénieur-conseil[244] au titre duquel elle est chargée de la prospection hydroélectrique, des études d'électrification, de la supervision des travaux d'équipement des centrales et de manière générale de toute l'expertise technique. Certains estiment qu'ENELCAM n'était autre qu'une filiale d'EDF[245].

---

241 Le capital de l'entreprise est ainsi passé à 251 120 000 de francs en 1953 à 1 900 000 000 de francs en 1954 et à 1 927 500 000 de francs en 1961. EDF/GDF Archives, Boîte 925893, Rapports des assemblées générales; P. Hugon, *Analyse du sous-développement en Afrique noire. L'exemple de l'économie camerounaise*, Paris, PUF, 1968, p. 107.

242 Rapport annuel du gouvernement français à l'Assemblée générale des Nations Unies sur l'administration du Cameroun placé sous tutelle de la France, année 1957, p. 116 ; ANOM, PA 19, carton 3, dossier 39, Fiche concernant les « sociétés d'État » et les « sociétés d'économie mixte », s.d.

243 Voir A. Beltran, J.-P. Couvreux, *Électricité de France : 50 ans d'histoire à l'international*, Paris, Le cherche midi éditeur, 1996; Varashin, art. cit..

244 ANY, 1AC695, Convention avec Électricité de France pour l'étude de centrales et de réseaux de distribution d'énergie électrique au Cameroun, 26 septembre 1950, 16 p.

245 Entretien avec Nicolas Janvier Ngue, chef de département Exploitation à la centrale hydroélectrique d'Edéa, Edéa, 17 janvier 2007.

Dès sa constitution, ENELCAM tire avantage de la participation du territoire à son capital,[246] ce qui lui a permis de s'arroger une part considérable du secteur électrique au Cameroun.

2. L'émanation de duopoles

La constitution de sociétés à participation publique dans le secteur de l'électricité au Cameroun génère des duopoles de fait, puisque les structures privées préexistantes continuent d'exercer et que l'offre d'électricité est contrôlée exclusivement par deux entreprises, dans chacun des cas. La cohabitation entre celles-ci et les nouvelles entités publiques constitue alors un nouvel agencement dans le secteur. C'est le cas entre ENELCAM et la CCDEE dans la partie française et, dans une moindre mesure, entre l'ECN et la Cameroon Development Corporation (CDC) au Cameroun sous administration britannique.

L'histoire de l'électricité dans la partie britannique du territoire est intimement liée à celle de la CDC et de l'ECN. Créée au lendemain de la guerre, en 1946, la CDC est la principale entreprise agricole du Southern Cameroons. Elle est en fait un organisme public qui a repris le contrôle des exploitations agricoles jusqu'alors gérées par des colons allemands. Le rôle de la CDC est ici souligné du fait que sur ses exploitations est installée une quarantaine de centrales autonomes dont la capacité varie de 1,5 à 265 KVA. Ces centrales constituent pendant longtemps l'essentiel de l'infrastructure de production du territoire. Elles servent à fournir l'électricité aux exploitations agricoles. Elles servent aussi, comme cela a été le cas de la centrale thermique de Bota, à l'électrification de la localité de Victoria dès 1948.

Mais, avec la création de l'ECN, il est admis que cette nouvelle entité spécialisée détiendrait désormais le monopole de la production et de la distribution d'énergie électrique et se contenterait de délivrer des autorisations aux particuliers qui désireraient produire leur électricité de manière autonome, dans les localités où l'ECN ne pourrait se déployer. Deux préalables conditionnent également la délivrance de ces autorisations : l'électricité ainsi produite ne serait en aucun cas vendue et l'équipement servant à sa production serait automatiquement arrêté si l'ECN venait à s'implanter dans la localité

246 ANY, 1AC527 (1), Correspondance du président du conseil d'administration d'ENELCAM adressé au Haut-commissaire, 4 décembre 1948.

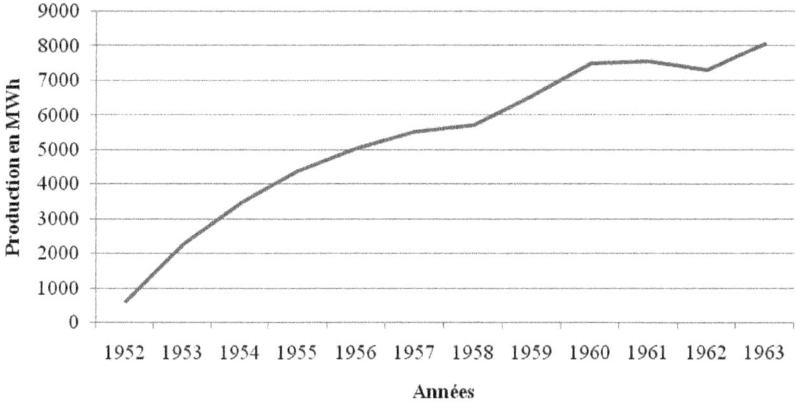

Graphique 2: La production d'énergie électrique au Cameroun britannique (1952–1963)
Source : ANB, Rj1962/6, POWERCAM, First Report…, p. 7.

concernée[247]. Par conséquent, dès 1952, cet organisme public a pris le contrôle de l'activité électrique au Cameroun britannique.

L'action publique dans ce domaine contribue à l'augmentation de la production et de distribution d'électricité dans cette partie du territoire (cf. graphique 2).

L'augmentation de la production est continuelle et arithmétique au cours de la période prise en compte, passant de 620,6 MWh en 1952 à 8055,3 MWh en 1963. La construction de la centrale de Yoke en 1958 est l'un des éléments explicatifs de cette hausse constante. Il faut néanmoins relever que le 28 août 1962, un incendie dans l'alternateur n° 2 de cette centrale a provoqué une baisse de production. Cet alternateur a été réparé et remis en service en février 1963, relançant la production.

Au Cameroun sous administration française, le plan décennal de 1946 impose une nouvelle nécessité : celle d'envisager une production plus ambitieuse pour favoriser la modernisation, mais surtout l'industrialisation du territoire. L'activité électrique s'est alors structurée autour de deux principaux acteurs, l'un étant privé et l'autre public. La

247 ANB, Rj 1963-1, Correspondance de l'ingénieur électricien en chef J.L. King aux principaux membres du Gouvernement fédéral du Nigeria, relative à la délivrance de licences d'implantation de centrales électriques, 20 juillet 1950.

Tableau 4: Le secteur de l'électricité au Cameroun en 1962

Exploitant	Forme de l'exploitation	Localité
ENELCAM	Concession du 20/6/1953	Douala
	– du 4/5/1954	Edéa
	Gérance du 15/2/1962	Dschang
	– du 01/10/1962	Bafoussam
	– du 02/10/1962	Foumban
	du 01/03/1962	Kribi
CCDEE	Gérance du 9/12/1947	Yaoundé, Nkongsamba, Maroua
Communes	Régie directe	Garoua, Mbanga, Sangmélima, Bafang, Eseka, Manjo, Loum, Yabassi, Bafia, Mbalmayo…
POWERCAM	Concession reprise à l'ECN (à partir d'octobre 1962)	Victoria, Buea, Tiko

Source : Adapté d'après Archives EDF/GDF, Boîte 943626, EDF, Étude du marché de l'électricité au Cameroun fédéral, tome 2 : analyse rétrospective et perspective des consommations, 1965, pp. iv–v; Tchapga, op. cit., p. 31 et A. Vesse, *Étude de l'économie camerounaise en 1957, tome 1 : activités des entreprises*, Yaoundé, Service de Statistique générale, (s.d), p. 98.

conséquence de ce nouvel agencement est que le réseau électrique du Cameroun, au cours de cette période, demeure désintégré, constitué d'une diversité de réseaux locaux aussi autonomes que cloisonnés (cf. tableau 4). Une vision du développement de ce secteur à l'échelle du territoire n'est pas élaborée, ni au Cameroun français ni au Cameroun britannique. Une vue si étroite a pour inconvénients notables la pratique de tarifs élevés et la gérance des délégations de service public sans véritable prospective. L'importance prise par les acteurs publics, aussi bien l'administration que la société d'économie mixte qui a été constituée, tend alors à gommer certains de ces problèmes.

« De façon générale, note Flavien Tchapga, les premières entreprises électriques africaines, au moins en ce qui concerne le Cameroun et la Côte d'Ivoire, ont fonctionné sous le régime juridique de la délégation de service public »[248]. Une délégation de service public désigne un

248 Tchapga, op. cit., p. 26.

arrangement contractuel par lequel une personne publique confie la gestion d'un service public dont elle a la charge à une entreprise publique ou privée dont la rémunération est liée aux résultats de l'exploitation. Différents modes de délégation existent, parmi lesquels l'exploitation en gérance, la régie intéressée et la concession.

Par le contrat de concession, le concessionnaire est chargé de construire des ouvrages de production et d'exploiter le service qui y est lié. Il exploite alors ce service à ses risques et périls. En échange, il est rémunéré par la perception directe de redevances sur les usagers, lesquelles redevances doivent permettre d'amortir les investissements réalisés et de dégager une marge bénéficiaire pour le concessionnaire.

La régie intéressée quant à elle est un mode de délégation de service public par lequel la puissance publique, à travers un contrat, confie à une entreprise publique ou privée l'exploitation d'un service public. Ici, la fixation des tarifs de prestation fait l'objet de discussions entre l'exploitant et la puissance publique, même si, en fin de compte, celle-ci en assure le contrôle. La rémunération de l'exploitant est faite par la puissance publique. Elle comprend deux composantes, dont une part fixe et une part d'intéressement aux résultats, liée à sa performance et calculée à la fin de chaque exercice. Ces différents modes de gestion déléguée du service public s'opposent à un autre mode de gestion, à savoir la régie directe ou publique. Par la régie directe, les collectivités ont la possibilité d'exploiter elles-mêmes le service, avec leurs moyens propres.

La lecture des différentes conventions passées entre le territoire et la CCDEE[249] fait explicitement ressortir que la distribution d'énergie électrique dans les centres concernés a été organisée en gérance, contrairement à ce que suggère Flavien Tchapga, à savoir qu'il s'agirait de régies directes[250]. La frontière est, il est vrai, mince entre la régie intéressée et l'exploitation en gérance et les dispositions des cahiers de charge rendent parfois le discernement difficile, au regard des considérations théoriques proposées[251]. Ce dernier mode de gestion déléguée a toutefois

---

249 ANY, 1AC528, Régies. Électricité. Gérance, 1948; ADD, Projet de convention et cahier des charges pour la gérance de la distribution publique d'énergie électrique de Dschang, 25 mars 1953.

250 Tchapga, op. cit., p. 31.

251 Flavien Tchapga suggère deux différences entre les contrats de régie intéressée et d'exploitation en gérance. D'abord, le premier intègrerait pour la rémunération de l'exploitant une prime forfaitaire et une prime proportionnelle aux résultats

permis de préserver une certaine dimension sociopolitique de la fourniture de l'énergie électrique, puisque l'administration en oriente le développement. La CCDEE ne se serait pourtant plus investie pleinement dans l'expansion de ses exploitations, se contentant d'en assurer presque une gestion commerciale[252].

B. Le duopole ENELCAM/CCDEE et son incidence sur le secteur électrique du Cameroun français

L'action de la CCDEE au Cameroun est progressivement éclipsée par celle d'ENELCAM. Ces deux entreprises ont, somme toute, joué un rôle déterminant dans la fondation des réseaux électriques dans le territoire, bénéficiant plus ou moins des faveurs de l'administration française.

1. ENELCAM et le développement du complexe hydroélectrique d'Edéa

La première tâche confiée à ENELCAM, la véritable d'ailleurs, consiste dès sa création en l'équipement d'une chute sur la Sanaga, à Edéa ainsi qu'en la réalisation de ses infrastructures d'exploitation[253]. La centrale hydroélectrique d'Edéa présente un fort potentiel de développement, du fait qu'elle constitue le noyau des principaux projets industriels au Cameroun sous tutelle de la France. Le développement industriel de cette partie du territoire, et notamment de la région de Douala, reste en effet confronté au problème de la fourniture d'énergie électrique. Claude Lebarbier fait ainsi remarquer :

---

d'exploitation. Le second se contenterait d'une prime forfaitaire. Ensuite, le contrat de régie intéressée permettrait à l'exploitant de participer au processus de fixation des prix, ce qui serait exclu dans un contrat d'exploitation en gérance. Bien que les conventions passées entre le territoire du Cameroun sous administration française et la CCDEE portent sur la gérance des exploitations, les dispositions qui y sont contenues suggèrent parfois qu'il s'agirait d'exploitations en régie intéressée. La littérature sur les délégations de service public élude malheureusement trop souvent les contrats de gérance.

252 J. Ngandjeu, « Contribution de l'Électricité du Cameroun à la symbiose ville-campagne. L'exemple de N'Lohe-Nkongsamba – Loum – Mbanga », enquête de fin d'année en vue de l'obtention du Diplôme supérieur de journalisme, ESIJY, 1973, p. 40.

253 ANY, 2AC9402, Lettre du ministre de la France d'outre-mer à monsieur Descottes relative aux instructions au commissaire du gouvernement d'Énergie Électrique du Cameroun, juillet 1948.

> Si des industries légères peuvent, à la rigueur utiliser l'énergie produite par des groupes diesel à un prix relativement élevé, les industries grosses consommatrices de courant pour lesquelles le kWh est une part importante du prix de revient, ne peuvent s'établir qu'à proximité de sources économiques d'énergie électrique[254].

La construction du barrage et de la centrale d'Edéa s'impose donc. ENELCAM est constituée dans cette perspective. En réalité, le projet est envisagé dès 1942. Il s'agissait alors de fournir de l'énergie électrique à Yaoundé, la capitale administrative du Cameroun français[255]. Deux années plus tard, le choix est cependant fait de détourner l'électricité que produirait la future centrale vers la ville proche de Douala et sa région où les perspectives d'industrialisation semblent plus porteuses. L'intérêt d'approvisionner Yaoundé à partir d'Édéa ne s'est pourtant pas estompé. En 1956 encore, l'Assemblée territoriale et la Chambre de Commerce, d'industries et d'artisanat du Cameroun ont appelé de leur vœu la construction d'une ligne haute tension entre ces deux points en vue de résorber les difficultés d'électrification de la capitale[256], ouvrant ainsi la voie à l'interconnexion nationale.

La construction et l'équipement initial de l'ouvrage s'échelonnent en deux étapes. La première, entre 1949 et 1953, nécessite un investissement de près de 4,3 milliards de francs ; la seconde, entre 1954 et 1958, coûte quant à elle près de 3 milliards de francs. L'un des aspects à observer ici, du point de vue entrepreneurial, est le rôle des intervenants français. EDF assure le rôle d'ingénieur-conseil général ; M. Aubert est quant à lui l'ingénieur-conseil hydraulicien. Les autres intervenants représentent le monde des travaux publics et de l'électrotechnique. Ce sont la Compagnie industrielle des travaux pour l'étude de béton armé ; la société anonyme Hersent pour le génie civil ; la société des forges et atelier du Creusot

---

254 C. Lebarbier, « L'aménagement de la chute d'Edéa sur la Sanaga », *Marchés coloniaux du Monde* : Cameroun 1952, n° 340, p. 1391.

255 ANY, 2AC3258, Rapport de la commission des Grands Travaux au conseil consultatif économique et financier, 7 novembre 1942. Il faut d'ailleurs envisager que l'intérêt pour le fleuve Sanaga ainsi que pour le site d'Edéa où ont été implantés le barrage et la centrale soit antérieur à cette année. Des relevés indiquent par exemple que le régime de ce fleuve était déjà observé avec attention à la fin des années 1910. Voir ANY, FA 1/752, Observations relatives au régime de la Sanaga à Edéa, 1907–1910.

256 Chambre de commerce, des industries et de l'artisanat du Cameroun, Bulletin n° 2, février 1956, p. 87.

pour les turbines, les conduites forcées et les vannes ; la société S.W. de matériel électrique qui fournit des alternateurs sous licence de la société Schneider ; la société Entreise pour l'équipement électrique de la centrale, le matériel pour la ligne Edéa-Douala et pour le poste transformateur de Douala/Bassa[257].

L'équipement électrique du territoire, comme cela est le cas dans les autres colonies françaises, est manifestement régi par une clause Zone franc. Cette clause, véritable artifice de protectionnisme colonial, favorise l'utilisation quasi exclusive du matériel et des technologies métropolitaines dans les territoires outre-mer. Les conventions de concession et de régies passées au Cameroun permettent de se faire une idée de la question puisqu'il y est précisé que les entreprises à qui sont confiés des travaux de construction d'équipements électriques devraient prioritairement recourir au matériel et à l'expertise provenant de la France métropolitaine ou d'outre-mer[258].

L'exploitation de la centrale d'Edéa a permis à ENELCAM d'accroître la production électrique dans le territoire (cf. graphique 3).

La construction du barrage et de la centrale hydroélectrique d'Edéa, comme déjà relevé, s'est déroulée en plusieurs phases : la première phase d'aménagement (Edéa I) s'est effectuée de 1949 à 1953. La deuxième phase (Edéa II) de 1955 à 1958, tout comme la troisième phase (Edéa III) de 1967 à 1975, a consisté en l'extension de la puissance installée de la centrale. La production s'est accrue, passant en valeurs réelles de 22 millions de kWh en 1955 à 1042 millions de kWh en 1963. La part de l'énergie livrée à Aluminium du Cameroun (ALUCAM) reste quant à elle à peu près constante : entre 82, 95 % en 1957 et 94, 12 % en 1963.

Cette hausse de la production d'électricité s'est par ailleurs traduite dans la baisse du prix de revient du kWh. Celui-ci est passé de 21,50 francs en 1952 à 11,80 francs en 1964[259]. Mais, cette baisse du tarif

---

257 Lebarbier, art. cit., pp. 1395–1396.

258 On note ainsi, dans un projet de convention réglant la gérance de la distribution publique d'énergie électrique à Dschang daté de mars 1953, que « à qualité, prix et délais de livraison équivalents, le gérant devra employer du matériel fabriqué dans l'Union Française ». Voir ADD, Projet de convention et cahier des charges pour la gérance de la distribution publique d'énergie électrique de Dschang, 25 mars 1953. Cette disposition n'était d'ailleurs pas spécifique au Cameroun et concernait l'ensemble des territoires et colonies de la France.

259 Hugon, op. cit., p. 107.

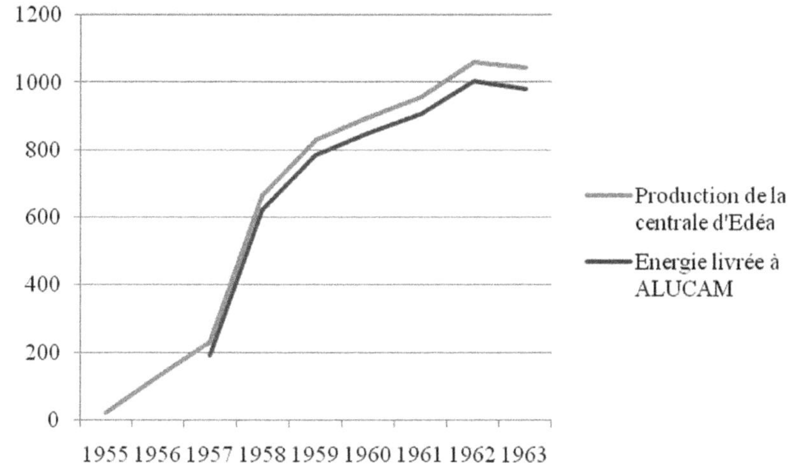

Graphique 3: Production de la centrale électrique d'Edéa en millions de kWh (1955–1962)
Source : Njomkam, « L'énergie et le développement », p. 71.

du courant électrique ne profite véritablement qu'à la seule entreprise d'électrométallurgie ALUCAM, qui consomme plus de 90 % de la production d'Edéa, à un tarif préférentiel de 0,50 franc le kWh[260]. Il faut ainsi mentionner qu'une convention est passée en 1951 entre le territoire et la société d'électrochimie Ugine. Il s'agit d'étudier les diverses possibilités d'utilisation des excédents d'énergie produite à Edéa par des industries de transformation. Ugine collaborait déjà avec la société Péchiney, depuis 1942, pour implanter en Afrique un complexe métallurgique. Dans cette optique, la Guinée est d'abord apparue comme l'emplacement idéal. Péchiney et Ugine entrevoient dans cette colonie de mettre en œuvre un projet intégré d'électrométallurgie basé sur l'existence du gisement de bauxite de Kindia et les potentialités hydroélectriques de Konkouré. Il semble cependant que la nécessité, à la fin des années 1940, de créer des interdépendances entre les territoires de l'empire, ait conduit à implanter l'usine à Edéa, mais à la rendre dépendante de la bauxite de Guinée[261].

260 *Ibid.*

261 T. Deltombe, M. Domergue, J. Tatsitsa, *Kamerun! Une guerre cachée aux origines de ka Françafrique (1948–1971)*, Paris, La Découverte, 2011, pp. 105–109 ; M. Laparra, « Enelcam-Alucam : l'énergie hydroélectrique du Cameroun à la

L'activité d'ENELCAM est donc résolument tournée vers la fourniture d'énergie électrique à ALUCAM[262]. Un contrat est signé le 22 juillet 1954 à cet effet entre les deux parties. Celui-ci fait d'ENELCAM le bras énergétique de l'électrométallurgiste français.

Dans le même temps, ENELCAM diversifie sa clientèle pour s'intéresser à la distribution d'énergie électrique, s'attaquant ainsi à une part de marché où est confinée la CCDEE.

2. La gérance des régies d'électricité : un palliatif pour la CCDEE

La participation du territoire au capital d'ENELCAM réduit les opportunités d'affaires de la CCDEE au début des années 1950, tout en augmentant les craintes de cette dernière de voir la concurrence sacrifiée dans le secteur. Dans l'une des correspondances que les responsables de l'entreprise adressent au Haut-commissaire, on note bien cette inquiétude :

> Monsieur le Haut-commissaire nous avait assuré que dorénavant tout projet d'électrification donnerait lieu à un appel d'offres des différentes sociétés représentées au Cameroun, et nous espérons que notre société (...) ne sera pas oubliée sur la liste des concurrents éventuels.[263]

Une forte critique a pourtant suivi l'activité de la CCDEE au Cameroun. Jean Ngandjeu retient par exemple que, de 1929 à 1952, cet exploitant n'a connu aucun succès à Douala[264]. Si cette prise de position peut sembler excessive, on peut avancer que ces résultats mitigés ont plus tard servi d'arguments pour ne pas renouveler la concession de la CCDEE dans cette ville, l'attribuant plutôt à ENELCAM sa concurrente.

---

rencontre de l'aluminium », in Barjot, *L'électrification Outre-mer de la fin du XIXe aux premières décolonisations*, Paris, publications de la société d'histoire outre-mer, 2002, pp. 177–200 ; Hugon, op. cit., p. 106. Une préoccupation posée par cet auteur suggère une lecture plus affinée du développement de l'industrie métallurgique au Cameroun. Il s'interroge en effet : « Des risques de nationalisations ne seraient-ils pas à craindre si le Cameroun était le maître de l'électricité (Edéa), des matières premières (Martap [gisement de bauxite estimé à plus d'1 milliard de tonnes]), et de l'usine d'aluminium (Alucam) ? »

262 Archives EDF/GDF, Boîte 973380, Contrat de vente d'énergie électrique ALUCAM-ENELCAM, 22 juillet 1954, 10 p.

263 ANY, 1AC527 (1), Correspondance de la CCDEE au Haut-commissaire relative aux nouvelles électrifications au Cameroun, 27 Janvier 1950.

264 Ngandjeu, op. cit., p. 40.

Dans une lettre adressée en avril 1954 au Haut-commissaire de la France au Cameroun par le président de la Chambre de commerce, de l'industrie et de l'agriculture du Cameroun et relative à la situation de la centrale électrique de Yaoundé, on peut en effet déceler la frustration qu'aurait occasionnée une interruption prolongée de la fourniture d'électricité à Douala en 1951, alors que la CCDEE en assurait encore la gérance[265]. D'après ce responsable consulaire, cette situation a entraîné une hausse du chômage dans les entreprises industrielles et artisanales, des pertes considérables de stocks de vivres frais dues à l'interruption des chaînes de froid et l'augmentation du prix de revient de nombreux produits de consommation par ricochet[266]. Cette situation de pénurie, il faut le mentionner, résultait aussi de l'accroissement rapide de la demande industrielle dans cette ville. Pour résorber ce problème énergétique, et en attendant que Douala soit raccordée à la centrale électrique d'Edéa alors en construction, la CCDEE procède à l'extension des installations existantes à Koumassi. Elle entreprend également la construction d'une autre centrale diesel de 3 500 kW à Bassa.

En 1947, la CCDEE avait déjà obtenu la gérance des régies d'électricité de Yaoundé, de Nkongsamba et de Maroua[267]. Après son implantation à Douala en 1929 en effet, la CCDEE s'était particulièrement investie dans la réalisation des infrastructures de production et de distribution d'électricité. À la faveur du plan décennal, cette entreprise s'arroge la presque totalité des marchés d'électrification au Cameroun. Les travaux, financés par le budget public, portent sur l'extension du réseau électrique de Douala, sur la construction de centrales ainsi que de lignes de transport et de distribution d'énergie à Yaoundé, Nkongsamba et Maroua. L'ensemble de ces marchés portent sur plus de 527 millions de francs CFA[268].

La production d'énergie électrique de ces centres reste néanmoins modeste. À Yaoundé par exemple, la CCDEE produit 6 145 kWh en 1956. En 1958, la production n'est que de 7 389 kWh, malgré la forte

265 Procès-verbal de la séance plénière du 9 avril 1954, in Chambre de commerce, d'industrie et d'agriculture du Cameroun, Bulletin n° 4, avril 1954, p. 180.

266 Procès-verbal de la séance plénière du 9 avril 1954, in Chambre de commerce, d'industrie et d'agriculture du Cameroun, Bulletin n° 4, avril 1954, p. 180.

267 ANY, 1AC730, Plan d'adduction en eau et d'électrification.

268 ANY, 1AC 730, Direction des travaux publics, Rapport. Chapitre 9 : forces hydrauliques et électricité.

Tableau 5: Tarif d'électricité dans les centres sous régie CCDEE (1953–1957) en francs CFA

Centres	Yaoundé		Nkongsamba		Maroua	
Années	**1953**	**1957**	**1953**	**1957**	**1953**	**1957**
Éclairage – particuliers	28	28	33	34	33	35
Éclairage public et services publics	26	26	30	31	30	32
Éclairage public au-delà de 200 000 kWh/mois		20				
Chauffage électrique et cuisine	16	16	16	17	22	22
Force motrice BT	20	20	20	21	25	25
Force motrice HT	14	14	14	15	14	14
Usine de pompage des eaux						20

Source : ANY, 1AC8309, Électricité, tarifs 1953 et 1AC8753, Électricité, tarifs. 1957.

évolution de la demande[269]. Aucun de ces centres ne dispose, il faut le concéder, d'une demande industrielle susceptible de faire accroître de façon substantielle la production et la consommation d'énergie électrique. Le tarif du kWh ne cesse cependant de croître (cf. tableau 5).

Le principal facteur explicatif à cette augmentation réside dans la nature même des installations électriques réalisées : Jean Lemoine estime ainsi que le financement de l'électrification des petits centres pose d'énormes difficultés dans la mesure où les recettes d'exploitation ne suffisent souvent pas à couvrir les coûts d'équipement et d'entretien du réseau électrique. Plus un réseau est important de par sa taille, moins son exploitation risque d'être déficitaire. Comparativement, les tarifs pratiqués par ENELCAM à Douala sont plus avantageux et connaissent une baisse. Pour l'éclairage public par exemple, le prix de vente du kWh, quoique de 26 francs CFA en 1953, donc identique au tarif en vigueur à Yaoundé, est tombé à 10, 9 francs CFA en 1957[270]. Il faut cependant constater les écarts importants de production et de consommation d'énergie électrique entre ces deux villes.

---

269 A. Vesse (dir), *Étude de l'économie camerounaise en 1957, tome 1 : activités des entreprises*, Yaoundé, service de statistique générale, s.d., cité par J-A. Njomkam, op. cit., p. 73.

270 CCIC, « L'évolution de la consommation d'électricité à Douala », *Bulletin de la Chambre de Commerce et d'Industrie du Cameroun*, n° 1, janvier 1960, p. 19.

En 1953, les parts de marché de la CCDEE dans la distribution d'énergie électrique se réduisent lorsque la concession qu'elle avait jusqu'alors à Douala est confiée à ENELCAM. Le nouveau concessionnaire a activement milité au milieu de la décennie 1950 pour que le tarif d'enregistrement des polices d'abonnement à l'eau et à l'électricité passe de 2000 francs CFA à 500 francs CFA. La question retient particulièrement l'attention au Cameroun entre novembre 1954, lorsqu'ENELCAM adresse un mémorandum à ce sujet au Haut-commissaire, et mai 1956 lorsqu'une délibération de l'Assemblée territoriale permet ce changement. ENELCAM, au moment où elle reprend la concession de distribution d'énergie électrique à Douala, est confrontée à un dilemme : bien que la police d'abonnement à l'électricité ait été fixée avant 1953 à 2000 francs CFA, dans la pratique, la procédure d'abonnement aurait été souvent réduite à une simple demande de la part du futur abonné. Cette situation débouchait parfois sur des litiges lorsque l'abonné se refusait à régler les factures.

L'absence d'arrangement contractuel que constitue la police d'abonnement ne permettait aucun recours judiciaire au concessionnaire. Par contre, ces droits élevés, indique ENELCAM, constituent une véritable hypothèque pour l'électrification du territoire et principalement de la population africaine. Paradoxalement, les droits versés constituent une part non négligeable du budget du territoire, soit près de 2 000 000 millions de francs CFA. Trois options se présentent alors : le maintien en l'état de cette police d'abonnement, la diminution de sa valeur ou sa suppression. Une bonne partie de l'administration a dû se prononcer à ce sujet avant que l'Assemblée, prenant en compte les intérêts sociaux, économiques et marketing en jeu, ne décide de maintenir cette police d'abonnement tout en diminuant sa valeur à 500 francs CFA[271]. Cette avancée permet à ENELCAM de capter la clientèle urbaine qui se constitue alors.

Jusqu'en 1958, le compteur électrique est acheté par l'abonné à un prix minimum de 35 000 francs. ENELCAM instaure à Douala une formule d'installation forfaitaire à 10 000 francs[272] et rend gratuits les branchements pour les usages domestiques (cuisine et chauffage d'eau et

---

271 Voir particulièrement à ce sujet le dossier ANY, 1AC8982, Eau et électricité, tarifs, 1956.

272 Njomkam, op. cit., p. 76.

Tableau 6: Électricité : prix, consommation et abonnés à Douala (1952–1961)

	Prix moyen du kWh	Consommation en millions de kWh	Nombre d'abonnés	Prix du kWh pour éclairage public	Consommation pour éclairage public en milliers de kWh
1952	20,02	7,5			
1953	19,61	10,1	2 800	26	414
1954	17,08	12,5	3 480	14	715
1955	16,23	15,1	4 200	13,8	722
1956	14,75	18,3	4 880	11,2	892
1957	13,84	22,3	5 319	10,9	917
1958	13,19	26,1	6 014	10,6	946
1959	12,93	28,7	6 339		965
1960	12,57	29,4	6 493		1 024
1961		32,6	7 200		1 392

Source : Archives EDF/GDF Archives, Boîte 925893, Complément au rapport du Conseil d'administration du 27 mars 1962 et CCIC, « L'évolution de la consommation d'électricité à Douala », Bulletin de la Chambre de Commerce et d'Industrie du Cameroun, n° 1, janvier 1960, p. 19.

climatisation)[273]. Les indicateurs du secteur électrique à Douala se sont donc améliorés avec l'entrée en scène d'ENELCAM (cf. tableau 6).

L'une des grandes satisfactions de l'entreprise est par ailleurs l'augmentation des abonnés africains. Ils constituent presque le septième des abonnés dans la ville de Douala soit 500 des 3 450 abonnés au cours de l'année 1953[274]. Il faut par ailleurs mettre en évidence, comme déjà suggéré, le fait que l'action de la CCDEE et d'ENELCAM a été fortement encadrée par le législateur et l'administration. Le prix du kWh d'électricité, aussi bien dans les régies que dans les concessions, est fixé par des délibérations de l'Assemblée et par des arrêtés du

---

273 CCIC, « L'évolution de la consommation d'électricité à Douala », p. 19.

274 Archives EDF/GDF, Boîte 925892, Procès-verbal du Conseil d'administration du 10 décembre 1953, p. 5. « Parmi les abonnés lumière, peut-on y lire, 500 africains avec : 60 réfrigérateurs, 200 postes radio, 100 fers à repasser, 2 cuisinières électriques et 2 chauffe-eau. »

Haut-commissaire[275]. Il en était de même pour la fixation du tarif de location du compteur électrique.

Dans les deux cas d'ENELCAM et de la CCDEE, l'élite politique nationale qui se constitue finit cependant par considérer que l'orientation industrielle ou commerciale de leur activité allait à l'encontre des missions de service public et de l'intérêt général. Un rapport officiel du gouvernement camerounais relève ainsi, le 15 juin 1961, que « ENELCAM et la CCDEE freinent le développement de la fourniture électrique (…) aucun de ces organismes (…) ne pense le problème d'exploitation et de distribution à l'échelle nationale »[276]. Dans le cas de la CCDEE notamment, la remise en cause de son rôle dans la gestion du secteur électrique du Cameroun n'est pas sans rappeler l'élan parlementaire en AEF pour réclamer l'arrêt des activités d'une autre entreprise électrique privée : l'UNELCO. Dès 1949 en effet, sur les bancs de l'assemblée fédérale, on accuse cette entreprise [le gérant] de ne pas œuvrer suffisamment pour l'électrification de l'Oubangui-Chari en l'occurrence et de vouloir faire « marcher le patron [la fédération de l'AEF] ! »[277] Un nouvel agencement du secteur de l'électricité devient alors inéluctable avec les décolonisations et l'accession à l'indépendance.

Il ressort de ce qui précède que l'histoire de l'électricité au Cameroun révèle des rapports divers entre la puissance publique et le capital privé. L'initiative d'installer les premiers équipements de production d'énergie électrique est revenue à des producteurs autonomes. Les éléments du colonat se sont ainsi illustrés dans ce cas, faisant de l'électricité un luxe, un produit réservé « à l'homme blanc. » Quelques structures, à l'instar des ateliers du port de Douala, des travaux publics et de la régie des chemins de fer disposaient, dès les années 1920, de capacités de production autonomes. Ce sont pourtant les plantations qui, les premières, ont entrepris de constituer des réseaux de distribution d'électricité. Différents aléas ont cependant contribué à annihiler ces

---

275 Voir ANY, 1AC8309, Délibération n° 196/53 du 13 mai 1953 de l'ATCAM fixant les tarifs d'électricité au Cameroun (Yaoundé, Nkongsamba, Maroua) ; 1AC6816, arrêté fixant les tarifs d'électricité à Ngaoundéré, 1956; 1AC8753, arrêté du 22 janvier 1957 fixant les tarifs d'électricité au Cameroun (Yaoundé, Nkongsamba, Maroua).

276 Tchapga, op. cit., p. 33.

277 A. Engilberge, « L'électrification de l'Oubangui-Chari (1945–1960). Planification et réalités de l'électrification d'un territoire d'Outre-mer », mémoire de Maîtrise d'Histoire contemporaine, Université d'Aix-Marseille, mai 2002, pp. 28–29–31.

initiatives, principalement au Cameroun britannique. Dans la partie française par contre, la constitution de réseaux électriques a débuté à la fin des années 1920 à Douala, principal centre économique du territoire. La CCDEE y a travaillé, indiquant le rôle important de l'entrepreneuriat privé dans les premiers projets d'électrification des territoires sous domination coloniale.

Dans le domaine de l'électricité aussi, la fin de la Seconde Guerre a généré de nouveaux agencements. Aussi bien dans la partie française que dans la partie britannique du Cameroun, des rapports étroits se sont établis entre la puissance publique et les investisseurs privés. L'État, pour contrecarrer l'importance du capital privé, a ainsi choisi de constituer des entités publiques à l'instar de l'ECN et d'ENELCAM. La cohabitation entre celles-ci et les intervenants privés a produit de fait des duopoles autour desquels s'est poursuivie l'électrification du territoire.

En six décennies d'histoire coloniale ici considérées, le dynamisme entrepreneurial a été particulièrement important dans le secteur de l'énergie au Cameroun. L'histoire spécifique de ce pays met en exergue les aléas qui ont déterminé la constitution de ce secteur et les rapports qui s'y sont produits entre la puissance publique et le capital privé colonial. De la réserve initiale du gouvernement allemand à la détermination des administrations française et britannique à s'impliquer dans la gestion de l'approvisionnement en produits pétroliers et de l'électrification, les relations entre les parties prenantes à l'économie coloniale ont en effet recouvré différentes facettes.

Deux périodes se dégagent de façon générale dans ce cadre, séparées par la crise des années 1930. La première laisse percevoir l'œuvre fondatrice de l'initiative privée, parfois tempérée par l'action régulatrice de l'État. La seconde révèle par contre les tentatives de reprise en main par la puissance publique des activités du secteur de l'énergie. Ainsi, si le capital privé a été le premier à investir dans ce domaine (la *Kamerun Bergwerck Aktiengesellschaft* et le Syndicat de Logbaba dans le secteur des hydrocarbures ; le colonat et la CCDEE dans le secteur de l'électricité…), l'importance des ressources énergétiques a gardé l'État et l'administration coloniale proches de sa gestion, soit par le biais d'une réglementation contraignante, soit par l'entremise d'entreprises à participation publique (la SEREPCA dans le secteur des hydrocarbures ; l'ECN et ENELCAM dans le secteur de l'électricité…) destinées à balancer le poids jugé trop important des acteurs privés. Ces différents agencements ont contribué à donner une forte impulsion au développement du secteur.

DEUXIÈME PARTIE

ÉNERGIE, DÉVELOPPEMENT ET SOUVERAINETÉ AU CAMEROUN : L'ÈRE DES SOCIÉTÉS NATIONALES (1962–1987)

Introduction

L'accession du Cameroun oriental (antérieurement administré par la France) à l'indépendance en 1960, puis sa réunification avec le Cameroun occidental (antérieurement administré par le Royaume-Uni) en 1961, sont deux moments incontournables de l'histoire de ce pays. En consacrant ainsi la souveraineté de cet État, ces événements déterminent l'ensemble de la vie politique, sociale et économique du Cameroun. Ils marquent surtout, d'un point de vue symbolique, l'autonomisation du destin de ce pays confié à ses fils.

Dans cette histoire, si la politique semble souvent avoir pris le dessus, l'économie n'est pas en reste. Au début des années 1980, le Cameroun est en effet considéré comme un pays à revenu intermédiaire dont les indicateurs économiques suggèrent qu'il ne tarderait pas à rejoindre les rangs des pays industrialisés. Cette réputation est sous-tendue par l'activité industrielle et commerciale qui s'y développe, relativement affranchie des contraintes de fourniture d'énergie électrique ; le début de l'extraction pétrolière y contribue aussi. Il est aisé de déceler une poussée de l'étatisme derrière ce frémissement, le jeune État ayant choisi de dépasser sa posture juridique pour se constituer en agent économique. La multiplication de sociétés nationales est un trait de cette mue.

La deuxième partie de cet ouvrage scrute l'attitude de la puissance publique et ses interactions avec le capital privé dans le secteur névralgique de l'énergie, dans un contexte marqué par l'affirmation de la souveraineté internationale et la quête du développement. Cette partie se décline en trois principaux axes. Elle interroge les choix idéologiques et économiques opérés par le Cameroun au cours de la période concernée et s'intéresse à la vitalité entrepreneuriale de l'État (chapitre IV). Les deux axes qui suivent, focalisés sur les questions énergétiques et entrepreneuriales, renvoient aux rapports entre les pouvoirs publics et le capital privé dans l'approvisionnement et la production d'hydrocarbures (chapitre V) ainsi que dans la fourniture de l'énergie électrique (chapitre VI).

CHAPITRE IV

POLITIQUE ÉCONOMIQUE ET QUESTION ÉNERGÉTIQUE AU CAMEROUN

L'indépendance proclamée, la possibilité de faire des choix de souveraineté en matière de politique, d'économie et de société s'offre aux pays décolonisés d'Afrique. La diversité des régimes politiques ainsi que des politiques économiques et sociales mis en place au début des années 1960 indique la spécificité des trajectoires de ces pays, même si des repères communs peuvent être trouvés. Dans le contexte de la Guerre froide, une idéologie socialisante traverse l'Afrique et de nombreux pays se l'approprient. L'intervention de l'État dans l'économie, expérimentée pendant la colonisation, devient également une constante. La maturation des États africains a progressivement permis d'étoffer leurs postures idéologiques et a donné plus de substance aux régimes en place. La politique et l'économie se sont alors mêlées avec vivacité. Le secteur public, donc l'ensemble des entreprises publiques, perçu alors dans de nombreux pays d'Afrique « comme le seul rempart contre une totale domination étrangère de l'économie »[278], se développe avec fulgurance. En témoigne au Cameroun, la montée de l'étatisme qui a contribué en grande partie à la formation d'une longue file d'entreprises publiques.

L'objet de ce chapitre est de déterminer les orientations économiques du Cameroun entre le début de la décennie 1960 et la fin de la décennie 1980. Avec l'accession à l'indépendance, les modalités d'intervention de l'État dans l'économie et ses rapports avec le capital privé ont changé. L'analyse est consacrée au contenu de l'étatisme au Cameroun ainsi qu'à son incidence entrepreneuriale. Elle met également en lumière, de manière plus spécifique, les choix de l'État en matière d'énergie dans ce pays, lesquels ont participé de la structuration de ce secteur.

---

278 S. Watanabe, « *Quo Vadis Africa*? La stratégie de développement de la Banque mondiale vue par le Japon », *Tiers-monde*, vol. 38, n° 150, 1997, pp. 311–330.

I. Idéologie du développement et étatisation

Au cours des premières années d'indépendance, le gouvernement camerounais s'est consacré à l'élaboration de la trajectoire de l'édification de l'État. Ce travail, mené souvent sans grande méthode, rend compte de l'importance accordée à la centralité du pouvoir politique qui devrait, de cette position, irradier le reste des composantes de l'État et en impulser le mouvement. Ces années correspondent par ailleurs à ce qui a été consacré comme la période « développementiste » au cours de laquelle le Cameroun, comme les autres pays en proie au « sous-développement », a multiplié les politiques centralisatrices[279] et a expérimenté l'étatisation.

A. Les choix idéologiques du Cameroun indépendant

L'histoire du Cameroun indépendant rend compte de l'écartèlement de l'appareil d'État entre l'affirmation de la souveraineté internationale, la construction de l'unité nationale ainsi que la légitimation du nouveau régime politique d'une part et la quête du « développement » d'autre part. L'idéologie a pris une importance certaine dans cette histoire[280]. Elle s'est exprimée dans l'ensemble des aspects de la vie nationale et a contribué à dessiner les contours de l'intervention de l'État dans l'économie notamment. Pour forcer une vision d'ensemble de cette histoire, il faut par ailleurs mettre en évidence la place centrale que s'est forgée Ahmadou Ahidjo dans le système politique camerounais. D'abord Premier ministre

---

279 A.S. Fall et L. Favreau, « La mondialisation et les défis d'une Afrique qui se refait de l'intérieur », Introduction in Favreau L. et Fall A. S., *L'Afrique qui se refait : initiatives socioéconomiques des communautés et développement en Afrique noire*, Presses de l'Université du Québec, 2007, p. 17. Cette tendance a généré un foisonnement sémantique, renvoyant à l'État-providence, à l'étatisme, à l'interventionnisme, etc.

280 Il faut insister, avec vigueur, sur l'importance de la prise en compte et de l'analyse des idéologies dans l'explication de la politique ainsi que des politiques publiques d'un État. Comme le note Giovanni Busino : « les idéologies justifient, rationalisent, garantissent les croyances, les expériences, les rendent utilisables pour l'action et pour la vie de tous les jours. Pas nécessairement propagées par un groupe précis, exerçant une influence indépendamment des attentes et des intérêts des acteurs sociaux, les idéologies possèdent une dynamique symbolique relativement autonome, dotée d'une temporalité et d'effets propres ». Busino, « Sciences sociales et histoire », *Revue européenne des sciences sociales*, tome XLI, n° 127, 2003, p. 146.

puis président de la République, sa figure en est venue à se confondre à l'État lui-même. Ce portrait siérait d'ailleurs à bon nombre de chefs d'État africains de cette époque. Gérard Conac a tenté en 1983 de faire admettre ce point de vue.

> Le chef d'État, semble-t-il enseigner alors, est plutôt dans la situation d'un architecte ou d'un maître d'œuvre. Il est au centre de tout. C'est lui qui bâtit la nation, dirige l'État et le personnalise à l'extérieur et à l'intérieur. Dans une large mesure, il se confond au système politique lui-même. Il n'en est pas seulement le symbole. Il le modèle et le contrôle. L'on attend de lui qu'il guide, qu'il enseigne, qu'il protège[281].

Cette évocation presque lyrique tend à légitimer la posture d'Ahmadou Ahidjo ainsi que de ses pairs africains et contribue à façonner, d'un point de vue heuristique, un État africain spécifique. Cet État africain indépendant semble en effet être une nébuleuse d'intérêts et d'actions qui s'exprime par le biais de son président, de son gouvernement et de ses divers membres et démembrements. Il peut, il est vrai, être perçu comme un raccourci pour « déresponsabiliser » les divers acteurs en question. À la réalité, ce concept n'est que la résultante d'une attitude démissionnaire par laquelle les acteurs politiques, face à leurs décisions, renvoient systématiquement à la responsabilité d'une autorité supérieure ou étrangère, fût-elle réelle ou fictive, qui seule commanderait et assumerait les décisions et les actions. Cette autorité est le plus souvent incarnée par la figure du chef de l'État au nom de qui se fait ou se défait toute chose. La polarisation du discours et de l'action politique et économique autour de lui en est révélatrice.

1. *La politique d'abord, l'économie ensuite*

La présence d'Ahmadou Ahidjo au sommet de l'État du Cameroun s'est étalée sur un quart de siècle, de sa désignation à la fonction de Premier ministre le 18 février 1958 à sa démission de la présidence de la République le 4 novembre 1982. Cette période s'est avérée particulièrement dense pour l'histoire de ce pays. L'une des critiques les plus récurrentes à l'égard du régime Ahidjo est cependant son peu d'entrain économique[282]. Il lui est reproché sa focalisation sur des questions politiques et une trop

---

281 G. Conac, « Portrait du chef d'État », *Pouvoirs. Revue française d'études constitutionnelles et politiques*, n° 25 (les pouvoirs africains), 1983, p. 121.

282 L'attitude du Président camerounais est souvent présentée comme « un réflexe de prudence d'un leadership soucieux de « doser » toute chose ». Manga Kuoh, *Cameroun : un nouveau départ*, L'Harmattan, 1996, pp. 36–37.

grande prudence en matière économique. Nombreux sont ceux qui estiment que l'obsession d'Ahmadou Ahidjo pour des questions de sécurité et son souci de légitimer son pouvoir le maintiennent éloigné des questions économiques[283]. Cette critique ne s'essouffle pas. En 1978 encore, lors d'une interview accordée par Ahmadou Ahidjo, un journaliste du mensuel *Jeune Afrique* n'hésite pas à poser la question au président camerounais : « À trop vous polariser sur la recherche de l'unité nationale, ne risquez-vous pas de sacrifier le développement économique du pays ? »[284]

Cette polarisation sur les questions politiques est du moins imposée par l'histoire de la décolonisation de ce pays. La survenue de la guerre d'indépendance dès 1955[285] a révélé le désir des nationalistes camerounais de hâter et de contrôler l'indépendance de ce pays. Le jeu colonial bien connu de « diviser pour mieux régner » avait cependant permis de créer au sein de la population camerounaise des oppositions tenaces. Cela s'est particulièrement exprimé de la création de l'Union des Populations du Cameroun (UPC) le 10 avril 1948 à l'exécution d'Ernest Ouandié, dernier chef de l'insurrection upéciste, le 15 janvier 1971. Si une chose manque alors au Cameroun, c'est bien l'unité. La réunification des parties orientale et occidentale le 1er octobre 1961 est loin de l'avoir apporté. Stratégies, artifices et décrets sont ainsi multipliés pour façonner cette unité difficile qui semble pourtant constituer la clé de voûte du développement du Cameroun.

Le bureau politique de l'Union Nationale Camerounaise (UNC), parti unique sous Ahmadou Ahidjo, consacre lui-même la prééminence des questions politiques sur les questions économiques et sociales, tout en relativisant leur importance respective :

> Après la concrétisation de l'unité nationale, la construction d'un État moderne, fort et démocratique, peut-on noter, la promotion du développement économique et social est la troisième grande préoccupation

283 A. Mbembe, « Le Cameroun après la mort d'Ahmadou Ahidjo », *Politique africaine*, n° 37, 1990, p. 120.

284 Interview d'Ahmadou Ahidjo, *Jeune Afrique*, n° 894, 22 février 1978, p. 52. La réponse d'Ahmadou Ahidjo est évidemment nuancée, puisqu'il indique la nécessité de résoudre les problèmes politiques tout en insistant sur la primauté des questions de développement.

285 Voir l'analyse que Daniel Abwa fait de la question : D. Abwa, *Cameroun : histoire d'un nationalisme 1884–1961*, Yaoundé, Éditions Clé, 2010, pp. 228–336.

d'Ahmadou Ahidjo, peut-être la plus importante, puisque les deux autres apparaissent comme ses conditions de réalisation[286].

À l'analyse d'ailleurs, de nombreux faits économiques au Cameroun durant cette période sont souvent perçus comme des épiphénomènes politiques. C'est sans doute le sens à donner aux propos d'Achille Mbembe. Celui-ci estime que « la logique d'accumulation fut, tout entière, subordonnée aux impératifs politiques », se référant à la conduite de la politique industrielle du Cameroun et à la gestion des ressources pétrolières sous Ahidjo[287].

2. L'idéologie économique au Cameroun : un imbroglio

L'accession à l'indépendance a plongé le Cameroun dans un véritable imbroglio idéologique. On retient d'ailleurs des travaux de Jean Marc Ela qu'après la décolonisation en Afrique, la nouvelle élite politique a travaillé à la « restructuration idéologique » pour fonder la légitimité du régime[288]. La maturation d'un projet économique national et le choix d'un modèle de développement ont ainsi constitué une tâche ardue, faite d'essais et erreurs[289]. Des positions confuses, voire contradictoires, se sont parfois exprimées au sein de l'appareil d'État. Il faut prendre en compte, au sein de celui-ci, l'existence de dissensions, les différences de points de vue, les accointances, les luttes sourdes d'intérêt et de positionnement ainsi que les sensibilités idéologiques.

Sur ce dernier point, il faut relever que de manière générale deux idéologies gouvernent le monde au cours des décennies 1960–1980 : le capitalisme prôné par les pays libéraux (l'Ouest) d'une part et le marxisme à la source du communisme et du socialisme (l'Est) d'autre part. Chacune

---

286 Bureau politique de l'UNC, *La pensée politique d'Ahmadou Ahidjo*, Monte-Carlo, Les Éditions Paul Bory, 1968, p. 57.

287 Mbembe, art. cit., p. 120. Voir également J.F. Médard, « L'État patrimonialisé », *Politique africaine*, n° 39, 1990, p. 30 ; E.M. Owona Nguini, « L'État et les milieux d'affaires au Cameroun : autoritarisme, ajustement au marché et démocratie (1986–1996) », *Polis : Revue camerounaise de science politique*, vol. 2, n° 2, 1996, pp. 43–67.

288 J.M. Ela, *Quand l'État pénètre en brousse… Les ripostes paysannes à la crise*, Paris, Karthala Éditions, 1990, p. 24.

289 Voir à ce sujet M.W. Pokam Kamdem, « L'industrialisation du Cameroun: 50 ans d'une méthode des essais et erreurs », in A. Fomethe (éd), *Cinquante ans d'Indépendance et de Réunification du Cameroun : bilan, enjeux et perspectives*, Dschang, Presses universitaires de Dschang, 2013, pp. 303–333.

Tableau 7: Les plans quinquennaux du Cameroun et leurs idées économiques sous-jacentes (1960–1986)

Plan	Période	Idée économique sous-jacente	Politique industrielle mise en œuvre
1er plan	1960–1965	Socialisme africain	Import-substitution[a]
2e plan (plan du paysan)	1966–1971	Libéralisme planifié (1965) Développement autocentré (1975)	
3e plan (plan de la production et de la productivité)	1971–1976		
4e plan	1976–1981		
5e plan	1981–1986		
6e plan (plan du renouveau)	1986 – interrompu du fait des programmes d'ajustement structurel	Libéralisme communautaire (1986–1987)	

a L'industrialisation par substitution d'importations ou import-substitution constitue avec l'industrialisation par promotion des exportations et les industries industrialisantes les trois stratégies d'industrialisation les plus usitées à travers le monde. Elle consiste à développer une industrie nationale capable de remplacer progressivement les importations par sa propre production, en allant des biens les plus simples aux besoins les plus complexes.

Source : Adapté, d'après divers documents.

de ces idéologies renvoie à des modes d'accumulation et de distribution des richesses opposées. Depuis la conférence afro-asiatique de Bandoeng du 18–24 avril 1955 pourtant, une troisième voie semblait se dessiner, celle du non-alignement. Cette pensée affirme sa neutralité vis-à-vis de ces deux blocs. Le Cameroun a tenté, tant bien que mal, de se frayer un chemin dans ce dédale idéologique, avec des effets sur ses politiques économiques (cf. tableau 7).

Si la plupart des pays africains se réclament de cette autre voie après leur indépendance, ils façonnent, eux, un courant qui leur était propre : le «socialisme africain». Cette tendance, au même titre que le non-alignement, est une critique du capitalisme et du marxisme auxquels il est opposé sans pour autant s'interdire d'y puiser des éléments de sa propre substance. Aux techniques des économies capitalistes et socialistes, ses promoteurs veulent ajouter le sens de la communauté hérité des traditions africaines[290]. Formulé au Cameroun en 1962 lors du quatrième Congrès de l'Union Camerounaise, le socialisme africain s'avère être une voie africaine complexe. Ahmadou Ahidjo lui-même a mis en cause les « ambigüités dialectiques » ainsi que les confusions et les équivoques qu'entretenait le socialisme africain notamment quant à sa perception et ses rapports avec l'initiative privée[291].

Lancée en 1965, l'idée du libéralisme planifié a pour objectif de rendre compte du caractère synthétique, voire syncrétique, de la voie camerounaise du développement. La référence au libéralisme vise alors à consacrer l'entrepreneur privé comme « le meilleur moteur du développement ». Quant à la planification, substance socialiste, elle sacralise la prééminence de l'État dans la définition, l'orientation et la coordination des efforts de développement national. On n'a cependant pas hésité, *a posteriori*, à critiquer cette doctrine et à en dénicher les limites :

> Le libéralisme planifié s'est avéré un étatisme sans stratégie qui, engouffrant les revenus pétroliers dans des intrants importés et l'assistance technique étrangère, a tourné le dos au développement autocentré prôné par le discours officiel, tout en se ralliant une technobureaucratie à côté d'une fonction publique contrôlée[292].

Cette critique, quoique fondée, court néanmoins le risque d'être invalidée du fait qu'elle ne prend pas suffisamment en compte le détail du temps et de l'enchaînement des événements : le libéralisme planifié est longtemps resté la ligne de conduite officielle des affaires économiques au Cameroun. Ce choix idéologique s'est très vite avéré moins efficace et porteur que le gouvernement ne l'avait souhaité. Le capital privé étranger, courtisé par le Cameroun, ne s'est pas pressé d'y investir, tout au moins dans les proportions envisagées par l'État. Il se cantonne à des activités dont il a déjà la maîtrise du fait du passé colonial et qui correspondent *in fine* à la spécialisation économique internationale des pays africains : l'agriculture de rente, l'exploitation minière ainsi que la production d'aluminium dans le cas du Cameroun.

---

290 Bureau politique de l'UNC, op. cit., p. 72.

291 Ibid., p. 74.

292 P. Dessouane, P. Verre, « Cameroun : du développement autocentré au national-libéralisme », *Politique africaine*, n° 22, 1986, p. 115.

Des pans entiers de l'économie nationale restent insuffisamment développés, du point de vue du gouvernement,. Ce constat est à la source de l'étatisation progressive de l'économie camerounaise. Mokhtar Lakehal fait de l'étatisation la situation d'un État qui se place en position dominatrice dans toute ou partie de l'activité de production nationale[293]. Cette nouvelle modalité de l'action publique s'est réalisée au Cameroun sous le couvert du « développement autocentré ».

En 1975 en effet, on a greffé au libéralisme planifié cette autre idée. Ahmadou Ahidjo en parlait comme d'une trajectoire nécessaire vers un développement authentique qui dépendrait de « l'effort productif et créateur du peuple »[294]. Cette réorientation, nous l'avons suggéré, cache mal la déception du gouvernement. Celui-ci, malgré des mesures d'incitation[295], n'arrive pas au cours de cette période à attirer suffisamment d'investisseurs étrangers au Cameroun. L'augmentation successive de la part des fonds publics nationaux au financement des plans quinquennaux en est un indice. Celle-ci est ainsi passée de 54 % au cours du troisième plan à 58 % puis 60 % au cours des quatrième et cinquième plans[296]. Le régime Ahidjo a justifié sa posture en se référant à l'expérience française et à De Gaulle. « C'est l'État qui conduit l'évolution, estime Ahidjo. Lui seul le doit, puisqu'il a la charge de l'intérêt général et du destin du pays, qui sont les enjeux du changement »[297].

Le successeur d'Ahmadou Ahidjo à la tête de la République du Cameroun, Paul Biya, a suggéré par la suite un passage à un « libéralisme communautaire »[298]. Il ne s'agit pas véritablement d'une innovation en

---

293 M. Lakehal, *Dictionnaire de science politique : Les 1500 termes politiques et diplomatiques pour rédiger, comprendre et répondre au Discours politique*, Paris, L'Harmattan, 2007, p. 170.

294 Communication d'Ahmadou Ahidjo à l'Assemblée nationale in MINEPAT, Rapport d'exécution des trois premières années du IVe plan, mars 1980, p. 1.

295 Parmi ces mesures d'incitation, la mise en place d'un code des investissements en 1960 tient une grande place. Ce document a d'ailleurs été revisité à plusieurs reprises par le gouvernement (1964, 1966, 1984, 1990, 1994 et 2002) pour tenter de l'adapter constamment au contexte économique du Cameroun.

296 T.-M. Fansi, « Société nationale et problématique du développement », in Lapointe A., Taghvaï H., *L'industrie des hydrocarbures : défis et opportunités*, actes du colloque (Tunis, Tunisie, 27–29 avril 1994), IEPF-CEAI-EHEC, Paris, Éditions Technip, 1995, p. 123.

297 Bureau politique de l'UNC, op. cit., p. 65.

298 Voir P. Biya, *Pour le libéralisme communautaire*, Lausanne, Éditions Marcel Fabre, 1987, 158 p. Cet essai politique met en lumière l'option du nouveau président pour

matière de politique économique : les thèmes développés (promotion du libéralisme et de l'initiative privée, solidarité et répartition équitable des richesses, justice sociale...) avaient déjà été développés dans le libéralisme planifié et le développement autocentré. En choisissant de remettre les clés de l'économie à l'entrepreneur privé, le libéralisme communautaire veut cependant bousculer les habitudes du régime précédent, parmi lesquelles le façonnement d'un État-providence. Il reste difficile pour l'historien de se déterminer à ce sujet. Ce projet socio-économique est en effet mort-né selon Achille Mbembe. Il estime que la tentative de coup d'État d'avril 1984 a poussé le nouveau président à se renfermer sur lui-même et à ravaler en partie son audace à vouloir réformer en profondeur la société et l'économie camerounaises[299]. L'étatisation de l'économie camerounaise au cours des trois décennies évoquées a toutefois permis l'essor de l'entrepreneuriat public.

B. L'âge d'or des sociétés nationales

L'histoire économique du Cameroun, de l'indépendance au début d'années 1980, est marquée par la création de nombreuses entreprises publiques. La décennie 1970 en particulier a vu se constituer une file impressionnante de sociétés dites « nationales ». Celles-ci viennent marquer la volonté de l'État d'investir le champ économique pour en contrôler l'orientation.

1. L'interventionnisme au Cameroun

La littérature relative aux entreprises publiques au Cameroun, et de façon plus précise à l'étatisation, n'est pas très étoffée[300]. Elle a pourtant guidé, au cours de la période développementiste, l'intervention économique de l'État. S'appuyant sur les doctrines économiques prépondérantes

---

le libéralisme économique et l'initiative privée tout en préconisant la solidarité nationale, la répartition équitable des fruits de la croissance, la justice sociale, l'éclosion d'une culture basée sur l'inventivité et la coexistence harmonieuse des valeurs propres aux diverses communautés qui forment la Nation.

299 Mbembe, art. cit., pp. 121–122.

300 Voir E.M. Assiga Ateba, *Économie des entreprises publiques au Cameroun*, Presses universitaires d'Afrique, 2009, 238p ; P.J.M. Tedga, *Entreprises publiques, État et crise au Cameroun : faillite d'un système*, Paris, L'Harmattan, 1990.

qui encouragent l'interventionnisme, le tout nouvel État indépendant du Cameroun se persuade de ce que son rôle consiste à pallier l'absence d'investissements privés. L'interventionnisme constitue en effet l'intersection entre les pensées keynésienne et marxiste prégnantes au milieu du XXe siècle et qui sont pourtant opposées sur les modalités et la finalité de la conduite de l'économie.

L'édification des États africains après les indépendances a laissé transparaître, selon Philippe Hugon, trois courants. Le premier est le courant dépendantiste. Il tente de faire face aux distorsions et aux désarticulations internes portées par l'ouverture au monde. Le deuxième courant, dit réformiste structuraliste, insiste sur les rigidités et les goulots d'étranglement qui caractérisent les économies africaines. En préconisant une économie mixte, il encourage l'intervention de l'État sur la régulation des prix et lui attribue un rôle de stabilisation et de redistribution ; c'est le prétexte de l'État promoteur, producteur, prospecteur et programmateur. Le troisième courant, post keynésien, est prégnant au sein des administrations. Il encourage vivement la mise en œuvre d'une politique budgétaire anticyclique et de mécanismes de stabilisation[301].

Dépassant pourtant la directive interventionniste qui fait des immixtions de l'État dans l'économie des actions ponctuelles visant à pallier l'absence d'investissement privé, l'État du Cameroun s'est plu dans l'ivresse du dirigisme. Il a ainsi été admis que l'État

> Participe à la formation des sociétés présentant une certaine importance pour le développement de l'économie, créant ainsi un secteur mixte qui lui permet d'avoir une prise, voire une emprise, directe sur le secteur privé, de manière à mieux le contrôler, à mieux l'orienter vers des secteurs à la fois rentables et prioritaires et à sauvegarder ainsi l'intérêt de la Nation[302].

C'est dorénavant un État-magicien (un véritable *deus ex machina*) persuadé du caractère incontournable de son intervention et converti en agent économique. Le développement d'un capitalisme d'État en Afrique s'est fait en réaction à la pérennisation et à l'importance du capital privé étranger après les indépendances[303]. Il s'est ainsi agi, tout au moins dans

---

301 P. Hugon, *Économie de l'Afrique*, Paris, La Découverte, 2003, p. 81.

302 Bureau politique de l'UNC, op. cit., p. 64.

303 S. Amin, *L'accumulation à l'échelle mondiale*, tome 2, Paris, Éditions Anthropos, 1970, pp. 33–34.

l'intention, de phagocyter les potentielles sources de néocolonialisme que constituent les entreprises étrangères. Ce développement d'un capitalisme d'État s'est fait également, par défaut, en l'absence ou en réaction à la faiblesse du capital privé national au cours de la même période[304]. En conséquence, il était difficile pour les entrepreneurs nationaux de constituer un élément déterminant de la structuration et de l'évolution des rapports économiques au Cameroun d'après-indépendance. Leur disqualification a donné à l'État le prétexte de se rendre maître de l'économie nationale pour ne pas l'abandonner aux quelques privés qui y exerçaient. De nombreux transferts de propriété ainsi que des prises de participations dans les entreprises étrangères se sont alors opérés, contribuant à gonfler le secteur public.

La tendance s'est aussi généralisée de voir l'État se substituer à certaines entreprises pour alléger leurs charges d'exploitation et encourager par conséquent l'industrialisation du pays. Le cas de l'implantation de la société Cotonnière Industrielle du Cameroun (CICAM) est illustratif à ce sujet. Examinant le projet de convention pour la prise en charge, en concession, de la distribution publique d'électricité dans la ville de Garoua, des membres du Conseil d'administration d'Électricité du Cameroun (EDC) se sont étonnés en novembre 1970 de ce qu'une clause spéciale ait été introduite dans le texte. Cette clause indique que l'énergie électrique consommée par la CICAM ne lui serait facturée qu'au tarif de 10 francs CFA le kWh. La différence entre le prix de vente usuel et ce prix contractuel devrait être facturée par ailleurs, de façon mensuelle, au ministère des Finances, donc à l'État qui en prendrait la charge[305].

Cette clause est donc conforme aux engagements pris par le gouvernement du Cameroun lors de l'établissement de la CICAM dans la zone de Garoua[306]. Celui-ci justifie cet engagement par le souci d'encourager l'industrialisation de toutes les régions du pays en s'appuyant sur le principe de l'équilibre. S'ajoutant aux principes majeurs de la planification économique et de l'industrialisation qui sont le libéralisme planifié, le développement autocentré et la justice sociale, l'équilibre a pour objectif d'atténuer les déséquilibres socio-économiques qui s'expriment au Cameroun. Ce principe sert d'argument pour soutenir

---

304 *Ibid.*, pp. 33–34.

305 Archives EDF/GDF, Boîte 972328, Procès-verbal du Conseil d'administration d'Électricité du Cameroun (EDC) du 24 novembre 1970, p. 11.

306 *Ibid.*

l'implantation d'entreprises industrielles en dehors de la région de Douala où s'est toujours concentrée l'activité industrielle. Dans cette perspective, il est intéressant de noter le rôle de l'électricité comme stimulant de l'activité économique, mais aussi comme facteur de modification de la géographie industrielle[307].

L'étatisation camerounaise est parfois présentée comme ayant été modeste, si des comparaisons sont faites avec des pays à la trajectoire économique proche. Bernard Contamin et Yves-André Fauré ne recensent ainsi que 50 entreprises publiques au Cameroun en 1980. En 1978, la Côte d'Ivoire en compte 147 et le Sénégal, 188 en 1983[308]. Ces chiffres sont en réalité difficiles à définir pour le Cameroun. Une catégorisation des entreprises publiques s'y avère en effet délicate, d'où le choix de les présenter ici par leurs secteurs d'activité respectifs plutôt que par leurs statuts juridiques.

L'imprécision des textes successifs qui y définissent l'entreprise publique est la principale cause de cette situation[309]. Néanmoins, deux traits doivent être relevés de l'analyse de la dynamique de création des entreprises publiques au Cameroun au cours de cette période indiquée : un effort substantiel a été réalisé lors du troisième plan (production & productivité), l'année 1974 pouvant être considérée comme l'apogée de l'étatisme camerounais. Ce désir de l'État de se surpasser s'est par ailleurs fait ressentir dans deux secteurs, à savoir les sociétés de développement et la finance.

---

307 F. Tchapga, op. cit, p. 37.

308 B. Contamin, Y.-A. Fauré, op. cit, p. 320. Toutefois, la difficulté à donner une définition consensuelle de l'entreprise publique conduit à des évaluations différentes : B. Chavane estime qu'au début des années 1980, le Cameroun en compte 115. Voir Chavane, Bilan et perspectives des privatisations en Afrique francophone : une étape de la démocratisation ? Genève, Bureau international du Travail, 1996, p. 1.

309 Assiga Ateba, op. cit., pp. 48–49, 89. D'après l'auteur, le corpus législatif relatif aux entreprises publiques au Cameroun est constitué, sur la période retenue pour cette étude, de la loi 68/LF/9 du 11 juin 1968 régissant les sociétés de développement, de la loi n° 74/18 du 5 décembre 1974 relative au contrôle des ordonnateurs, gestionnaires et gérants de crédits publics et des entreprises d'État, du décret n° 86/656 du 3 juin 1986 portant création d'une mission de réhabilitation des entreprises du secteur public, de l'ordonnance n° 95/003 du 17 avril 1995 portant statut général des entreprises publiques et des entreprises parapubliques au Cameroun ainsi que de la loi n° 99/016 du 22 décembre 1999 l'abrogeant.

Dans le premier cas, le but a été de promouvoir les secteurs économiques et les zones de production que l'État a estimés essentiels, mais qui se sont avérés peu attractifs pour le capital privé. C'est dans ce cadre qu'ont par exemple été créés SODECOTON, SODECAO, SODEBLE, HEVECAM et SODERIM au milieu des années 1970. Dans le second cas, il s'est agi de promouvoir les modalités de mobilisation de l'épargne locale pour le financement des projets de développement. Cette phase du développement et de l'affirmation de l'État s'est traduite par un investissement public considérable dans ses entreprises. La Société Nationale d'Investissement (SNI) en a été le principal instrument. Créée en 1964 et dotée en 1989 d'un capital de 7 milliards de francs CFA, elle a permis aux pouvoirs publics de rendre systématique leur participation aux nouveaux investissements.

2. L'entreprise publique au Cameroun post-colonial

Si, de manière générale, l'État s'est découvert des talents d'agent économique et d'entrepreneur, il se trouve en réalité qu'il confie cette tâche au secteur public. Dans une communication au colloque sur « Entreprises et entrepreneurs en Afrique. XIXe et XXe siècles », tenu à Paris en 1981, René Gallissot insiste sur cette nuance : « L'État, n'est pas réellement entrepreneur par lui-même ; il délègue l'entreprise aux sociétés nationales, ou l'aliène en des sociétés mixtes »[310]. L'entreprise publique constitue alors de fait, avec la planification économique, l'une des principales modalités d'intervention directe de l'État dans l'économie nationale[311].

Le rôle qui est confié par l'État à l'entreprise publique est de prendre en charge une partie de la production nationale, dans l'objectif soit de pallier l'absence du capital privé, soit d'affirmer la souveraineté de l'État dans le domaine concerné. C'est tout au moins le rôle qui lui est consacré par la science économique. En s'acharnant ainsi à dégager des

310 R. Gallissot, « De la colonisation à l'indépendance, les métamorphoses du couple "entreprise privée – État" », *Entreprises et entrepreneurs en Afrique (XIXe–XXe siècles)*, actes du colloque, tome 2, Paris, L'Harmattan, 1983, p. 632.

311 M. Szostak, « Méthodes de la formation et de l'extension du secteur public dans les pays périphériques », *Tiers-monde*, tome 24, n° 93, 1983, pp. 55–56. À ces deux modes d'intervention directe de l'État dans l'économie, l'auteur rajoute des modes plus connus, mais indirects que sont la réglementation et l'incitation de l'activité des entrepreneurs privés.

lois du fonctionnement des économies, cette discipline a souvent ignoré l'aversion des décideurs politiques à suivre ses recommandations[312]. Le rôle des entreprises publiques en Afrique, et on peut s'imaginer qu'ailleurs également, a largement dépassé des compétences économiques. Bernard Contamin et Yves-André Fauré indiquent ainsi que leur résistance aux crises et aux politiques libérales encouragées par les bailleurs de fonds internationaux au milieu des années 1980 dénote de la complexité de leurs fonctions qui sont aussi sociales que politiques[313].

Elles ont en effet servi d'instrument de fidélisation de la clientèle politique dans divers pays et, plus significativement au Cameroun, de façonnement des équilibres entre les différents groupes ethno-régionaux. La constitution des sociétés nationales est ainsi souvent analysée comme un outil d'une politique économique loin de se confiner à l'économie elle-même. L'étatisme, analyse Charles Robert Dimi, ne pourrait constituer qu'un leurre dans la mesure où au sein de l'État s'expriment des intérêts individuels qui brandissent l'identité tribale à leur profit et qui finissent par en conditionner le développement, faisant de l'État un prédateur[314].

Il est possible de postuler qu'il existe au Cameroun un relatif ancrage des fonctions de direction d'entreprises énergétiques à des aires géographiques bien déterminées (cf. tableau 8) ; et le constat peut certainement être étendu aux autres entreprises du secteur public ainsi qu'aux institutions nationales. L'histoire de la Société Camerounaise des Dépôts Pétroliers (SCDP) peut servir d'illustration à cet effet. Son ancien directeur général, Jean-Baptiste Nguini Effa, révèle dans un rapport daté de 2001 que cette entreprise est inféodée au groupe ethnique *duala*[315]. Il en veut pour preuve que son prédécesseur, au même titre que le président

---

312 J.D. Lafay, « La prise en compte de la dimension politique dans l'analyse économique », in B. Bekolo-Ebe, Mama Touna, S.M. Fouda (dir), *Dynamiques de développement : débats théoriques et enjeux politiques à l'aube du XXIe siècle*, Paris, Montchrestien, 2003, p. 204.

313 Contamin et Fauré, art. cit., p. 309. L'entreprise publique est un véritable monstre, de par sa complexité. Flavien Tchapga, s'appuyant sur la critique de son rôle par l'école du *Public Choice*, indique que « le gestionnaire de l'entreprise publique poursuit en réalité ses intérêts (maximisation de son budget, conquête du marché public) plutôt que la maximisation du bien-être collectif ». Tchapga, op. cit., p. 41.

314 C.-R. Dimi, *Historicité et rationalité de la démocratie africaine : Essai de philosophie politique*, Paris, Éditions L'Harmattan, 2007, p. 94.

315 CDA-SCDP, Rapport sur la situation socioéconomique de la SCDP, décembre 2001, p. 2.

Tableau 8: Le dosage régional et la spécialisation technique dans la direction des entreprises énergétiques au Cameroun

Entreprises	Directeurs généraux	Région d'origine	Formation	Stabilité
SONEL	Marcel Niat Njifenji	Ouest	Ingénieur	1974–1984/ 1989–2001
	Jean-Paul Bopda	Ouest	/	1984–1989
SONARA	Bernard Eding	Littoral (Sanaga maritime)	Ingénieur	1982–2002
	Charles Metouck	Littoral (Sanaga maritime)	Ingénieur	2002–2013
	Ibrahim Talba Malla	Nord	Inspecteur des impôts	2013–2019
	Jean-Paul Simo Njonou	Ouest	Administrateur public	Depuis 2019
SCDP	Nguea Lottin	Littoral	Ingénieur	1986–1994
	Jean-Baptiste Nguini Effa	Centre	Ingénieur	1994 -2009
	Gaston Eloundou Essomba	Centre	/	2009–2018
	Véronique Moampea Mbio	Sud	Économiste	Depuis 2018
SNH	Samuel Libock Mbei	Littoral	/	1980–1984
	Jean Assoumou Avebe	Centre	Économiste	1985–1993
	Adolphe Moudiki	Littoral	Magistrat	Depuis 1993

Source : Nous, d'après divers documents.

du Conseil d'administration de la société et son directeur administratif et financier sont tous issus de ce groupe. Il évoque aussi l'atmosphère conflictuelle et les pratiques tribalistes qui ont contribué à dégrader ses rapports, lui un fils du Centre, avec ceux-ci durant les années qu'il a passées à la tête de cette entreprise de stockage des produits pétroliers[316].

[316] *Ibid.*

Cet exemple, à en croire certaines analyses, ne fait pas exception au Cameroun. D'après Elenga Mbuyinga *alias* Mukoko Priso :

> Dans le secteur public et parapublic, la politique menée reposait sur quelques principes dont la traduction populaire se ramenait à ceci : quand un Kamerunais de la région ou de l'ethnie A est nommé à une direction d'entreprise, c'est que le président a donné cette entreprise à cette région ou cette ethnie, « pour qu'elle bouffe aussi sa part ». Cette croyance reposa d'abord et pendant longtemps sur une pratique : la pratique de l'équilibrisme et des « dosages ethniques et régionaux »[317].

L'accumulation de ressources économiques par des politiques agricoles, industrielles et commerciales aurait donc servi en définitive non pas l'intérêt national, mais l'entretien de clients politiques, voire la fabrication d'une pseudo-unité nationale par le biais des équilibres régionaux[318].

Il serait toutefois dommage, en s'appuyant uniquement sur ces considérations, de surévaluer la charge ethnique et/ou régionale intrinsèque des entreprises publiques au Cameroun. En d'autres termes, on peut envisager que l'entrepreneuriat public n'ait pas répondu uniquement à des logiques d'équilibre et de répartition. La qualification technique des managers évoqués semble l'indiquer. Le poste de directeur général ne suffit pas non plus pour rendre compte de la tribalisation d'une entreprise : d'autres postes, sur lesquels ne porte pas le tableau ci-dessus, constituent autant de verrous du fonctionnement des entreprises, notamment ceux de présidents de conseils d'administration, de directeurs généraux adjoints et de directeurs administratifs et financiers. Il semble aussi évident qu'une ambition plus nationale ait présidé à la création de ces entreprises. L'analyse politiste fait ainsi trop souvent fi du contexte qui les a vues naître. L'affirmation de la souveraineté nationale après les décolonisations a en effet poussé les États africains à développer un secteur public national, mais aussi à travailler à l'émergence de technocrates et de managers nationaux dans la perspective de se réapproprier peu à peu les positions économiques et administratives monopolisées par des étrangers.

---

317 Elenga Mbuyinga, *Tribalisme et problème national en Afrique noire : le cas du Kamerun. Contribution à l'étude de la question des nationalités et du problème régional*, Paris, L'Harmattan, 1989, p. 91.

318 Médard, art. cit., p. 30.

Il est à ce titre intéressant d'observer que la « camerounisation » des postes de direction, des fonctions de cadres et d'agents techniques de ces unités économiques, a constitué un aspect important de l'action de l'État. Le Conseil d'administration de la Société Nationale de Raffinage (SONARA) a par exemple mis, dès le début du projet, un accent particulier à la formation d'ingénieurs et d'opérateurs nationaux des unités de production[319]. La camerounisation s'est exprimée plus significativement au niveau des fonctions de direction. Rien n'indique toutefois, dans le secteur de l'énergie tout au moins, que la qualification des managers choisis ait constitué un élément de décision moins important que leur origine ethnique. L'État s'est ainsi attelé à préparer le départ des managers expatriés en désignant, dans les entreprises à vocation technique comme la Société Nationale d'Électricité (SONEL) et la SONARA, des directeurs généraux adjoints de nationalité camerounaise. À en croire Pierre Flambeau Ngayap, cela a d'ailleurs constitué l'une des constances de l'accès à la tête des entreprises publiques au Cameroun[320].

À cet exercice de façonnement des managers nationaux, Youssouffa Daouda, ministre de l'Économie et du Plan semble avoir contribué particulièrement. Dans une lettre à lui adressée le 6 juillet 1976, Bernard Eding lui rappelait ainsi la promesse, alors qu'il était encore chef d'exploitation à la Société Gabonaise de Raffinage (SOGARA), de lui confier un poste de responsabilité dans la raffinerie nationale en constitution[321]. Quelques mois plus tard, il commence à accompagner

---

319 MINEPAT, 6A29, Note de TOTAL Afrique à l'attention du Ministre de l'économie et du plan au sujet de la mission du conseil d'administration de la société nationale de raffinage (SONARA) tenue le 18 novembre 1977 à Victoria, 25 novembre 1977, p. 2 ; AG TOTAL, 1AFR/DDER-16, Procès-verbal du Conseil d'administration de la SONARA du 18 novembre 1977, séance n° 3, pp. 6–7. L'Assistant technique (CFP-Total) a présenté à cette occasion deux voies à la camerounisation de l'entreprise. La première aurait consisté à former des cadres, ingénieurs et agents techniques nationaux après la mise en service de la raffinerie. Cela aurait impliqué un budget initial réduit mais une présence d'expatriés plus longue et plus importante lors de la phase d'exploitation. La deuxième voie aurait consisté à former le personnel camerounais avant la mise en service de la raffinerie avec pour conséquence un budget initial élevé, mais une présence d'expatriés réduite. La partie camerounaise s'est prononcée sans hésitation pour cette autre voie.

320 P.F. Ngayap, *Cameroun : qui gouverne ? De Ahidjo à Biya, l'héritage et l'enjeu*, Paris, L'Harmattan, 1983, p. 250.

321 MINEPAT, 6A29, Lettre de Bernard Eding à Youssouffa Daouda, ministre de l'Économie et du plan du Cameroun, 6 juillet 1976.

régulièrement le Président du Conseil d'administration Samuel Libock aux diverses réunions préparatoires à la constitution définitive de l'entreprise avant d'en être désigné directeur général adjoint en 1977, tremplin pour le poste de directeur général auquel il accède en 1982. Le cas de la nomination de Marcel Niat Njifenji à la tête de la SONEL est encore plus édifiant. Cette promotion est en effet l'aboutissement d'une démarche initiée avant même la création de cette entreprise. Le 22 novembre 1972, alors que le Conseil d'administration consacre la désignation de M. Bourquin à la tête d'Électricité du Cameroun (EDC) et celle de Niat Njifenji au poste de directeur général adjoint, les représentants du Cameroun demandent publiquement à celui-ci de se perfectionner toujours un peu plus afin de pouvoir un jour prendre les rênes de l'entreprise[322]. Deux années plus tard, il est nommé premier directeur général de la SONEL en constitution.

Les pouvoirs publics expriment la volonté de contrôler la direction des entreprises énergétiques, ce qui démontre qu'ils accordent une grande importance à la gestion de ces ressources.

II. L'État et la question énergétique

D'un point de vue général, l'intervention de l'État dans le secteur de l'énergie est rendue possible par la nécessité pour celui-ci d'assurer l'approvisionnement énergétique « au moindre coût possible » sur le territoire qu'il contrôle[323]. Il s'agit également pour lui de suppléer le capital privé dans la réalisation de travaux d'ampleur, mais sans grand attrait financier. « Certaines activités énergétiques, estime enfin Claude Perrot, ont des implications telles et modifient à tel point la vie et l'activité de toute une région que, même si des entreprises privées s'y intéressent, l'État lui-même ne peut s'empêcher d'avoir sur eux au moins un droit de regard »[324]. Dans le cas du Cameroun, cette intervention s'organise par le biais de la planification, mais aussi à travers des actions ponctuelles de l'État, dictées par la conjoncture.

---

322 Archives EDF/GDF, Boîte 972328, Procès-verbal du Conseil d'administration d'EDC du 22 novembre 1972, p. 22.

323 C. Perrot, *Énergie et matières premières*, Montreuil, Bréal, 1986, pp. 215–216.

324 *Ibid.*

A. Le développement du secteur énergétique : une approche planifiée

L'énergie est l'un des secteurs productifs sur lesquels s'exerce en priorité l'initiative de la planification. Il suffit pour s'en convaincre de survoler la place accordée à ce secteur dans le discours politique et dans les plans de développement.

1. Le discours sur l'énergie au Cameroun

L'ampleur du discours relatif au secteur de l'énergie au Cameroun est sans doute un indice suffisant pour affirmer que l'intervention de l'État dans les choix énergétiques y est importante. Il suffit de noter les occurrences à l'énergie et aux projets énergétiques dans le discours présidentiel[325] pour s'en convaincre. Le Cameroun ne constitue d'ailleurs pas une exception en la matière. Les gouvernements à travers le monde, dans leur grande majorité, disposent d'au moins trois mobiles pour justifier leur intervention dans ce secteur : la sécurité d'approvisionnement et la compétitivité économique, la maîtrise de la gestion des ressources naturelles et la protection des consommateurs[326].

L'un des premiers constats que l'on fait à l'analyse du discours politique et économique au Cameroun est celui d'une définition implicite et très circonstanciée de la notion d'énergie. Elle est en effet, jusqu'au début de l'exploitation du pétrole en 1977–1978, limitée à l'électricité. Il se trouve, il faut le concéder, que l'énergie électrique est alors la principale forme d'énergie moderne utilisée au Cameroun. Ahmadou Ahidjo fait d'ailleurs, en août 1966, de l'abaissement du coût du kWh d'électricité une condition *sine qua non* du développement industriel et du progrès social de ce pays. En septembre 1975, son Premier ministre, Paul Biya, n'hésite pas à déclarer à la presse internationale que le gouvernement fait de la construction de barrages hydroélectriques et de l'électrification des villes secondaires l'une de ses priorités[327].

---

325 Voir Ahmadou Ahidjo, *Anthologie des discours 1957–1979*, 4 tomes, Les nouvelles éditions africaines, 1980, 2300 p. Si les occurrences à l'énergie sont relativement absentes de ces discours prononcés au cours des premier et deuxième plans, elles sont plus importantes au cours du quatrième plan.

326 J.M. Martin, *L'économie mondiale de l'énergie*, Paris, La Découverte, 1990, pp. 71–77.

327 Interview de Paul Biya, *Europe-Outremer*, n° 548, septembre 1975, p. 5.

Face à la prudence voire au mutisme qui pèse sur l'économie du pétrole au Cameroun après 1977 et à la mise en place retardée d'une industrie nationale de raffinage, les hydrocarbures restent généralement un thème secondaire. L'électricité est bien l'essence du discours sur l'énergie au Cameroun. La communication politique place inlassablement l'énergie électrique au cœur du projet industriel camerounais. Confronté aux nombreuses entraves qui empêchent la réalisation des unités industrielles entre 1976 et 1980, Ahmadou Ahidjo déclare ainsi que « l'essor du secteur industriel est tel qu'il n'est actuellement limité que par une de ses matières premières principales : l'énergie »[328]. Symbole des choix énergétiques du Cameroun, à l'apogée de l'économie nationale en 1981, la construction des barrages hydroélectriques de Songloulou et de Lagdo est présentée comme une facilité historique à la promotion de l'industrie lourde[329].

La monotonie de la notion d'énergie ne s'est estompée qu'au cours des quatrième, cinquième et sixième plans quinquennaux, rendue possible par le développement de la capacité de stockage de produits pétroliers et de l'activité de raffinage dans le cadre de la politique d'import-substitution.

2. *L'énergie dans les plans quinquennaux*

Le développement du secteur de l'énergie au Cameroun a constitué un axe majeur de l'élaboration et de la mise en œuvre des plans. Et pour cause, comme le met en évidence l'Institut de l'énergie des pays ayant en commun l'usage du français (IEPF) :

> La mise en œuvre de [...] plans suppose une planification rigoureuse du secteur de l'énergie justifiée par la part de l'énergie dans le PIB du pays, par son rôle moteur dans l'économie et par ses besoins de financement qui viennent concurrencer ceux des autres infrastructures et des autres secteurs[330].

Une analyse synoptique donne une illustration de cette réalité. Il faut sans doute indiquer, de prime abord, que le Cameroun a une histoire de la planification. Elle y est initiée en 1946 avec les plans FIDES et le Ten

[328] Ahidjo, Communication à la session de juin de l'Assemblée nationale, 2 juin 1979, in Ahidjo, op. cit., p. 2178.

[329] EDIAFRIC, L'économie camerounaise, Paris, EDIAFRIC, 1981, p. 12, discours d'Ahmadou Ahidjo au Troisième congrès de l'UNC à Bafoussam, 13 février 1981.

[330] IEPF, *Guide de l'énergie*, Paris, ministère de la Coopération et du Développement, 1988, p. 45.

Year Plan dans les parties sous administration française et britannique respectivement. Seule l'intensification de la crise économique en 1987 y a mis un terme. Diverses initiatives sont prises depuis lors pour réclamer, encourager et faciliter le retour à la planification économique au Cameroun. Après l'indépendance, ce pays a entamé la mise en œuvre de six plans quinquennaux sur lesquels se fonde peu ou prou l'analyse de son évolution économique post-coloniale.

Si l'on prend les plans pour ce qu'ils sont, c'est-à-dire un ensemble de projets classés et chiffrés, on peut affirmer qu'il s'agit d'une belle initiative économique qui a participé à la mobilisation des énergies et des moyens publics au cours de leur période de mise en œuvre. Si on les prend pour ce qu'ils ont permis d'accomplir, alors le sentiment est mitigé. Ils ont servi de façon évidente la croissance économique du Cameroun. De nombreuses réussites qu'ils ont engendrées défient encore le temps : routes et ponts, écoles et hôpitaux, barrages, etc. On peut néanmoins et après coup s'interroger sur l'utilisation des moyens qui ont été mobilisés. À la lecture des plans, rejaillissent en effet des étalements de projets sur les périodes plus longues qu'initialement projetées ainsi que des reports et des dépassements de crédits. L'histoire de l'investissement doit certes prendre en compte les écarts entre les prévisions et les réalisations du fait de l'évolution du cours des matériaux et du matériel, des difficultés techniques qui apparaissent au moment de l'exécution ou simplement des modifications de projet intervenues. Mais, il reste difficile de se déterminer sur ces observations. Symboliquement en effet, il s'avère plus aisé de consulter les plans de développement du Cameroun (dans leur forme projetée) que d'avoir accès à leurs rapports d'exécution. Ceci rend difficile, du point de vue de l'histoire, une analyse financière et comptable. En affirmant que « la planification camerounaise ne fut souvent rien d'autre qu'une liste de projets d'investissement public désirables au lieu d'être un exercice rigoureux et intégré »[331], Jean Claude Willame donne néanmoins le prétexte aux historiens de démêler les fils de cette initiative.

La rubrique « énergie » des deux plans ici retenus, certainement ceux qui ont apporté dans ce domaine le plus de changements, reprend de manière générale les mêmes lignes (cf. tableau 9). Il s'avère ainsi que le

---

331 J.C. Willame, « Cameroun : les avatars d'un libéralisme planifié », *Politique africaine*, n° 18, 1985, p. 45.

développement de la capacité de production de l'énergie électrique est resté un axe majeur des plans quinquennaux.

Les deuxième et troisième plans ont ainsi permis la réalisation des barrages de retenue de Mbakaou (1969) et de Bamendjin (1974) ainsi que l'électrification des principaux centres urbains. Le quatrième plan consacre quant à lui la mise en place du système pétrolier national. Le volume des investissements à réaliser dans le secteur de l'énergie s'est élevé respectivement à 123 059 millions de francs CFA et à 125 230 millions de francs CFA pour les quatrième et cinquième plans. Le cinquième plan est d'ailleurs le plus innovant dans l'intention. Il y est énoncé pour la première fois des actions publiques à entreprendre dans la gestion des énergies traditionnelles (charbon de bois) et nouvelles (biogaz, solaire et éolienne).

Le sixième plan quant à lui s'est avéré moins précis et moins étoffé, comparé aux deux précédents. Si les rubriques sont bien définies (Aménagements hydroélectriques, Production thermique, Interconnexion et lignes de transport, Études, Travaux en cours, Programme immobilier, Plan informatique), le détail financier est traité avec plus de légèreté. Il consacre néanmoins le lancement du plan énergétique national (PEN) dont la vocation est de définir la politique de mise en valeur de chaque source d'énergie au Cameroun. L'exploitation de la rubrique énergie de ces plans rend une nouvelle fois compte d'un manque de rigueur comptable, les chiffres évoqués s'avérant trop souvent en contradiction ou chronologiquement décalés[332].

B. L'État face à la conjoncture énergétique

Malgré sa volonté de contrôler et d'orienter de façon systématique l'évolution du secteur de l'énergie, l'État a souvent dû modifier ou définir son intervention à cause d'événements soudains. C'est ainsi que la survenue du premier choc pétrolier en 1973–1974 aboutit à la définition au Cameroun d'un mécanisme de stabilisation des prix actionné par la Caisse de stabilisation des Prix des Hydrocarbures (CSPH).

---

332 MINPAT, Quatrième plan quinquennal de développement économique, social et culturel, Yaoundé, SOPECAM, 1977, p. 128 ; MINPAT, Sixième plan quinquennal de développement économique, social et culturel, Yaoundé, SOPECAM, 1986, p. 130.

Tableau 9: L'énergie dans les plans quinquennaux : projets et coûts (1976–1981)

Plan	Électricité		Pétrole		Autres énergies
	Projets	Coût en millions de francs CFA	Projets	Coût en millions de francs CFA	
4ᵉ plan	Aménagements hydroélectriques (Songloulou & Lagdo)	52 000	Recherche	20 000	/
	Interconnexion et lignes de transport	12 188	Développement de la capacité de stockage	10 000	
	Études	548,25	Construction d'une raffinerie	25 000	
	Travaux en cours (1976–1978)	3 247,75			
	Aménagements divers	75			
5ᵉ plan	Aménagements hydroélectriques (Extension Songloulou & Mapé)	54 450	Développement de la capacité de stockage	4 400	Études et projets sur le charbon de bois, le biogaz, le solaire et l'éolienne
	Production thermique	22 850			
	Interconnexion et lignes de transport	17 340			
	Études	1 000			
	Travaux en cours	20 190			
	Programme immobilier	5 000			

Source : MINPAT, Quatrième plan quinquennal de développement économique, social et culturel, Yaoundé, SOPECAM, 1977, p. 128; MINPAT, Cinquième plan quinquennal de développement économique, social et culturel, Yaoundé, SOPECAM, 1981, pp. 156–160.

1. Chocs pétroliers et crises d'approvisionnement énergétique au Cameroun

Les crises pétrolières[333] constituent sans doute des moments importants de l'histoire contemporaine. Certains y voient une série d'événements aux causes diverses qui affectent l'industrie et le marché pétroliers à travers le monde. Le 16 octobre 1973, le prix de l'Arabe léger, pétrole de référence sur le marché international, passe de 2,989 à 5, 119 dollars US le baril. Le 17 octobre, l'Organisation des Pays Arabes Exportateurs de Pétrole (OPAEP) décide de la réduction de 5 % de ses exportations de pétrole; cette réduction est portée à 25 % le 4 novembre de la même année. Le 25 octobre, un embargo est imposé par l'OPAEP sur la livraison aux États-Unis, au Portugal, aux Pays-Bas, à l'Afrique du Sud et à la Rhodésie en réaction à leur soutien à Israël. En décembre 1973, enfin, le prix de l'Arabe léger est porté à 7 dollars US le baril[334]. Dans le cas du premier choc, c'est bien l'Organisation des Pays Arabes Exportateurs de Pétrole (OPAEP) et non l'OPEP dans son entièreté qui a été à l'origine de la crise[335]. De plus, à la cause politique et conjoncturelle se sont ajoutées des causes plus structurelles comme la dépendance mondiale des réserves et de la production du Moyen-Orient ainsi que l'augmentation de la consommation des pays du Nord. Celle-ci évolue alors au rythme de 5,5 % par an de 1960 à 1973[336]. Le souci de contrôle des ressources

---

333 Le premier, choc en 1973–1974, a fait suite à l'embargo des pays arabes de l'OPEP. Le deuxième choc, en 1978–1979, a été déclenché par la révolution iranienne. L'invasion du Koweït par l'Irak en 1990 est à l'origine de la troisième crise. Enfin, le quatrième choc pétrolier, en 1999, est lié à l'émergence de nouvelles superpuissances industrielles. Voir T. Rajhi, M. Benabdallah, W. Hmissi, Impact des chocs pétroliers sur les économies africaines : une enquête empirique (version préliminaire), BAD, p. 19. La flambée du prix du baril en 2008 a également été considérée par certains comme étant une crise pétrolière. L'Organisation des Pays Exportateurs de Pétrole (OPEP) est fondée en 1960. Le sens que l'on donne à la crise pétrolière peut permettre de restreindre ou non les événements à classer dans cette catégorie. Maurice Erzan estime par exemple qu'avant 1973, trois autres crises ont secoué l'industrie et le marché mondial du pétrole. Ce sont la crise iranienne de 1951–1954, la crise de Suez de 1956–1957 et la Guerre de six jours de 1967. Voir M. Erzan, *Histoire du pétrole*, Paris, L'Harmattan, 2010, pp. 151–163.

334 N. Bret-Rouzaut et J.-P. Favennec (dir), *Recherche et production du pétrole et du gaz : réserve, coûts, contrats*, Paris, Éditions TECHNIP/Publications de l'Institut français du pétrole, 2002, pp. 29–30.

335 F. Perrin, « Le pétrole, 25 ans après le premier choc pétrolier. Que reste-t-il des deux chocs pétroliers ? », *Économie internationale*, n° 2586, octobre 1998, p. 22.

336 Ibid, p. 26.

naturelles qu'expriment les pays concernés après leur décolonisation doit également être pris en compte[337].

L'incidence des chocs pétroliers sur l'Afrique est très peu évaluée. Elle peut s'avérer considérable sur les prix, sur la monnaie et le change, sur les exportations, sur les investissements ou sur les comportements et le renouvellement des équipements énergétiques[338]. La raison de cet « oubli » réside peut-être dans le fait que le continent ne constitue qu'une part infime du marché pétrolier mondial et que la cause immédiate de la crise (le soutien occidental à Israël) la cristallise sur les questions politiques. Même dans une perspective globale, des indices laissent à penser que les pays d'Afrique ont inscrit cette crise comme l'un des chapitres de la revendication d'un nouvel ordre économique international. Conférant à ce problème une charge commerciale forte, le Président camerounais Ahmadou Ahidjo déclare par exemple en 1975 que

> La crise économique que traverse le monde depuis quelques années, n'est pas tout simplement une crise de l'énergie (…) En décidant de relever le prix du pétrole, ce dont nous souffrons tous à des degrés divers, les pays membres de l'OPEP, dans leur frustration, ont usé d'un droit légitime et n'ont fait qu'ouvrir l'abcès d'une crise qui, en réalité, était en gestation depuis longtemps[339].

Ainsi, pour la grande majorité des pays africains alors importateurs de pétrole, la crise constitue davantage un défi commercial et budgétaire qu'un réel enjeu énergétique.

Dans le cas du Cameroun, la balance commerciale a subi les contrecoups de la crise énergétique : la note pétrolière passe de 4 581 millions de francs CFA en 1973 à 10 172 millions de francs CFA en

---

337 Ibid., p. 33.

338 J. Percebois, *Économie des finances publiques*, Paris, Armand Colin, 1992, p. 154, cité par J. Percebois, « Les stratégies de réponse face aux chocs pétroliers. Quels enseignements au vu de quelques expériences? », in A. Beltran, C. Bouneau, Y. Bouvier, D. Varaschin, J.-P. Williot, *État et énergie XIXe – XXe siècle, Séminaire 2002–2006*, Paris, Comité pour l'histoire économique et financière de la France/ La Documentation française, 2009.

339 Ahidjo, Rapport de politique générale présenté au 2e congrès ordinaire de l'UNC, Douala, 10 février 1975, *Anthologie des discours 1957–1979*, tome 3, Les nouvelles éditions africaines, 1980, pp. 1665–1666.

1974[340]. L'évolution du prix du pétrole brut est répercutée sur celui des produits raffinés. Le litre de super et de l'essence d'une part, ainsi que du pétrole lampant d'autre part, a subi respectivement une augmentation de 17,5 francs CFA et de 5 francs CFA en février 1974[341]. Les prix des produits synthétiques issus du raffinage de pétrole (engrais, pesticides et articles en plastique) ont également augmenté, à titre illustratif. Il semble que le coût de construction de la route Bafoussam-Bamenda ait accru, passant de 2 222 646 433 francs CFA en 1973 à 4 212 000 000 en 1974[342]. Si ces doublements de cours des produits pétroliers sont à eux seuls de nature à plomber les économies des pays importateurs de pétrole, il faut rajouter à cet élément que la détérioration des termes de l'échange a rendu les choses davantage compliquées. Les prix de leurs produits d'exportation, essentiellement des produits primaires de l'agriculture et des mines, sont alors en baisse constante, tandis que les prix des produits manufacturés et industriels qu'ils importent renchérissent.

En 1975, le ministère de l'Économie et du Plan, prenant en compte l'expérience du choc pétrolier de 1973–1974, mène une réflexion sur la décision de l'OPEP d'augmenter de 10 % le prix du pétrole à compter du 1er octobre 1975. Dans une note, il met en évidence le fait qu'un renchérissement du prix des produits pétroliers appliqué au consommateur interviendrait à coup sûr. Il faut certainement s'attendre à une augmentation, même modérée du budget des ménages, des entreprises et la réduction des dotations en carburants pour les administrations, estiment les responsables de ce ministère[343]. Comme à l'issue des événements de 1973 en effet, des augmentations des prix des produits pétroliers interviennent, soit de 2,5 francs CFA sur le litre de super et de l'essence ordinaire, et de 3 francs CFA sur le litre de pétrole

---

340 J. Kendjio, « La crise de l'énergie et la balance commerciale des pays sous-développés (exemple du Cameroun) », mémoire de Licence en Économie, Université de Yaoundé, 1977, p. 125.

341 MINEPAT, 6A145, ministère de l'Économie et du plan, Note sur l'incidence de l'augmentation de 10 % du prix du pétrole sur l'économie de la République Unie du Cameroun, 8 octobre 1975, p. 2.

342 Kendjio, op. cit., p. 125.

343 MINEPAT, 6A145, ministère de l'Économie et du plan, Note sur l'incidence de l'augmentation de 10 % du prix du pétrole sur l'économie de la République Unie du Cameroun, 8 octobre 1975.

lampant et de carburéacteur. La répercussion devient inévitable sur les tarifs de transport et sur le coût des produits industriels[344].

D'autres épisodes de crise, plus locaux, ont affecté le secteur de l'énergie au Cameroun. Ce sont notamment des accidents ferroviaires qui ont révélé en 1977 la fragilité du système d'approvisionnement pétrolier de Yaoundé. Ce sont également des interruptions de la fourniture d'énergie électrique, comme en 1963 à Douala et sa région. Ces différents événements ont concouru à l'élaboration d'une vision nouvelle du développement du secteur de l'énergie par l'État. Dans le contexte de l'étatisation, celui-ci n'envisage ces changements que sous son contrôle. Un indice de cette volonté est bien perceptible dans la régulation des prix des produits pétroliers depuis le choc pétrolier.

2. La question du prix des produits pétroliers au Cameroun : la stabilisation et la péréquation

Le coût des produits de consommation constitue, dans une perspective économique et même sociale, une question cruciale. Dans une économie sans cesse mondialisée où les instances de fixation des cours sont en grande majorité transnationales, une attention particulière y est accordée par les gouvernants, par les producteurs et par les consommateurs. La véritable phobie qui entoure la survenue des crises pétrolières, passées ou entrevues, révèle l'importance de la question. Il faut cependant mentionner que les prix internationaux des produits pétroliers n'atteignent que de façon indirecte les consommateurs. Un ensemble de mesures existe qui transforme ces prix internationaux en des prix nationaux. En d'autres termes, il est courant de constater une différence entre ces prix[345]. La formation des prix nationaux dépend des choix de l'État en matière tarifaire, fiscale, politique, économique, industrielle, environnementale ou simplement de l'orientation qu'il donne à la gestion des ressources énergétiques nationales[346].

C'est ainsi que le renchérissement du prix des produits pétroliers après le premier choc pétrolier a contribué au Cameroun à la mise en place d'un mécanisme de stabilisation des prix. Si l'existence de la CSPH est souvent

---

344 Ibid., pp. 2–3.

345 P. Guillaumont, C. Bonjean, « Fonctions de comportement de l'État dans la détermination des prix au producteur pour les cultures d'exportation », *Économie & prévision*, n° 97, tome 1 (l'économie du développement), 1991, p. 61.

346 Martin, op. cit., p. 61.

discutée[347], il n'en demeure pas moins qu'elle a sans doute constitué, depuis sa création, la plus importante initiative publique de contrôle des prix des produits pétroliers. La CSPH est un établissement public créé le 10 mai 1974 au lendemain du premier choc pétrolier[348]. Dans ce contexte, son objet est de réguler les prix des produits pétroliers en vue de mettre les industries et les autres consommateurs camerounais à l'abri des fluctuations des cours sur le marché international des hydrocarbures. Le rôle de stabilisation de la CSPH consiste ainsi à opérer des prélèvements sur la vente des hydrocarbures distribués sur le territoire et à réinjecter les montants prélevés lorsque la conjoncture l'exige[349].

Le mécanisme de stabilisation n'est pas propre au prix des produits pétroliers. Il a souvent été utilisé pour équilibrer les fluctuations importantes des prix des produits de consommation. Dans une dimension transnationale, la mise en œuvre par l'Accord de Lomé 1 de février 1975 du système de stabilisation des recettes d'exportation des produits de base des pays d'Afrique-Caraïbes-Pacifique (STABEX) et du SYSMIN renvoie à ce mécanisme[350]. Au Cameroun, la création en 1976 de l'Office National de Commercialisation des Produits de Base (ONCPB) a aussi participé de cette logique.

La CSPH, quant à elle, a vocation à intervenir dans toutes les opérations de nature à stabiliser les prix des produits pétroliers. Elle procède pour cela par des prises de participation dans les entreprises du secteur pétrolier. Plus significativement, elle doit prendre en charge totalement ou de façon partielle les augmentations des prix, dans la mesure de ses possibilités financières, précise son décret de création. La stabilisation de prix ne s'est toujours pas faite de manière mécanique en effet. Au cours de la réflexion qui a suivi le renchérissement des cours du pétrole en 1974, le gouvernement

---

347 Infra, chapitre 7.

348 JORUC du 15 mai 1974, décret n° 74/458 du 10 mai 1974 portant création et organisation d'une caisse de stabilisation des prix des hydrocarbures, pp. 1182–1185.

349 C'est l'essence même de la stabilisation. Elle consiste ainsi en des prélèvements opérés sur les consommations pour constituer des réserves afin de faire face à des variations de prix sur le marché international.

350 Dans le cas évoqué cependant, ces instruments ont davantage servi l'accentuation de la dépendance des pays ACP vis-à-vis de ceux de la Communauté Économique Européenne (CEE).

s'interroge sur l'opportunité d'user de façon systématique des ressources de la CSPH.

Il envisage ainsi plusieurs options : laisser le consommateur en supporter la charge, laisser la CSPH en supporter la charge ou répartir la charge entre le consommateur et la CSPH. Cette dernière option est privilégiée. Il semble que le gouvernement ait considéré que l'épargne réalisée par la CPSH ne doive pas être systématiquement épuisée et qu'elle pourrait servir d'autres besoins de développement du pays[351]. La CSPH se range aux côtés des autres organismes publics de financement pour pallier la faiblesse de l'épargne privée nationale. Ses réserves financières sont investies dans l'hôtellerie (Société hôtelière du Nord Cameroun, Hôtel Hilton de Yaoundé, hôtel Sawa de Douala), la finance et l'agro-industrie (SODECOTON, SOSUCAM, CAMSUCO, SOCAME, SODEBLE) notamment.

Que la CSPH ait pris entièrement ou partiellement en charge la stabilisation du prix des hydrocarbures, il n'en demeure pas moins que ses interventions financières dans le secteur pétrolier ne sont pas négligeables[352]. Les subventions des prix des produits pétroliers dépassent cependant le cadre de la stabilisation au Cameroun pour intégrer un autre mécanisme, à savoir la péréquation. Progressivement en effet, pour intégrer le principe de l'équilibre qui guide la politique économique au Cameroun, un rôle de péréquation régionale est greffé au rôle de stabilisation de la CSPH.

---

351 MINEPAT, 6A145, ministère de l'Économie et du Plan, Note sur l'incidence de l'augmentation de 10 % du prix du pétrole sur l'économie de la République Unie du Cameroun, 8 octobre 1975, p. 6. Cette note met en évidence une technique à laquelle le gouvernement a souvent recours : envisageant la prise en charge par le consommateur de l'augmentation, donc une hausse du prix des carburants, il avait prévu, par un effet d'annonce, de préparer l'opinion publique à cette éventualité en annonçant par voie de presse écrite et parlée que le gouvernement étudiait sur la possibilité de réviser les prix des carburants. Il s'agissait alors de jauger la réaction des consommateurs à cette mesure impopulaire avant de la rendre publique.

352 On estime ainsi qu'au cours de l'exercice 1981/1982, le solde des interventions de la CSPH est de 2,4 milliards de francs CFA et de 5 milliards de francs CFA au cours de l'exercice 1987/1988. MINMEE/Agence canadienne de développement international, Projet de politique et de plan énergétiques pour le Cameroun, Direction de l'énergie / Lavalin International Inc., décembre 1990, p. 64. Entre 2008 et 2013 par ailleurs, on a estimé à 1200 milliards le montant des subventions consacrées par l'État au maintien à un niveau bas des prix des carburants.

Avec la mise en service de la SONARA en 1981, il est devenu évident que le prix de vente de produits pétroliers dans le Nord-Cameroun devrait être plus élevé que celui en vigueur au sud du pays où la raffinerie est installée. Ce prix de vente dans les localités septentrionales devrait alors intégrer une composante plus importante liée au transport. Le recours à la péréquation tend donc à corriger les inévitables écarts entre les différentes localités du pays. La péréquation a pour objectif de réduire les inégalités entre les différentes régions. Les différences de coût de transport sont ainsi remboursées aux distributeurs de produits pétroliers afin que la distance ne pénalise pas le consommateur ou les industries implantées dans les régions éloignées des points de raffinage et d'importation. En 1995 et 1996 par exemple, le prix de l'essence à Douala a intégré un surcoût de 74 francs CFA. Dans le même temps, ce prix à Garoua a été allégé par une subvention de 72 francs CFA[353]. Dans le souci d'équilibre déjà évoqué, la péréquation vise alors à uniformiser sur l'ensemble du territoire national le prix de vente d'un même produit. C'est donc à un rôle de régulation du marché pétrolier national que se consacre désormais la CSPH.

L'indépendance a été, en fin de compte, le catalyseur d'une série de mouvements qui ont contribué à transformer l'État et à affirmer son caractère post-colonial. La relative accélération de l'histoire à laquelle celui-ci prend part (décolonisation, Réunification, Unification, Guerre froide, rapports confus avec la France, chocs pétroliers…) ainsi que le foisonnement idéologique qui interpelle ses dirigeants en polit les formes. L'État hérité de la colonisation se renforce ; il devient monolithique. Sa mission est d'impulser l'élan social et économique du Cameroun par le biais de politiques centralisatrices. L'interventionnisme se meut en étatisme. Dans la foulée, le paysage entrepreneurial du pays se transforme. De nouvelles entreprises sont créées pour marquer la volonté de se constituer comme le principal acteur économique. Bien évidemment, il serait difficile de lui nier une ambition libératrice, celle de prendre ses distances avec le fait colonial, en l'absence d'un capital privé national.

En substance pourtant, ce dynamisme de l'État impose une seconde lecture. L'entrepreneuriat public s'est fait au mépris des calculs financiers

---

353 J.-J. Aerts et *al*, *L'économie camerounaise : un espoir évanoui*, Paris, Karthala, 2000, p. 181.

et des critères de rentabilité économique. L'État, cela semble être la règle à ce moment, doit transformer le pays et ses hommes, le prix de ce processus étant secondaire. Du coup, l'entreprise publique sert différentes fins, dont le façonnement et la préservation d'un certain équilibre ethno-régional. Le dynamisme entrepreneurial de l'État s'est aussi fait en réaction à un capital privé étranger jugé trop imposant. L'État ne s'est cependant pas défait de cette présence gênante, mais nécessaire. Cela a suscité de nouveaux agencements en prolongeant au Cameroun l'expérience des sociétés d'économie mixte.

Dans ce mouvement parfois confus, la posture du gouvernement dans la gestion du secteur de l'énergie permet de préciser quelque peu les choses : elle met en lumière un État volontaire qui use de son privilège discursif et de son pouvoir d'orientation économique pour affiner les traits des activités économiques. Face à la conjoncture, il tente de rester en scelle en tirant sur le levier des prix par le biais des politiques de stabilisation et de péréquation. Quoique poreux aux influences étrangères donc, la puissance publique tient une place incontournable après l'indépendance au Cameroun. De façon plus précise, la montée de l'étatisme dans le secteur des hydrocarbures illustre bien cette attitude volontaire de l'État.

CHAPITRE V

APPROVISIONNEMENT ET PRODUCTION D'HYDROCARBURES : ENJEUX ET ACTEURS D'UN SECTEUR VOUÉ À L'OLIGOPOLE

Au moment de son accession à la souveraineté internationale, le Cameroun est entièrement dépendant de sources extérieures pour son approvisionnement en produits pétroliers. Dans le même temps, le capital privé a réussi au cours de la période précédente à accaparer le contrôle de ce secteur devenu, au Cameroun comme à l'image du reste du monde, économiquement attractif, politiquement sensible et stratégiquement incontournable. La suspicion commence pourtant à enfler au sujet du peu de considération que les compagnies étrangères de ce secteur portent à l'intérêt national du pays hôte. De façon progressive, il s'impose comme une évidence que le jeune État, au même titre que l'administration coloniale avant lui, devrait trouver sa place dans ce domaine. Le principe de la sécurité d'approvisionnement en vogue est brandi pour servir cette cause.

Ce chapitre retrace le processus par lequel l'État a imposé sa présence dans le secteur pétrolier au Cameroun pour en contrôler les arrangements après l'indépendance. Il insiste en particulier sur les motifs de cette incursion et sur les stratégies entrepreneuriales utilisées. Il scrute tout aussi la réaction du capital privé, exclusivement étranger[354], à cette attitude de l'État. L'analyse de l'ensemble de ces postures, du fait de la complexité inhérente au secteur pétrolier, porte de façon distincte sur la question de l'approvisionnement en produits pétroliers et sur celle de la production pétrolière au Cameroun.

---

354 Il convient d'indiquer que même dans les entreprises de sous-traitance du secteur pétrolier, dont nous ne traitions cependant pas, la participation du capital privé étranger est évaluée à 70 % au moins. Voir MINMEE/Agence canadienne de développement international, Projet de politique et de plan énergétiques pour le Cameroun, Direction de l'énergie/Lavalin International Inc., décembre 1990, p. 65.

I. L'État et l'entreprise face à la question de la sécurité d'approvisionnement

La sécurité d'approvisionnement, dans le vocabulaire du pétrole, désigne l'ensemble des mécanismes et des mesures pris pour garantir qu'un État ou un territoire quelconque ne souffre d'une interruption de son approvisionnement en produits pétroliers de qualité et de quantités voulues[355]. Cette éventualité serait en effet préjudiciable à l'économie et à la société dans la mesure où elle marquerait le ralentissement voire l'arrêt des transports, des industries, de la fourniture de l'énergie électrique, etc. Le concept de sécurité d'approvisionnement s'est répandu après le choc pétrolier de 1973. Depuis lors, le développement du commerce international de produits pétroliers, mais aussi de l'activité de raffinage et du stockage, a marqué l'évolution de ce secteur économique et influencé les rapports entre l'État et les investisseurs privés.

A. L'indépendance et la problématique d'une raffinerie nationale

Au milieu des années 1970, le Cameroun dépend entièrement de raffineries sud-américaines, ouest-africaines et gabonaises pour son approvisionnement en produits pétroliers (cf. graphique 4).

Sa proximité avec le Gabon, mais aussi des engagements qui les lient à ses voisins de la sous-région Afrique centrale, fait de ce pays le principal fournisseur du Cameroun. Près de 237 357 tonnes de produits pétroliers raffinés au Gabon sont ainsi importées par le Cameroun en 1975, soit 63 % des importations de cette catégorie de produits. Le reste est fourni par Curaçao (34413 tonnes), l'Italie (57444 tonnes), la France (12455 tonnes), l'Iran (4214 tonnes), le Venezuela (22618 tonnes) et le Nigéria (345 tonnes) principalement. Une certaine volonté de réduire les distances d'approvisionnement et de rapprocher l'activité de raffinage du Cameroun, voire de la contrôler, se manifeste pourtant au sommet de l'État dès les années 1960. Elle prend d'abord sens par le biais de la coopération régionale. Par des arrangements entre le capital public

---

[355] Conférence mondiale de l'énergie, *Terminologie de l'énergie*, Londres, Pergamon Press, 1986, p. 8.

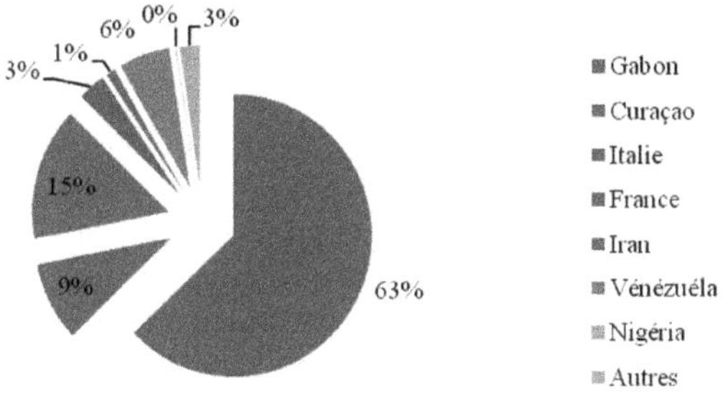

Graphique 4: Les sources d'approvisionnement du Cameroun en produits pétroliers (1975)
Source : J. Kendjio, « La crise de l'énergie et la balance commerciale des pays sous-développés (exemple du Cameroun) », mémoire de Licence en Économie, Université de Yaoundé, 1977, p. 126.

national et le capital privé étranger, cette ambition aboutit en fin de compte à la création d'une unité nationale de raffinage.

1. Le Cameroun et la question d'une raffinerie sous-régionale

Jusqu'à la fin des années 1960, seuls trois pays africains disposent d'une raffinerie de pétrole à savoir le Maroc, l'Égypte et l'Afrique du Sud. Au Maroc, la raffinerie de Sidi-Kacem, détenue par la Société Chérifienne des Pétroles, a été construite en 1949. Elle est une émanation d'intérêts français dont le Bureau de Recherche et de Participation Minières – BRPM – (50 %), le Bureau de Recherche du Pétrole – BRP – (36 %), la Compagnie Française de Pétroles – CFP – (6,71 %), Repfrance (1,77 %), la Compagnie Financière de Recherches Pétrolières (1,62 %) et de divers autres investisseurs (3,90 %). Les raffineries de Suez, construites en 1913, sont contrôlées respectivement par la Suez Oil Processing, avec un capital entièrement détenu par la General Petroleum Authority et par la Nasr Petroleum Corporation. Les raffineries sud-africaines quant à elles, mises en route en 1953 et installées à Borksburg et à Durban, sont gérées par la South African Torbanite Mining and Refining Corporation Limited (SATMAR) et par la Mobil Refining Corporation[356]. Cette situation a

[356] L. Dézanneau, « L'industrie pétrolière en Afrique. Elle ne se limite plus au secteur de la distribution », *Industries et travaux d'outremer*, n° 148, mars 1966, pp. 163–165.

rapidement évolué puisqu'en 1965, 17 pays africains disposent déjà d'une raffinerie.

> L'intérêt porté par les gouvernements africains à l'industrie du raffinage s'explique aisément, commente alors Louis Dézanneau : disposant de ressources financières limitées, ils ont souhaité que leur pays fasse l'économie représentée par les dépenses supplémentaires de fret qu'entraînent les importations de produits. En outre, en faisant traiter sur place le pétrole brut, ils économisent des devises correspondant au coût du raffinage. Cette attitude est d'ailleurs similaire à celle des pays européens, en particulier à celle adoptée par le gouvernement français entre les deux guerres, lorsqu'il a favorisé la création d'une industrie française du raffinage[357].

Le développement euphorique de l'activité de raffinage en Afrique au cours des décennies 1960 et 1970 ne répond certainement pas aux seuls objectifs de rentabilité économique[358]. La lente progression de la consommation de produits pétroliers contraste en effet avec ce morcellement continu de l'offre contenue dans des frontières nationales trop souvent exigües pour garantir la rentabilité des unités de raffinage construites. La raison de cet engouement doit donc se trouver ailleurs : on a évoqué par exemple les effets induits de la construction de ces raffineries sur l'emploi et leur signification symbolique. Au sujet de la mise en service de la raffinerie de Port-Gentil au Gabon, en 1968, il est ainsi martelé qu'une « grande raffinerie est sans conteste une des plus belles réalisations que puisse présenter la civilisation matérielle »[359]. Elle est donc censée traduire le passage d'économies soutenues par l'agriculture à des économies portées par l'industrie.

L'implication du Cameroun dans l'activité de raffinage se fait d'abord dans le cadre de la coopération régionale. Le 11 février 1964, lors d'une rencontre à Fort Lamy, les chefs d'État du Cameroun, de la République centrafricaine, du Congo-Brazzaville, de la République gabonaise et du

---

357 *Ibid.*, p. 160.

358 *Ibid.*, p. 158. Dans le cas de la raffinerie camerounaise, après que le projet soit resté en sommeil de longues années, le président de son Conseil d'administration, Samuel Libock, a insisté en 1977 sur le fait qu'il était impératif, « pour des raisons politiques », d'entamer rapidement les travaux de déboisement du site de la raffinerie. AG TOTAL, 1AFR/DDER-16, Compte-rendu de la réunion du 15 février 1977, p. 2.

359 AG TOTAL, 11AH0182-2, Raffinage Distribution : Société équatoriale de raffinage (SER). Raffinerie de Port Gentil au Gabon, 1968, p. 6.

Tchad prennent la décision d'installer une raffinerie communautaire à Pointe Clairette, au nord de Port-Gentil. Trois sites sont initialement en concurrence : Port-Gentil au Gabon, Pointe-Noire au Congo et Douala au Cameroun[360]. Le choix du site gabonais tient en grande partie de la proximité du pétrole à raffiner, le Gabon étant un pays producteur depuis 1957 et devant par ricochet assumer l'approvisionnement de la raffinerie. Celle-ci, avec un coût de réalisation évalué à 4,5 milliards de francs CFA, est conçue pour produire 362 000 tonnes de produits pétroliers par an, soit la consommation envisagée des pays impliqués pour l'année 1966.

La raffinerie de Port-Gentil constitue un important dessein sous-régional puisque l'objectif assigné à ce projet industriel et communautaire est de couvrir les besoins des pays membres de l'Union Douanière des États de l'Afrique Centrale (UDEAC) en produits pétroliers et de rompre ainsi leur dépendance vis-à-vis des circuits étrangers d'approvisionnement dont ils n'ont pas la maîtrise. La cérémonie de pose de la première pierre a lieu le 8 juin 1966 à Port-Gentil en présence de Léon Mba, Ahmadou Ahidjo et Jean Bédel Bokassa, présidents du Gabon, du Cameroun et de la République centrafricaine respectivement. Des délégations tchadiennes et congolaises y assistent également.

Ce projet est proposé à ces pays d'Afrique centrale par le BRP et la CFP. L'étude économique, menée en 1963 par ces compagnies pétrolières françaises, conclut à une rentabilité du projet en cas de mise en commun des marchés de la sous-région. Intéressés et trouvant dans celui-ci une opportunité de rendre concrète leur intégration économique, ces pays créent la Société Équatoriale de Raffinage (SER) en octobre 1965[361]. Son capital, passé de 60 millions de francs CFA en octobre à 1 200 millions

360 D. Avom, « Intégration monétaire préalable ou résultat de l'intégration économique ? Le cas des pays membres de la CEMAC (Communauté Économique et Monétaire de l'Afrique Centrale) », Thèse de Doctorat NR en Sciences économiques, Université Lumière Lyon 2, 1999, p. 209.

361 Il existe déjà, respectivement depuis 1961 pour le Sénégal et 1962 pour la Côte d'Ivoire, une Société Africaine de Raffinage (SAR) et une Société Ivoirienne de Raffinage (SIR). Il existe également un projet de raffinerie à capitaux privés dénommée Central African Petroleum Refineries. Fondée en 1963 à l'initiative de BP, Shell, Mobil, Caltex, American Independant Oil, Kuwait National Petroleum et TOP (Rho), son capital est de 3 000 000 £. Voir AG TOTAL, CFP, Documents sur l'exercice 1965, p. 181.

de francs CFA en novembre de cette année[362], est réparti entre les pays de l'UDEAC (Gabon, Congo, Cameroun, Tchad, Centrafrique) à raison de 5 % chacun. La CFP et l'Entreprise de Recherches et d'Activités Pétrolières (ERAP), qui reprend les actifs du BRP en janvier 1966, en détiennent chacune 37,5 % avec un accord pour la cession ultérieure de la moitié de leurs participations aux sociétés pétrolières impliquées dans la distribution au sein de l'UDEAC à savoir Mobil, Shell, Texaco, BP et PETROCON[363].

En 1973, la SER devient la Société Gabonaise de Raffinage (SOGARA)[364]. Par ce changement de dénomination, elle perd son caractère communautaire. Le Gabon rachète les parts de ses pairs africains, ce qui lui permet de garder un relatif contrôle de la raffinerie. L'actionnariat est à cet effet modifié. Le capital de l'entreprise est dorénavant détenu par le Gabon (25 %), Elf (18,75 %), Total (18,75 %), Mobil (11,66 %), Shell Gabon (11,39 %), Texaco (5,6 %), Fina (3,3 %), BP (3,1 %) et Agip (2,5 %)[365]. Les autres pays de l'UDEAC se sont en effet retirés de l'affaire, la SOGARA continuant cependant à assurer leur approvisionnement. Le Congo, dont les ambitions pétrolières se précisent alors, initie en 1970 un projet de raffinerie nationale. Le Cameroun le suit dans cette voie.

2. *L'option d'une raffinerie nationale : la SONARA*

L'année 1973 constitue une année charnière dans l'histoire pétrolière du Cameroun ; et le choc pétrolier n'en est pas l'unique point de référence. Ce pays choisit en effet, dès janvier 1973, de privilégier une voie souveraine dans le raffinage de produits pétroliers destinés à la consommation nationale. Il s'agit en substance de garantir l'approvisionnement régulier

---

362 AG TOTAL, CFP, Documents sur l'exercice 1965, p. 179. Cette augmentation du capital devait permettre d'entamer les travaux de construction de la raffinerie communautaire.

363 Anonyme, « La raffinerie de pétrole de Port-Gentil est destinée à satisfaire les besoins des États d'Afrique équatoriale et du Cameroun », *Industries et travaux d'outremer*, n° 154, septembre 1966, pp. 762–763. En 1966, la participation respective de CFP et d'ERAP est ainsi passée à 18,75 %. Mobil (12,5 %), Shell (12,5 %), Texaco (6 %), PETROCON (3,5 %) et BP (3,3 %) ont ainsi pu intégrer le capital de la SER.

364 A. Aicardi de Saint-Paul, *Gabon: the Development of a Nation*, Routledge, 1989, p. 55.

365 *Ibid.*, p. 55.

du pays par la mise sur pied d'une industrie nationale dont la vocation première serait de mettre fin à la dépendance vis-à-vis des importations sans cesse croissantes. Ahmadou Ahidjo prend un décret à cet effet le 21 mars 1973, créant une société d'économie mixte d'intérêt national : la Société Nationale de Raffinage (SONARA). Il est arrêté à ce moment que l'État du Cameroun en détiendrait la majorité du capital[366].

La volonté du Cameroun de poursuivre sa politique d'import-substitution permet-elle seule de comprendre le choix opéré par ce pays de sortir de la SER et de créer la SONARA ? Est-ce simplement l'expression de « nationalismes exacerbés » comme le suggère Désiré Avom ?[367] Le contexte général de la participation de ce pays aux initiatives d'intégration africaine apporte d'autres indications. Ahmadou Ahidjo a longtemps été présenté comme un fervent défenseur de l'approche culturelle de l'intégration en Afrique. Celle-ci a notamment contribué à la création, entre les anciens territoires et colonies de la France, de regroupements régionaux[368].

Il s'avère cependant qu'au début des années 1970, le Cameroun a exprimé ouvertement sa volonté de se soustraire aux initiatives d'intégration africaine influencées par la France. Ce détachement est accentué par les réserves que le gouvernement a formulées relativement au bien-fondé des organisations à vocation ou à tendance supranationale. Il a abouti en janvier 1971 au retrait du Cameroun de la compagnie Air Afrique et, en juillet 1973, de l'Organisation Commune Africaine et

---

[366] MINEPAT, Décret n° 73/135 du 21 mars 1973 portant création d'une Société nationale de raffinage, p. 1.

[367] Avom, op. cit., p. 208.

[368] La construction d'une identité africaine à travers l'intégration régionale a relevé les mésententes entre les pays de ce continent. Deux groupes représentent ses positions antagonistes : le groupe de Casablanca (Ghana et pays de l'Afrique du nord notamment) veut une intégration économique rapide et intégrale. Il est ainsi favorable à la création d'un organisme supranational. Le groupe de Brazzaville (États francophones en grande partie), qui est devenu groupe de Monrovia, préconise plutôt des organisations économiques régionales qui pourraient progresser vers l'intégration économique totale. Ils privilégient les solidarités « culturelles », « historiques », linguistiques, « coloniales », « sentimentales » et créent des organisations sur lesquelles l'emprise des anciennes métropoles est présentée comme « normale ». L'OCAM et les institutions dont elle est issue en 1965 (l'Union Africaine et Malgache de 1960 et l'Union Africaine et Malgache de Coopération Économique de 1964) en sont des illustrations de cette approche.

Malgache (OCAM)[369]. Ahmadou Ahidjo a reproché à cette organisation son fondement « sentimental » qui se serait avéré, au fil du temps, nuisible à l'unité et la coopération africaines[370]. La sortie de la SER pourrait alors se situer dans le même cadre, les entreprises françaises Elf et Total y exerçant une grande influence. Une autre raison semble avoir servi de prétexte au Cameroun pour quitter la SER.

> À l'origine, doit-on noter, il fut décidé de limiter la capacité maxima de la raffinerie aux besoins du marché prévus pour 1966, soit 362 000 tonnes de produits blancs [...] Lorsque la consommation des cinq États dépasserait de 200 000 tonnes les tonnages fournis par la raffinerie de Port-Gentil, les installations de raffinage seraient complétées par des unités implantées en d'autres villes choisies par les actionnaires[371].

Cette autre raison se résume donc, au début des années 1970, en l'impossibilité pour la raffinerie du Gabon de continuer à assurer de façon pérenne l'approvisionnement de tous les pays membres de l'UDEAC. Les faibles capacités de la raffinerie du Gabon reflètent le peu d'ambitions qui ont présidé à sa construction. Même si le marché africain n'offre pas à ce moment des garanties de croissance accélérée, il est évident que ces capacités ne pourraient couvrir la demande qu'à court terme. On imagine bien la réaction des autres pays quand il s'est agi d'accroître les capacités de la raffinerie de Port-Gentil... Le Congo décide de faire cavalier seul, ce qui le conduit à élaborer un projet de raffinerie, achevée en 1976, mais qui n'entre en service qu'en 1982[372]. L'occasion est donc trop belle pour le Cameroun qui tente d'affirmer son leadership sous-régional en construisant une raffinerie au moins plus grande que celle du Gabon.

En réalité, une étude sur la faisabilité d'une raffinerie au Cameroun est menée en novembre 1972 par la CFP/Total et proposée au gouvernement camerounais[373]. Le projet arrêté en octobre 1973 reprend cette étude dans

---

369 D. Oyono, *Avec ou sans la France ? La politique africaine du Cameroun depuis 1960*, Paris, L'Harmattan, 1991, pp. 103–107.

370 A. Ahidjo, Rapport de politique générale présenté au 2e congrès ordinaire de l'UNC, Douala, 10 février 1975, *Anthologie des discours 1957–1979*, tome 3, Les nouvelles éditions africaines, 1980, p. 1662.

371 AG TOTAL, 11AH0182-2, Raffinage Distribution : Société équatoriale de raffinage (SER). Raffinerie de Port Gentil au Gabon, 1968, p. 8.

372 G.-B. Massengo, *L'économie pétrolière du Congo*, Paris, Éditions L'Harmattan, 2005, p. 121.

373 AG TOTAL, 1AFR/DDER-14, CFP, Étude technique d'une raffinerie camerounaise à Victoria, novembre 1972.

ses grandes lignes. Il prévoit la mise en service d'une unité de raffinage au cours du second semestre 1975. Le marché envisagé couvre le Cameroun ainsi qu'une partie de la consommation du Tchad et de la Centrafrique. Il prévoit aussi un volume d'investissements de 13,8 milliards de francs CFA[374].

La constitution de la SONARA ne se fait pas sans embûche. Le 6 janvier 1973, un protocole d'accord est signé entre le gouvernement camerounais et CFP. Il fait de la compagnie française le partenaire technique du projet. Il consacre également la première répartition du capital de la future raffinerie, soit 51 % pour l'État, 16 % pour CFP/Total Afrique de l'Ouest, 11 % pour Elf SEREPCA, 7 % pour Litwin, 5 % pour Mobil, Shell et Texaco et 2 % pour BP[375]. La partie camerounaise arrive très vite à la conclusion que CFP/Total ne s'investit pas assez dans l'affaire. Total rétorque à ce réquisitoire que la mise en sommeil du projet est due aux perspectives imprécises générées par la crise pétrolière de 1973/1974, mais également à l'absence d'un organe de direction et de gestion dudit projet[376]. Une réunion ministérielle se tient le 11 octobre 1974. Elle réunit le ministre des Mines et de l'Énergie (Namata Elangwe Henry), le ministre du Développement Industriel et Commercial (Youssoufa Daouda), un représentant de la Présidence de la République (Bouba Hamoa) et le secrétaire général du ministère des Mines (Chatue Kamga). Ceux-ci décident à cette occasion de soumettre à l'approbation d'Ahmadou Ahidjo la décision de dénoncer le protocole d'accord avec Total, de définir les caractéristiques de la raffinerie et d'entrer en contact avec Elf pour qu'elle soit le nouveau chef de file pour la réalisation du projet de raffinerie[377].

Le choix d'Elf semble à ce moment motivé par l'expérience que ce groupe a en Afrique centrale et par sa participation à la prospection

---

374 AG TOTAL, 1AFR/DDER-14, SONARA, Avant-projet, 1er octobre 1973, p. 10. Ce coût a été arrêté en supposant des exonérations sur l'importation du matériel de construction et en excluant les coûts opératoires (environ 1 300 millions de francs CFA).

375 MINEPAT, 6A29, Protocole d'accord entre la République Unie du Cameroun et la CFP portant création d'une industrie camerounaise de raffinage de pétrole, 6 janvier 1973, p. 2.

376 MINEPAT, 6A29, TOTAL, Résumé de la situation et disposition à prendre, 13 mai 1976.

377 MINEPAT, 6A29, Note relative aux solutions proposées pour la relance du projet de raffinerie, 11 octobre 1974, p. 1.

pétrolière au Cameroun. Mais, dans le même temps, les responsables camerounais craignent que la nationalité française d'Elf ne soit une entrave à la conduite du projet. Ils estiment ainsi qu'Elf est un « groupe français comme Total qui pourrait mener une politique similaire à celle de ce dernier »[378]. Elf est d'ailleurs intéressé au premier chef au développement de l'industrie pétrolière au Gabon et marque une certaine réticence au projet camerounais[379].

Au milieu des années 1970, l'obstination du gouvernement à construire une raffinerie à Victoria le pousse à se tourner alors vers des partenaires non français. Cette attitude dépasse largement le domaine du pétrole pour irradier l'ensemble des aspects de l'économie nationale et de façon plus spécifique la réalisation des projets industriels[380]. Elle est portée par une diversification des relations diplomatiques du Cameroun. Dans le domaine du pétrole précisément, il s'agit pour l'État du Cameroun, sans doute, de tenter de modifier le rapport de force avec les compagnies françaises en mettant celles-ci en compétition avec des entreprises d'autres nationalités. Aussi, une autre alternative au rôle de Total est évoquée, à savoir que le groupe Tabet[381] soit contacté lui aussi, à condition que la formule de l'usine « clé en mains »[382] soit exclue et que ce groupe participe à la gestion de la raffinerie ainsi qu'à la formation

---

378 *Ibid.*, p. 2.

379 J.C. Willame, « Cameroun : les avatars d'un libéralisme planifié », *Politique africaine*, n° 18, 1985, p. 65.

380 John Marc Tedga met en évidence cette obstination de l'État lors de la constitution de la Cellulose du Cameroun (CELLUCAM), projet voué à l'échec et dans lequel les partenaires traditionnels du Cameroun ont refusé de le suivre. Voir P.J.M. Tedga, *Entreprises publiques, État et crise au Cameroun : faillite d'un système*, Paris, L'Harmattan, 1990, pp. 215–216.

381 Le groupe fondé en AOF en 1946 par le Libanais Antoine Tabet était spécialisé dans le transport routier. Au cours des années 1960, du fait de sa collaboration avec des entreprises françaises telles que Bouygues et Dragages, il s'implique de plus en plus dans le financement et l'exécution des travaux industriels et de réalisation d'infrastructures publiques. Voir Tabet Construction, « About Us », URL : http://www.tabetconstruction.com/about.html, consulté le 25 janvier 2013.

382 Dans la réalisation des projets industriels, la formule clé en mains renvoie à la construction d'usine sans transfert de savoir-faire. L'unité de production est ainsi « livrée » au pays demandeur qui par conséquent n'a pas la maîtrise des technologies mises en œuvre. Cette procédure s'oppose au véritable transfert de technologies industrielles et est malheureusement la formule la plus utilisée en Afrique au lendemain des indépendances.

des futurs cadres[383]. Malgré cette réserve relative à l'inopportunité de la formule « clé en mains », c'est cette formule qu'Ahmadou Ahidjo arrête en fin de compte[384].

Des contacts sont également pris avec la firme autrichienne Voest Alpine en décembre 1974. Un protocole d'accord est également signé en novembre 1975 avec la société Badger Limited aux mêmes fins[385]. Mais le choix d'un contractant, même non français, ne peut lever l'hypothèque du financement de la raffinerie. L'État du Cameroun somme les compagnies pétrolières de se ranger à ses côtés, en les menaçant d'annuler leurs permis de recherche[386]. En fin de compte, ce changement de partenaire technique ne s'est pas fait. Total reste à l'avant-garde du projet de raffinerie du Cameroun, une convention d'assistance technique le liant au projet de raffinerie en 1977. La collaboration entre l'État et les compagnies pétrolières s'est donc poursuivie bon gré mal gré.

En juin 1976 en effet, le gouvernement camerounais entre officiellement en contact avec les différentes sociétés exerçant dans la prospection, la production et la distribution de pétrole au Cameroun pour confirmer leur intérêt à participer au capital social de l'entreprise. Celui-ci est initialement fixé à 400 millions de francs CFA. Il est alors convenu entre les différents intervenants qu'une société d'accueil, chargée d'effectuer des études de rentabilité, précède la société définitive, au cas où ces études seraient positives. Le 19 novembre 1976, lors d'une rencontre regroupant les représentants du gouvernement camerounais, la CFP, la société Litwin et les sociétés pétrolières exerçant au Cameroun, la répartition du capital de la société d'accueil est arrêtée : l'État du Cameroun s'arroge 65 % du capital, réparti entre l'État proprement dit, la Société Nationale d'Investissement (SNI) et la Caisse de Stabilisation des Prix des Hydrocarbures (CSPH). Total Cameroun (16 %), Mobil (5 %), BP (5 %), Texaco (3 %), Agip (3 %) et Litwin (3 %) complètent

---

383 MINEPAT, 6A29, Note relative aux solutions proposées pour la relance du projet de raffinerie, 11 octobre 1974, p. 2. Voir également MINEPAT, Correspondance du ministre d'État, secrétaire général de la Présidence du Cameroun, Sengat Kuoh au ministre du Développement Industriel et Commercial relative au Projet de raffinerie au Cameroun, 18 octobre 1974.

384 MINEPAT, 6A29, Correspondance du secrétaire général de la présidence au ministre du Développement Industriel et Commercial relative au projet de raffinerie nationale de pétrole, 7 décembre 1974.

385 MINEPAT, 6A29, TOTAL, Résumé de la situation…

386 Willame, art. cit., p. 65.

la liste des actionnaires. Tous se réservent cependant le droit de revoir la valeur de leurs participations dans la société définitive au cas où les études économiques s'avéreraient satisfaisantes[387]. BP, Texaco et Agip, après avoir manifesté leurs hésitations à plusieurs reprises[388], ne sont pas associés à la finalisation du projet.

Dans l'étude économique relative à la raffinerie camerounaise, Total estime en 1977 que les investissements nécessaires à la création de la SONARA passeraient à 57 milliards de francs CFA. Pas moins de 72 milliards auraient été mobilisés en fin de compte[389]. Les bailleurs de fonds ont quant à eux exigé que le capital de l'entreprise représente au moins 20 % des investissements à mobiliser. Il semble donc évident que le capital initial de 400 millions était dérisoire. Le Conseil d'administration décide par conséquent de porter ce capital à 4 milliards de francs CFA. Il faut à ce moment incorporer de nouveaux actionnaires à l'affaire. Elf Aquitaine, d'abord restée en marge, négocie la cession de 8 % des actifs de l'État du Cameroun[390] et la Banque Islamique de développement (BID) commence elle aussi à s'intéresser au projet.

La question de l'approvisionnement en pétrole brut est une question cruciale dans la concrétisation du projet de raffinerie du Cameroun : en octobre 1974, le gouvernement du Cameroun étudie déjà d'autres sources d'approvisionnement, en complément du brut que le Gabon pourrait fournir au Cameroun dans le cadre de l'Accord de Franceville du 9 août 1974[391]. L'intensification de la découverte de champs pétroliers entre 1974 et 1977 ainsi que les perspectives de leur mise en exploitation permettent aussi de réactiver le projet de la raffinerie camerounaise. L'une des premières conséquences est la modification du projet pour l'adapter au pétrole camerounais, le type Kolé principalement[392].

---

387 MINEPAT, 6A29, Procès-verbal de la réunion préparatoire à la constitution de la Société nationale de raffinage (SONARA), 19 novembre 1976, pp. 3–4.

388 AG TOTAL, 94AC135-62, Procès-verbal du Conseil d'administration de la SONARA, 18 novembre 1977, séance n° 3, p. 5.

389 Willame, art. cit., p. 66.

390 AG TOTAL, 94AC135-62, Procès-verbal du Conseil d'administration de la SONARA, 18 novembre 1977, séance n° 3, p. 6.

391 MINEPAT, 6A29, Note relative aux solutions proposées pour la relance du projet de raffinerie, 11 octobre 1974, p. 3. Le brut nigérian (Nigerian Light) et une variante de la production arabique (Basrah) avaient jusqu'alors été retenus par les concepteurs du projet.

392 AG TOTAL, 94AC135-62, SONARA, Projet, octobre 1977, p. 1.

La réunion du 19 novembre 1976 sus-évoquée révèle une nouvelle fois les dissensions qui existent entre l'État du Cameroun et ses partenaires privés. Invité à se prononcer sur l'apport d'Agip à la société d'accueil, M. Borrazzi ne manque pas de souligner que celui-ci, de 3 %, serait liée à l'attribution à sa compagnie d'un siège au Conseil d'administration. La réaction du ministre Youssouffa Daouda donne une idée de l'ambiance tendue qui règne à ce moment. Il est en effet consigné dans le procès-verbal de ladite réunion : «le ministre fait remarquer qu'en stricte logique, une participation de 3 % ne justifie pas l'attribution d'un siège; en tout état de cause, ce point sera examiné ultérieurement, mais il est regrettable d'entamer la discussion avec un tel préalable»[393]. Et lorsqu'elle est abordée plus tard, cette question de la répartition des sièges au Conseil d'administration ne trouve de consensus qu'après d'intenses discussions.

En avril 1978, le choix est porté sur l'entreprise française PROCOFRANCE pour la construction de la raffinerie camerounaise à Limbé. Celle-ci tire son épingle du jeu après de nombreuses tractations qui voient se positionner d'autres entreprises à l'instar de Heurtey (France), Litwin (France), Badger (Angleterre), Procon (États-Unis) et CTIP (Italie). L'assistant technique, CFP/Total, recommande alors le choix d'une entreprise française pour la construction de la raffinerie, soit dans l'ordre PROCOFRANCE et Litwin[394]. Le groupe de banques soutenant le projet est quant à lui mené par la Banque Nationale de Paris (BNP) et inclut Société Générale, Barclay's Bank, Union Méditerranéenne de Banque, banque de l'Union Européenne, Banque de l'Indochine et de Suez, Crédit Chimique et Banque Internationale pour l'Afrique Occidentale (BIOA)[395].

L'unité camerounaise de raffinage est finalement mise en service en 1981. Sa production est de 195 000 tonnes équivalent pétrole (tep) à cette date et de 1 186 000 tep en 1990[396]. De nombreux observateurs estiment cependant que la faible capacité de production de la raffinerie de Limbé constitue une entrave à sa rentabilité économique. Il ne s'agit

---

393 MINEPAT, 6A29, Procès-verbal de la réunion préparatoire à la constitution de la Société nationale de raffinage (SONARA), 19 novembre 1976, p. 4.

394 MINEPAT, 6A29, CFP (Assistant technique), Choix des contracteurs. Recommandation de la CFP, mars 1978, p. 12.

395 AG TOTAL, 1AFR/DDER-16, Calendrier des principaux travaux effectués au cours de l'année 1978, 18 janvier 1979, p. 4.

396 J. Girod, *L'énergie en Afrique*, Paris, Karthala, 1994, p. 441.

Tableau 10: Les flux de produits pétroliers au Cameroun en milliers de tep (1980–1990)

	Production SONARA	Exportations	Importations
1981	195	n.d.	n.d.
1982	1080	362	60
1983	1241	453	60
1984	1262	494	83
1985	1352	495	63
1986	1509	622	80
1987	1516	678	77
1988	1508	727	78
1989	1271	n.d.	n.d.
1990	1186	n.d.	n.d.

Source : J. Girod, *L'énergie en Afrique*, Paris, Karthala, 1994, pp. 441–443.

alors pas d'un problème nouveau : dès 1977, percevant bien les difficultés que la raffinerie devrait rencontrer après sa mise en service, les membres du Conseil d'administration de la SONARA avaient arrêté le principe de l'augmentation du prix des produits finis sortis de la raffinerie pour assurer la rentabilité de celle-ci[397]. Ce sont les prix, et non le niveau de production (cf. tableau 10), qui ont déterminé la rentabilité de la SONARA.

La production de la SONARA, si l'on exclut la première année sans doute consacrée aux essais, n'évolue que de manière modeste, soit d'un peu plus de 40 % entre 1982 et 1987. Après 1987 d'ailleurs, cette production baisse régulièrement, tout au moins, jusqu'en 1990. Elle s'avère également moins adaptée au marché camerounais, étant davantage constituée de pétrole et de diesel plutôt que d'essence alors prisée par les consommateurs locaux[398]. Le Cameroun est ainsi devenu exportateur de ses excédents de produits pétroliers, soit près de 48, 20 % de la production de 1988. Il est aussi resté importateur pour couvrir les déficits de production de la raffinerie nationale.

---

397 MINEPAT, 6A29, Note de Total Afrique à l'attention du ministre de l'Économie et du plan au sujet de la mission du conseil d'administration de la société nationale de raffinage (SONARA) tenue le 18 novembre 1977 à Victoria, 25 novembre 1977, pp. 1–3.

398 Willame, art. cit., p. 66.

En somme, la mise en service de la SONARA met en évidence de nombreux déséquilibres économiques. Les objectifs initiaux sont pourtant réalisés, puisqu'il s'est agi pour l'État de garantir l'approvisionnement du pays en produits pétroliers, la question des coûts restant secondaire. Il s'est également agi pour les groupes industriels étrangers de vendre au Cameroun un énième projet technologique «clé en mains». Le développement de l'industrie nationale de raffinage n'est cependant pas une action isolée. De façon parallèle, les mécanismes de distribution de produits raffinés sont modifiés, générant des rapports nouveaux entre la puissance publique et les entreprises privées opérant dans ce domaine.

B. Structure et acteurs de la distribution des produits pétroliers

La distribution de produits pétroliers est sans nul doute génératrice d'importantes marges bénéficiaires. La présence dans ce domaine d'entreprises engagées en amont, dans la recherche et l'extraction, en est révélatrice. Au Cameroun, l'importance des intérêts financiers en jeu contribue, même après l'indépendance et la poussée de l'étatisme, à préserver le statu quo, mais aussi l'orientation commerciale et la mainmise de l'entrepreneur privé sur cette filière. Seules les craintes des effets du choc pétrolier de 1973 et plus significativement des interruptions d'approvisionnement fournissent à l'État les motifs d'une réorganisation de la filière sous sa houlette.

1. Les acteurs de la distribution avant 1977

L'histoire de la distribution de produits pétroliers au Cameroun est largement tributaire de la période coloniale. Jusqu'à la réglementation et la réorganisation de l'activité de stockage et de distribution des produits pétroliers au Cameroun en 1977[399], l'essentiel des intervenants et de l'infrastructure de stockage reflète l'épisode de la bataille des dépôts pétroliers qui a eu cours au Cameroun entre la fin de la décennie 1940 et le milieu de la décennie suivante. La recomposition de sociétés pétrolières et le renforcement de la présence française sont les seuls éléments nouveaux deux décennies après.

---

[399] JORUC du 1er janvier 1978, Décret n° 77-528 du 23 décembre 1977 portant réglementation du stockage et de la distribution des produits pétroliers, pp. 35-38.

L'approvisionnement du Cameroun en produits pétroliers reste tributaire des importations. Elles permettent de fournir au pays, en 1965 par exemple, près de 88 843 m^3 de produits raffinés[400]. Les villes dotées de ports constituent alors les principaux dépôts. Douala occupe de fait une place centrale dans le système d'approvisionnement. Elle est contrôlée par la Compagnie Camerounaise de Dépôts Pétroliers – ex Compagnie Française de Dépôts Pétroliers au Cameroun (50 000 m^3), Mobil Oil – ex SOCONY Vacuum – (2 230 m^3) et Agip qui, dès 1963, se positionne sur le marché camerounais. La ville de Garoua quant à elle reste sous la coupole de Mobil Oil (11 600 m^3). Tiko, enfin (11 835 m^3), est contrôlée par Texaco qui importe les produits pétroliers du Nigéria voisin par cabotage[401]. Comme durant la période précédente, des dépôts-relais, installés à l'intérieur du pays, complètent ce dispositif. Ce sont les dépôts de Yaoundé, de Nkongsamba et de Mbalmayo contrôlés selon les cas par la CDP, Mobil Oil, Shell et Agip[402]. La Société Camerounaise d'Entreposage (SCE) contrôle des dépôts plus modestes à Bélabo et à Ngaoundéré[403]. La Régie Nationale des Chemins de Fer du Cameroun est aussi un intervenant important de la chaîne d'approvisionnement en produits pétroliers au Cameroun, agissant comme transporteur de produits pétroliers de Douala vers Yaoundé et, dès 1974 vers Ngaoundéré.

Dans l'activité de distribution, les marges des différentes compagnies se recomposent régulièrement. De manière générale, Mobil Oil, Shell, Total, BP, Texaco, Agip et dans une moindre mesure Esso, sont dans l'ordre les tenants de ce marché. La fameuse bataille entre les compagnies distributrices a laissé des traces durables sur le développement de la filière puisque des désaccords subsistent entre celles-ci. Ils rendent difficile la circulation des produits importés et contribuent néanmoins à un accroissement de l'infrastructure de stockage. Quelques accords existent, à l'instar de celui passé entre Agip et CDP le 24 octobre 1969, pour permettre par exemple l'interconnexion et l'usage de leurs pipelines respectifs dans la ville de Douala.

---

[400] Njomkam, op. cit., pp. 11–13.

[401] J. Champaud, *Villes et campagnes du Cameroun de l'Ouest*, IRD Éditions, 1983, p. 403.

[402] Njomkam, op. cit., pp. 11–13.

[403] CDA-SCDP, SCDP, Rapport du Conseil à l'Assemblée générale du 04 décembre 1979, p. 4.

De l'indépendance à la fin des années 1970, la distribution de produits pétroliers reste ainsi un secteur relativement négligé par l'étatisation. La réglementation du secteur elle-même est régie par un décret du 10 mai 1953. Jusqu'à la création de la SCDP, les différents intervenants, essentiellement des compagnies étrangères, se livrent simplement à une activité commerciale[404], faisant fi de l'importance stratégique de l'activité qui leur est littéralement délaissée.

2. L'avènement de la SCDP et le remodelage du système de distribution

Le secteur de la distribution des produits pétroliers au Cameroun est ainsi façonné comme un secteur marchand. Cette trajectoire est, jusqu'au milieu des années 1970, loin de satisfaire le gouvernement. En 1977, la ville de Yaoundé qui est le siège des institutions nationales, fait l'expérience de l'interruption de l'approvisionnement en produits pétroliers[405]. Cette situation convainc sans nul doute la puissance publique de l'urgence de son intervention dans l'organisation du stockage et de la distribution. En substance, l'État crée un régime spécifique au stockage de produits pétroliers qui met en place des réserves stratégiques et impose aux opérateurs privés des procédures bien précises.

Face aux difficultés d'approvisionnement qui s'accumulent, à un moment où le concept de « sécurité d'approvisionnement » se développe, le gouvernement camerounais choisit ainsi de donner une nouvelle configuration au système de stockage des produits pétroliers, et donc au système de distribution dans son ensemble. Cette réforme sert, de façon additionnelle, à consacrer l'État comme le gendarme et l'acteur principal de cette filière. Comme dans les autres secteurs d'activité économique où il consacre déjà son omniprésence, l'État décide de créer une entreprise au travers de laquelle il pourrait exercer son contrôle sur la filière.

En 1978 s'ouvrent des négociations entre des officiels camerounais et les responsables des principales sociétés de distribution opérant dans le secteur aval pétrolier. L'ensemble des sociétés pétrolières présentes au

---

404 CDA-SCDP, SCDP, Étude introductive à la relance du secteur pétrolier au Cameroun, 1991, p. 1.

405 J.-B. Nguini Effa, *Les hydrocarbures dans le monde, en Afrique et au Cameroun*, Paris, L'Harmattan, 2013, p. 346. L'interruption, qui dure une vingtaine de jours, avait été provoquée par un éboulement sur la voie ferrée entre Douala et Yaoundé.

Cameroun sont parties prenantes dans la constitution de cette entité. Lors des diverses négociations, elles sont représentées par leurs directeurs généraux : Alfio Torrisi pour Agip, Michael Dollin et M. Six pour BP/SCE, Jean-Claude Fougere et M. Renaud pour CAMGAZ, Paul Thibaud pour CDP/Total, François Ydier et M. Wolliner pour Mobil Oil, Jean-Claude Goutard et M. Felter pour Shell, Thomas Hauck et M. Lafont pour Texaco. Les autres intervenants représentent l'État du Cameroun et la SCDP, notamment Samuel Libock à qui est confiée la présidence du Conseil d'administration, et Simon Aboe le directeur de la CSPH[406].

Ces négociations aboutissent à la constitution, le 12 novembre 1978, sous la forme d'une société d'études, de la Société Camerounaise des Dépôts Pétroliers (SCDP). Son capital initial est fixé à 100 millions de francs CFA répartis entre actionnaires publics (40 %) et actionnaires privés (60 %)[407]. Le 1er juillet 1979, un décret concrétise la création de cette société sous la forme d'une société d'économie mixte au capital de 3,5 milliards de francs CFA, détenus à 51 % par l'État du Cameroun. Les sociétés de distribution se répartissent le reste du capital, soit 10 % pour Mobil Oil, 10 % pour Shell, 10 % pour Total, 8 % pour BP, 6 % pour Agip et 5 % pour Texaco. La répartition du capital évolue cependant, prenant en compte la sortie du marché camerounais de certaines sociétés (Shell, Agip et BP en l'occurrence) et la constitution, par fusion, de nouvelles entités (Total Fina Elf notamment)[408].

La création de la SCDP constitue donc la reprise en main de ce secteur par l'État. Cela se traduit par la cession ou le transfert à cette nouvelle entité de toutes les installations d'entreposage de produits pétroliers à travers le pays, lesquelles sont jusqu'alors la propriété des sociétés de distribution. En compensation des équipements cédés, elles reçoivent des parts du capital de la SCDP. En mars 1979, la valeur des actifs cédés à la SCDP est de 3 122 228 927 francs CFA (cf. graphique 5).

---

406 MINEPAT, 6A145, Procès-verbal des négociations SCDP/sociétés pétrolières, 5 mars 1979, p. 1.

407 CDA-SCDP, SCDP, Rapport du Conseil à l'Assemblée générale du 4 décembre 1979, p. 1.

408 Le capital de la SCDP, maintenu à 3,5 milliards est donc par la suite réparti entre l'État du Cameroun (51 %) dont la SNH (15 %), la CSPH (15 %), la SNI (11 %) et le PAD (10 %). Les entreprises privées en détiennent 49 % dont 18 % pour Total Fina Elf, 21 % pour Texaco Cameroun et Chevron Texaco et 10 % pour Mobil.

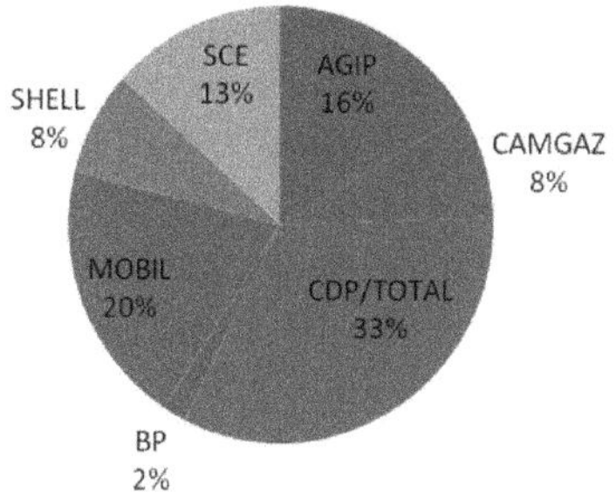

Graphique 5: Les apports des sociétés pétrolières à la SCDP (1979)
Source : MINEPAT, 6A145, Procès-verbal des négociations SCDP/sociétés pétrolières, 5 mars 1979, p. 5.

Les apports, portant sur l'ensemble des installations d'entreposage et de stockage des produits pétroliers au Cameroun, laissent voir que le groupe français CDP/Total avait une mainmise sur l'activité pétrolière aval au Cameroun, suivi par Mobil. Ceci traduit bien la survivance des rapports tendus qui existaient entre compagnies anglo-saxonnes et hexagonales au Cameroun durant la colonisation. L'opération de constitution du capital de la SCDP prend différentes formes : une partie de ce capital est ainsi versée en numéraires par l'État et la Texaco. Les sociétés cèdent à la SCDP diverses installations ainsi que leurs wagons-citernes. CAMGAZ cède à la nouvelle entité de stockage son centre gaz de Bonabéri[409].

La nouvelle société ainsi constituée se voit confier toutes les opérations concernant directement ou indirectement le stockage et le transport des hydrocarbures liquides sur le territoire camerounais. Elle devient aussi la garante des stocks de sécurité, représentant au moins le cinquième de la consommation de l'année antérieure, que l'État contraint les sociétés de distribution à constituer pour pallier d'éventuelles difficultés d'approvisionnement[410]. Au début de cette entreprise, l'expertise technique est confiée aux principaux responsables des sociétés de

409 MINEPAT, 6A145, Procès-verbal des négociations SCDP/sociétés pétrolières, 5 mars 1979, p. 2.

410 Le décret du 23 décembre 1977 dispose que ces sociétés doivent «constituer et conserver à tous moments un stock de réserve représentant au moins l'équivalent, par catégorie de produits, du cinquième des quantités mises en consommation au cours des douze mois précédents». Voir JORUC du 1er janvier 1978, décret

distribution de produits pétroliers au Cameroun. Jacques Protin, André Fundt, Gérard Kolnik sont respectivement désignés directeur technique, directeur d'exploitation ainsi que directeur administratif et financier de la société[411].

La SCDP ne constitue cependant pas une entreprise commerciale *stricto sensu*. Elle est une sorte de « magasinier dans le circuit de distribution des produits pétroliers »[412]. À ce titre, elle stocke dans ses différents dépôts les produits pétroliers issus de la SONARA ou importés par ses compagnies actionnaires. Elle se charge également du chargement des wagons et camions-citernes qui assurent le transport vers les différents points de distribution. Sa rémunération est alors basée sur la location des bacs de stockage et sur les opérations de transit dans les dépôts.

La principale contribution de la SCDP est donc de donner sens à la réglementation du secteur pétrolier aval au Cameroun. Elle contribue également à l'augmentation de la capacité de stockage de ce pays (cf. tableau 11).

Au cours des six premières années de son exploitation, 42 bacs de stockage, de capacités diverses, sont ainsi construits contre 52 pendant les vingt-cinq années précédentes. Par ailleurs, le souci de diversifier les points de stockage se manifeste par l'accent mis sur la construction des quatre bacs de Mboppi-Douala en 1965, des cinq bacs de Ngaoundéré en 1977, des cinq bacs de Bélabo en 1980, des sept bacs de Bafoussam en 1982 et le renforcement des capacités de stockage à Douala en 1981 (quatre bacs à Bessengue ; trois à Mboppi ; un à Deido ; un bac au port de pêche)[413]. La capacité de stockage de la SCDP croît ainsi de façon

---

n° 77–528 portant réglementation du stockage et de la distribution des produits pétroliers, p. 36.

411 MINEPAT, 6A145, Procès-verbal des négociations SCDP/sociétés pétrolières, 5 mars 1979, p. 1.

412 A. Tomedi, « La gestion des stocks dans une entreprise. Cas de la SCDP », Rapport de stage de Maîtrise en administration des entreprises, Université de Paris XII Val de Marne Créteil, 1993, p. 63.

413 Au milieu des années 2000, la SCDP dispose ainsi d'un nombre significatif de dépôts à Douala (Bessengue, Mboppi, Bonaberi, Deido, Port de pêche) pour une capacité estimée à 156 725 m^3 de produits divers (super, GPL, Jet A1, pétrole, gasoil). Les dépôts de Yaoundé (Nsam, Mvolye et Olezoa) ont une capacité de 55 885 m^3. Bélabo (6 080 m^3), Garoua (23 600 m^3), Ngaoundéré (5540 m^3), Bafoussam (18 520 m^3) et Maroua (70 m^3) complètent le système de stockage camerounais.

Tableau 11: La capacité de stockage au Cameroun (1953–1984)

Année	Nombre de bacs construits
1953	1
1954	2
1955	1
1956	2
1957	1
1958	6
1959	7
1963	1
1964	7
1965	6 dont 4 à Mboppi-Douala
1966	2
1967	1
1968	1
1969	1
1973	4
1974	2
1975	1
1977	5 à Ngaoundéré
1978	1
1979	3
1980	9 dont 5 à Belabo
1981	12 dont 4 à Bessengue, 3 à Mboppi, 1 à Deido et 1 au port de pêche
1982	11 dont 7 à Bafoussam
1983	5
1984	2

Source : Calan Ramolino & Associés, Étude préparatoire et mise en œuvre de la privatisation de la société Camerounaise des Dépôts Pétroliers (SCDP). Rapport stratégique préliminaire, août 2002.

substantielle. Elle passe de 96 310 m^3 en 1979 à 189 850 m^3 en 1982. En 2003, cette capacité de stockage est évaluée à 249 510 m^3.

La SCDP est en somme un instrument complexe qui garantit à l'État le contrôle du patrimoine de stockage ainsi que des stocks stratégiques, tout en délaissant aux entreprises privées la gestion des flux stockés.

II. Les rapports public-privé au temps du pétrole

La recherche puis la production pétrolière sous-tendent le second axe des partenariats entre l'État et les compagnies pétrolières. Si l'espoir de voir le Cameroun produire du pétrole date de 1904, il est resté longtemps l'un de ces nombreux pays qui ne pouvaient se targuer de détenir la source d'enrichissement la plus spectaculaire du XXe siècle. L'État, certainement envieux de l'expérience de pays limitrophes comme le Nigéria et le Gabon, s'est alors contenté d'encourager la recherche pétrolière par l'attribution de permis. Le début de la production de pétrole à la fin de l'année 1977 change la donne. C'est le départ de ce qui est considéré par certains comme la deuxième phase du développement économique du Cameroun indépendant, impulsée par l'afflux des revenus du pétrole[414].

A. *L'État et les multinationales : tango autour de la manne pétrolière*

En guise d'introduction à un dossier consacré au « pétrole africain », les rédacteurs du magazine *Jeune Afrique* indiquent en 1980 que « le pétrole n'est pas seulement affaire de géologie. Grandes puissances, compagnies pétrolières et États africains participent ici à un jeu d'une formidable importance et d'une très grande subtilité, où tous les coups sont permis »[415]. Depuis le choc pétrolier de 1973/1974 en effet, l'Afrique est devenue une zone privilégiée de la prospection pétrolière. L'afflux de moyens financiers et techniques permet la découverte de nouvelles réserves et l'entrée de quelques pays, à l'instar du Cameroun, dans le cercle des pays producteurs de pétrole. D'un point de vue entrepreneurial, deux mouvements sont mis en branle. Dans un premier temps, l'entrée en scène de nouvelles compagnies pétrolières contribue à l'intensification de l'activité de recherche. Dans un second temps, l'élaboration difficile d'arrangements contractuels entre l'État et ces compagnies suit.

---

414 Voir J.J. Aerts, D. Cogneau, J. Herrera, G. de Monchy et F. Roubaud, *L'économie camerounaise : un espoir évanoui*, Paris, Karthala, 2000, p. 8.

415 « Le pétrole africain », Introduction au dossier, *Jeune Afrique*, n° 1010, 14 mai 1980, p. 63.

1. Les sociétés pétrolières au Cameroun

Il est courant de constater que, dans une aire géographique donnée, les sociétés pétrolières présentes monopolisent et se répartissent, souvent par le biais d'arrangements qui peuvent exclure les États concernés, les activités de recherche, de production, de raffinage et de distribution de pétrole. Elles se retrouvent ainsi impliquées dans l'ensemble du secteur, de l'amont à l'aval, ce qui leur donne une marge de manœuvre importante pour en gouverner l'orientation et le développement. Elles détiennent seules les moyens financiers et techniques inhérents à l'activité pétrolière. En contrepartie, dans un marchandage tout à leur faveur[416], elles reversent des redevances diverses à l'État concerné.

L'histoire post-coloniale du pétrole au Cameroun débute de façon symbolique en 1963 avec les premières explorations en offshore[417]. À la fin de l'année 1961 en effet, la Société de Recherche et d'Exploitation des Pétroles du Cameroun (SEREPCA) exprime son souhait d'obtenir des permis marins au large des côtes camerounaises, sur le plateau continental. Les deux permis sollicités (Sanaga Cameroun, de l'embouchure du Mungo à l'embouchure de la Sanaga, et Rio del Rey, à la frontière avec le Nigéria) sont respectivement de 1 990 et 1 565 km^2.[418] La prospection y débute en 1963. Cette nouvelle phase de la prospection conduit le Cameroun, après des résultats décevants sur le continent, au statut de pays producteur de pétrole.

S'appuyant sur sa présence au Cameroun depuis 1955, la SEREPCA reste, jusqu'à la fin des années 1970, la société pétrolière la plus active. De 1961 à la mi-1968, elle réalise ainsi près de 3,5 milliards

---

416 Jean-Baptiste Duroselle indique ainsi que le marchandage est le « moyen privilégié » des compagnies pétrolières. Voir Duroselle, « Les conflits entre États et compagnies privées. Note introductive », *Revue française de science politique*, 17e année, n° 2, 1967, pp. 288–289.

417 L'exploration pétrolière en mer (offshore) est une technique expérimentée pour la première fois au début des années 1920. Son succès n'est avéré qu'en 1947 lors de travaux de prospection en Louisiane (États-Unis). Elle a depuis lors été vulgarisée, ouvrant la voie à l'exploration et à l'exploitation des réserves de la mer du Nord et du golfe du Mexique après le choc pétrolier de 1973/1974.

418 AG TOTAL, 10AH0847-6, SEREPCA, Procès-verbal de l'Assemblée générale ordinaire du 4 juin 1962, p.5.

Graphique 6: La production pétrolière du Cameroun (1977–1993) en milliers de tonnes
Source : Girod, op. cit., p. 438 ; EDIAFRIC, L'industrie camerounaise, Paris EDIAFRIC, 1985, p. 95 ; Centre français du commerce extérieur, Cameroun, Paris, CFCE, 1993, p. 63 ; M. Nkutchet, op. cit., p. 387.

d'investissements[419]. De nombreux incidents émaillent son activité offshore au Cameroun, dont le naufrage de sa plateforme « Roger-Buttin » le 7 février 1966, évaluée à 2,5 milliards de francs CFA[420]. La découverte de réserves de pétrole entre 1972 et 1976 vient par conséquent récompenser les efforts déployés par cette compagnie dans la prospection au Cameroun. Elle est d'ailleurs la première à y produire du pétrole brut à la fin de l'année 1977 (cf. graphique 6).

L'histoire pétrolière du Cameroun peut s'avérer particulièrement complexe. Les écarts statistiques que relève le graphique ci-dessus démontrent qu'il est difficile d'en élaborer une synthèse précise. La cause est certainement l'asymétrie des informations relatives à cette activité qui concourt à en faire un domaine opaque. Le pic de la production camerounaise, suivi de sa baisse inexorable, oscille ainsi entre 1985 et 1987, selon que l'on considère les données fournies par Modeste Nkutchet ou par Jacques Girod par exemple. Il doit toutefois être replacé

[419] G. Ndjieunde, « La création des entreprises industrielles au Cameroun de 1950 à 1970 », Thèse complémentaire de Sciences économiques, Université de Paris Dauphine, 1971, pp. 56–57.

[420] *Industries et travaux d'outremer*, n° 148, mars 1966, p. 199.

dans le contexte du contre-choc pétrolier de 1985–1986 qui entraîne une baisse des activités d'exploration, en plus de l'épuisement progressif des puits en exploitation. La mise en production du champ d'Ebomé dans le bassin de Douala/Kribi-Campo en 1997 permet par ailleurs de relancer la production de pétrole brut.

L'incidence d'Elf ne saurait par ailleurs se limiter à la recherche et à la production de pétrole. Cette compagnie s'est retrouvée, à partir de 1994, au cœur d'un vaste scandale financier et politique dénommé « l'affaire Elf » dans laquelle se mêlent la rente pétrolière, la corruption, le trafic d'influence et le contrôle de l'ordre politique en Afrique[421]. François-Xavier Verschave range Elf parmi les entreprises liées aux services secrets français, aux côtés de Bouygues, Bolloré et Castel, à travers laquelle l'argent du pétrole sert à promouvoir un ordre politique en Afrique secrètement souhaité par l'exécutif français[422].

Par ailleurs, bien qu'Elf SEREPCA se soit révélée être la principale compagnie pétrolière au Cameroun, elle n'est pas la seule à exercer dans l'exploration. Mobil Exploration Equatorial Africa (MEEA) filiale de SOCONY-Mobil Oil, arrive au Cameroun en 1965 dotée d'un capital social de 175 millions de francs CFA. Son activité d'exploration se situe à la frontière maritime avec le Nigéria. Dans un contexte marqué par l'imprécision et la contestation du tracé de ces frontières, cette compagnie se retrouve parfois au centre d'incidents diplomatiques entre les deux pays[423].

---

421 Voir à ce sujet L. Le Floch-Prigent, *Affaire Elf, affaire d'État. Entretiens avec Éric Decouty*, Le Cherche Midi, 2012.

422 F.-X. Verschave, *De la Françafrique à la Mafiafrique*, Bruxelles, Éditions Tribord, 2004. La Françafrique a sans doute été imaginée par des chefs d'État africains tels que Félix Houphouët-Boigny et Omar Bongo pour transcrire leur vœu de voir se perpétuer une communauté franco-africaine post-indépendante (France-Afrique). Cette expression a été détournée par Antoine Glaser et Stephen Smith pour rendre compte de la « nébuleuse d'acteurs économiques, politiques et militaires, en France et en Afrique, organisée en réseaux et lobbies, et polarisée sur l'accaparement de deux rentes : les matières premières et l'aide publique au développement. La logique de cette ponction est d'interdire l'initiative hors du cercle des initiés. Le système, autodégradant, se recycle dans la criminalisation », cité dans *France-Cameroun. Carrefour dangereux*, pp. 8–9, repris par Verschave (*La Françafrique. Le plus long scandale de la République*, Éditions Stock, 1998, p. 175). C'est la « France à fric ».

423 M.Z. Njeuma, « Contributions diplomatiques et administratives à la paix sur la frontière entre le Cameroun et le Nigéria (1885–1992) », UNESCO, *Des frontières en Afrique du XIIe au XXe siècle^*, Paris, UNESCO, 2005, p. 174. L'auteur relate des

La Gulf Oil Company of Cameroon (CAMGOC) est la seule installée au Cameroun occidental. Elle dispose à son arrivée d'un capital de 12 millions de francs CFA et envisage de réaliser des investissements à hauteur de 250 millions de francs CFA. Les autres compagnies sont installées dans la partie orientale du pays. Ce sont en l'occurrence la compagnie Shell Camerounaise de Recherches et d'Explorations (Shell CAMREX) qui s'y installe en 1969 avec un capital de 50 millions de francs CFA. La puissance financière dont dispose cette multinationale lui permet d'envisager des investissements de près d'1,5 milliard de francs CFA.

Il faut noter la présence significative de Total à travers sa filiale Total Exploration Production Cameroun (TEPCAM). Elle est constituée en 1972 sous l'appellation initiale de Total Pakistan S.A. avant de devenir TEPCAM en 1978. L'Amerada Petroleum Corporation Cameroun complète plus modestement cette liste[424] Ces compagnies élaborent entre elles, selon les cas, des modes d'association qui leur permettent de répartir les risques liés à la prospection, mais aussi les bénéfices de leurs activités communes[425]. Le début de la production pétrolière et l'impératif pour l'État d'affirmer sa souveraineté sur ces ressources contribuent alors à complexifier ses rapports avec ces compagnies.

2. La SNH : pour faire contrepoids

Le début de l'exploitation pétrolière est souvent marqué par une complexification des rapports entre les États et les sociétés pétrolières concernées. La production d'une source d'enrichissement aussi importante génère des appétits démesurés et des ambitions disproportionnées. L'expérience des pays arabes, ayant par ailleurs aboutie au premier choc pétrolier, en est une illustration. Il s'avère dans ce contexte que, comme le suggère Claude Perrot, les nouveaux États pétroliers cherchent à modifier en leur faveur les rapports de force avec les compagnies pétrolières[426].

événements qui se sont produits au cours de l'année 1965, impliquant Mobil Oil et la marine nigériane.

424 Ndjieunde, op. cit., pp. 56–57.

425 EDIAFRIC, op. cit., pp. 97–99.

426 C. Perrot, *Énergie et matières premières*, Montreuil, Bréal, 1986, p. 38.

Tableau 12: Production pétrolière et partage de production au Cameroun (1977–1983) en milliers de tonnes

Années	Production totale	Part d'Elf SEREPCA	Part de Pecten	Part du Cameroun
1977	38	19	19	/
1978	625	318	307	/
1979	1701	867	834	/
1980	2840	579	557	1704
1981	4300	877	843	2580
1982	5343	1090	1047	3206
1983	5626	1028	n.d.	n.d.

Source : EDIAFRIC, op. cit., p. 95.

C'est dans ce cadre qu'est créée au Cameroun une Société Nationale d'Hydrocarbures (SNH), le 12 mars 1980[427]. La SNH est constituée comme un établissement public à caractère industriel et commercial. Elle ne constitue pas une entreprise à vocation technique. Son action ne la conduit pas en effet à intervenir directement sur les champs pétroliers. Son objet est la mise en valeur des hydrocarbures au Cameroun et la gestion des intérêts de l'État dans ce domaine. C'est à travers ce nouveau démembrement que se met en œuvre la politique du Cameroun en matière pétrolière, notamment l'application des accords de partage de production (cf. tableau 12).

Avant que n'interviennent la création de la SNH et l'accord de partage de production en 1980, l'État a certainement reçu des compagnies pétrolières, comme cela est d'usage, diverses taxes et royalties. La brume particulièrement épaisse qui entoure cette période de l'histoire pétrolière du Cameroun ne nous permet cependant pas de nous étendre sur ce sujet. Au début des années 1980, le Cameroun entreprend de reconsidérer les modalités de ses rapports avec les sociétés pétrolières. C'est ainsi qu'en janvier 1980, un accord de participation est conclu entre l'État du Cameroun, Elf SEREPCA et Pecten. Cet accord prévoit que la puissance publique détienne au sein de chacune de ces sociétés une participation de 20 % au capital social. Un accord de partage de production lui garantit également près de 60 % de la production de pétrole brut[428]. La gestion

[427] JORUC du 15 mars 1980, Décret n° 80–86 du 12 mars 1980 portant création d'une société nationale des hydrocarbures, pp. 579–583.

[428] EDIAFRIC, op. cit., p. 87.

de ces participations est dévolue à la SNH depuis sa création, de même que la collecte de la redevance minière et des bonus auprès des sociétés d'exploitation du secteur pétrolier au Cameroun.

Ainsi, les arrangements entre l'État et les sociétés pétrolières recouvrent de manière générale la forme de contrats de concession et de *joint-venture.* Si dans la première forme l'État n'intervient pas dans l'investissement, la seconde voit celui-ci participer de façon conjointe avec les compagnies pétrolières engagées à l'activité de recherche et de production. Le but ultime de cette évolution de la posture de l'État dans le secteur pétrolier amont est d'exercer un contrôle plus efficace de l'activité des sociétés concessionnaires en participant à la prise de décision[429]. Il ne s'agit plus seulement d'encourager le secteur privé à s'investir dans ce secteur pour le développer. L'objectif est au contraire de continuer à bénéficier des capitaux que les investisseurs privés sont prêts à apporter tout en les empêchant d'avoir un contrôle exclusif sur une activité aux retombées financières, fiscales et politiques considérables.

L'attitude des nouveaux États producteurs consiste ainsi à alourdir la fiscalité pétrolière, à nationaliser ou à prendre des participations dans le capital des compagnies pétrolières, à modifier les arrangements qui les lient à celles-ci et, parfois, à créer des sociétés pétrolières nationales[430]. La plupart des pays producteurs d'Afrique ont choisi de s'engager dans cette dernière voie[431]. Ils ont également choisi, plus récemment, de maintenir des arrangements contractuels divers avec les sociétés pétrolières qui opèrent sur leurs territoires, appliquant selon les cas des contrats de partage de production ou des *joint-ventures*[432].

---

429 Perrot, op. cit., p. 39.

430 F. Perrin, « Le pétrole, 25 ans après le premier choc pétrolier. Que reste-t-il des deux chocs pétroliers ? », *Économie internationale*, n° 2586, octobre 1998, p. 27.

431 La création de Nigéria National Petroleum Corporation (NNCP), de la Société Nationale pétrolière Gabonaise (PETROGAB), de la Société Nationale des Pétroles du Congo (SNPC) et de la Sociedad Nacional de Combustíveis de Angola (SONANGOL) s'inscrit dans ce cadre.

432 C. Rosellini, « La répartition de la rente pétrolière en Afrique centrale : enjeux et perspectives », *Afrique contemporaine*, n° 216, vol. 4, 2005, p. 132. Jusqu'au milieu des années 1980, l'attribution de concession est le principal arrangement entre ces États et les compagnies pétrolières. La critique du flou qui entoure alors la signature de ces contrats et des avantages considérables qu'ils accordent aux compagnies a contribué à les modifier.

Comme l'a toutefois commenté André Tarallo, directeur étranger de la Société Nationale Elf Aquitaine (SNEA) :

> Le régime camerounais est une association en participation et il y a partage de production qui peut être au minimum de 60 % au profit de la société nationale. Mais en plus s'ajoutent à la charge des compagnies une redevance et un impôt qui n'existent généralement pas dans les contrats de partage de production [...] Ce n'est pas cependant cela qui détermine le profit ; celui-ci est calculé autrement. Le régime camerounais, tout à fait original, prévoit que les compagnies perçoivent 13 % du profit de l'ensemble de la production, part du gouvernement comprise, la rente minière étant définie comme la différence entre les produits des ventes et les coûts de production.[433]

Les arrangements contractuels entre le Cameroun et les compagnies étrangères sont visiblement originaux. La conséquence en est que l'âpreté des négociations entre ces parties s'appuie le plus souvent sur des subtilités juridiques[434]. Leur application ne manque cependant pas de poser des contraintes techniques qu'il a été difficile de lever au début de la production pétrolière tout au moins : comme le relaie l'ancien secrétaire général de la Présidence de la République, Samuel Eboua, le Cameroun ne dispose pas à ce moment du personnel spécialisé ni de la maîtrise technologique suffisante pour s'assurer de la bonne foi des compagnies pétrolières lors du partage de la production[435].

Le Cameroun réussit donc, tant bien que mal, à dégager de l'activité pétrolière des ressources financières non négligeables. La gestion de la manne pétrolière, comme dans de nombreux pays producteurs, y soulève cependant des questions de gouvernance. Le manque de transparence dans la gestion des ressources pétrolières est au centre du problème. D'un côté, les collaborateurs d'Ahmadou Ahidjo défendent l'idée d'une impérative prudence. L'objectif de cette posture est de ne pas métamorphoser de façon artificielle une économie nationale essentiellement agricole par l'afflux, sans doute ponctuel, de devises issues de l'exploitation du pétrole[436]. D'un autre côté, le reproche est fait au pouvoir central d'utiliser

---

433 EDIAFRIC, op. cit., pp. 88–89.

434 AG TOTAL, 07AH0049-50, Correspondance de G. de Breuillac à M. Vauchez au sujet des lois de décembre 1978 et du contrat de partage de production au Cameroun, 21 novembre 1980, 3 p.

435 S. Eboua, *Ahidjo et la logique du pouvoir*, Éditions L'Harmattan, 1995, pp. 98–99.

436 *Ibid.*, pp. 93–101. Au cours de la deuxième moitié des années 1970 en effet, la peur du syndrome hollandais (*Dutch Disease*) a gagné tous les nouveaux pays pétroliers.

la rente pétrolière pour entretenir la clientèle politique. La critique de cette modalité de gestion des ressources nationales se cristallise par ailleurs autour de l'existence d'un compte hors-budget renfloué par la SNH[437]. Ce dernier sert au financement de travaux et à l'acquisition d'équipements jugés « prioritaires »[438]. Le caractère exceptionnel de la gestion des ressources pétrolières a également alimenté les accusations de prévarication formulées à l'encontre des chefs d'État du Cameroun[439].

Le rapport entre l'économie du pétrole et l'évolution de l'économie du Cameroun est étroit. Ainsi, le développement des activités de production et de distribution de gaz suscite, dans la première moitié des années 1980, de grands espoirs de voir cette richesse du sous-sol impulser une dynamique nouvelle au développement national. Comme les espoirs, la déception est cependant grande après l'abandon des différents projets élaborés.

Le cas des Pays-Bas, producteur de gaz et par ricochet bénéficiaire des hausses de cours après le premier choc pétrolier, enseigne que l'afflux massif de devises issues de l'exploitation des hydrocarbures ne dénote pas nécessairement de la bonne santé de l'économie nationale. Les Pays-Bas ont ainsi vu leur production industrielle stagner, l'investissement baisser et l'emploi régresser alors même que leurs comptes étaient largement excédentaires.

437 Voir à ce sujet P. Dessouane, P. Verre, « Cameroun : du développement autocentré au national-libéralisme », *Politique africaine*, n° 22, 1986, p. 119 ; F. Pigeaud, *Au Cameroun de Paul Biya*, Paris, Karthala, 2011, p. 147 ; Tedga, op. cit., p. 195 ; Armand Leka Essomba, « Du pétrole au pipeline. La ressource pétrolière entre extraction et prédation en pays pauvres », in D. Abwa, L. Ayissi, C. C. Tsala Tsala (dir), *Regards croisés sur les cinquantenaires du Cameroun indépendant et réunifié*, Paris, L'Harmattan, 2012, pp. 465–466.

438 Eboua, op. cit., p. 95. L'ancien secrétaire général de la présidence de la République du Cameroun indique qu'un comité, constitué du président, du Premier ministre, du ministre de l'Économie et du Plan, du ministre des Finances ainsi que du secrétaire général (par ailleurs président du Conseil d'administration de la SNH), sélectionnait les projets à financer à travers ce compte. L'ivresse du pétrole aurait ainsi rattrapé les ministres camerounais qui inscrivaient de moins en moins des travaux à leurs budgets ministériels propres, attendant que les ressources leur soient attribuées sur le compte hors-budget de l'État.

439 Tedga, op. cit., p. 195 ; Pigeaud, op. cit., pp. 148–149.

B. Le problème du gaz camerounais : les projets impossibles

L'exploitation du gaz naturel ainsi que l'approvisionnement en gaz domestique semblent en définitive les seuls domaines du secteur énergétique à se soustraire à l'étatisme au Cameroun. Accolé à l'exploitation pétrolière pourtant, le gaz camerounais reste jusqu'à une date récente une richesse inexploitée malgré les tentatives publiques de structurer sa production et sa distribution.

1. La SEGAZCAM et la tentative de mise en valeur du gaz camerounais

Depuis le début des années 1980, le Cameroun nourrit l'ambition d'exploiter son gaz naturel[440]. En 1982, le pays possède de réserves prouvées estimées à 130 milliards de m^3, soit près de 0,19 % des réserves mondiales[441]. Il y a là, s'en convainc certainement le gouvernement camerounais, une importante source de devises. Il est évident que la production et la vente de ce gaz auraient constitué un afflux important de ressources financières pour ce pays[442]. C'est dans ce contexte qu'est créée, le 9 juillet 1980, quelques mois après la création de la SNH, une Société d'études pour la mise en valeur du gaz naturel camerounais (SEGAZCAM). La SEGAZCAM ne constitue pas une exception dans l'histoire des industries extractives au Cameroun, puisqu'il est créé, en 1971 déjà, une Société d'Études des Bauxites du Cameroun (SEBACAM) et une Société d'Études du Fer du Cameroun (SEFERCAM) en 1981.

Le fonctionnement de cet embryon d'entreprise est placé sous la responsabilité d'un conseil de gérance. Dès la création de la SEGAZCAM,

---

440 Jusqu'à une date récente, le gaz domestique commercialisé sur le marché camerounais était essentiellement du gaz de pétrole liquéfié issu du raffinage du pétrole (GPL).

441 Les estimations réalisées en 1982 par FRANLAB, et sur lesquelles a été élaboré le projet de Kribi, oscillent entre 100 et 130 millions de m^3 de gaz naturel. Les autorités camerounaises ont exprimé leur déception à l'annonce de ces estimations, étant entendu qu'en 1981 déjà le chiffre de 150 millions de m^3 au minimum était brandi et attendait d'être réévalué.

442 P. Ngii Nag, « Le gaz naturel en Afrique : potentialités et problèmes », in Lapointe A., Zaccour G., *Ajustements structurels et gestion du secteur énergétique en Afrique*, actes du colloque (Douala, Cameroun, 14–15 mai 1992), Paris, Éditions Technip, 1993, p. 29.

Samuel Libock Mbei qui représente la SNH en qualité de directeur général, en est élu président. L'« élection » de cet homme n'est pas anodine et démontre la volonté de la partie camerounaise à négocier âprement avec les compagnies pétrolières associées au projet. Samuel Libock est en effet celui qui a présidé à la constitution de toutes les entreprises publiques du secteur pétrolier au cours des années 1970 et 1980 (SONARA, SCDP, SNH, SEGAZCAM). Diplomate de carrière, puisqu'ayant été secrétaire des affaires étrangères en 1969, il est sans doute l'un des collaborateurs les plus appréciés des chefs d'État camerounais : après avoir ainsi joué un rôle majeur sous Ahmadou Ahidjo, il a été désigné chef du cabinet privé de Paul Biya en 1984 avant d'être nommé haut-commissaire du Cameroun en Grande-Bretagne en 1994.

Le principal projet initié par la SEGAZCAM en 1981 est celui de la liquéfaction du gaz de Kribi. Les réserves de cette région constituent un quart des réserves nationales. Il s'agit alors de construire une usine de traitement de gaz de 5,2 à 5,5 milliards de m^3 par an dans la localité de Lolabé située à 30 kilomètres de Kribi[443]. Le coût initial de ce projet est estimé à 3,6 milliards de dollars[444]. De nombreuses banques internationales manifestent leur intention de participer au financement de ce projet industriel, dont Barclay's Bank International Limited, Morgan Guaranty Trust Company, The Chase Manhattan Bank, Société Générale, Deutsche Bank, National Westminster Bank PLC et Crédit Lyonnais[445].

Le gouvernement semble alors convaincu de ce que le projet est porteur. « Les contacts pris avec les acheteurs potentiels sont encourageants, se persuade-t-on, dans la mesure où ceux-ci ont clairement indiqué qu'ils sont disposés à acheter le gaz naturel liquéfié (GNL) du Cameroun à partir de 1990 à un prix qui reste à négocier »[446]. Il s'avère ainsi que, face à l'étroitesse du marché national du gaz au début des années 1980, l'exportation de la production camerounaise vers l'Europe reste la principale alternative au développement de la filière. La SNH réaffirme

443 AG TOTAL, 07AH0049-50, SEGAZCAM, Zone d'implantation de l'usine de liquéfaction, août 1981, pp. 2–4.

444 Ngii Nag, art. cit., p. 29.

445 AG TOTAL, 07AH0049-56, Diverses correspondances entre le Directeur général de la SNH et des institutions bancaires, 5 juillet –4 août 1982.

446 Anonyme, Perspectives de l'économie camerounaise à l'horizon 1991, p. 127.

ainsi à différentes reprises être en contact avec des acheteurs français, allemands et/ou britanniques à ce sujet.

À cet enthousiasme du gouvernement, tempéré par les estimations décevantes des réserves gazières, s'oppose pourtant une attitude plus prudente des sociétés pétrolières exerçant au Cameroun et qui sont invitées à participer à la mise en valeur du gaz. La SEGAZCAM est en effet une initiative conjointe de la SNH, Elf, Pecten, Mobil et TEPCAM. Ces compagnies pétrolières justifient en fin de compte leur réticence par l'incertitude sur l'évolution des cours du gaz. La survenue du contre-choc pétrolier et ses conséquences sur la chute des cours des hydrocarbures ne contribuent pas à améliorer la situation. Le coût élevé du développement de l'usine de Kribi et l'absence d'accord entre la SNH et elles sur le partage du gaz produit, ainsi que sur la fiscalité applicable à cette activité de production, sont d'autres éléments qu'elles versent au dossier[447]. Il semble que l'entêtement de la SNH à réclamer des bénéfices consistants pour le Cameroun ait parfois refréné l'ambition des compagnies pétrolières, notamment lors de ces négociations sur le gaz. Certaines, Elf et Total en l'occurrence, envisagent ainsi des négociations directes avec l'État du Cameroun, sans l'intermédiaire de la SNH[448].

La posture d'Elf Aquitaine par exemple reflète la difficulté qu'il y a eu pour les compagnies pétrolières de déterminer leur participation au projet d'usine de Kribi : « Je persiste à croire que celui qui essuiera les plâtres dans cette affaire prendra des coups (...) En conséquence, je pense qu'il faudrait laisser nos associés aller au feu les premiers », note en octobre 1980 l'un de ses cadres[449]. Deux années plus tard, cette position n'a pas évolué :

> La définition de notre attitude, indique alors André Tarallo, doit s'inspirer des grandes lignes suivantes : – Laisser aux groupes Mobil et Total, désignés par le gouvernement camerounais, la responsabilité de leur étude technique et des conséquences à en tirer, sans nous engager dans un projet lancé dans de mauvaises conditions, – Éviter que cette réserve puisse être interprétée

---

447 Ngii Nag, art. cit., p. 30.

448 AG TOTAL, 07AH0049-56, Cameroun – Négociations des conditions applicables à la production de gaz – position de TOTAL et MOBIL, 24 octobre 1980, p. 1 ; Note de P. Offant à MM. Béjanin, Vauchez, Privey, Breuillac et Collignon, 19 janvier 1981.

449 AG TOTAL, 07AH0049-56, Note de J.P. Charles à l'attention de M. Béjanin au sujet du projet de contrat d'association gaz, 24 octobre 1980.

comme une hostilité à tout projet gazier, dès lors qu'il viendrait à être repris sur des bases plus saines[450].

Comme lors de la constitution de la SONARA en effet, la partie camerounaise laisse entendre à ses partenaires traditionnels qu'elle est prête à se tourner vers d'autres compagnies et entreprises pour développer dans les délais les plus courts son industrie gazière[451]. Cela est perçu comme un nouveau coup de bluff de la partie camerounaise et de son négociateur : « M. Libock croit sans doute, à tort, qu'il résoudra le problème de SEGAZCAM comme celui de la SONARA »[452], écrit P. Moussel, le représentant d'Elf au Conseil de gérance de l'entreprise. Le contre-choc pétrolier de 1986 et l'entrée du Cameroun en crise en 1986/ 1987 ont cependant consacré l'abandon de ce projet et la dissolution de fait de la SEGAZCAM.

2. Le projet Liquigaz

La question de la distribution du gaz domestique est un autre axe important de l'entrepreneuriat dans le secteur énergétique au Cameroun. Jusqu'en 1986, la SCDP monopolise cette activité. Elle dispose pour cela de différents réservoirs d'entreposage dans ses dépôts, mais également du centre de Bonabéri où est embouteillé le gaz. Le 28 novembre de la même année pourtant, le ministre des Mines, de l'Eau et de l'Énergie, Michael Kima Tabong, émet une circulaire prescrivant des restrictions d'investissements en matière de gaz butane pour « permettre la poursuite dans les meilleures conditions des études menées en collaboration avec le gouvernement du Canada sur les nouvelles orientations de la filière Gaz domestique (stockage/distribution) et dénommées projet Liquigaz »[453].

Le projet Liquigaz est ainsi officialisé. Il porte de nombreux espoirs de voir la fourniture de gaz se moderniser. On prévoit d'incorporer les actifs que la SCDP détient dans la filière gaz à la future entité et d'introduire au Cameroun de nouvelles spécifications du produit qui serait alors

450 AG TOTAL, 07AH0049-56, Note d'A. Tarallo à M. Montaut au sujet du projet GNL au Cameroun, 4 août 1982.

451 AG TOTAL, 07AH0049-56, SEGAZCAM, Conseil de gérance des 18 et 19 août 1983, p. 7.

452 AG TOTAL, 07AH0049-56, Note de P. Moussel à MM. Rutman, Tarallo et Bonnet de la Tour au sujet du projet GNL au Cameroun, 23 août 1982, p. 3.

453 CDA-SCDP, SCDP, « Modernisation du centre gaz de Bonabéri », s.d., p. 1 ; circulaire n° 6411/86/MINMEE/DE.

un mélange de 50 % de butane et de 50 % de propane. Le mélange jusqu'alors pratiqué au Cameroun est constitué de 20 % de propane et de 80 % de butane. Il semble d'ailleurs que des essais menés à Yaoundé et à Sangmélima aient été concluants[454].

En mars 1983, le groupe SAFIMAR approche le gouvernement du Cameroun à l'effet de réaliser ce projet. Une étude de faisabilité est menée l'année suivante par la société canadienne Liquigaz. Un complément d'étude de faisabilité suit en 1987/1988 et un avant-projet détaillé est élaboré en 1989/1990[455]. Cet avant-projet conclut à une viabilité du projet avec notamment un prix unique de vente de la bouteille de gaz de 12,5 kg à 2 500 francs CFA sur l'ensemble du territoire national. La réalisation du projet Liquigaz serait alors une opération socialement rentable puisque, jusqu'au lancement du projet, le prix en vigueur dans la ville de Douala choisie comme référence est de 2 945 francs CFA. D'importantes fluctuations des prix sont par ailleurs observées à travers le pays et font du gaz domestique une énergie élitiste[456]. Il est également prévu dans ce projet que sept centres de stockage soient construits dans les principales villes que sont Douala, Yaoundé, Belabo, Ngaoundéré, Maroua, Bafoussam et Bamenda. Cette structure serait complétée par 352 mini-centres d'enfûtage répartis sur le territoire national. Il est enfin envisagé la fusion de l'ensemble des activités existantes des marketers du GPL dans une seule structure juridique, à l'exception de la fabrication des bouteilles[457].

L'actionnariat envisagé réserve 15 % du capital à des privés camerounais. L'État disposerait de 45 % du capital réparti entre la SNH (30 %), la CSPH (2,5 %), la SONARA (2,5 %) et la SCDP (10 %). Les sociétés pétrolières se partageraient 20 % du capital ; Liquigaz Incorporation et

---

454 CDA-SCDP, Experts Comptables Associés (ECA), Audit de la filière GPL. Rapport de mission, 1997. Le Groupement des Professionnels du Pétrole (GPP) s'est prononcé contre ce projet, indiquant la dangerosité du gaz 50/50 dont la pression serait trop forte et inadaptée au climat tropical.

455 *Ibid.*, p. 48.

456 CDA-SCDP, Experts Comptables Associés (ECA), Audit de la filière GPL. Rapport de mission, 1997, p. 48.

457 Ibid. Voir aussi CDA-SCDP, Liquigaz, Réseau intégré de distribution de GPL au Cameroun. Implantation de la phase1, septembre 1991, 43 p. (Le projet Liquigaz prévoyait la réduction du prix de GPL 12,5 kg à un prix unique de 3 200 francs CFA. Jusqu'alors, le prix variait entre 2 945 et 3 500 francs CFA.)

d'autres institutions financières se répartiraient les 20 % restants. Le coût du projet est estimé à près de cinq milliards et demi de francs CFA[458].

Les conclusions sont donc favorables. Les moyens financiers auraient pu être aisément mobilisés, mais on constate un certain attentisme de la part des différents intervenants. La survenue de la crise économique et le choix que le gouvernement fait alors de mettre fin aux activités monopolistiques ainsi que de libéraliser le secteur pétrolier contribuent sans doute à rendre inéluctable l'abandon de ce projet[459]. Pour respecter le parallélisme des formes, une autre circulaire du ministre des Mines, de l'Eau et de l'Énergie, Francis Nkwain, datée du 6 janvier 1992, est émise, consacrant l'abandon du projet Liquigaz au Cameroun.

En définitive, le développement du sous-secteur pétrolier est le domaine dans lequel les rapports entre l'État et le capital privé sont les plus vifs et les arrangements entre eux les plus nombreux. Ils tournent globalement autour de deux questions : l'approvisionnement en produits pétroliers et la production d'hydrocarbures. Dans ces deux domaines, l'affirmation de sa souveraineté est l'obsession de l'État. Celui-ci tente de la faire prévaloir en se lançant dans des projets sous-régionaux et nationaux de développement de l'industrie de raffinage de produits pétroliers. L'expérience peu convaincante de la SER débouche sur la création de la SONARA, démontrant dès les premières années de l'intégration en Afrique centrale que la coopération entre les pays de cette sous-région est une entreprise difficile. La création de la SONARA met en lumière l'écartèlement du gouvernement entre une rupture avec les compagnies pétrolières traditionnelles (présentes depuis la période coloniale) et l'indispensable prise en compte de leur apport à cette initiative. Elle se fait dans la difficulté, engendrant de nouveaux agencements entre le capital public et les compagnies privées. La restructuration de l'activité de stockage et de distribution des produits pétroliers au Cameroun entre 1977 et 1979 est un autre épisode de ses arrangements difficiles.

Avec le début de la production pétrolière à la fin de l'année 1977, l'importance des intérêts en jeu rend plus rudes les prises de position au cours des négociations. L'État est propriétaire de la ressource ; les

---

458 CDA-SCDP, Liquigaz, Réseau intégré de distribution de GPL au Cameroun. Implantation de la phase1, septembre 1991, 43 p. Les chiffres évoqués varient entre 5 375 000 000 et 5 674 093 000 de francs CFA.

459 CDA-SCDP, Experts Comptables Associés (ECA), Audit de la filière GPL…, p. 48.

compagnies étrangères sont détentrices des moyens de production : sans réelle conviction parfois, la collaboration entre eux s'impose. Face au développement de l'activité pétrolière, la SNH est créée pour tenter d'équilibrer les rapports de force. Les tensions s'exacerbent alors au sujet de l'exploitation du gaz naturel du Cameroun. Elles plombent le projet de constitution de la SEGAZCAM. Il serait toutefois excessif de limiter l'explication de cet échec à cela. La dégradation de l'environnement économique international au début des années 1980 joue également un rôle important. Cette conjoncture est d'ailleurs à l'origine de l'abandon du projet Liquigaz qui était présenté comme une réforme inédite de la distribution de gaz domestique. Ces deux échecs amenuisent un secteur public pétrolier (SCDP, SONARA, SNH) que l'État protège jalousement.

La détermination des pouvoirs publics à contrôler les entreprises du secteur de l'énergie se manifeste avec acuité dans le sous-secteur de l'électricité. La création successive de monopoles plutôt que d'oligopoles est un indice saisissant de cette attitude.

CHAPITRE VI

LES MONOPOLES PUBLICS DANS LE SECTEUR DE L'ÉLECTRICITÉ AU CAMEROUN

La création le 18 mai 1974 de la Société Nationale d'Électricité (SONEL) constitue un moment singulier de l'histoire de l'électricité au Cameroun. Elle est en effet l'aboutissement du processus entamé durant la période coloniale et qui façonne progressivement le paysage et le secteur électriques de ce pays. Depuis l'accession à l'indépendance de la partie orientale du Cameroun et sa Réunification avec la partie occidentale, la structuration du secteur de l'électricité se poursuivit. Elle occasionne la création de nouvelles entreprises. Cette nouvelle structuration favorise le passage d'un service public local de fourniture d'énergie électrique, caractérisé par des réseaux urbains distincts, à un service public national, par le biais de la construction de réseaux régionaux, puis d'un réseau national. Mais, en profondeur, les rapports entre intérêts nationaux et étrangers sont modifiés au gré de la posture du gouvernement qui oscille entre la remise en cause systématique de ces derniers et leur maintien au nom des relations complexes qui lient le Cameroun à ses anciennes tutrices, la France en particulier.

Cette posture déteint sur le plan entrepreneurial, mais également managérial. L'essor du secteur de l'électricité après l'indépendance, au même titre que celui du reste de l'économie du Cameroun, traduit la complexité à concilier les impératifs d'affirmation de la souveraineté de ce jeune État, de la définition de ses rapports avec la France, de la construction de son unité nationale et de son développement économique et social.

La dynamique entrepreneuriale dans le secteur de l'électricité au cours de cette période constitue la trame de ce chapitre. Celui-ci porte sur l'analyse de l'incidence de l'évolution politique du Cameroun ainsi que de ses orientations idéologiques sur l'entreprise électrique avant ce qui est parfois présenté comme la nationalisation. Il est aussi consacré à la place de la SONEL dans ce secteur après 1974.

I. L'électricité, l'indépendance et le fédéralisme au Cameroun (1962-1973) : le temps des avatars

La première phase du développement de l'électricité au Cameroun post-indépendant couvre la période allant de l'indépendance, voire de la Réunification, au lendemain de l'Unification. La référence aux événements politiques n'est pas anecdotique puisque le processus de maturation de l'État a un impact sur l'ensemble des autres activités. La réorganisation du secteur de l'électricité prend par exemple un contenu fédéral. Elle s'appuie sur un trio d'entreprises : Énergie Électrique du Cameroun (ENELCAM) et Électricité du Cameroun (EDC) au Cameroun oriental ainsi que la West Cameroon Electricity Corporation (POWERCAM) au Cameroun occidental. Elle met également en évidence les conflits d'intérêts au sein de l'État et entre celui-ci et le capital privé.

A. Les rapports ENELCAM - EDC

Au lendemain de l'indépendance du Cameroun oriental, les rapports entre le gouvernement et les entreprises électriques se dégradent, remettant en cause la présence de celles-ci au Cameroun. L'implication de la Compagnie Centrale de distribution d'Énergie Électrique (CCDEE) dans le développement de l'activité électrique est critiquée, jugée insuffisante pour promouvoir l'intérêt général du pays. L'attitude du gouvernement vis-à-vis d'ENELCAM est plus nuancée, presque confuse. C'est dans ce contexte qu'est créée une nouvelle entité à qui est confiée, initialement tout au moins, la tâche de bâtir un réseau électrique d'envergure nationale. À côté d'ENELCAM qui réussit à maintenir sa présence, EDC vient ainsi compléter l'organisation du secteur électrique du Cameroun oriental au cours de la première décennie de l'indépendance.

1. D'ENELCAM à EDC : comment changer sans rompre...

L'idée de la mise à l'écart de la CCDEE et d'ENELCAM de l'activité électrique au Cameroun oriental se précise au cours de l'année 1961. La prédominance dans ces deux entreprises du capital privé et d'intérêts étrangers fait d'elles des cibles désignées de l'étatisme naissant. D'une part, les relations difficiles avec la CCDEE sont anciennes. Les autorités camerounaises ne tardent pas, après l'indépendance, à pousser cette entreprise vers la sortie. De façon précise, elles lui donnent le choix entre cesser complètement ses activités au Cameroun moyennant le versement d'une indemnité, et participer au projet de restructuration du secteur électrique par un apport en numéraire au capital d'une entreprise publique à créer, ou encore souscrire avec cette entreprise un contrat d'assistance technique[460]. C'est la première option qui est retenue. En effet, après les négociations directes entre le président-délégué de la CCDEE, François Munich ainsi que son directeur des exploitations M. Lesca et le ministre camerounais des Travaux publics Oumarou Sanda en mars–avril 1963[461], la CCDEE disparaît du secteur électrique de ce pays.

D'autre part, la sous-représentation des intérêts camerounais au Conseil d'administration d'ENELCAM indique également que le gouvernement, au sein de cette société d'économie mixte, pouvait avoir beaucoup de mal à faire entendre sa voix[462]. Les travaux de ce Conseil, le 31 juillet 1958, donnent une idée de cette difficulté. Ceux-ci portent principalement sur la modification des statuts de l'entreprise pour prendre en compte la constitution, quelques mois avant, de l'État du Cameroun. Les représentants du Cameroun à cette instance sont alors MM. Tokoto et Fosse, respectivement représentant de la Commune de Douala et directeur des travaux publics. Malgré leur opposition à la nouvelle composition du Conseil d'administration, ils sont mis en minorité lors des délibérations. L'article relatif à ce point est ainsi adopté par sept voix contre deux et une abstention[463]. Il semble donc que le gouvernement du Cameroun ait envisagé de réduire l'importance des intérêts métropolitains dans l'activité électrique après l'indépendance. Pour atteindre cet objectif, il envisage de constituer une société nationale à l'effet de fédérer la gestion du secteur de l'électricité. C'est la substance de la correspondance qu'adresse le vice-premier ministre

460 Archives EDF/GDF, Boîte 925894, Note d'ENELCAM, 31 octobre 1962, p. 2; Archives EDF/GDF, Boîte 925891, Projet de correspondance du Vice-premier ministre chargé des travaux publics au Président – délégué de la CCDEE, 21 février 1963, 3 p.

461 Archives EDF/GDF, Boîte 925894, Note du Directeur des travaux publics sur les négociations CCDEE – Direction des travaux publics, relatives aux conventions d'exploitation d'eau et d'électricité, 22 avril 1963.

462 Archives EDF/GDF, Boîte 801688, Procès-verbal du Conseil d'administration d'ENELCAM du 31 juillet 1958.

463 *Ibid.*, pp. 5–6.

en charge de travaux publics, Oumarou Sanda, au président du Conseil d'administration d'ENELCAM le 11 juillet 1961[464].

Anticipant cependant la réorganisation du secteur électrique qui se profile au Cameroun, les dirigeants d'ENELCAM entreprennent de définir une meilleure posture pour maintenir la présence de leur entreprise dans ce pays. Si les autorités camerounaises se disent favorables à un maintien d'ENELCAM dans le secteur de l'électricité, elles indiquent cependant que cela devrait prendre une forme différente. En octobre 1961, le directeur des travaux publics, E. Nouafo, principal représentant du Cameroun au Conseil d'administration d'ENELCAM, défend que seul un changement de structure est susceptible de modifier la méfiance des Camerounais vis-à-vis de cette entreprise[465]. Il précise deux années plus tard que « pour des raisons psychologiques, l'appellation de la nouvelle société ne devrait pas avoir de point commun avec celle de l'ancienne »[466]. Les dirigeants d'ENELCAM proposent alors au gouvernement camerounais de créer une autre société à l'image de leur entreprise, une « photographie »[467] de celle-ci, et de répartir les activités de l'entreprise entre ces deux entités.

Le schéma de séparation des activités de l'entreprise, que les dirigeants d'ENELCAM élaborent à la mi-1962, consiste à créer une Société Hydroélectrique de la Sanaga (SHS), sous les auspices de la société

---

464 Cité dans Archives EDF/GDF, Boîte 925894, Correspondance du Vice-premier ministre chargé des travaux publics au Président du Conseil d'administration d'ENELCAM, 17 août 1962. Il convient d'indiquer qu'en 1962, la position du gouvernement relativement à la présence d'ENELCAM au Cameroun a nettement évoluée. Il faut certainement y voir les effets de l'intervention de la CCCE comme mentionnée plus loin. Dans la correspondance sus-indiquée, le ministre camerounais écrit en effet : « Tenant compte de ce que la politique d'ENELCAM depuis sa création a toujours été inspirée par l'intérêt général du Cameroun, le gouvernement espère pouvoir compter sur votre société pour réaliser son désir selon lequel, à l'exception de la concession relative à l'aménagement des chutes d'Édéa, toutes les exploitations de distribution d'électricité et d'eau doivent être unifiées dès la constitution initiale de la Société Nationale », p. 2.

465 Archives EDF/GDF, Boîte 972328, ENELCAM, Procès-verbal de la réunion du 20 octobre 1961, p. 3.

466 Archives EDF/GDF, Boîte 972328, ENELCAM, Procès-verbal de la réunion du 12 février 1963, p. 7.

467 Archives EDF/GDF, Boîte 925891, Correspondance d'Henri Raynaud à M. Lamassiaude relative à la séparation des activités d'ENELCAM, 4 mars 1963, p. 1.

Aluminium du Cameroun (ALUCAM)[468]. Elle aurait pour objet toutes les études, les réalisations et l'exploitation des ouvrages de production hydroélectrique sur ce fleuve. Son capital initial de 73 millions de francs CFA serait détenu par la Caisse Centrale de Coopération Économique (CCCE)[469], ALUCAM et Électricité de France (EDF), ce qui permettrait *in fine* de poser un verrou sur la préservation des intérêts métallurgiques de la France au Cameroun. ENELCAM quant à elle, concentrerait ses activités sur la distribution d'énergie électrique. La majorité de son capital étant dévolue aux actionnaires camerounais, elle deviendrait de fait la future Société Nationale[470].

L'opposition du gouvernement camerounais à associer le nom d'ENELCAM à son projet d'unification électrique a cependant contribué à modifier ce schéma. En fin de compte, c'est ENELCAM qui a dû recentrer ses activités sur l'exploitation de la centrale d'Edéa et donc sur la fourniture de l'énergie électrique à ALUCAM. Le reste de l'activité de distribution publique est délaissé à une nouvelle entité issue d'ENELCAM : EDC. Il est significatif d'observer qu'entre l'accord tacite entre le gouvernement et ENELCAM sur la création de cette nouvelle entité en 1961 et sa création effective en 1963, la partie camerounaise a marqué quelques hésitations. Au cours d'entretiens à Paris, le 9 février 1962, entre le directeur de la CCCE, M. Mollie, le directeur d'ENELCAM, Henri Raynaud et le directeur camerounais des travaux publics E. Nouafo, l'atmosphère est pour le moins électrique. Le représentant de la CCCE fustige vertement l'attitude des dirigeants camerounais[471]. D'après le compte-rendu de cette rencontre :

> M. MOLLIE expose à M. NOUAFO les raisons qui ont motivé ces entretiens. ENELCAM est "une maison de verre" qui met à la disposition du Cameroun "les meilleurs techniciens du monde" (sic), qui remplit sa

---

468 Archives EDF/GDF, Boîte 925894, ENELCAM, Note schématique sur un projet de transformation de la société, s.d. (probablement mi-1962), p. 3.

469 Créée en 1958, la CCCE est en réalité le résultat des mutations de la Caisse Centrale de la France Libre (1941) et de la Caisse Centrale de la France d'Outre-mer (1944). Elle est ensuite devenue la Caisse Française de Développement (1992) et l'Agence Française de Développement (1998).

470 Archives EDF/GDF, Boîte 925894, ENELCAM, Note schématique..., p. 3.

471 Archives EDF/GDF, Boîte 925894, Compte-rendu d'entretien entre le Directeur de la CCCE, le Directeur d'ENELCAM et le Directeur camerounais des travaux publics, 9 février 1962, pp. 1–2.

> mission sans but mercantile et qui est prête à effectuer toutes les missions que l'on voudra bien lui confier [...] ENELCAM n'a rien à gagner à un changement de structure, bien au contraire, il faut préciser une fois pour toutes qu'ENELCAM n'est pas demandeur. De renseignements qui proviennent de YAOUNDÉ, il est apparu que tout se passe comme si la situation était inverse (sic)[472].

Que cette réaction vienne de la CCCE, partenaire financier incontournable de l'État du Cameroun peut soulever quelle interrogation sur la sincérité de cette déclaration. Cependant, elle aurait poussé le gouvernement à reconsidérer sa planification et à travailler au parachèvement du projet EDC.

À ENELCAM, la responsabilité de créer EDC est confiée à Henri Raynaud qui en conduit la gestation jusqu'au moment de sa retraite en mars 1964 et son remplacement par Georges Dalmais, jusqu'alors directeur général d'Énergie électrique de la Côte d'Ivoire[473]. Né le 1er avril 1904 à Toulon, Henri Raynaud est ingénieur en chef de 1ère classe des travaux publics de la France d'outre-mer. Sa carrière lui a ainsi permis d'être en service dans de nombreux territoires français dont le Niger entre 1931 et 1944, la Guyane, l'Afrique Occidentale Française, l'Afrique Équatoriale Française et le Cameroun entre 1944 et 1947. Il a également été directeur général de la Société d'Énergie de Madagascar entre 1953 et 1956 avant de se voir confier les rênes d'ENELCAM et d'EDC[474].

L'apport d'ENELCAM au capital d'EDC est constitué de biens et de droits affectés par ENELCAM à la distribution publique d'électricité dans les villes de Douala et d'Edéa ainsi qu'au transport de l'énergie électrique issue du poste de transformation de la centrale hydroélectrique d'Edéa et destinée aux différents points de distribution[475]. Il s'agit des lignes de transport, des postes de transformation et de répartition, d'immeubles du domaine privé évalués à 126 339 405 de francs CFA, de mobilier et de matériel de transport évalués à 87 271 768 de francs CFA, mais aussi de créances (210 021 990 de francs CFA), de dettes

---

472 Ibid.

473 Archives EDF/GDF, Boîte 925891, Procès-verbal du Conseil d'administration d'ENELCAM du 23 mars 1964.

474 Archives EDF/GDF, Boîte 925904, SONEL, Dossier personnel d'Henri Raynaud.

475 Archives EDF/GDF, Boîte 925891, Projet de Traité d'apport par la Société « Énergie électrique du Cameroun » à la Société « Électricité du Cameroun », p. 2.

(65 243 637 de francs CFA) et d'avances sur consommation déposées par les clients (55 884 350 de francs CFA au 1er juillet 1963)[476].

La signature du protocole d'accord entre la République fédérale du Cameroun, la Société « Énergie électrique du Cameroun » et la Société « Électricité du Cameroun » a lieu le 31 janvier 1964[477]. Elle établit le cheminement à suivre en vue d'unifier les distributions publiques d'énergie électrique au Cameroun. Deux années plus tard, une convention de concession régissant l'activité de cette entreprise est également signée, concrétisant après trois ans de discussion son implantation au Cameroun et la première reconfiguration du secteur de l'électricité au Cameroun oriental indépendant. Lors de la signature de cette convention de concession entre l'État du Cameroun et EDC, le représentant du gouvernement ne manque pas l'occasion de souligner que

> La politique de l'énergie électrique ne peut être confiée entièrement à l'initiative privée et qu'il appartient au gouvernement d'orienter cette politique. Cependant, il n'a pas intérêt à se substituer au secteur privé pour exploiter lui-même les distributions d'énergie. Il a jugé nécessaire de regrouper au sein d'une même société nationale « Électricité du Cameroun », les distributions d'énergie électrique qui ont atteint une certaine importance, y compris les régies municipales [...] les conventions de concessions que nous signons aujourd'hui ont l'avantage de décharger l'État du remboursement des déficits d'exploitation des gérances dont le montant global s'est élevé à plus de 74 millions de francs CFA pour l'exercice 1964–1965[478].

La création d'EDC est alors, avant toute autre considération, d'une opération visant pour le jeune État à réaffirmer son souci de contrôler le secteur électrique tout en s'en remettant à la participation d'investisseurs étrangers.

---

476 Archives EDF/GDF, Boîte 925891, Traité d'apport et annexes I à V ; EDF/GDF Archives, Boîte 925903, Procès-verbal de l'Assemblée générale extraordinaire des actionnaires du 9 avril 1964 et annexe.

477 Archives EDF/GDF, Boîte 925903, Protocole d'accord entre la République fédérale du Cameroun, la Société « Énergie électrique du Cameroun » et la Société « Électricité du Cameroun », 31 janvier 1964,8 p.

478 Allocution du ministre des affaires économiques, cité par *Industries et travaux d'outremer*, n° 148, mars 1966, p. 199.

Tableau 13: Ventes d'énergie par ENELCAM de 1964 à 1973 (en milliers de francs CFA)

	ALUCAM	SOCATRAL	Service public/EDC	Divers
1964/1965	519839		352182	
1965/1966	485327		357800	
1967/1968	453453	13828	416868	2179
1968/1969	474673	21031	477363	6531
1969/1970	655476	33297	552008	3113
1970/1971	793788	42872	727987	
1971/1972	758599	44726	807403	10029
1972/1973	759711	42222	883977	9168

Source : Adapté, d'après Archives EDF/GDF, Boîte 925903, ENELCAM, Rapport du Conseil d'administration à l'Assemblée générale ordinaire du 19 décembre 1966 et Archives EDF/GDF, Boîte 972328, divers procès-verbaux d'Assemblées générales ordinaires d'ENELCAM.

2. La réorganisation du secteur électrique au Cameroun oriental

La création d'EDC introduit un agencement important du secteur de l'électricité au Cameroun oriental. De façon schématique, l'activité de distribution d'ENELCAM est confiée à EDC et des mécanismes sont élaborés pour assurer la coopération entre ces deux entreprises. ENELCAM conserve ses prérogatives de fourniture de l'énergie électrique au secteur public à travers EDC ainsi qu'à ALUCAM et son démembrement, SOCATRAL (cf. tableau 13).

À la réduction de son activité, ENELCAM fait correspondre la réduction de son capital social qui passe à 1 428 470 250 de francs CFA en juin 1964[479]. Un contrat de fourniture d'énergie électrique entre ENELCAM et EDC est signé le 12 mars 1964[480]. La puissance réservée

---

479 Archives EDF/GDF, Boîte 925892, Procès-verbal du Conseil d'administration d'ENELCAM du 10 novembre 1964, p. 3. Ce capital est de 1 927 500 000 en 1962. Il faut indiquer que la participation publique du Cameroun à ce capital n'est plus que de 14,83 %, les intérêts métropolitains étant devenus prépondérants.

480 Archives EDF/GDF, Boîte 925903, Contrat de fourniture d'énergie par ENELCAM à EDC, 12 mars 1964, 14 p. Le choix d'acheter l'énergie électrique à ENELCAM et à le revendre est dicté essentiellement par des visées financières. A.M. Palma commente ainsi cette décision en 1969 : « S'ils (EDC) ont à produire l'électricité à partir des centrales thermiques de Douala, qu'ils ont placé en standby, cela ne leur coûtera pas moins de 20 francs par kWh à produire, transporter et distribuer. Aussi longtemps qu'ils pourront payer de l'électricité et le revendre à

à EDC est initialement de 20 000 kW. Elle évolue progressivement pour atteindre 80 000 kW grâce aux différents travaux d'aménagement de la centrale d'Édéa[481]. ENELCAM se concentre donc sur ses activités de production d'énergie électrique à partir de la centrale d'Édéa. Elle assure ainsi les travaux de son extension et de construction des ouvrages de régularisation du débit de la Sanaga. Sa production alimente d'une part l'usine d'ALUCAM et est d'autre part, comme déjà évoquée, vendue à EDC qui en assure la distribution publique.

L'activité d'EDC consiste quant à elle à reprendre tout d'abord la gestion des concessions de distribution publique d'énergie électrique des principaux centres urbains du Cameroun. Ce sont, en gérance provisoire, Bafoussam, Dschang et Foumban en 1963, Douala, Yaoundé, Maroua, Nkongsamba et Bafang en 1964. En 1966, les concessions de distribution publique d'énergie électrique de ces localités, mais aussi d'Édéa, d'Ebolowa et de Kribi lui sont définitivement confiées[482]. Elle reprend également des régies communales, à l'instar de N'Gaoundéré (juillet 1968) et Sangmélima (septembre 1969). En 1971, elle étend son action sur la distribution publique de Garoua. EDC entreprend ensuite divers projets d'électrification des centres secondaires et tertiaires : Akonolinga, Bertoua, Éséka, Guider, Mokolo, Yagoua en 1969; Melong, Bafia et Mora en 1970; Abong-Mbang, Bangangté, Baré, Batouri, Fort-Foureau, Nanga-Eboko et Yabassi en 1971 ; Mfou, Ngoumou, Otélé et Makak en 1973.

Par ailleurs, cette extension territoriale lui permet progressivement de porter son action sur la production d'énergie électrique dans ces nouveaux centres. Parmi les projets d'aménagement hydroélectrique qu'elle conduit figurent ceux des chutes de Choumi et de la Metchié. Les études réalisées en 1969 donnent une préférence à la Metchié où une production de 3 000 kWh d'énergie électrique est envisagée pour un coût de 600 millions de francs CFA. L'aménagement des chutes de

---

un tarif plus avantageux que s'ils le produisaient eux-mêmes, ils vont continuer de la faire pour garantir chaque année un retour sur investissements». ANB, Rj1966/ 2, Correspondance du Directeur général de la POWERCAM au Permanent Secretary, Division of State Development, 14 novembre 1969, p. 3.

481 Archives EDF/GDF, Boîte 925886, Contrat de fourniture d'énergie électrique, avenant n° 2.

482 Archives EDF/GDF, Boîte 925903, EDC, Rapport du Conseil d'administration à la l'Assemblée générale ordinaire, 19 décembre 1966, p. 7.

Nachtigal et de Njock est également envisagé. Les études menées en 1970 révèlent la possibilité d'installer à Njock entre 117 et 132 MW. Les frais d'études pour l'aménagement de Lagdo, de Nachtigal, de Njock et de la Metchié s'élèvent respectivement à 190 millions, 140 millions, 150 millions et 20 millions[483]. Des études sont également réalisées en 1973 pour permettre l'aménagement du site de Song-Loulou pour la production de 180 MW d'électricité. Ce projet est destiné à permettre l'extension d'ALUCAM. C'est finalement à la Société Nationale d'Électricité qu'est revenue la charge de réaliser et d'exploiter les aménagements de Songloulou en 1981 et de Lagdo en 1984.

L'activité des entreprises d'électricité est connectée de façon évidente à celle des autres entreprises industrielles. Le cas d'ALUCAM est assez illustratif de la situation, puisque l'existence d'ENELCAM en dépend en grande partie. On peut également noter que les bons résultats financiers d'EDC ont connu un ralentissement en 1973, influencés par la baisse de la consommation d'électricité dans les principaux pôles industriels que constituent les villes de Douala, de Yaoundé et de Garoua, cette situation étant imputable au choc pétrolier de 1973[484].

Par ailleurs, un principe est arrêté dès les premières années du projet de réorganisation d'ENELCAM : c'est l'unicité de la direction de ces deux entreprises. En d'autres termes, il s'agit d'aboutir à une « identité des conseils »[485], ENELCAM et EDC partageant la même direction. La dualité observée entre ENELCAM et EDC doit être poussée plus loin, car leur gestion intègre une troisième entreprise : la Société Nationale des Eaux du Cameroun (SNEC). Celle-ci est créée le 22 mai 1967 à l'initiative d'EDC et du gouvernement camerounais. Sa création s'inscrit dans la logique de fédérer les distributions d'électricité et d'eau. Au moment de sa création, les conseils d'administration conviennent de ce que la SNEC et EDC soient gérées de manière à réduire au strict minimum les frais de leur fonctionnement. Cette volonté se traduit par

---

483 Archives EDF/GDF, Boîte 972328, Procès-verbal du Conseil d'administration d'ENELCAM du 29 novembre 1971, p. 6.

484 Archives EDF/GDF, Boîte 972328, Procès-verbal du Conseil d'administration d'EDC du 30 novembre 1973, pp. 4–5.

485 Archives EDF/GDF, Boîte 925891, Correspondance d'Henri Raynaud à M. Lamassiaude, p. 1.

l'existence d'une direction et d'un personnel commun[486]. Les fonctions de directeur général, secrétaire général, directeur technique ainsi que chef de service comptable et financier donnent compétence sur les deux entreprises. Seuls les services administratifs, comptables et financiers, techniques et du personnel sont individualisés[487].

En 1972, la réorganisation de ces entreprises est sérieusement envisagée. L'objectif est d'éviter qu'une éventuelle indisponibilité de l'omniprésent directeur général d'ENELCAM-EDC-SNEC ne s'avère catastrophique pour l'ensemble de ces entreprises[488]. Mais, leur séparation ne se fait pas sans difficulté : elle implique à ce moment, selon leur directeur général Georges Dalmais, une dépense supplémentaire annuelle de l'ordre de 40 millions de francs CFA pour EDC et de l'ordre de 70 millions de francs CFA pour la SNEC, au cas où le nouveau siège social serait implanté à Douala. Dans le cas d'un transfert du siège social à Yaoundé, il faudrait envisager une dépense supplémentaire de l'ordre de 100 millions de francs CFA par an[489]. La séparation des activités d'EDC et de la SNEC intervient finalement le 1er janvier 1973[490].

L'extension territoriale des actions d'EDC concourt de plus à la mise en place de délégations régionales sur lesquelles s'est appuyée la SONEL quelque temps après. Leur constitution doit à l'origine servir à améliorer les liaisons de l'entreprise avec les autorités administratives et par conséquent, contribuer à promouvoir l'image de l'entreprise. Le but est aussi d'assurer une certaine décentralisation de la prise de décisions afin d'améliorer l'efficacité de l'entreprise. Les premiers délégués régionaux sont nommés par le Conseil d'administration du 30 novembre 1973, avec prise d'effet dès le 1er janvier suivant. Ce sont M. Wanko, pour les régions Centre-Sud et Est ; M. Galy, pour la région Nord et M. Narkowsky pour

486 Archives EDF/GDF, Boîte 925886, Projet de protocole d'accord de gestion entre la Société EDC et la SNEC, mai –juin 1967, p. 2.

487 *Ibid.*, p. 2.

488 Archives EDF/GDF, Boîte 925901, EDC/SNEC, Conseils d'administration, additif au procès-verbal, séance du 23 mai 1972.

489 Archives EDF/GDF, Boîte 925892, Correspondance de Georges Dalmais à M. Carrive d'EDF relative à la réorganisation des directions générales des sociétés EDC et SNEC, 5 mai 1972, p. 1.

490 Archives EDF/GDF, Boîte 972328, ENELCAM, Procès-verbal du Conseil d'administration du 10 novembre 1972, édition A du 25 novembre 1972, p. 19.

les régions du Littoral et de l'Ouest[491]. EDC se forge alors l'image d'une société nationale, du point de vue territorial tout au moins. Son action dans le domaine de l'électrification du Cameroun oriental se fait de manière parallèle à celle de la POWERCAM au Cameroun occidental[492].

B. La POWERCAM

Plus qu'EDC, la POWERCAM est l'émanation du fédéralisme camerounais dans le secteur de l'électricité. La création de cette entreprise, au même titre que de nombreuses autres dans cette partie du pays, répond au souci de matérialiser la spécificité du Cameroun occidental dans le nouveau système fédéral. Celui-ci est introduit au Cameroun pour servir la Réunification des deux parties de ce pays, administrées depuis 1916 de façon différenciée par la France et l'Angleterre. C'est dans un contexte de décolonisation, de fédéralisme et d'étatisme que la POWERCAM est créée.

1. Un avatar du fédéralisme

La constitution de la POWERCAM représente, dans le domaine de l'électricité, l'un des premiers développements du fédéralisme naissant au Cameroun. La POWERCAM est fondée le 22 octobre 1962 avec pour mission immédiate d'assurer le contrôle et la gestion du réseau électrique de la localité de Victoria. Elle vient reprendre l'action de l'Electricity Corporation of Nigéria (ECN) qui avait eu à sa charge la fourniture de l'énergie électrique jusqu'en septembre 1961. Évidemment, la Réunification des deux Cameroun contraint cette entreprise publique nigériane à suspendre ses activités dans ce territoire et à la céder aux nouvelles autorités camerounaises. Au moment de la Réunification, le faible taux d'électrification de cette partie du territoire, liée à la désuétude de son équipement électrique, suscite des attentes et des enjeux nombreux. L'instauration de la souveraineté pleine et entière de l'État du Cameroun sur l'ensemble des aspects de la vie du Cameroun

---

[491] Archives EDF/GDF, Boîte 972328, Procès-verbal du Conseil d'administration d'ENELCAM du 30 novembre 1973, pp. 15–16.

[492] Voir J. Kouosseu, W. Pokam Kamdem, « L'électricité et le fédéralisme au Cameroun : la West Cameroon Electricity (POWERCAM) 1962–1975 », *Journal gabonais d'histoire économique et sociale (JGHES)*, n° 1, janvier–juin 2013, pp. 27–42.

occidental est l'un d'eux. C'est ainsi que la direction des travaux publics assure, pendant une année, la continuité de la fourniture de l'électricité au Cameroun occidental[493].

À sa création, la POWERCAM a pour objectif de gérer les installations électriques préexistantes au Cameroun occidental, d'en établir de nouvelles et de les gérer dans l'intérêt général, tout en assurant des tarifs raisonnables. Les activités de la POWERCAM intègrent ainsi la production, le transport et la distribution de l'énergie électrique au Cameroun occidental, soit un véritable monopole intégré[494]. De nombreuses questions sont par ailleurs résolues pour permettre le fonctionnement de la POWERCAM. L'implication des banques installées à Victoria (Cameroon Bank, Barclays Bank DCO et Bank of West Africa Limited notamment) facilite ainsi la mobilisation des fonds nécessaires à la constitution de l'entreprise[495].

La mobilisation de la ressource humaine constitue également l'une des contraintes à lever. Le problème de la formation du personnel se pose ainsi : 325 personnes sont employées par l'entreprise en 1962. Mais, en vue de combler les défaillances techniques, la direction envisage de recruter du personnel à l'étranger. La ressource humaine de l'entreprise compte alors en 1965, 6 expatriés et 64 Camerounais de la partie orientale, pour un effectif total de 352 employés[496]. Le management de l'entreprise est quant à lui confié à Ebaichuo Agbotoko Mbiwan, un ingénieur camerounais du groupe Shell-BP de Port-Harcourt au Nigéria. Celui-ci a participé dès avril 1962 à la constitution de l'entreprise avant de tomber en disgrâce en 1968. La POWERCAM s'implante d'abord dans la circonscription de Victoria et prépare ensuite son déploiement à travers le Cameroun occidental.

493 ANB, Rj1962/6, POWERCAM, First Report, p. 2; Rj1966/2, POWERCAM, Aide-mémoire sur la POWERCAM, p. 1. Elle a été en cela aidée par un ingénieur électricien français détaché par la CCDEE.

494 Loi n° 62/LW/10 du 19 septembre 1962 portant création de la West Cameroon Electricity Corporation.

495 ANB, Rj1962/6, POWERCAM, First Report, p. 2.

496 ANB, Rj1965/5, Electricity Corporation. Report of Committee of Investigation into the West Cameroon. 1965, p. 5.

2. La difficile électrification du Cameroun occidental

La constitution de la POWERCAM suscite en son temps de nombreux espoirs quant à l'amélioration de la qualité de la fourniture d'énergie électrique au Cameroun occidental. L'évolution régulière du nombre d'abonnés révèle cet espoir. Elle n'est certes pas spectaculaire, du fait de l'inexistence d'une demande industrielle et urbaine forte. Contre toute attente, le prix du kWh est revalorisé en 1965 pour refréner la demande et la stabiliser à un niveau soutenable par les équipements existants[497]. Un autre indice de cet espoir fondé sur l'électrification du Cameroun occidental est la multiplication des projets d'aménagement hydroélectrique. L'une des ambitions de la POWERCAM, dès sa fondation, est de décloisonner le réseau électrique du Cameroun occidental jusqu'alors confiné à Victoria, voire à Buea, pour l'étendre aux localités de Kumba, de Mamfe et de Bamenda avant 1967–1968[498]. Jusqu'en 1968, aucun de ces projets n'est réalisé. Seul un deuxième générateur diesel de 860 kW est installé à Bota.

Dès 1963 pourtant, avec l'appui de la Mission d'assistance des États-Unis au Cameroun et d'EDC quelques années plus tard, des études ont été entreprises pour inventorier le potentiel électrique de la partie occidentale du pays ainsi que les problèmes qui entravent son électrification. Deux projets hydroélectriques se dégagent dans cette perspective : la construction des centrales d'Ombe et de Mbengwi. L'ambition de construire la centrale hydroélectrique d'Ombe est justifiée par l'accroissement rapide de la demande dans la localité de Victoria, déjà électrifiée. Les perspectives économiques dans cette circonscription servent également d'argument : on évoque la possibilité d'y construire

---

497 ANB, Rj1965/5, Electricity Corporation. Report of Committee of Investigation, p. 12. Le prix du kW passe de 10 à 20 Francs.

498 ANB, Rj1962/6, POWERCAM, First Report, p. 3–4; Rj1962/5, POWERCAM, The development of Electricity Supplies in West Cameroon, s.d., p. 4. L'attention portée alors sur la localité de Kumba se justifie par l'importance de sa population (près de 40 000 habitants en 1962) tandis que Bamenda et Mamfe, elles, font prévaloir leur potentiel touristique et industriel. La distance entre ces différents centres et la faiblesse de la demande en énergie électrique pousse cependant à envisager l'installation d'équipements de production et de distribution séparés, plutôt que de réaliser un grand réseau électrique régional. La localité de Limbe est distante de Kumba de 97 kilomètres; la distance entre Kumba et Mamfe est de 193 kilomètres et celle entre Mamfe et Bamenda de 160 kilomètres. Une ceinture électrique entre elles aurait indubitablement signifié un équipement de distribution jugé à ce moment trop important.

un port en eau profonde et une raffinerie. L'existence de ces deux installations industrielles doit pouvoir absorber les quelque 3000 kWh d'énergie électrique envisagés, qui viendraient se rajouter aux 2 200 kWh déjà mis en service. Le coût du projet est estimé à 325 millions de francs CFA en septembre 1963. La centrale de Mbengwi aurait servi essentiellement à l'électrification de Bamenda et de sa région. Cela a semblé une alternative plus intéressante à la construction envisagée d'une centrale diesel. L'ambition est donc de mobiliser 180 millions de francs CFA pour bénéficier de près de 1500 kWh d'électricité[499]. D'autres projets, celui de la construction d'une centrale hydroélectrique à Idenau, sur le fleuve Sanje-Messingili par exemple, sont aussi évoqués[500].

Les études menées laissent ainsi entrevoir des perspectives intéressantes d'électrification pour le Cameroun occidental. Ces ambitions sont progressivement tempérées par les difficultés auxquelles l'entreprise doit faire face dès 1963. Les années qui suivent révèlent ainsi l'incapacité de l'État fédéré du Cameroun occidental à mobiliser aisément des investissements et à mettre en œuvre les projets d'électrification qu'il a arrêtés. L'explication à cet échec est une addition de considérations politiques, de choix économiques et de fautes de gestion.

L'histoire de la POWERCAM est ainsi marquée par de nombreuses suspicions quant à la qualité de la gestion de cette entreprise. Cela, on ne peut l'exclure, contribue à sa fermeture[501]. Des missions de contrôle sont instituées, souvent à la suite de dénonciations anonymes, pour faire la lumière sur des allégations de discrimination tribale et de corruption. C'est le cas en mai 1965. Le rapport final de la commission d'enquête désignée à cet effet met en cause l'omniprésence du directeur général dans tous les aspects de la vie de l'entreprise[502]. Le caractère judicieux de certaines de ses décisions est néanmoins relevé, mais des distractions de fonds sont

499 ANB, Rj1962/5, POWERCAM, Projects suitable for external aid, 30 septembre 1963.

500 ANB, Rj1966/2, Correspondance du Directeur général de la POWERCAM au Secrétaire permanent du Ministère du développement à Buea, relative à l'électrification de Victoria, 20 janvier 1967.

501 V. J. Ngoh, "The Origin of the marginalization of former southern Cameroonians (Anglophones), 1961–1966: An historical analysis", *Journal of Third World Studies*, (http://findarticles.com/p/articles/mi_qa3821/ai_n8835936/), consulté le 13 juin 2011.

502 ANB, Rj1965/5, Rapport de la commission d'enquête à la POWERCAM, pp. 7–8.

également mises à jour[503]. Une autre des difficultés qui surgissent est l'effet de l'instauration d'un tarif extérieur commun au sein de l'Union douanière des États de l'Afrique centrale (UDEAC) en janvier 1966[504]. L'entrée en vigueur de ce tarif douanier freine en effet considérablement l'acquisition du matériel électrique par la POWERCAM, de l'avis des officiels ouest camerounais[505]. Ces importations sont dorénavant taxées à près de 85 % de leur valeur, affectant une entreprise comme la POWERCAM qui les réalisaient avant sans frais supplémentaires[506].

Quelques possibilités sont alors évoquées pour permettre à l'entreprise de continuer d'exister et d'accomplir l'œuvre pour laquelle elle a été créée. Au moment de la constitution de l'entreprise déjà, le principe que le gouvernement du Cameroun occidental et ses membres en soient des clients est arrêté. Il en est de même pour les différentes personnalités de l'État. Cela ne manque pas de provoquer des désagréments financiers, certaines de ces personnalités rechignant à régler leurs factures d'électricité[507]. On évoque aussi la possibilité que l'État du Cameroun occidental verse chaque année une subvention de 100 millions de francs CFA à l'entreprise pendant dix ans, le temps qu'elle réalise son programme d'investissement et que ses comptes redeviennent excédentaires[508]. La question de l'exonération d'impôts est aussi soulevée.

503 *Ibid.*

504 L'UDEAC est créée en 1964 entre le Cameroun, le Gabon, le Tchad, la République centrafricaine et le Congo pour permettre leur intégration. L'un des mécanismes mis en œuvre pour servir cette cause est l'élaboration d'un Code des douanes en décembre 1965, dont le tarif extérieur commun est l'un des éléments. Celui-ci se compose des droits de douane, d'un droit fiscal d'entrée, d'une taxe complémentaire et d'une taxe sur le chiffre d'affaires intérieur.

505 ANB, Rj 1966/2, Correspondance du Premier ministre du Cameroun occidental au président de la République fédérale du Cameroun, 29 octobre 1966, p. 2.

506 *Ibid.* Voir aussi la Correspondance du Premier ministre du Cameroun occidental au président de la République fédérale du Cameroun, 20 novembre 1968, p. 1. Celui-ci évoque, à titre d'exemple, que « sur un alternateur Diesel commandé récemment et coûtant 24 millions de francs CFA, les droits de douane s'élèveraient à 14 millions. »

507 ANB, Rj (1962)2, Lettres n° PC.65/487 du 19 mars 1963 du comptable de la POWERCAM et n° P787/S. 3/V.2/281 du 6 septembre 1965 du secrétaire du Premier ministre du Cameroun occidental relatives au non-paiement des factures d'électricité par des membres de l'Assemblée.

508 ANB, Rj1966/2, POWERCAM, Aide-mémoire, p. 1.

Les autres entreprises électriques du Cameroun bénéficient en effet de cette mesure dans le cadre du code des investissements. Le ministre fédéral des Finances argue cependant que la POWERCAM ne peut s'en prévaloir[509]. Les autorités du Cameroun occidental voient là quant à elles une potentielle discrimination dont souffriraient l'entreprise et plus largement le Cameroun occidental. Elles considèrent que la POWERCAM devrait bénéficier des mêmes exonérations d'impôt qu'ENELCAM et EDC au Cameroun oriental[510]. Si cette faveur est accordée à des firmes étrangères dans le but de les encourager à investir au Cameroun, finit par considérer un officiel du Cameroun occidental, pourquoi est-ce qu'une entreprise nationale relevant du portefeuille de l'État et chargée d'assurer un service aussi essentiel ne pourrait-elle pas bénéficier des mêmes faveurs ?[511] Le désamour entre le gouvernement ouest camerounais et les ministères techniques à compétence fédérale éclate alors.

En octobre 1966 par ailleurs, à l'instigation du ministère fédéral du Plan et du Développement, la question des rapports entre EDC et la POWERCAM prend de l'ampleur. Il s'agit, à l'origine, de trouver des solutions aux difficultés financières qu'éprouve la POWERCAM. Différentes hypothèses sont élaborées dont l'achat du courant électrique à EDC par la POWERCAM, la reprise de la POWERCAM par EDC, la prise d'actions par EDC dans le capital de la POWERCAM, la prise d'action par la POWERCAM dans le capital d'EDC, la coopération technique entre les deux entités et la fusion[512]. Il est évident, dans cette

---

509 ANB, Rj1966/2, Correspondance du Premier ministre, 29 octobre 1966, p. 2. Il indique dans cette correspondance qu'à sa requête, le ministre fédéral des finances, Sadou Daoudou, lui aurait rétorqué que, du fait du capital entièrement public de l'entreprise, celle-ci ne pouvait bénéficier des dispositions du Code des investissements réservé aux entreprises privées, en grande partie étrangères, qui s'implanteraient au Cameroun.

510 *Ibid.*

511 ANB, Rj1966/2, Correspondance du Secrétaire permanent du ministère du développement et de la planification au Secrétaire du Premier ministre, relative à l'avenir de la POWERCAM, 15 février 1968, p. 1.

512 ANB, Rj1971/1, Electricity Corporation. A Report of the Committee to examine various Alternatives and Ways of Collaboration between West Cameroon Electricity Corporation and Electricité du Cameroun. 1971. S'agissant de la coopération technique, il est à relever qu'EDC a assuré la formation du personnel de la POWERCAM dans son centre de formation professionnelle de Douala – Bassa en 1973. Archives EDF/GDF, Boîte 972328, EDC, Procès-verbal du 23e Conseil d'administration, 25 mai 1973, édition B du 5 décembre 1973, p. 16.

dernière hypothèse, que l'on dépassait les vues financières pour entrevoir des aspects plus politiques, sinon des considérations économiques plus larges.

L'idée d'une fusion des deux entreprises est vite écartée par les différentes parties. La vision exprimée par les autorités du Cameroun occidental est celle d'une activité électrique gérée de façon fédérale par la POWERCAM et EDC, toutes deux des entités publiques[513]. Elles expriment ainsi une réelle répugnance quant à une intégration de la POWERCAM (entreprise d'État) à EDC (société anonyme), perspective qu'elles jugent tout à fait contraire aux expériences en cours dans le secteur de l'énergie et au rôle économique de l'État largement encouragé[514]. Les dirigeants d'EDC, son directeur général Georges Dalmais notamment, arrivent à la même conclusion, mais pour des raisons différentes, dont la complexité des arrangements juridiques à envisager. Celui-ci propose par contre une alternative beaucoup plus impopulaire auprès des officiels du Cameroun occidental à savoir la reprise par EDC des concessions de production et de distribution gérées par la POWERCAM[515]. Les discussions se poursuivent encore lorsqu'est officialisée l'idée de la création d'une autre société nationale d'électricité en 1973.

II. Un symbole de l'étatisation au Cameroun : la Société Nationale d'Électricité

La SONEL est créée le 18 mai 1974. Élaborée comme un monopole intégré verticalement, elle engloutit les entreprises électriques préexistantes et reprend l'ensemble de leurs activités. La création de la SONEL renvoie ainsi à un processus d'étatisation au sens où elle intervient dans un contexte marqué par l'obsession de l'État d'avoir le contrôle de l'ensemble des activités économiques, l'électricité au premier chef. Par le biais de cet artifice subtil, cette entreprise électrique sert, au cours des décennies suivantes, les choix industriels, politiques et sociaux de l'État du Cameroun.

513 ANB, Rj 1966/2, Correspondance du Premier ministre, 29 octobre 1966, p. 3.

514 Ibid., p. 2.

515 ANB, Rj1966/2, Correspondance du directeur général d'EDC au ministre du Plan et du Développement, 3 octobre 1967 et correspondance du Directeur général d'EDC au Premier ministre du Cameroun occidental, 6 juin 1969, relatives à l'exploitation d'électricité au Cameroun occidental.

A. La SONEL : un monopole intégré

À l'origine de la SONEL se trouve l'obsession d'une unification électrique, celle d'une entité unique et publique. Elle s'inspire de la trajectoire politique du Cameroun qui, dès sa partition en 1916, a irrémédiablement conduit une partie de la classe politique à rechercher le retour, dans tous les aspects de la vie nationale, à l'unité voire l'unicité. Cette tendance est aussi le résultat d'une vision centralisatrice et monolithique du pouvoir.

Il s'établit ainsi sur le secteur de l'électricité au Cameroun un monopole public. Ce monopole est par ailleurs verticalement intégré. En d'autres termes, la SONEL voit ses compétences s'étendre sur la production, le transport et la distribution de l'énergie électrique, soit sur l'ensemble du secteur. Certains y voient l'influence d'EDF, ingénieur-conseil de la plupart des entreprises électriques d'Afrique francophone, qui opère en France sous le même schéma[516].

Flavien Tchapga esquisse en ces trois points les principes directeurs de la restructuration du secteur électrique en Afrique francophone après les indépendances : « 1. Confier à un seul opérateur la gestion du secteur électrique à l'échelle nationale ; 2. regrouper à l'intérieur d'une même entreprise les trois segments de l'activité électrique ; soumettre tout cet ensemble au contrôle étroit de la puissance publique »[517]. Cette posture est conforme à l'orientation générale du secteur de l'électricité au cours de cette période, puisque les économistes eux-mêmes légitiment l'intervention forte de l'État sur ce secteur. C'est ainsi qu'à l'instar des autres activités de réseau (transport, eau, gaz, poste, télécommunication), le secteur de l'électricité est érigé, à travers le monde, en monopole naturel de l'État. En d'autres termes, ce dernier contrôle de façon systématique la production, le transport et la distribution d'énergie électrique, par le biais d'une entreprise publique. C'est dans ce contexte que la SONEL est créée.

1. Le triomphe de l'idée d'unification électrique au Cameroun

L'unification électrique au Cameroun se transcrit dans la question de l'interconnexion des réseaux électriques. Elle en constitue le préalable et déjà un aboutissement. Ce pays a hérité de réseaux cloisonnés et éclatés

---

516 Tchapga, op. cit., p. 45.

517 Ibid.

alimentant de façon close des centres urbains d'une relative importance. Dès 1966, la question de la refonte de ces réseaux et de leur interconnexion est soulevée. Mais, une unanimité tarde à se dégager à ce sujet. De manière empirique, l'interconnexion a un avantage certain, celui de réduire les coûts de revient de l'énergie électrique en raccordant différentes localités à un centre où le coût de production est relativement bas.

La question de l'interconnexion électrique ne se pose pas du seul point de vue technique. De nombreux facteurs politiques entrent également en ligne de compte. Ainsi, comparant les charges annuelles d'une exploitation isolée et d'un raccordement de la région bamiléké au réseau interconnecté Sud qui est en cours d'édification autour de la centrale d'Édéa, EDF expose en 1968 dans une étude que l'interconnexion ne se justifierait pas avant 1990[518]. L'interconnexion électrique du Cameroun s'inscrit pourtant dans un vaste projet politique et économique que le pouvoir central estime inéluctable. Le dévoilement en mai 1972 de l'unification territoriale du pays, peut-on alors défendre, sert de catalyseur, d'accélérateur du projet d'interconnexion électrique. Le projet des lignes électriques de 90 et 30 kV Douala – Ouest est alors réactivé et des études conduites à cet effet en 1973. Il s'agit à ce moment, contrairement à ce qui était arrêté en 1968, d'anticiper sur la saturation des installations existantes dans la région bamiléké dès 1976, la solution de l'interconnexion devant conduire à un prix de revient le plus bas.

De manière générale donc, l'interconnexion semble une perspective acceptée de tous au début des années 1970. Le gouvernement du Cameroun occidental a cependant insisté pour que cette initiative ne s'achève pas par une mise en dépendance de cette partie du pays. Tout semble en effet indiquer que la centrale d'Édéa, construite au Cameroun oriental, serait le cœur du système électrique interconnecté à bâtir. Le Premier ministre du Cameroun occidental, Augustine Ngom Jua indique par conséquent sa réticence à cette perspective dans l'une de ses correspondances. « L'interconnexion, écrit-il, signifie la connexion de centrales électriques distantes l'une de l'autre ; il ne s'agit d'aucune façon de l'extension du réseau de distribution depuis une grande centrale électrique vers des zones dépourvues de capacités autonomes de production »[519]. Il fait alors de la

---

518 Archives EDF/GDF, Boîte 973378, EDF/République fédérale du Cameroun, Étude générale de l'électrification. Perspectives de développement des moyens de production et de transport d'électricité, juin 1968, p. 25.

519 ANB, Rj 1966/2, Correspondance du Premier ministre, 29 octobre 1966, p. 3.

Tableau 14: Prix comparatif du kWh d'électricité au Cameroun en 1969

	Cameroun occidental	**Cameroun oriental**		
	Localités de Buea et de Victoria	**Douala**	**Yaoundé**	**Nkongsamba – Bafoussam – Loum**
Clients résidentiels	20	28	38	45
Clients commerciaux	15	20	30	45
Clients industriels	10	18	25	45
Éclairage public	10	18	25	45

Source : ANB, Rj1966/2, Correspondance du directeur général de la POWERCAM au Premier ministre du Cameroun occidental, relative à la coopération entre EDC et POWERCAM, 14 novembre 1969, p. 3.

construction d'une grande centrale électrique à Victoria, à Idenau ou à Ombé, le préalable à toute interconnexion avec le Cameroun oriental.

En formulant son inquiétude, le gouvernement du Cameroun occidental met en avant l'incidence que la dépendance vis-à-vis de la centrale d'Édéa pourrait avoir sur cette partie du pays. L'interconnexion, telle qu'elle est envisagée, conduirait de façon inévitable à la hausse des prix de l'énergie électrique au Cameroun occidental. Les écarts de prix entre les deux parties du pays servent d'ailleurs d'argumentaire (cf. tableau 14).

Il est une évidence que les tarifs de l'électricité dans la partie occidentale du pays étaient beaucoup moins élevés que ceux de la partie orientale. Les écarts allaient parfois du simple au double, notamment avec les centres secondaires de la partie orientale (Nkongsamba, Bafoussam et Loum). Le prix du kWh d'électricité au Cameroun occidental est régulièrement revalorisé depuis 1963, certes. Il s'agit alors d'aligner celui-ci sur le prix réel de production et même de maîtriser l'évolution de la consommation. La direction de la POWERCAM ne cache non plus son intention d'appliquer de nouvelles hausses du prix du kWh au Cameroun occidental dès 1969. Son directeur général, Angelito M. Palma, argue ainsi qu'il en va de la survie de l'entreprise et que d'ailleurs, dans la partie orientale du pays, ces prix élevés servent à garantir la rentabilité d'EDC[520].

[520] ANB, Rj1966/2, Correspondance du directeur général de la POWERCAM au Premier ministre du Cameroun occidental, p. 2.

Malgré tout cela, le prix moyen du kWh au Cameroun occidental reste largement inférieur à celui en vigueur au Cameroun oriental.

Derrière les réticences ouest-camerounaises au projet d'interconnexion qui se profile, se trouve aussi la crainte que la POWERCAM ne finisse par se faire happer par EDC[521]. L'attitude du pouvoir central relativement à cette question laisse pour le moins songeur : dès sa création, le gouvernement fédéral a en effet consacré EDC, société anonyme de par son capital, en société nationale de par son rayon d'action. Ses statuts lui confèrent ainsi compétence sur l'ensemble de la République fédérale du Cameroun[522] alors même que la POWERCAM opère déjà dans la partie occidentale du pays. Est-ce pour entretenir une subtile confusion en vue de préparer tout le monde à une reprise progressive des activités de POWERCAM par EDC ou une autre entité ? Le 22 mars 1973, une ordonnance transforme la West Cameroon Electricity Corporation en Cameroon Electricity Corporation. Le caractère régional de cette entreprise lui est amputé, ce qui renforce sa similitude d'avec EDC et conforte certainement les partisans de la fusion dans leur opinion.

Quoi qu'il en soit, la création de la SONEL constitue le clou du vaste projet d'unification électrique. Il est cependant difficile de dire si cet aboutissement est conforme au dessein initial nourri dès 1961 ou est le résultat d'ajustements de ce projet. La mise en place de la SONEL a pour objectif, selon le gouvernement du Cameroun, de faciliter la mobilisation des investissements, la mise en commun des installations existantes et la rationalisation de l'exploitation des sources d'énergie disponibles à travers le pays[523].

2. *La constitution de la SONEL*

L'exigüité de la marge de manœuvre du gouvernement fédéral au sein des entreprises électriques préexistantes concourt, tout au long de la décennie 1960, à forger l'idée d'une entreprise contrôlée par l'État. Seule la formule reste, on peut le supposer, difficile à trouver et à mettre en œuvre. Deux questions restent ainsi à évacuer : celle de la prise en

---

521 *Ibid.*

522 Archives EDF/GDF, Boîte 972328, Statuts d'Électricité du Cameroun, 9 avril 1965, p. 3.

523 Tchapga, op. cit., p. 43. L'auteur cite un rapport du gouvernement camerounais daté du 15 juin 1961.

compte ou non des intérêts français à l'affaire et celle de l'incorporation de la POWERCAM.

La création de la SONEL est le résultat d'un processus d'étatisation. On est loin de la nationalisation, fantasme de la décennie 1970[524]. Mieczyslaw Szostak fait de ce choix de politique économique une « appropriation forcée par l'État d'un complexe défini de moyens de production en vue d'utiliser ces derniers dans l'intérêt général d'ordre supérieur, mais toujours déterminé par les options des groupes et classes au pouvoir »[525]. En ce sens, il n'y a pas eu au Cameroun de nationalisation du secteur électrique. La posture du gouvernement qui prévient la France de son intention de reprendre à son compte l'activité d'ENELCAM et d'EDC évacue ce fantasme. Le 28 août 1973 en effet, Ahmadou Ahidjo adresse une correspondance au Premier ministre français lui faisant part de son désir de fusionner les activités électriques au Cameroun et de faire de l'État l'actionnaire majoritaire de l'entreprise à créer[526]. Le secrétariat d'État de la France aux affaires étrangères chargé de la coopération indique alors aux directeurs généraux d'EDF et de la CCCE :

> Le président de la République Unie du Cameroun souhaite, avant que n'interviennent les mesures d'exécution de sa décision, que les partenaires français d'ENELCAM et d'EDC en soient informés et qu'ils soient assurés que leurs intérêts seront pris en considération dans « des conditions conformes à l'esprit des relations d'amitié et de coopération qu'entretiennent nos deux pays »[527].

La réponse de la France à ce « signe d'amitié » et de « bienveillance » consiste à « exhorter » le Cameroun à prendre en compte la spécificité du capital français dans ce secteur auquel est accolé ALUCAM[528]. Dans

---

524 G. Bouthillier, « La nationalisation du gaz et de l'électricité en France. Contribution à l'étude des décisions politiques », Paris, Fondation nationale des sciences politiques, 1968, p. 7.

525 M. Szostak, « Méthodes de la formation et de l'extension du secteur public dans les pays périphériques », Tiers-monde, tome 24, n° 93, 1983, p. 60.

526 Archives EDF/GDF, Boîte 925891, Correspondance de H. Dubois, Directeur de Cabinet du Secrétaire d'État aux affaires étrangères chargé de la coopération au Directeur général d'EDF, 18 septembre 1973.

527 *Ibid.*

528 Archives EDF/GDF, Boîte 925891, Correspondance d'Yves Roland-Billecart, Directeur général de la CCCE au Secrétaire d'État aux affaires étrangères chargé de la coopération, 10 octobre 1973.

le cas d'EDC par exemple, une série d'opérations permet aux autres actionnaires de transférer à l'État du Cameroun et aux collectivités publiques la majorité des actions de l'entreprise[529]. Le passif et l'actif d'EDC sont par la suite absorbés par la SONEL, soit près de 1 702 373 767 francs CFA de capital social et de réserves financières[530]. Il n'y a pas eu d'expropriation et donc, on ne saurait parler dans le cas du Cameroun de nationalisation du secteur de l'électricité[531].

Le 18 mai 1974, la SONEL est finalement créée, engloutissant EDC et ENELCAM. Son capital est détenu par les pouvoirs publics camerounais (86,1 %) et la CCCE (13,9 %). Cette opération lui garantit un monopole intégré sur l'activité électrique au Cameroun oriental. La dernière hypothèque à lever est l'incorporation de la POWERCAM et la réaction de la partie occidentale du pays à cette initiative. Cela constitue certainement l'opération la plus délicate dans la formation de la SONEL. Les entraves politiques, techniques et économiques sont en effet nombreuses.

Le 2 juin 1972, l'État fédéral est remplacé par l'État unitaire. Ce changement de système politique, même s'il reste présenté comme le résultat du référendum constitutionnel du 20 mai, n'en est pas moins le fruit d'une perception centralisée du pouvoir. Le renforcement du pouvoir central, qui a suscité des divergences lors de l'institution de l'État fédéral, finit par triompher. La ruse politique y a préparé la voie depuis 1962 par le biais de différents mécanismes économiques et politiques présentés alors comme des instruments du renforcement du fédéralisme. Symbole de cette unification, l'utilisation du franc CFA a ainsi été étendue au Cameroun occidental, remplaçant la livre sterling. L'instauration du parti unique a quant à elle permis de regrouper l'ensemble des forces politiques sous une bannière unique.

Les institutions fédérales ont enfin fini par imposer leur prééminence sur les institutions fédérées, remettant en cause la raison d'être de celles-ci. La création de l'État unitaire est aussi présentée comme le moyen d'alléger un appareil étatique jugé trop imposant et coûteux. Les institutions, les structures et les entreprises doublons en font les frais.

---

529 Archives EDF/GDF, Boîte 972328, EDC, Procès-verbal du 25e Conseil d'administration du 27 avril 1974, édition A du 29 avril 1974, p. 2.

530 *Ibid*, p. 3.

531 Tchapga, op. cit., p. 31.

L'incorporation de la POWERCAM à la SONEL constitue ainsi, pour les autorités fédérales, la solution ultime permettant parallèlement de mettre fin à toute relique du fédéralisme et de former une super-entité publique, intégrée, qui monopolise l'activité électrique au Cameroun dès 1974.

En fin de compte, la POWERCAM est dissoute en novembre 1975 et ses actifs sont repris par la SONEL. Le mois qui suit voit les craintes de la partie ouest-camerounaise prendre corps : une centaine d'employés de la défunte entreprise sont notifiés par la SONEL de l'annulation de leur contrat avec la POWERCAM. Par conséquent, leurs droits sont calculés et versés, leur fermant la porte à une carrière dans cette nouvelle entreprise. La protestation syndicale se fait vive[532]. La réaction de la population y fait écho[533]. La reprise de l'activité de la POWERCAM par la SONEL se traduit en effet par un doublement immédiat du prix du kWh. Celui-ci passe, dès le mois de décembre, de 30 à 60 francs CFA dans les localités du Cameroun occidental. Un rapport de la gendarmerie nationale indique alors que « Beaucoup de consommateurs proposent de vendre leur matériel électrique pour éviter de payer des sommes énormes »[534]. D'autres rapports de la sécurité publique font état du souhait de certaines personnes de supprimer leur abonnement et d'utiliser à nouveau des lampes à pétrole dans cette partie du pays.

Par ailleurs, pour soutenir les nombreux projets de l'entreprise, le capital de la SONEL a subi de nombreuses augmentations. Il est ainsi passé de 1 milliard de francs CFA en mai 1974 à 4 574 300 000 francs CFA en juin 1974. Il atteint 15 milliards en novembre 1982, puis 20 milliards en décembre 1984 et 30 milliards en septembre 1985. À cette dernière date, il est globalement détenu par les pouvoirs publics (93,1 %) et la Caisse Française de Développement (6,9 %).

---

532 ANB, Rj1966/2, Commissariat spécial de Victoria, note de renseignements n° 1111/PS/108/0.8/vol.2/13 du 2 décembre 1975 et n° 1132/PS/0.8/vol.2/16 du 3 décembre 1975.

533 De manière générale, les notes de renseignements des forces de sécurité rendent compte de façon intéressante de la réaction de la population du Cameroun occidental après la dissolution de la POWERCAM. Voir notamment ANB, Rj1966/2, WCEC – Électricité du Cameroun. 1966.

534 ANB, Rj1966/2, État-major de la Compagnie de Victoria, Bulletin de renseignements n° 053/4 du 29 janvier 1976.

B. Électricité, politique et développement au Cameroun

À l'image des autres entreprises publiques, la SONEL ainsi que la mission de service public qu'elle assure sont des outils de l'État. Elles servent un objectif de développement national, évidemment. Mais, elles servent aussi les arrangements contractés par cet État au nom de considérations diverses et des intérêts divergents qui se manifestent au sein de celui-ci.

1. La SONEL et l'électrification du Cameroun

L'une des missions essentielles de la SONEL est, dès sa création, de travailler à l'électrification de l'ensemble du territoire national et de rompre avec la concentration des réseaux électriques au sein des principales villes que sont Douala et Yaoundé ainsi que de quelques centres secondaires. EDC avait déjà entamé cette tâche. Il revient donc à la SONEL de poursuivre l'électrification des centres secondaires et tertiaires et de parachever l'interconnexion électrique du pays. Une analyse statistique, graphique et iconographique permet de faire le point sur la contribution de la SONEL à l'électrification du Cameroun (cf. graphique 7). Elle permet d'indiquer que l'activité de la SONEL semble très lucrative. La progression régulière de son chiffre d'affaires en est un indice. Ce constat doit néanmoins être tempéré lorsqu'on sait que, dans le même temps, cette entreprise contracte d'importantes dettes pour réaliser ses travaux.

L'apparente santé financière de la SONEL est donc soutenue par les progrès de l'électrification. Le nombre d'abonnés passe de 70 947 en 1976 à 339 024 en 1991, démontrant l'engouement pour l'accès à cette forme moderne d'énergie au Cameroun. La progression tout aussi impressionnante de la construction des lignes de transport d'énergie électrique tend à renforcer ce constat. Les lignes de basse tension, qui desservent les consommateurs usuels, progressent de plus de 97 % entre 1975 et 1980. De façon symbolique, elles mettent en lumière le développement significatif de l'interconnexion électrique.

La construction des principales lignes de transport de 90 kV marque la concrétisation de cette initiative. Celle-ci débute certes en 1968 avec la construction de la ligne de transport entre Édéa et Yaoundé, projet en gestation depuis 1956. La réalisation des lignes Douala-Tiko, Douala-Nkongsamba-Bafoussam et Garoua-Maroua contribue ensuite à façonner les deux grands réseaux nationaux pour le grand Sud et le grand Nord autour des centrales d'Édéa et de Lagdo respectivement (cf. cartes 3 et 4). C'est, peut-on résumer, le temps du développement euphorique

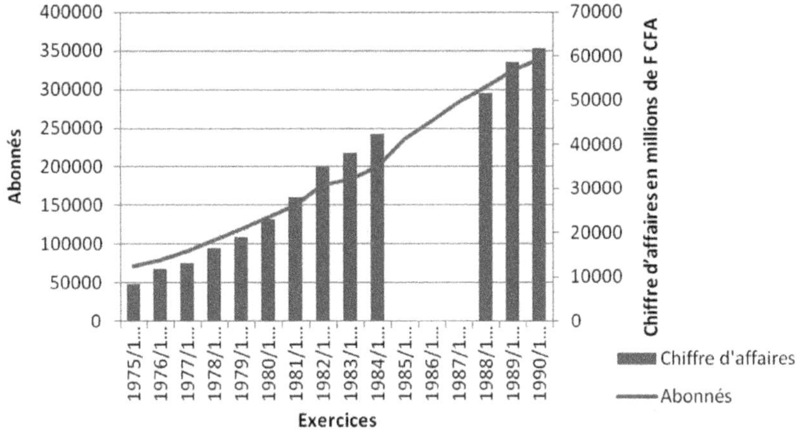

Graphique 7: Abonnés et chiffre d'affaires de la SONEL (1975–1991)
Source : MINMEE, Plan énergétique national. Monographie énergétique. L'électricité, janvier 1990, p. 62 ; EDIAFRIC, *L'industrie camerounaise*, p. 69 ; divers Comptes rendus de gestion de la SONEL.

de l'industrie électrique au Cameroun : entre 1975 et 1980, on passe de 1020 km à 1994 km de lignes moyenne tension et de 1089 à 2148 km de lignes basse tension.

L'électrification du Cameroun après l'indépendance soulève cependant un certain nombre de problèmes. Parmi ceux-ci, le choix à opérer entre la production thermique et la production hydroélectrique tient une place importante. La question, il faut l'indiquer, avait déjà été largement débattue pendant la période de tutelle[535]. Le Cameroun compte 10 centrales thermiques en 1960. Leur nombre passe à 26 au début des années 1980[536]. Les graphiques ci-contre rendent compte de l'évolution de l'équipement de production électrique au Cameroun au cours de la période suggérée. Malgré l'importance que les centrales thermiques revêtent dans les localités isolées où des capacités hydrauliques n'ont

535 Voir W. Pokam Kamdem, J. Koufan Menkene, « Énergie et colonisation au Cameroun (1888–1959) », *Kaliao* Revue pluridisciplinaire de l'École Normale Supérieure de Maroua (Cameroun), volume 3, numéro 5, mars 2011, pp. 45–46.

536 MINPAT, Cinquième plan quinquennal, p. 155. Parmi celles-ci, les plus importantes sont celles de Douala-Bassa, de Yaoundé-Mefou, de Bafoussam et de Garoua-Djamboutou.

pas été mises en valeur, il s'avère très vite pour le gouvernement que ce type d'équipements de production serait de plus en plus coûteux, du fait notamment du renchérissement du prix des hydrocarbures après 1973. Il faudrait par conséquent y substituer des moyens de production hydroélectrique[537]. Le choix est cependant plus difficile à faire et le passage du thermique à l'hydroélectrique ne s'opère pas en fin de compte[538] (cf. graphique 8).

À l'observation de deux figures, le constat est évident que la production hydroélectrique est beaucoup plus importante que la production thermique : au cours de l'exercice 1977/1978, la production thermique représente à peine 5,5 % de la production hydroélectrique; en 1987/1988, elle ne représente plus que 2,5 %. Ces centrales thermiques sont ainsi reléguées au statut de centrales de secours. Le débit parfois perturbé des cours d'eau impose le recours aux centrales thermiques dont la production, même faible, reste indispensable. Les mini et petites centrales hydroélectriques[539] sont par contre systématiquement fermées, notamment celles de Yoke, de Malale, de Luermann Falls, de Dschang et de Foumban.

L'argument officiel, dans ce cas également, est que leur productivité ne compense pas le coût élevé de leur exploitation et qu'il est plus rentable de relier les localités concernées aux grands réseaux nationaux en construction[540]. Il s'agit de façon claire de poursuivre l'unification du secteur électrique national qui passe, se convainc-t-on, par la construction de réseaux électriques autour de grands pôles énergétiques que représentent les centrales d'Edéa et celle de Song-Loulou (construite entre 1976 et 1981) pour le grand Sud du Cameroun et la centrale de Lagdo (construite entre 1978 et 1984) pour la partie nord. Les événements donnent donc raison aux natifs de la partie occidentale du

---

537 *Ibid.*

538 En 2012 encore, la construction de la centrale électrique à gaz de Kribi est présentée comme un symbole du développement du potentiel électrique du Cameroun.

539 Un équipement de puissance variant de 1000 à 10 000 kW constitue alors une petite centrale. Dans le domaine de l'électrification rurale hors réseau, on désigne par mini centrale un équipement de production électrique dont la puissance varie de 100 à 1000 kW. Quant à un équipement de puissance inférieure à 100 kW, il est courant de le qualifier de micro-centrale. Un équipement de puissance inférieure à 1 kW est une pico centrale.

540 CDA-SCDP, MINMEE, Plan énergétique national. Diagnostic sectoriel : les énergies nouvelles et renouvelables, janvier 1990, p. 110.

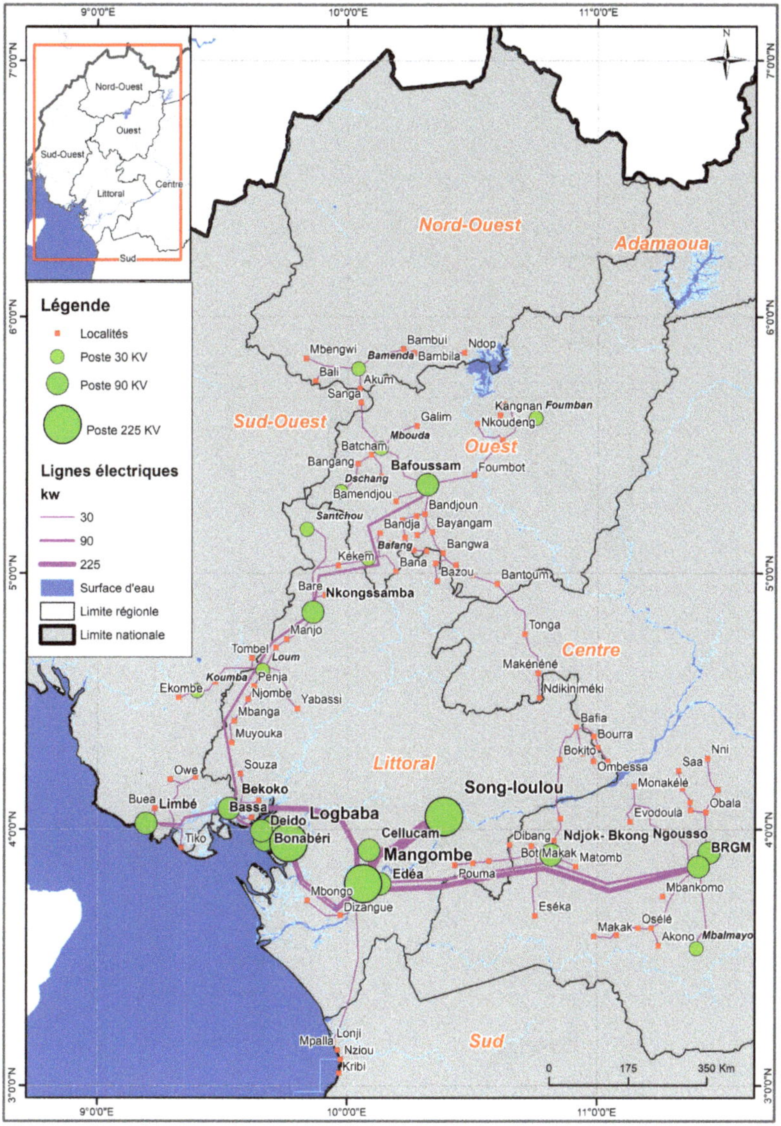

Carte 3: Le réseau électrique interconnecté Sud au Cameroun (1985)
Source : Adapté, d'après SONEL, Compte-rendu de gestion, exercice 1984–1985.

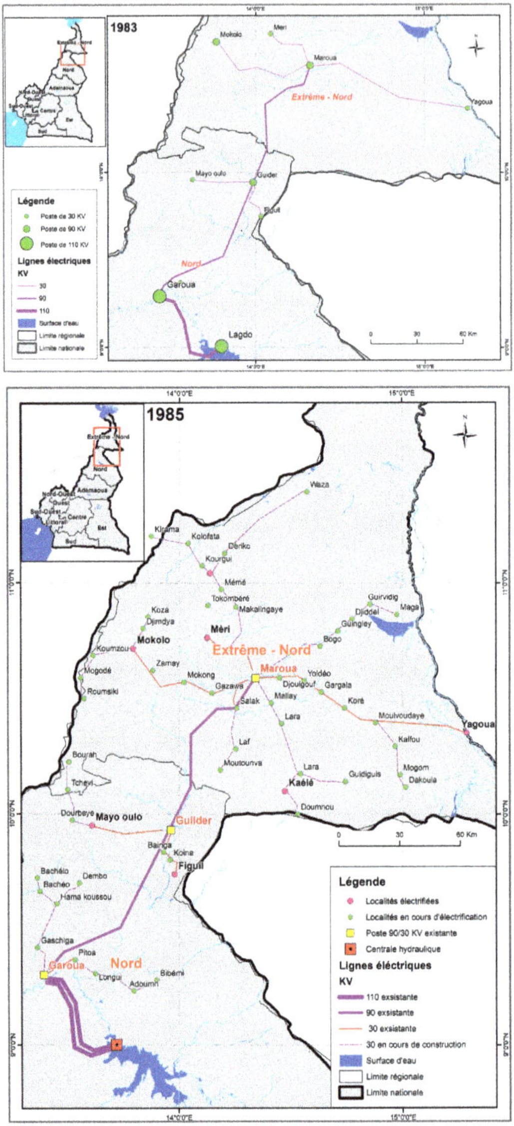

Carte 4: Deux moments du réseau électrique interconnecté Nord au Cameroun (1983/1985)

Source : Adapté, d'après SONEL, Compte-rendu de gestion, exercices 1982–1983, 1984–1985.

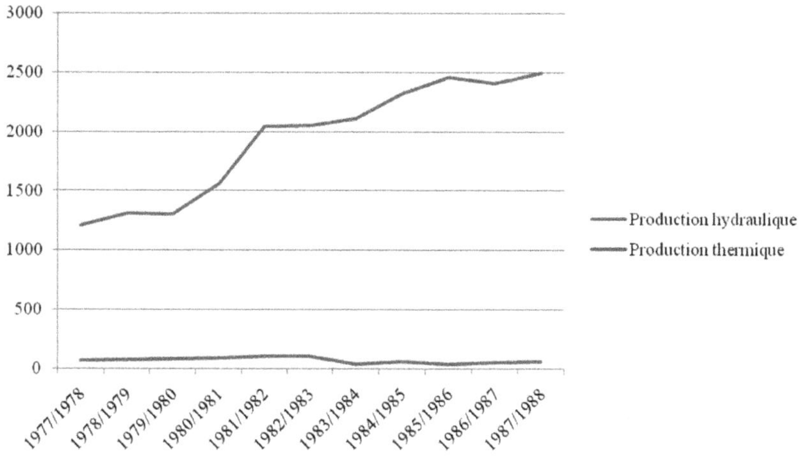

Indice : base 100 en 1977/1978

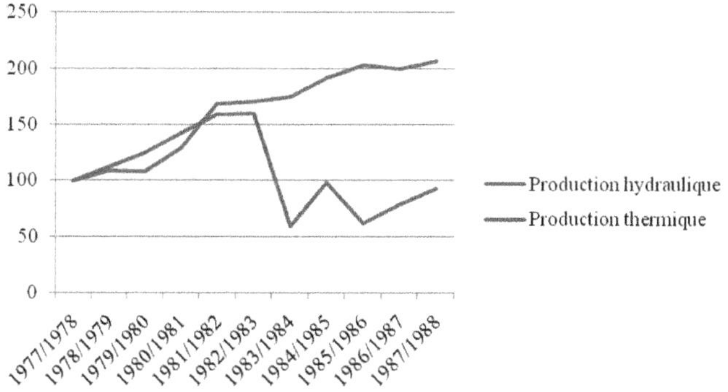

Graphique 8: La production d'électricité par la SONEL en GWh de 1976 à 1988 (en valeurs réelles et en valeurs relatives)
Source : CDA-SCDP, MINMEE, Plan énergétique national. Monographie énergétique, p. 27.

pays qui avaient fait part de leur crainte de voir leur région dépendre exclusivement des infrastructures de production du Cameroun oriental :

> *One cannot help wondering how strategic such a decision was in terms of national security since disabling Edea meant virtually the entire former West Cameroon would be in darkness. Maybe that is why it was done after all, as a control mechanism intended for the intimidation and deprivation of the Anglophone population should the need arise*[541].

541 E. Fru Doh, *Africa's Political Wastelands: the bastardization of Cameroon*, African Books Collective, 2008, p. 25.

L'interprétation qu'ils font de ce choix est essentiellement politique. L'électricité est présentée comme instrument de contrôle du pouvoir central. Ceci met en évidence le rapport étroit entre le développement du secteur électrique et les questions politiques.

2. *L'énergie électrique, instrument d'État*

L'extension de la distribution d'énergie électrique est largement employée par les autorités camerounaises pour exprimer la vision de modernité qu'elles entrevoient pour le Cameroun et pour soutenir leur argumentaire sur le développement de ce pays. Dans ce domaine précisément, dans d'autres aspects de la vie économique aussi, l'omniprésence de l'État est un fait. L'électricité sert sa fonction de pourvoyeur d'emploi. À titre d'illustration, en 1985, le personnel de la SONEL est de 3 837 personnes dont 340 cadres, 916 agents de maîtrise et 2 581 employés/ouvriers[542]. Du fait de la politique de « camerounisation », ce personnel est en grande majorité constitué de nationaux. Symbole de cette affirmation des compétences camerounaises, la direction générale de l'entreprise est confiée, dès les premiers jours, à Marcel Niat Njifenji.

Celui-ci est né le 26 octobre 1934 à Bangangté dans la région de l'Ouest. Après des études d'ingénieur de l'École Supérieure d'Électricité de Paris, il est détaché en 1962 à ENELCAM puis nommé chef du service d'études et travaux neufs à EDC en 1965. Il a ensuite occupé le poste de chef du Service d'études et programmation des équipements dans cette entreprise. En 1973, il est désigné directeur général adjoint d'EDC. Il est par la suite nommé directeur général de la SONEL à sa création. Il a occupé ce poste de 1974 à 1984, puis de 1989 à la privatisation de l'entreprise en 2001. Il a également été membre du gouvernement, en qualité de ministre du Plan et de l'Aménagement du territoire en 1990 et de vice-premier ministre chargé des mines, de l'eau et de l'énergie en 1992.

Par ailleurs, la SONEL se consacre également à la formation de son personnel. Cette entreprise avait déjà été initiée par EDC dont le

---

[542] CD-AES SONEL, SONEL, Compte-rendu de gestion, exercice 1984–1985, pp. 32–33. Pour établir un ordre de grandeur, prendre en compte que le secteur public employait à cette date 52 200 personnes. Voir Bayie Kamanda, "Cameroon: The Retrenched Workers of the Civil Service and Parastatals. Assessing the Needs for the Reforms", *Le Bulletin de l'APAD*, n° 18, URL : http://apad.revues.org/document453.html, consulté le 02 avril 2010.

centre de formation professionnelle se situait à Douala-Bassa. Le projet de déplacer ce centre à Ombé afin d'étendre ses activités est initié à la fin des années 1970[543]. Pour la SONEL, la poursuite de la formation est imposée par le départ de la plupart des techniciens étrangers et la perspective de l'accroissement substantielle de ses activités et de son personnel. Différents indicateurs sont ainsi brandis par les dirigeants de l'entreprise pour justifier cette opération : si le Cameroun compte près de 71 000 abonnés en 1976, ils estiment à 120 000 leur nombre en 1981. Ils entrevoient également l'augmentation de la vente d'électricité au secteur public de 84,5 % et de l'effectif du personnel de 24 % dans le même temps. À cela se rajoutent les besoins engendrés par les nouveaux aménagements hydroélectriques (Song-Loulou et Lagdo en particulier) et l'extension du réseau[544].

Au Cameroun, l'électricité sert également d'instrument de modélisation du paysage industriel du pays et de lissage de ses relations avec la France. Il serait ainsi suicidaire d'évoquer l'histoire de l'électricité au Cameroun en oubliant l'épineuse question d'ALUCAM[545]. Maurice Laparra déclare ainsi, avec une conviction qui ferait sourire de nombreux Camerounais penchés sur son texte à la lumière d'une bougie : « C'est l'énergie hydroélectrique qui a attiré l'aluminium au Cameroun. C'est l'aluminium qui en retour a favorisé l'électrification du pays »[546]. Il faut s'empresser de préciser que cette affirmation n'est pas erronée; sa seconde proposition semble néanmoins manquer de nuance, tant l'électrification

543 Archives EDF/GDF, Boîte 925904, Centre de formation professionnelle, implantation : projet, proposition d'aménagement, plans et correspondances (1978–1979)

544 Archives EDF/GDF, Boîte 925904, EDF-GDF, Cameroun – SONEL. Projet du nouveau Centre de formation professionnelle, novembre 1978, p. 3.

545 Sur l'histoire d'ALUCAM, voir Maurice Laparra, Ivan Grinberg (dir), *Alucam, un destin africain. 50 ans d'aluminium au Cameroun, 1957–2007*, Aix-en-Provence, REF.2C Éditions, 2007, 239 p. Y consulter avec intérêt les contributions de Daniel Abwa (« Alucam et l'évolution politique du Cameroun : un mariage de raison ») et d'Albert François Dikoume (« L'impact et la perception de la construction de la centrale d'Édéa sur les populations concernées » ; « Un demi-siècle de relations sociales chez Alucam-Socatral »).

546 M. Laparra, « Enelcam–Alucam. L'énergie hydroélectrique du Cameroun à la rencontre de l'Aluminium », in D. Barjot, D. Lefeuvre, A. Berthonnet, S. Cœuré (dir), *L'électrification outre-mer de la fin du XIXe siècle aux premières décolonisations*, Publications de la Société française d'histoire d'outre-mer/Fondation EDF, Actes du colloque, 2002, p. 196.

ne se limite pas à la construction d'ouvrages de production et de transport. Il y a également la distribution à l'usager quelconque et l'accès à l'énergie, phase qui donne tout son sens à la modernité et à la féerie de l'électricité ; son caractère public et national aussi. Dans le cas contraire, l'électricité reste pour le commun, « la chose des autres », voire « la chose d'ALUCAM ».

Cette question, on l'a vu, a constitué l'un des enjeux de l'étatisation du secteur de l'électricité et de la création de la SONEL. Il s'agit alors pour la France de rappeler aux nouvelles autorités camerounaises les termes de la Convention d'établissement signée entre le gouvernement et ALUCAM le 24 novembre 1962, qui porte entre autres sur la garantie de la fourniture d'énergie électrique à cette entreprise métallurgique et sur les tarifs à pratiquer. En août 1978, la SONEL n'a donc eu qu'à reconduire les contrats de vente d'énergie électrique à ALUCAM qui avaient été passés avec ENELCAM en janvier 1955 et en avril 1970[547].

Cette situation n'est pas le propre des relations entre le Cameroun et ALUCAM. Celles-ci cristallisent cependant l'attention du fait qu'ALUCAM est le principal consommateur d'énergie électrique dans ce pays (cf. tableau 15). Jusqu'aux années 1980, l'essentiel de la production d'électricité nationale est absorbé par cette compagnie. Il faut sans doute rappeler que l'électrométallurgie est, parmi les activités industrielles, celle qui nécessite le plus d'énergie électrique[548]. Par ailleurs, on observe que

---

547 CDA-SCDP, MINMEE/Agence canadienne de développement international, Plan énergétique national phase 1 : étude sur la tarification de l'électricité au Cameroun, vol. 1, Rapport définitif, Lavalin International Inc., Montréal, Québec, 1990. Le système tarifaire comportait alors quatre composantes cumulatives (E1, E2, E3 et E4). E1 correspondait à l'énergie livrée au titre de la puissance disponible sur l'aménagement d'Edéa (0,3 F CFA/ kWh pour consommation sous une puissance appelée de 0 à 105 MW ; 0,75 F CFA/kWh pour consommation sous une puissance appelée de 105 à 115 MW ; 0,85 F CFA/kWh pour consommation sous une puissance appelée de 115 à 125 MW ; 0,95 F CFA/kWh pour une consommation sous une puissance appelée de 125 à 135 MW). Il s'agissait alors de prix proportionnels auxquels était ajoutée une prime fixe annuelle de 190 millions de F CFA. E2 renvoyait à la tranche de 30 MW sur prix proportionnel de 2,285 F CFA/kWh. E3 désignait l'énergie fournie au titre de la régularisation de 48 MW et basée sur un prix proportionnel de 2,50 F CFA/kWh et une redevance annuelle payable selon certaines modalités. E4, en fin, était basée sur un prix proportionnel de 2,50 F CFA/kWh.

548 S'il faut près d'un TEP pour produire une tonne d'ammoniac, un peu plus de 0,6 TEP pour produire une tonne de pâte à papier ou 0,2 TEP pour produire une tonne de ciment, le rapport est autrement plus important pour la production

Tableau 15: Consommation d'électricité au Cameroun (en GWh) de 1960 à 1980

Exercice	Secteur public	ALUCAM	
1960	47	853	95 %
1964–1965	83	992	92 %
1969–1970	162	950	81 %
1974–1975	275	1 007	76 %
1979–1980	545	751	56 %

Source : MINPAT, Cinquième plan quinquennal, p. 155.

la consommation du secteur public augmente de façon régulière quand, dans le même temps, celle d'ALUCAM baisse, en valeurs relatives, passant de 95 % en 1960 à 56 % en 1980. Mais en valeurs réelles, on constate bien que la consommation de ces deux entités progresse, soutenue par la construction de nouveaux équipements de production.

Dans l'optique de promouvoir l'industrialisation du pays après l'indépendance, le gouvernement conclut des conventions d'établissement similaires avec d'autres entreprises. Le cas de l'implantation de la Société Cotonnière Industrielle du Cameroun (CICAM) a déjà servi d'illustration[549]. La conséquence de tous ces arrangements est d'une part que les entreprises électriques, la SONEL notamment, sont inféodées aux engagements du gouvernement et d'autre part que les tarifs pratiqués en faveur des entreprises industrielles sont bien spécifiques (cf. tableau 16).

Les tarifs sus-évoqués sont en effet très différents de ceux appliqués aux autres clients industriels (en moyenne 32,81 francs CFA/kWh pour les abonnés moyenne tension) et à la clientèle des abonnés basse tension à qui le kWh d'énergie électrique est facturé à 56,75 francs CFA dans le secteur Sud et à 56,37 francs CFA dans le secteur Nord (cf. graphiques 9 & 10)[550].

La consommation basse tension, donc celle du client ordinaire, est en volume la plus faible. À l'inverse, les unités industrielles, à qui est dévolue

d'aluminium : il faut en effet près de 3 TEP pour en produire une tonne, ce qui fait dire que l'industrie métallurgique est vorace en énergie électrique. P. Maillet, M. Cassette-Carry, *L'énergie*, Paris, PUF, 1989, p. 22.

549 Archives EDF/GDF, Boîte 972328, Procès-verbal du Conseil d'administration d'EDC du 24 novembre 1970, p. 11 ; infra, chapitre IV.

550 CDA-SCDP, MINMEE, Plan énergétique national phase 1, p. 22.

Tableau 16: Tarifs des clients spéciaux et leur consommation en 1987/1988

Clients	Prix de l'énergie (F CFA/kWh)	Consommation d'énergie (GWh)
ALUCAM	3,96	1 187
SOCATRAL	13,93	10,4
CELLUCAM	17,86	3,8
SONARA	30,40	7,1
CIMENCAM	16,45	30,7

Source : CDA-SCDP, MINMEE, Plan énergétique national phase 1, p. 22.

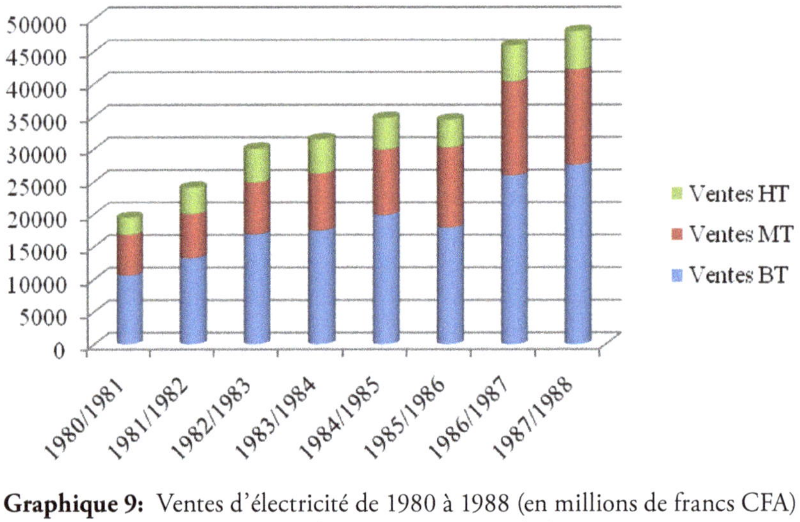

Graphique 9: Ventes d'électricité de 1980 à 1988 (en millions de francs CFA)
Source : CDA-SCDP, MINMEE, Plan énergétique national phase 1, p. 23.

la consommation en haute tension, sont de véritables ogres d'énergie ; cela se comprend. Il faut cependant observer qu'en valeurs, tout s'inverse : les clients basse tension sont ceux qui paient le plus alors que les clients haute tension ne constituent qu'une portion congrue des ventes de la SONEL. En affinant cette répartition des ventes d'énergie électrique sur le seul exercice 1983–1984 par exemple, la prédominance des clients basse tension transparaît mieux, soit 55 % des ventes. La consommation en haute tension ne correspond qu'à 17 % des ventes.

Les rédacteurs du Plan énergétique national de 1990 sont arrivés à une conclusion lucide à ce sujet :

> Les clients HT bien que consommant 54,6 % de la consommation totale d'électricité ne paient que 11,83 % des recettes de la SONEL. Par contre, la clientèle de la distribution publique de l'électricité moyenne et basse tension consomme 45,0 % du volume total, mais compte pour 88,17 % de la valeur totale des ventes réalisées. Ceci donne un prix moyen de vente de 4,56 F CFA/kWh en haute tension et 40, 91 F CFA/kWh en moyenne et basse tension[551].

L'électricité est donc bien loin de constituer un bien d'intérêt général au Cameroun. Il ne sert aucun idéal social. Les perspectives récentes d'accroissement de l'offre électrique, tournées vers la satisfaction de projets industriels dont l'extension d'ALUCAM, n'indiquent pas une inversion de cette situation à moyen terme. L'exploitation déficitaire du système électrique camerounais contraste ainsi avec l'incapacité de la société d'énergie électrique à connecter sur les réseaux nationaux des populations pourtant disposées à « payer le prix » pour bénéficier des lumières de la fée électricité. On peut légitimement interroger l'obstination de l'État à privilégier une utilisation industrielle de l'énergie électrique en sacrifiant la demande sociale.

L'intervention de l'État dans le développement du secteur de l'électricité est présentée comme le moyen privilégié de rendre cette énergie accessible au plus grand nombre et donc, la condition pour assurer le bénéfice social de cette activité. Il est pourtant évident que l'électrification rurale est le principal écueil de l'action de la SONEL au Cameroun ; son échec le plus significatif, mais trop peu souvent mentionné. Une évaluation, certes en décalage chronologique avec la période ici prise en compte permet de se faire une idée de la question au Cameroun : le quotidien gouvernemental *Cameroon Tribune* indique ainsi que, jusqu'en 2001, près de 1 693 localités rurales étaient alimentées en énergie électrique sur les quelques 9 000 recensées[552]. Les premières actions d'électrification rurale au Cameroun datent pourtant de 1971. Cette année marque le raccordement sur la ligne électrique qui relie

551 CDA-SCDP, MINMEE, Plan énergétique national. Monographie énergétique, p. 71.

552 *Cameroon Tribune*, 6 août 2003, p. 5.

Nkongsamba à Mbanga des localités de Manjo, Nlohe, Loum, Penja et Jombé entre autres[553].

Jusqu'en 1990, le taux d'accès à l'électricité au Cameroun n'est que de 24 % en moyenne et de 4,2 % en milieu rural[554]. La faute, il faut le reconnaître, ne revient pas seulement à la SONEL, mais aussi à tout le système qui concourt à faire de l'électrification une initiative déclenchée au sommet de l'État et « la chose des autres » pour le paysan. À la différence de pays comme la France où l'existence d'une institution communale forte dès le XIXe siècle, portée par une relative décentralisation administrative, a facilité l'électrification des zones rurales[555], la politique d'électrification au Cameroun est en effet statocentrée et descendante (*Top-Down*). Cette situation annihile toute initiative communautaire dans ce sens. La fabrication d'un pseudo État-providence, colonial et post-colonial, a ainsi forgé des populations attentistes. Ainsi, c'est auprès du ministère chargé de l'énergie que sont déposées les requêtes d'électrification non inscrite aux programmes de la SONEL, jusqu'à la fin des années 1980 au moins. Pour témoigner de la forte demande sociale, celles-ci sont passées de 120 en 1984 à 310 en 1989[556].

Les raisons des lents progrès en matière d'électrification rurale ne manquent pas : ce sont la faible densité des localités à électrifier, leur habitat dispersé, les coûts jugés prohibitifs de leur raccordement aux réseaux électriques nationaux, la rentabilité possiblement négative de leur exploitation considérée comme ruineuse pour l'État et la SONEL[557], dans un contexte où la rentabilité économique de cette entreprise est elle-même interrogée.

L'histoire de l'électricité au Cameroun s'accélère elle aussi après l'indépendance. Ce dynamisme se fait évidemment dans le contexte de l'étatisme. Comme un symbole, l'immatérialité de l'énergie électrique épouse l'imbroglio politique. Le développement de l'industrie et du secteur

---

553 CDA-SCDP, MINMEE / Agence canadienne de développement international, Projet de politique et de plan énergétiques pour le Cameroun, Direction de l'énergie / Lavalin International Inc., décembre 1990, p. 44.

554 *Ibid.*

555 Massé R., Comment se sont-ils électrifiés? Deux études de cas de politique nationale d'électrification : France, États-Unis, Collection Études et travaux, série en ligne, n° 3, Éditions du Gret, 2004, p. 18

556 CDA-SCDP, MINMEE, Projet de politique et de plan énergétiques, p. 44.

557 *Ibid.*

de l'électricité est ainsi lié de façon étroite à la question du fédéralisme. À la problématique de l'unification politique se substitue aisément celle de l'unification électrique du pays. La création de POWERCAM et d'EDC respectivement dans les parties occidentale et orientale du Cameroun s'inscrit ainsi dans le contexte de la fédération (de 1962 à 1973). L'incorporation de ces entreprises, mais aussi d'ENELCAM à la SONEL entre 1974 et 1975, est l'un des gestes forts du pouvoir central pour signifier l'unification du Cameroun.

Dans le paysage électrique, la SONEL est une illustration saisissante de l'étatisme camerounais. Elle est, comme la grande majorité des entreprises créées au cours de cette période, une société d'économie mixte à participation majoritaire de l'État. Elle est aussi un monopole verticalement intégré qui contrôle l'ensemble de l'activité électrique, de la production à la distribution. On peut par ailleurs lui reconnaître d'avoir concrétisé les projets d'interconnexion nationale ainsi qu'une progression intéressante des chiffres de l'électrification. L'énergie électrique cesse d'être dans l'imaginaire populaire « la chose de l'homme blanc ». Elle devient toutefois pour le monde rural « la chose de la ville » et certainement, pour les gens de la ville, un peu plus « la chose d'ALUCAM ». Profitant en effet des rapports de dépendance qui unissent encore le Cameroun à la France, la société de métallurgie maintient sa présence à Édéa après l'indépendance. La SONEL, comme ENELCAM avant elle, est chargée de s'en assurer en lui garantissant une fourniture en énergie électrique. Le développement du secteur de l'électricité au Cameroun traduit en fin de compte l'ambigüité du discours et de l'action de l'État après l'indépendance.

Un quart de siècle de souveraineté internationale a suffi à l'État du Cameroun pour se façonner l'image d'un *deus ex machina.* Son dynamisme entrepreneurial est porté par la montée de l'étatisme. C'est aussi tout à la fois une réaction à l'omniprésence des intérêts étrangers au Cameroun, le résultat d'une volonté d'impulser un développement social et économique ainsi qu'un moyen de contrôle du pouvoir. Aucun pan de l'activité économique n'échappe à cette déferlante. Le secteur de l'énergie, consacré comme un pilier du développement et un terrain de l'action politique, est vite submergé.

Le développement de l'industrie pétrolière et l'électrification ont ainsi offert à l'État des espaces de démonstration de sa capacité à entreprendre. Cependant, un trait hérité de la colonisation persiste : c'est le choix résolu pour les sociétés d'économie mixte, donc d'une action concertée entre l'État et le capital privé. Seule la SNH y fait exception avec un capital entièrement public et un statut bien particulier. Les autres entreprises s'assurent par ailleurs, avec la présence dans leur capital d'un État jaloux de son monolithisme, l'exercice de monopoles ou d'oligopoles selon les domaines. La SONARA contrôle ainsi l'activité de raffinage d'hydrocarbures ; la SCDP et les compagnies pétrolières régissent la distribution des produits pétroliers ; ces compagnies sont également engagées avec la SNH dans de difficiles arrangements autour de l'exploitation pétrolière. La SONEL gère quant à elle l'intégralité du sous-secteur de l'électricité. Telle est la situation des agencements entre l'État et le capital privé dans le secteur de l'énergie au Cameroun au milieu des années 1980, quand se profile un vaste mouvement de libéralisation.

TROISIÈME PARTIE

CRISE ÉCONOMIQUE ET RÉFORMES LIBÉRALES DE L'ÉNERGIE (1987-2011)

Introduction

La crise économique constitue un moment particulier de l'histoire du Cameroun. Depuis 1987, ses développements dépassent largement le cadre de la vie économique pour laisser un impact sur la politique et plus significativement sur la société. Elle contribue à générer de nombreux partenariats, du fait de la réduction du train de vie des populations, de la libéralisation de l'économie, de la contestation de la légitimité de l'État comme acteur économique et de son obstination à rester en course. Nécessairement, l'impact de la crise sur le secteur névralgique de l'énergie, où la présence de l'État était forte, est important.

Cette dernière partie n'est pas bâtie sur le triptyque (contexte-hydrocarbures-électricité) des parties précédentes. Conçue par souci de recul comme une ouverture vers une période en cours, elle condense dans son premier chapitre cette lecture en trois temps et schématise dans son second chapitre ce qui pourrait être l'originalité, sans être une nouveauté, de cette phase.

Cette troisième partie tente de déterminer comment l'État, le capital privé et les populations se sont organisés dans le secteur de l'énergie pour apporter des réponses à la crise économique. Le recul de l'État, diversement apprécié, constitue un prétexte à l'entrée en jeu de nouveaux acteurs privés par le truchement de la libéralisation. En cela, celle-ci génère une trouée favorable à l'éclosion de nouvelles interactions dans le secteur de l'énergie ainsi qu'à l'affirmation de l'intérêt pour des filières restées jusqu'alors en marge de l'initiative publique telles que le bois de feu et les énergies renouvelables.

Notre analyse est d'abord consacrée aux différents développements dans le secteur des hydrocarbures et de l'électricité après l'entrée en crise (chapitre VII). Elle est ensuite étendue à un examen de la structuration du secteur du bois de feu et des énergies renouvelables au Cameroun (chapitre VIII).

CHAPITRE VII

LE SECTEUR DE L'ÉNERGIE SOUS AJUSTEMENT AU CAMEROUN

Au cours de l'année 1987, le Cameroun bascule dans la crise économique qui couve à travers le monde depuis le début de la décennie. Les bouleversements de l'économie mondiale, intensifiés par le contre-choc pétrolier, finissent par avoir raison du pseudo-modèle économique camerounais. Mais, au-delà de l'impact de la crise sur la vie sociale et économique nationale, il faut insister sur la remise en cause et la crise de l'entreprise publique. On lui découvre de nombreux défauts. Son inefficacité financière est particulièrement décriée. Symbole de l'État africain (surdimensionné et sous-productif), l'entreprise publique finit par perdre tout crédit, après avoir été vantée au cours de la période précédente. C'est la remise en cause de l'interventionnisme et le retour au libéralisme. Ce choix en commande un autre : celui d'une réforme en profondeur des entreprises publiques voire du désengagement entrepreneurial de l'État. Le secteur énergétique, jusqu'alors protégé par la main bienveillante de la puissance publique, n'est pas épargné.

Ce chapitre est axé sur les interactions entre l'État et le capital privé dans le secteur énergétique camerounais entre la fin des années 1980 et le début de la décennie 2000. Il examine la complexité et la difficulté de la prise en compte d'orientations libérales dans ce secteur et interroge l'attitude de l'État relativement à cette question. Notre analyse revient quelque peu sur la crise économique au Cameroun et sur celle des entreprises publiques notablement. Elle insiste aussi sur les nouveaux partenariats du secteur de l'énergie au Cameroun principalement la fin des monopoles publics dans le secteur des hydrocarbures, imposée par la libéralisation, et le démantèlement du monopole public dans le secteur de l'électricité, celui-ci ayant engagé une initiative de privatisation.

I. La crise économique et son incidence sur l'entrepreneuriat public

La survenue de la crise économique au début des années 1980 est la résultante de nombreux facteurs. Elle vient sanctionner les dysfonctionnements ainsi que les bouleversements qu'a connus l'économie mondiale au cours de la période précédente. À l'analyse, les déterminants structurels de la crise se révèlent aussi importants que ses causes conjoncturelles. Le Cameroun, relativement épargné pendant les premières années de la crise, entame une période difficile de sa trajectoire économique à la fin de la décennie 1980. La crise a aussi de nombreux effets sociaux directs et indirects du fait par exemple de la mise en œuvre de politiques d'austérité particulièrement sévères. Parmi les solutions qui sont suggérées, le désengagement entrepreneurial de l'État tient une grande place, portant ainsi un coup sérieux à l'interventionnisme et à l'étatisme.

A. La crise économique au Cameroun

Au début des années 1980, une conjoncture mondiale tumultueuse pousse de nombreux pays à se déclarer en crise. Pourtant, celle-ci s'exprime différemment selon les pays, laissant dubitatif sur ses véritables déclencheurs. Pour résorber cette situation, la plupart des pays africains touchés finissent, dès 1980[558], à envisager un ajustement structurel de leurs économies sous la houlette des institutions financières internationales (Fonds Monétaire International et Banque mondiale). L'adhésion du Cameroun à cette initiative n'intervient qu'en 1988.

---

558 Le Kenya (1980), le Malawi, Maurice, le Sénégal (1981) et la Côte d'Ivoire (1982) ont été les premiers pays africains à appliquer des programmes d'ajustement structurel. D'après Hakim Ben Hammouda : « L'Afrique est la région du Tiers Monde où l'on a enregistré le plus grand nombre d'applications de programmes d'ajustement structurel (PAS) depuis le début des années 80. En effet, trente-cinq pays d'Afrique subsaharienne ont mis en application 162 programmes d'ajustement avec la Banque mondiale et/ou le FMI, depuis 1981. Durant la même période, seuls 126 PAS ont été appliqués dans le reste du monde » H. Ben Hammouda, *L'économie politique du post-ajustement*, Paris, Karthala, 1999, p. 53.

1. *Conjoncture* versus *structure : sur la nature d'une crise sans précédent*

De nombreux observateurs se sont déclarés surpris par l'ampleur de la crise économique dans un pays comme le Cameroun qui présentait pourtant des gages de croissance économique régulière quelques années auparavant[559]. Les facteurs qui génèrent cette crise donnent une explication de ce basculement. À ce sujet, la culture populaire elle-même s'est risquée à décrire les malheurs qui frappent l'Afrique à la fin des années 1980 et à en relever la cause. Dans une chanson largement popularisée et intitulée à juste titre « Crise économique », la conjoncture est ainsi mise en cause : « Conjoncture, conjoncture, crise économique c'est la sécheresse des banques » indique alors le refrain[560]. Il est ainsi intéressant de voir que le chanteur gabonais Hilarion Nguema distingue bien la cause (la conjoncture) de l'effet (la sécheresse des banques), percevant à ce moment la situation économique comme un problème financier ponctuel.

Les chocs économiques externes sont ainsi évoqués pour rendre compte de cette conjoncture. C'est notamment le contre-choc pétrolier de 1981–1982 qui s'est traduit par de fortes fluctuations de cours du dollar, monnaie par excellence du commerce international et bien évidemment une chute des cours du pétrole, préjudiciable aux pays exportateurs de ce produit à l'instar du Cameroun. À cela s'ajoute la dégradation des termes de l'échange, soit en d'autres termes l'effondrement des cours mondiaux des principaux produits de rente exportés par le Cameroun et les autres pays du Sud, tels que le coton, le cacao, le café et le pétrole comme déjà évoqué[561]. Touna Mama voit dans cette dégradation des recettes d'exportation, dès 1985, le véritable début de la crise au Cameroun[562].

Mais à l'évidence, la conjoncture seule ne peut expliquer l'ampleur de la crise :

---

559 J.-J. Aerts et *al.*, *L'économie camerounaise : un espoir évanoui*, Paris, Karthala, 2000, p 7.

560 Hilarion Nguéma, « Crise économique », 3m45, Label Polydor, 1988.

561 F. Roubaud, « Le "modèle" de développement camerounais 1965–1990 : de la croissance équilibrée à la crise structurelle », in G. Courade (dir), *Le village camerounais à l'heure de l'ajustement*, Paris, Karthala, 1994, p. 58.

562 Touna Mama, *Crise économique et politique de déréglementation au Cameroun*, Paris, L'Harmattan, 1996, p. 13

> Ce serait escamoter les causes de la crise camerounaise que de taire les facteurs internes qui amplifient localement la dépression mondiale. Parmi eux, on peut citer : l'effritement de l'agriculture, les entreprises peu compétitives et « budgétivores », les banques en divorce avec l'économie, la « pajerocratie » ou le sabotage économique, le chômage rampant, l'étroitesse du marché national, les inégalités, des mentalités impropres à la production, et une crise de culture[563].

Il s'agit en substance de causes structurelles qui renvoient à la spécificité de la crise dans chaque pays. Deux autres éléments sont à considérer : ce sont la dépendance de l'économie, depuis la fin des années 1970, vis-à-vis des ressources financières issues de l'exploitation pétrolière et la masse salariale du secteur public en constante hausse qui a contribué à dégrader l'état des finances publiques déjà tributaire de l'endettement extérieur[564]. La thèse de l'accident historique qui affecte l'ensemble de l'économie mondiale côtoie donc celle de l'inadéquation des structures nationales, révélant la complexité de ce fait.

2. *La crise, un tunnel sans fin ?*

Une dizaine d'années après le début de la crise, celle-ci n'a pas pris fin au Cameroun. Elle s'exprime par des contrecoups économiques et sociaux divers dont rend bien compte la courbe du taux de croissance du produit intérieur brut de ce pays (cf. graphique 10).

La crise économique est donc sévère au Cameroun. Les résultats flatteurs enregistrés au cours de la période précédente et soutenus par l'exploitation pétrolière volent en éclats. La trajectoire camerounaise se brise littéralement : le taux de croissance du produit intérieur brut est de – 6,4 % en 1987 ; il est même de – 13,3 % en 1988 à en croire Touna Mama[565]. Entre 1991 et 1992, il se stabilise autour de – 3 à – 4 %. Ces chiffres décevants reflètent la morosité et la contraction de l'activité agricole, industrielle, commerciale et financière de ce pays. À partir de 1995/1996, la croissance redevient positive du fait des réformes intervenues. Mais du point de vue social, ce rayon de soleil tarde à se traduire en termes d'amélioration des conditions de vie.

---

563 J. Ngandjeu, *Le Cameroun et la crise : renaissance ou blocage ?* Paris, L'Harmattan, 1988, p. 49.

564 Roubaud, art. cit., p. 57.

565 Touna Mama, op. cit., p. 15.

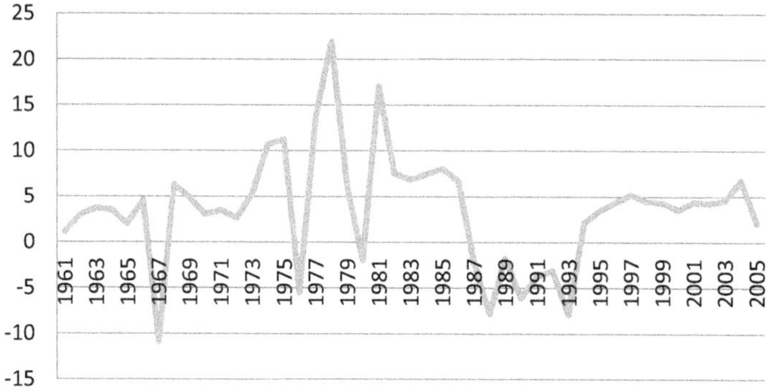

Graphique 10: Taux de croissance du PIB réel du Cameroun (1961–2005)
Source : Banque mondiale, Données des comptes nationaux.

Comme le suggère Béatrice Hibou, on peut d'ailleurs penser que « les réformes économiques ont plus d'impact et de signification sociopolitiques que d'effets économiques »[566]. Sur le plan économique, la crise génère un effet domino : de la contraction de l'activité économique résulte la baisse des recettes d'exportation ; celle-ci contribue quant à elle à la diminution des recettes d'impôts. La demande intérieure elle-même en chute provoque une crise de liquidités qui affecte aussi bien les opérateurs économiques que l'ensemble du système financier national,[567] d'où la fameuse « sécheresse des banques ». Tout cela est intensifié par la dévaluation du franc CFA en 1994.

D'un point de vue social, la réduction des dépenses de l'État et des investissements publics est aggravée par la fermeture de nombreuses unités de production et à la réduction du personnel pris en charge par la solde publique. Cette situation intensifie le chômage et la dégradation

---

566 B. Hibou, « Banque mondiale : les méfaits du catéchisme économique. L'exemple de l'Afrique subsaharienne », *Esprit*, n° 245, août –septembre 1998, p. 123. Pour A.S. Fall et L. Favreau : « Cet ajustement structurel a été précisément un programme économique « tout marché » complètement séparé du social avec comme conséquence que, sur ce plan, il a eu des effets dévastateurs en laminant littéralement les infrastructures de base de nombreux pays en matière d'éducation, de santé, de services sociaux, d'habitat… » L. Favreau et A. S. Fall, *L'Afrique qui se refait : initiatives socioéconomiques des communautés et développement en Afrique noire*, Presses de l'Université du Québec, 2007, p. 10.

567 Centre français du commerce extérieur, Cameroun, Paris, CFCE, 1993, pp 17–18.

de systèmes de santé et de l'éducation. La criminalité et l'informalité prospèrent dans ce contexte. Les tentatives de résorption de la crise engendrent par conséquent un véritable effet de débardage sur l'économie et la société camerounaise.

En fin de compte, le Cameroun achève l'application des programmes d'ajustement structurel (PAS) en 2003. La relance de l'économie semble également effective depuis le milieu de cette décennie, impulsée par l'atteinte du point d'achèvement de l'Initiative Pays Pauvres Très Endettés (IPPTE) en 2006[568]. Pourtant, le chômage reste élevé et les services sociaux continuent de fonctionner avec quelques difficultés. La crise des entreprises publiques, un des éléments saillants de la crise économique, n'est pas achevée elle non plus, leur réforme étant inachevée.

B. Sale temps pour l'entreprise publique

Le 31 décembre 1986, puis le 19 février 1987, le président Paul Biya reconnaît l'entrée du Cameroun en crise[569]. Il indique également que « 1987 ne sera pas une année facile »[570] puis, que « l'État ne servira plus de vache à lait »[571]. C'est un tournant dans l'histoire des entreprises publiques dans ce pays. Pendant quelques mois, on observe une certaine volonté du gouvernement de réformer le secteur public de l'intérieur. Le 20 juin 1987, devant l'Assemblée nationale, Paul Biya réaffirme ce choix en rejetant la possibilité de se tourner, comme les autres pays en crise, vers le FMI[572]. Le Cameroun connaît donc à son tour la crise de l'État-providence, lui qui, à l'instar de nombreux autres pays non industrialisés, avait été relativement épargné par l'effritement de l'interventionnisme et la triple crise d'efficacité, de légitimité et de financement qui frappa les

---

568 L'Initiative en faveur des Pays pauvres très endettés (IPPTE) est lancée en 1996 par la Banque Mondiale et le Fonds Monétaire International pour contribuer au désendettement des pays en difficulté et à la lutte contre la pauvreté. Le Cameroun y est intégré en 2000.

569 Touna Mama, op. cit., p. 13 ; J.T. Okala, *La décennie Biya au Cameroun : de la grâce à la disgrâce*, Paris, L'Harmattan, 1996, p. 163.

570 Touna Mama, op. cit., p. 13.

571 Okala, op. cit., p. 163.

572 Il déclare à l'occasion : « Nous n'irons pas au FMI » ; J.B. Ketchaten, « Cameroun – FMI. Interrogation sur le point d'achèvement », *Mutations*, n° 1497, 26 septembre 2005.

économies développées ainsi que leurs entreprises publiques dès le choc pétrolier de 1973–1974.

Le Cameroun expérimente l'ajustement « volontaire » ou « autonome ». Ce choix est traduit dans les faits au cours de l'exercice budgétaire 1987/1988. On note la baisse des recettes budgétaires d'environ 19 % par rapport à 1986–87 ; la réduction de 10,86 % des dépenses d'investissement ; la diminution de 26,47 % des dépenses de fonctionnement avec des effets sur le fonctionnement des caisses d'avance, la gratuité d'eau et d'électricité pour certains agents de l'État, le rythme d'affectation de certains cadres administratifs et la dimension du parc de véhicules administratifs[573]. À cela s'ajoute l'intensification de la lutte contre l'entrée en contrebande des marchandises étrangères au Cameroun par le port de Douala, la traque contre les salariés fictifs dans la fonction publique et le relèvement du coût de l'essence et de la bière entre autres[574].

Au mois de septembre 1988 pourtant, le Cameroun finit par suivre ses pairs africains dans l'élaboration et l'application de PAS préparés par les institutions de Bretton Woods[575]. L'objectif de cette initiative est de stabiliser les finances publiques, de relancer l'économie, mais aussi de faciliter la réhabilitation des entreprises publiques et du secteur bancaire[576]. En substance, il s'agit d'imposer une déréglementation ou dérégulation de l'économie. Les modalités classiques de l'intervention de l'État dans l'économie s'en trouvent remises en cause.

1. L'entreprise publique, cible désignée de l'ajustement structurel

Il est intéressant de noter l'ampleur des critiques qui, au moment de la crise, fusent contre l'entreprise publique. La principale d'entre elles porte sur l'écart trop important entre les moyens qu'elle engloutit et ses résultats financiers. Le néologisme « budgétivore » s'est d'ailleurs créé autour de cet

---

573 B. Mukoko, « Ajustement autonome au Cameroun : éléments de diagnostic d'une crise », *Tiers-Monde*, tome 29, n° 114, 1988, p. 442.

574 S. Brunel, « Les difficultés du Cameroun : fin d'un modèle ou crise de croissance ? », *L'information géographique*, vol. 67, n° 1, 2003, pp. 134–142.

575 Six PAS ont été mis en œuvre au Cameroun : le premier de septembre 1988 à juin 1990 ; le deuxième de décembre 1991 à septembre 1992 ; le troisième de mars 1994 à juin 1995 ; le quatrième de septembre 1995 à juillet 1996 ; le cinquième de juillet 1997 à juin 2000 et le sixième d'octobre 2000 à septembre 2003.

576 P.J.M. Tedga, *Entreprises publiques, État et crise au Cameroun : faillite d'un système*, Paris, L'Harmattan, 1990, p. 11.

état de fait. Cette expression sert à qualifier ces entreprises qui, engouffrant des capitaux publics, n'ont trouvé que de façon exceptionnelle une autonomie financière[577]. La littérature des années 1980 et 1990 a ainsi conclu à l'inefficacité de l'entreprise publique en Afrique[578]. Cette volée de bois vert tend à faire de ces émanations de l'étatisme, des métastases de l'État qui infectent l'économie et risquent de la paralyser. Une telle lecture aurait certainement été qualifiée de saugrenue jusqu'au début des années 1980, l'entreprise publique étant alors affranchie de toute contrainte budgétaire. L'essence-même de l'entreprise publique, dont les objectifs dépassaient largement la recherche d'un produit comptable pour viser des buts de redistribution et de souveraineté, est ainsi déniée. Il est vrai qu'à travers de nombreux exemples, les entreprises publiques en charge de service public sont loin de produire des excédents budgétaires et que le principe d'autofinancement qui guide le service public, à savoir couvrir les dépenses par les recettes, n'est pas toujours suivi.

L'entreprise publique est alors consacrée comme l'une des raisons de la crise de l'économie africaine en ce qu'elle contribue à plomber l'état des finances publiques. Dans une démarche inverse, cette crise contribue aussi à fragiliser davantage cette entreprise. Comme l'indique en effet, un rapport du Centre Français du Commerce Extérieur (CFCE) : « [les entreprises publiques] privées du soutien financier que leur apportait jusqu'alors l'État pour compenser une exploitation souvent inefficace et déficitaire, se sont trouvées menacées d'un effondrement »[579]. Elles se retrouvent *in fine* source et victime de la crise.

---

577 Pour les 25 entreprises publiques ayant signé avec le gouvernement des contrats de performance, un montant de près de 460 milliards de francs CFA a été mobilisé par l'État à titre de subventions pour couvrir les déficits budgétaires, les augmentations de capital et les règlements de la dette desdites entités. Banque mondiale, « Background on Cameroon's Privatization Program », sur http://www.fdi.net/documents/WorldBank/databases/plink/cam/pes.htm, consulté le 17 septembre 2014.

578 John R. Nellis prévient cependant que, si des généralisations sont possibles en la matière, il faut dans l'analyse de cette situation tenir compte des « différences qui existent entre les systèmes de comptabilité et de fiscalité, les méthodes de financement, ainsi que le traitement de l'amortissement, de l'inflation, des subventions et des paiements d'intérêts » de ces entreprises. R.J. Nellis, *Les entreprises publiques dans l'Afrique au sud du Sahara*, Washington, Banque mondiale, 1988, p. 9.

579 Centre français du commerce extérieur, op. cit., p. 18.

2. Les directives entrepreneuriales du PAS

Les PAS prescrits à différents pays en crise par le FMI et la Banque mondiale auraient dû permettre, selon Hakim Ben Hammouda de :

> Mettre en place un mode de stabilisation afin de réduire les déficits et de promouvoir une série de réformes structurelles pour assurer une plus grande régulation privée de l'économie, et accroître l'insertion des économies nationales dans une mondialisation jugée incontournable et irréversible[580].

D'un point de vue idéologique, voire doctrinal, la multiplication des PAS à travers le monde permet en effet, au cours des années 1980 et 1990, de propager la vision libérale que les institutions financières multilatérales ont de la conduite de l'économie mondiale. Les PAS sont donc des vecteurs de libéralisme et contribuent à imposer le désengagement de l'État comme un signe des temps. C'est le triomphe de l'économie néo-classique, les politiques interventionnistes ayant atteint leur point de rupture. Il s'agit de favoriser la mutation de l'État, d'agent économique à promoteur des conditions de l'économie tout simplement[581].

Plusieurs analyses tendent d'ailleurs à suggérer que la poussée du libéralisme, portée par le vent d'Est ainsi que les réformes qui l'ont suivi, sont des contraintes et des artifices pour les gouvernements africains. Évoquant par exemple les réformes libérales dans le secteur de l'électricité en Afrique des années 1990, Jean David Bilé défend que dès novembre 1992, les bailleurs de fonds décident de ne plus accorder de prêts aux entreprises d'électricité qui n'auraient pas procédé à des réformes institutionnelles[582]. Face à ce « catéchisme économique » et ce travail d'« évangélisme », ce sont de véritables « conversions » au libéralisme[583] qui

---

580 Ben Hammouda, op. cit., p. 5.

581 S. Watanabe, « Quo Vadis Africa? La stratégie de développement de la Banque mondiale vue par le Japon », *Tiers-monde*, vol. 38, n° 150, 1997, p. 312.

582 J.-D. Bilé, « Éditorial : Les réformes institutionnelles en Afrique. Cas du secteur de l'électricité », IEPF, *Liaison Énergie-Francophonie*, n° 44, 3e trimestre 1999 (Les réformes institutionnelles du secteur électrique), p. 2.

583 Cette vigueur sémantique témoigne bien de l'intérêt intellectuel de la question. Voir Hibou, art. cit., p. 127 ; P. Jacquemot, « La désétatisation en Afrique subsaharienne. Enjeux et perspectives », *Tiers-Monde*, tome 29, n° 114, 1988, p. 276 ; Ben Hammouda, *L'économie politique…*, p. 53 ; A. Mbembe, « Du gouvernement privé indirect », *Politique africaine*, n° 73, mars 1999, p. 104 ; H. Mutima Sakrini, « Faut-il arrêter les réformes dans le secteur électrique africain ? », IEPF, *Liaison*

Tableau 17: Effets à court terme et attitude des acteurs vis-à-vis de la réforme libérale

Les acteurs		Avantages ou inconvénients anticipés par les différents acteurs — Structure de la modification	Avantages ou inconvénients anticipés par les différents acteurs — Effet net à court terme	Attitude des acteurs par rapport au processus
Acteurs locaux	**Pouvoirs publics et direction**	Financements additionnels (+) Perte de contrôle du résultat et du processus (-) Grèves et risques politiques (-)	Négatif	Opposition
	Syndicats	Stabilité de l'emploi (-) Identité syndicale (+)	Négatif	Opposition
	Consommateurs	Rééquilibrage tarifaire (-) Amélioration progressive de la qualité du service (+)	Négatif	Opposition
Acteurs externes	**Bailleurs de fonds**	Paiement de la dette (+) Limitation de l'encours de la dette sectorielle (+)	Positif	Adhésion
	Consortiums privés internationaux	Conquête de nouveaux marchés (+)	Positif	Adhésion

Source : F. Tchapga, « Les réformes électriques de première génération en Afrique subsaharienne francophone : entre efficacité économique et acceptabilité sociale », in Organisation Internationale de la Francophonie (OIF), *Vers de nouvelles organisations du secteur électrique : les réformes, les acteurs et les expériences, Actes colloques 1998–2005*, Publications de l'IEPF, 2005, p. 24.

s'opèrent, malgré la réticence des gouvernants à appliquer ces réformes (cf. tableau 17).

L'analyse du tableau ci-contre aboutit à un constat clair : les acteurs externes ont, à court terme tout au moins, intérêt à ce que les pays en crise mettent en œuvre des réformes économiques libérales. À l'opposé, les acteurs nationaux, dont le gouvernement, malgré des résultats positifs envisageables du point de vue financier, ont largement exprimé

Énergie-Francophonie, n° 73, 4e trimestre 2006 (Les réformes du secteur électrique. Quel bilan, quelles perspectives pour l'Afrique ?), p. 38.

leur défiance vis-à-vis de ces réformes. Pourquoi donc ont-ils fini par y adhérer? On peut parler d'adhésion «tactique» aux PAS voire, plus largement, aux réformes économiques libérales, comme déjà suggérées.

La mise en œuvre des PAS prive l'État de deux des instruments privilégiés de son action, hérités de la colonisation et étoffés depuis l'indépendance, à savoir la planification et l'entreprise publique. Dans le premier cas, en se focalisant sur le cas du Cameroun, l'incertitude des réformes mises en œuvre contraint à l'abandon du sixième plan quinquennal. Le 29 février 1988, au cours d'une réunion au ministère des Mines et de l'Énergie, le chef de ce département Kima Tabong indique à ses collaborateurs qu'«il n'est superflu de vous rappeler qu'en cette période de crise économique, il n'est pas possible ou faisable d'exécuter tous les projets de développement et d'investissement prévus dans le plan quinquennal de développement ou dans notre budget en cours»[584]. Il relaie ainsi les directives prises par le gouvernement. Le sixième plan quinquennal de développement du Cameroun n'est presque pas mis en œuvre, et l'on comprend qu'il soit souvent ignoré dans la littérature économique.

Dans le second cas, le contenu des PAS porte explicitement sur la réhabilitation des entreprises publiques. Il s'agit de trouver le moyen de rendre plus rationnelle la gestion de ces entreprises afin qu'elles cessent d'être des puits sans fond où est déversé le budget national. Cela étant, l'État est invité à se désengager de leur gestion. Au Cameroun, pas moins de 171 entreprises sont concernées par le programme de réhabilitation des entreprises publiques et parapubliques. Une cinquantaine d'entre elles ne résistent pas à la cure et sont liquidées entre 1988 et 1992. On compte parmi celles-ci des unités de production et des instruments d'intervention financière présentés en leur temps comme de potentiels catalyseurs du développement national[585]. La restructuration des autres entreprises

584 CD-AES-SONEL, Rapport général des travaux de la réunion annuelle des responsables des services centraux et extérieurs du ministère des Mines et de l'Énergie, Yaoundé, 29 février – 3 mars 1988, p. 2.

585 Ce sont par exemple la Société de développement et de transformation du blé (SODEBLE) en avril 1988, le Centre National du Commerce Extérieur (CNCE) en mars 1989, le Centre National de Développement des Forêts (CENADEFOR) en février 1990, le Fonds National de Développement Rural (FONADER) en août 1990, le Centre d'Assistance aux Petites et Moyennes Entreprises (CAPME) en décembre 1990, la Société d'Études des Bauxites du Cameroun (SEBACAM) en juillet 1989 et la Société des Crevettes du Cameroun (CREVCAM) en juillet 1989.

s'opère dans le cadre de contrats de performance engageant celles-ci et l'État. Ces contrats précisent des objectifs qualitatifs et quantitatifs à atteindre. Dans divers cas cependant, l'option de la privatisation prime.

Comme modalité de réorganisation du tissu d'entreprises d'un pays, la privatisation date du début des années 1980 en Grande-Bretagne sous le gouvernement de Margaret Thatcher[586]. Le terme consacré est alors la dénationalisation. L'expérience de la propriété publique des industries et des services nationalisés après la Seconde Guerre mondiale s'y était avérée assez frustrante. L'entreprise publique est présentée dans ce contexte comme un obstacle plutôt qu'une source d'enrichissement de la nation. La privatisation vise donc à promouvoir une économie concurrentielle[587].

Elle est perçue comme une opération de transfert partiel ou total du capital d'une entreprise publique au secteur privé[588]. Véritable tendance dans les rapports public-privé au cours des décennies 1980 et 1990, cette opération résulte du postulat que les unités de production privatisées acquerraient une efficacité supérieure à leur situation, publique, précédente[589]. C'est donc à un véritable regain du privé que l'on assiste depuis la fin des années 1980, favorisé par la poussée du courant libéral et la financiarisation toujours plus accentuée de l'économie mondiale. De manière générale, on distingue quatre modalités de la privatisation : la vente partielle ou totale des actifs des entreprises (dénationalisation), la sous-traitance au secteur privé déjà présent (désétatisation), la libéralisation de certains secteurs (déréglementation) et le démembrement des entreprises publiques (liquidation). Ces nouveaux agencements des rapports entre la puissance publique et le capital privé constitueraient, dans l'absolu, des vecteurs de rentabilité[590].

---

586 D. Parker, *The Official History of Privatisation, The Formative years 1970–1987*, vol1, London, Routledge, 2009, p. 1.

587 *Ibid.*, pp. 1–26.

588 C. Voisin, « La privatisation, une question d'« incitations » : propriété, réglementation et information », *Revue d'économie politique*, vol. 105, n° 3, mai – juin 1995, p. 484.

589 *Ibid.*, p. 485.

590 B. Chavane, Bilan et perspectives des privatisations en Afrique francophone : une étape de la démocratisation ? Genève, Bureau international du Travail, 1996, p. 18. L'ordonnance du 22 juin 1990 et son décret d'application de 1999 précisent, pour le Cameroun, les modalités de la privatisation. Sur les objectifs et les aspects juridiques des PAS et des privatisations au Cameroun, voir aussi J.M. Gankou, D. Bondoma Yokono, « Les privatisations dans le processus d'ajustement structurel au Cameroun », in B. Bekolo-Ebe, Touna Mama, S.M. Fouda (dir), *Dynamiques*

La posture que suggère Eleuthère. J. Manga Zambo tendrait néanmoins à tempérer ce principe au Cameroun. « Le programme de privatisation n'est (…) pas un domaine d'opérations strictement techniques, socialement neutres, rationnellement imposées par les conditionnalités de Programmes d'Ajustement Structurel. Il est aussi influencé par les luttes d'acteurs publics et privés, particuliers et collectifs », affirme-t-il[591]. Paul Nguihé Kanté parle quant à lui des privatisations comme de processus « chimériques » rendus opaques par un cadre juridique mal conçu ainsi qu'une absence de communication et de consensus politique sur l'avenir de l'entreprise publique[592]. On peut d'ailleurs interroger la sincérité et la faisabilité d'une mutation aussi importante de cet instrument. Insistant par exemple sur la posture des dirigeants d'entreprises publiques au Cameroun, Paul John Marc Tedga écrit :

> Peuvent-ils se convertir aux objectifs du management et, par conséquent, au dynamisme, à la rationalité économique et à l'efficacité alors qu'ils doivent aussi tenir compte des objectifs du service public, et, surtout, de certaines considérations politiques ayant trait à l'environnement, sans oublier que c'est en leur faveur que se fait ou non le bon « dosage » des grands équilibres des régions ?[593]

Il existe de toute évidence une source intéressante d'analyse à venir : comme les nationalisations qui ont passionné des historiens, les privatisations sont un véritable nectar pour l'économie et la science politique aujourd'hui. Et nul doute qu'elles resteront un thème porteur, tant l'histoire n'a pas encore pu valablement pu s'y pencher.

Un texte du chercheur norvégien Wahl Arbjørn, daté de 2002 et repris sur le site de l'ONG altermondialiste ATTAC, ravive l'intérêt pour cette thématique. Il propose une lecture globale de la finalité de

---

de développement : débats théoriques et enjeux politiques à l'aube du XXIe siècle, Paris, Montchrestien, 2003, pp. 287–296; M. Kamto, « Tango juridique sur les privatisations au Cameroun », in Bekolo-Ebe B., Touna Mama, Fouda S.M. (dir), op. cit., pp. 297–314.

591 E.J. Manga Zambo, « Les fondements et les enjeux de la privatisation au Cameroun », *Cahiers de l'UCAC*, 2000, p. 157. L'analyse de Maurice Kamto sus-référencée, qui s'attarde sur la complexité de la privatisation de la SODECOTON et de la CDC, corrobore cette vue.

592 P. Nguihé Kanté, « Les contraintes de la privatisation des entreprises publiques et parapubliques au Cameroun », *Revue internationale de droit économique*, n° 4, tome XVI, 2002, pp. 607–616.

593 Tedga, op. cit., p. 176.

la privatisation. Celui-ci expose que le processus de privatisation des biens publics expérimenté à travers le monde comporte trois phases. La première vise à accélérer le passage de politiques interventionnistes à des politiques libérales en s'attaquant d'abord à des secteurs par essence proches de l'économie de marché, à savoir les industries et les institutions financières, dont les banques et les compagnies d'assurance. La deuxième phase est consacrée à la privatisation des services publics, notamment les entreprises de réseaux tels que l'électricité, l'eau, les télécommunications, les services postaux et les chemins de fer. La troisième phase porte sur la cession aux investisseurs privés des secteurs de la santé, de l'éducation, des services sociaux et des régimes de pension, mettant définitivement un terme au *Welfare State*. Au cours de la deuxième phase particulièrement, trois étapes peuvent être déterminées : la première renvoie à la déréglementation du secteur concerné ; au cours de la deuxième, l'État transforme ses agences publiques en sociétés par actions qu'il cède finalement au capital privé dans la troisième étape. C'est donc à un démantèlement méthodique, progressif et sur le long terme de l'appareil étatique que renvoie la privatisation[594].

Par ailleurs, le désengagement entrepreneurial de l'État contribue à développer des mécanismes de régulation visant à préserver l'intérêt national dans des secteurs névralgiques libéralisés. L'objectif est également d'assurer la transition de monopoles à la concurrence et d'assurer l'équilibre entre les intervenants de secteurs d'activités de service public. La promotion de la régulation s'impose comme un axe majeur des réformes libérales. Elle permet en effet à l'appareil d'État de se détourner de la gestion d'entreprise et de concentrer son action sur les questions de conception et d'orientation de la vie économique[595]. En cela, l'État est appelé à jouer le rôle auquel les lobbies commerciaux le destinaient déjà aux XVIIIe et XIXe siècles.

S'agissant précisément des agences de régulation, elles renvoient à « des structures administratives, autonomes par rapport à un pouvoir exécutif et chargées de réglementer l'activité de certains secteurs particuliers »[596]. On les considère comme des établissements publics indépendants. Elles

---

594 Wahl Arbjørn, « Privatisation, multinationales et démocratie », 2002, URL : https://france.attac.org/archives/spip.pho?article1228, consulté le 15 juillet 2014.

595 A. F. Lélé, « Les agences de régulation au Cameroun », mémoire de Master en administration publique des fonctionnaires internationaux, Paris, ENA, 2005, p. 9.

596 *Ibid.*

sont en majorité créées au Cameroun à la fin des années 1990 dans les activités de réseaux (transport, eau, gaz, poste, télécommunication et électricité). Ce sont principalement l'Agence de Régulation des Télécommunications (ART), l'Autorité Portuaire Nationale (APN), l'Autorité Civile Aéronautique (CCAA), l'Agence de Régulation des Marchés Publics (ARMP) et l'Agence de Régulation du Secteur de l'Électricité (ARSEL)[597]. Dans un pays marqué par l'étatisme, le recours à ce nouvel acteur permet à la puissance publique, même de manière furtive, de multiplier ses instruments d'orientation de l'évolution des différents pans de l'économie nationale, à défaut de les contrôler de manière effective. L'exemple des entreprises du secteur de l'énergie est à ce titre illustratif.

II. Pétrole et électricité au Cameroun : une restructuration différenciée

La crise économique et la politique d'ajustement ont imposé la restructuration de l'ensemble de l'économie du Cameroun. Tous les secteurs sont concernés dont celui de l'énergie. L'État y avait en effet une présence forte, du fait de l'importance des activités qui y sont exercées, tant du point de vue financier, politique, stratégique que de la garantie du service public. Le constat qui se dégage *a posteriori* est par ailleurs que l'État n'accorde pas une valeur identique à chacune de ses entreprises énergétiques. Une dichotomie claire s'affirme même entre les sous-secteurs pétrolier et de l'électricité dans la mesure où le second finit par être privatisé en 2001 alors que dans le même temps l'État ne se résout pas à l'idée de céder sa place au capital privé au sein du premier.

---

597 Dans le secteur de l'électricité spécifiquement, l'ARSEL a pour mission d'assurer la régulation, le contrôle et le suivi des activités des exploitations et des opérateurs du secteur. Se référer de façon précise au décret n° 99/125 du 15 juin 1999 portant organisation et fonctionnement de l'Agence de régulation du secteur de l'électricité ou, plus récemment, la Loi n° 2011/022 du 14 décembre 2011 régissant le secteur de l'électricité au Cameroun.

A. Réformes et libéralisation dans le secteur des hydrocarbures

De manière générale, la brume qui enveloppait la gestion de l'activité pétrolière au Cameroun s'est quelque peu dissipée dès le milieu des années 1980. L'importance du changement de régime opéré en 1982 ne peut être ignorée tout comme celle des pressions internationales visant à rendre la gestion de ce secteur plus transparente[598]. D'un point de vue législatif, cette tendance à réformer se transcrit dans l'adoption des lois du 22 décembre 1999 et du 30 décembre 2002 portant respectivement code pétrolier et code gazier au Cameroun. Dans leur substance, ces textes établissent les bases de la libéralisation du secteur des hydrocarbures. Ce secteur, conçu au cours des périodes précédentes autour de monopoles et d'oligopoles, connaît une restructuration mouvementée. Les rapports se révèlent en effet complexes et tendus entre l'État, tout à la fois partie prenante et arbitre, et les intervenants privés étrangers, mais aussi et de plus en plus nationaux, dans ce secteur.

1. Le spectre de la privatisation

Il est difficile de dire si le concept de désengagement entrepreneurial de l'État dans le secteur pétrolier au Cameroun fait sens. Au cours de la crise économique et de la période de restructuration, l'attitude de l'État vis-à-vis de ses entreprises se modifie à différentes reprises, influencée par des contingences internes et externes dont des divergences d'opinions au sein de l'appareil d'État et les « recommandations » des bailleurs de fonds multilatéraux.

---

598 Depuis 1995, les ressources pétrolières sont directement affectées au budget de l'État, le compte hors-budget étant clos. Par ailleurs, dans la perspective de la promotion des libertés et du libéralisme, des organisations non gouvernementales internationales ont contribué à mettre sur pied, en 2002, des mécanismes d'évaluation de la transparence des États et des compagnies pétrolières. Ce sont principalement l'Initiative sur la Transparence des Industries Extractives (ITIE) et l'initiative *Publish What You Pay*. Le Cameroun adhère à cette première initiative en 2005. Voir à ce sujet R. Dou'a, « La campagne internationale publiez ce que vous payez (PCQVP) et l'Initiative de Transparence dans les Industries Extractives (ITIE) », in I. Tamba, J.C. Tchatchouang, R. Doua (dir), *L'Afrique centrale, le paradoxe de la richesse : industries extractives, gouvernance et développement social dans les pays de la CEMAC*, Yaoundé, Presses universitaires d'Afrique, 2007, p. 147.

La Société Camerounaise des Dépôts Pétroliers (SCDP) est sans nul doute l'entreprise où la question de la privatisation est le plus évoquée. L'entreprise est d'ailleurs placée sur la liste des entreprises à privatiser en 1990. De nombreux rapports permettent d'y examiner les hypothèses possibles du désengagement des pouvoirs publics. On envisage par exemple une restructuration du capital de l'entreprise dans laquelle l'État cèderait 2 % de ses actifs à des opérateurs privés nationaux pour conserver une participation de 49 %. Cette option aurait cependant traduit le refus de l'État de lâcher prise : « en termes d'image, la cession d'un si faible pourcentage risque d'être perçue comme un signe de la volonté des pouvoirs publics de ne pas se désengager de ce secteur » indique dans ce contexte un rapport du cabinet Calan Ramolino et Associés, commandé par le gouvernement camerounais en 2001[599]. Une cession de 17 % des actifs de l'État aux opérateurs privés nationaux est également envisagée[600] ; l'État n'aurait alors gardé que 34 % du capital. Enfin, on envisage que celui-ci réduise son intervention à la SCDP à un simple « Golden Share »[601].

Le gouvernement a eu du mal à prendre une décision à ce sujet. En 1998 déjà, dans un projet de rapport sur la libéralisation de l'importation des produits pétroliers au Cameroun, les annotations, sans doute de divers responsables camerounais, révèlent une certaine gêne à l'évocation de la privatisation de la SCDP : « Est-ce la seule possibilité ? » « Pourquoi insister sur la SCDP ? » peut-on lire par exemple[602]. L'indécision du gouvernement reflète aussi les dissensions et les contradictions qui secouent le secteur de la distribution des produits pétroliers de l'intérieur :

> Les Marketers n'apprécient pas cette option de libéralisation du secteur aval, laisse transparaître un rapport de la SCDP, et ils redoutent la concurrence

599 CDA-SCDP, Synthèse du Rapport stratégique préliminaire du cabinet Calan Ramolino & Associés, p. 151.

600 *Ibid.*

601 CDA-SCDP, SCDP, Plan stratégique horizon an 2000, novembre 1995, p. 5. Un Golden share renvoie à un type d'actions qui permet à son détenteur d'opposer un véto à certaines résolutions du conseil d'administration. Elle est souvent détenue par un État dans le cas d'entreprises privatisées, ce qui lui permet de conserver un droit de regard sur la gestion de l'entreprise.

602 CDA-SCDP, F. J. Sexsmith, Mise en œuvre de la libéralisation des importations des produits pétroliers à la Caisse de stabilisation des prix des hydrocarbures – gouvernement de la République du Cameroun. Projet de rapport, International Downstream Oil Advisor, 1998, 58 p.

> qui va s'installer avec les entreprises camerounaises. Dans certains pays africains comme au Mali, les Marketers traditionnels ont disparu du marché (...) Pour pouvoir survivre au Cameroun, les Marketers n'ont qu'une solution, contrôler toute la distribution et cela n'est possible qu'en contrôlant la SCDP[603].

L'éventuelle privatisation de la SCDP incluant de nouveaux intervenants constitue donc une opération beaucoup trop incertaine pour satisfaire les entreprises étrangères qui bénéficient au premier chef de son existence. Pourtant, l'ancien directeur général de cette entreprise note que la privatisation est souhaitée par les membres du Groupement des Professionnels du pétrole (GPP)[604] en ce qu'elle garantirait l'impartialité de l'État dans le secteur[605].

Quoiqu'il en soit, le gouvernement retarde indéfiniment la privatisation de cette entreprise. Les échéances successives arrêtées (30 mars 1999, 30 septembre 2000, 30 septembre 2001...) sont repoussées. Il semble ainsi que la puissance publique ait voulu accorder du répit à cette entreprise afin qu'elle achève sa restructuration et prouve sa capacité à fonctionner de façon autonome. Cette hypothèse pourrait aussi être appliquée à la Société Nationale de Raffinage (SONARA) où la privatisation est envisagée sans jamais être concrétisée. En 2002 d'ailleurs, Charles Metouck, un entrepreneur issu du secteur privé, en est désigné directeur général, pour pallier certes le décès de son prédécesseur Bernard Eding. Mais, la mission qui lui est confiée est claire, à savoir faciliter l'insertion de la SONARA dans la libéralisation, en faire une entreprise dégageant des bénéfices et en éviter la privatisation en restructurant l'entreprise pour qu'elle puisse se créer de nouveaux

---

603 CDA-SCDP, SCDP, Rapport sur la situation socioéconomique, décembre 2001, p. 23. Les marketers désignent au Cameroun les entreprises de distribution de produits pétroliers.

604 Créé en 1986, le GPP rassemble les compagnies étrangères opérant dans la distribution de produits pétroliers au Cameroun (Total, Camgaz, Texaco, Oil Libya...) ; il faut toutefois y incorporer la société camerounaise Tradex depuis 1999, filiale de la SNH. À ce véritable syndicat, s'opposent ceux des entreprises camerounaises dont le Groupement des Pétroliers Camerounais (GPC) et l'Organisation Camerounaise des distributeurs de produits Pétroliers (OCDPP).

605 J.-B. Nguini Effa, *De la tour Elf à la prison centrale de New-Bell : Histoire d'une déchéance sociale injuste et réflexions sur la gouvernance au Cameroun*, Paris, L'Harmattan, 2011, p. 119.

marchés par l'exportation des produits pétroliers[606]. Le processus de restructuration de la SONARA entamé depuis lors vise notamment à faire passer la capacité de production de cette raffinerie de 2 100 000 tonnes/an à 3 500 000 tonnes/an. Les solutions technologiques à mettre en place doivent permettre d'augmenter la production de carburants en adaptant l'outillage de production aux bruts disponibles[607].

Pour le reste du secteur, constitué de structures à forte capacité financière et entièrement contrôlées par le capital public à l'instar de la Société Nationale des Hydrocarbures (SNH), la question de la privatisation ne se pose pas. La privatisation au Cameroun renvoie ainsi à la renégociation de la part des pouvoirs publics dans le capital des entreprises parapubliques. Il s'agit de laisser l'essentiel des charges d'investissement et de gestion de ces sociétés d'économie mixte aux entrepreneurs privés. Là où l'État agissait en maître absolu, sa présence ne s'efface pas, prenant toutefois des aspects de régulation voire de résistance aux injonctions néolibérales.

Au-delà de la privatisation, il convient par ailleurs d'évoquer l'effritement du système de stabilisation et de péréquation du prix des produits pétroliers au Cameroun. Cette question pourrait remettre en cause l'existence de la Caisse de Stabilisation des Prix des Hydrocarbures (CSPH). Le gouvernement s'est en effet engagé en février 1994 à abolir ce système[608]. La tenue de cet engagement aurait signifié implicitement la disparition de la CSPH puisqu'annulant ses prérogatives.

Cette perspective n'est pas pour satisfaire de nombreux intervenants du secteur et encore moins des membres de l'appareil d'État. Au cours d'une réunion où la question est évoquée en 1994, les discussions achoppent. Il est porté dans le procès-verbal de ladite réunion que « Monsieur Moukoko précise que la CSPH a été créée par Décret présidentiel et le parallélisme

606 Entretien avec Charles Metouck, directeur général de la SONARA, Limbé, 25 août 2011.

607 Il semble que les modifications en 1977 du projet initial de la raffinerie, pour l'adapter à la production camerounaise (la variété Kolé principalement) et non plus à l'Arabian Light, n'aient pas permis de garantir l'efficacité de la SONARA. Par conséquent, la raffinerie camerounaise a souffert pendant trois décennies de ne pouvoir s'appuyer véritablement sur la production nationale de brut, restant tributaire des importations de bruts légers (Okwori, Bonny Light, Abo, EA et Brass River du Nigeria; Alba Condensat de la Guinée équatoriale notamment).

608 MINEPAT, 6A17, CSPH: activité, 1993–1995. Procès-verbaux des 30e, 31e et 32e sessions ordinaires du Comité de gestion de la CSPH. Avril 1994, p. 8.

des formes voudrait que la dissolution dudit organisme soit matérialisée par un acte juridique similaire. Pour l'heure, la dissolution de la CSPH n'est pas à l'ordre du jour à la présidence de la République»[609]. Cette intervention traduit bien la volonté d'éluder un débat embarrassant en suggérant que toute position exprimée de façon insistante serait presqu'un crime de lèse-majesté, le président de la République pouvant seul décider du sort de cet établissement public. Cette décision présidentielle n'étant toujours pas intervenue, la question de la disparition de la CSPH reste au point mort, si tant est qu'elle se pose encore.

Le système de stabilisation et de péréquation est le symbole de la volonté du gouvernement de réguler les prix des grands produits économiques au cours de la décennie 1970 voire 1980. Ce système est cependant mis à mal par la crise, devenant selon les avis, trop coûteux et/ou moins efficace[610] (cf. tableau 18). On peut ainsi faire le constat que la crise économique a un effet multiplicateur sur les prix des produits pétroliers. D'ailleurs, depuis la mise en service de la SONARA en 1981, l'action de la CSPH se recentre sur la péréquation régionale. D'autre part, l'État n'hésite pas à introduire de nouvelles taxes sur les produits pétroliers pour faire face à la crise[611]. C'est ce qui justifie le substantiel renchérissement des prix dans les années 1990.

Si le problème du maintien ou non d'un système de stabilisation et de péréquation des prix continue d'entretenir un suspens sur l'avenir du secteur pétrolier au Cameroun, la réforme de ce secteur est davantage marquée par la question de la libéralisation.

---

609 *Ibid.*, p. 10.

610 Pour une synthèse de ces avis et du débat sur la subvention des produits pétroliers au Cameroun, voir C. Bobiokono, «Vers la révision de la structure des prix à la pompe», *Les cahiers de Mutations*, vol. 40, octobre 2006, p. 10; «Prix des carburants : les Camerounais s'expriment», *Cameroon Tribune*, n° 10141–6342, 23 juillet 2012, pp. 4–5.

611 La principale taxe est la taxe spéciale sur les produits pétroliers introduite en 1987. Mais la structure des prix de 2001 comporte pas moins de 11 postes qui déterminent ces prix, parmi ceux-ci, 8 (Droit de douane, TVA, TVA sur cabotage, TVA sur redevances portuaires, TVA sur passage dépôt, Taxe spéciale, TVA sur distributeur, Fonds de lutte contre fraude) sont au bénéfice de l'État.

Tableau 18: Prix des produits pétroliers à Douala (en francs CFA par litre ou par kg)

Année	Super	Pétrole	Gasoil	GPL
1978	91	35	66	222
1979	107	47	80	222
1980	n.d.	n.d.	n.d.	n.d.
1981	150	57	122	222
1982	167	74	139	222
1983	n.d.	n.d.	n.d.	n.d.
1984	n.d.	n.d.	n.d.	n.d.
1985	185	79	153	222
1986	n.d.	n.d.	n.d.	n.d.
1987	n.d.	n.d.	n.d.	n.d.
1988	n.d.	n.d.	n.d.	n.d.
1989	175	79	144	236
1990	280	79	152	236
1991	100	95	180	236
1992	n.d.	n.d.	n.d.	n.d.
1993	n.d.	n.d.	n.d.	n.d.
1994	251	100	180	222
1995	330	130	230	288
1996	350	145	265	288
1997	380	160	295	288
1998	362	141	276	288
1999	386	154	298	288
2000	436	189	350	344
2001	450	190	365	344
2002	442	190	371	400

Source : CDA-SCDP, MINMEE, Stratégie du ministère de l'Eau et de l'Énergie : étude diagnostique, Yaoundé, octobre 2004, p. 260 ; M. Nkutchet, op. cit., p. 414.

2. Sur les chemins de la libéralisation

Au Cameroun, la libéralisation du secteur pétrolier permet de remettre en cause les monopoles hérités de la décennie 1970. Ceux-ci avaient annihilé la concurrence et la compétitivité dans ce secteur. La libéralisation du secteur prend différents axes. Elle porte ainsi sur la libéralisation de la fourniture du pétrole brut à la SONARA qui entre en vigueur le 1er juillet 1998. Cette phase rend possible l'abolition du monopole de la SNH en la matière et l'élimination de la subvention associée à cette livraison. Elle consacre la mise de la SONARA en situation d'exploitation réelle, sans système de stabilisation du prix du brut ni subvention, dans un contexte concurrentiel[612].

La libéralisation de la fourniture des produits pétroliers sur le marché local consacre quant à elle l'élimination du monopole de la SONARA en matière de fourniture des produits pétroliers au marché local camerounais. Rendue possible par un arrêté du 30 juin 1998, elle permet à des intervenants autres que la SONARA d'importer des produits pétroliers par voie maritime. Cependant, dans l'application de cette disposition, la SONARA ne perd que faiblement sa part de marché, dans la mesure où elle continue d'assurer près de 80 % de la consommation nationale.

Si la privatisation de la SCDP n'intervient pas, l'activité de stockage est néanmoins libéralisée. Depuis juillet 1998 en effet, de nouveaux opérateurs, non-actionnaires de la SCDP peuvent avoir accès aux installations de l'entreprise[613]. Ceci concourt à l'entrée en scène de petites et moyennes entreprises (PME) locales dans l'activité de distribution. Comme pour la SONARA, un monopole de fait de la SCDP subsiste néanmoins.

La libéralisation des prix et des moyens de distribution des produits pétroliers, intervenue en juin 1999, permet par ailleurs dans ses grandes lignes de consolider un mécanisme de révision mensuelle des prix des produits pétroliers en fonction des cours internationaux[614]. Il s'agit alors de laisser les entreprises de distribution fixer les prix par le jeu de la concurrence et de préserver tout à la fois l'intervention de l'État dans ce mécanisme à travers la CSPH[615].

---

612 CDA-SCDP, Synthèse du Rapport stratégique, p. 7.

613 *Ibid.*, p. 29.

614 V. Onana, « Dix ans de réformes : une économie en pleine expansion », *Marchés nouveaux*, n° 11, janvier 2001, p. 43.

615 Sur la base des cours du Brent (pétrole brut de référence sur le marché Euro-Méditerranée-Afrique), de la parité du dollar américain par rapport au franc CFA et des cotations internationales des produits raffinés, une commission de révision mensuelle des prix présidée par la CSPH procède au calcul des prix. Elle adresse ensuite des propositions « rationnelles » au gouvernement. Les prix arrêtés au cours d'un mois sont alors communiqués aux marketers qui à leur tour les affichent sur des panneaux dans les stations-services. Ces prix indicatifs servent de base de calcul à la rémunération des différents intervenants dans la distribution des produits pétroliers. Les prix sont par conséquent identiques dans tous les dépôts

Tableau 19: Agréments accordés dans le cadre de la libéralisation du secteur pétrolier au Cameroun (2004)

Entreprises	Type (s) d'agrément
AES SONEL	Autorisation spéciale au titre d'acheteur direct de fuel lourd 3500 à la SONARA
Bunker & Oil Logistics	D4
Bureau Veritas	F2
Cameroon Marketing International	D4 ; D1
Cameroon Oil Company SA (CAMOCO)	D1
CAMGAZ	D1 ; D3
Établissements Karnou	E2
First Oil	E2 ; D1 ; E1
Hydrocarbures – Analyses – Contrôle (HYDRAC)	F1 ; F2
Mobil Oil	D1 ; E1 ; E2
Mobil Services Company Cameroon	D1
Oil and Lub	E1 ; E2
Petrolex	D1
Polytecnics Industrial Services and Engineering (PISE)	F1
SCDP	B
SCTM	D3 ; B (restreint au GPL)
Shell	D1 ; E1 ; D4 ; E2
SOCAMIT Industrielle	D4 ; E2
Société de distribution, de transport et des travaux du Cameroun (SDTC)	D
SONARA	A ; E1
Texaco	D ; D2 ; E
Total Fina Elf	D2 ; E1 ; E2
TRADEX	E2 ; D4 ; E1

Source : CDA-SCDP, MINMEE, Stratégie du ministère de l'Eau et de l'Énergie, pp. 262–264.

pétroliers de l'ensemble du territoire camerounais. CSPH, « Mécanisme de fixation des prix à la pompe », URL : http://www.csph.cm/index.php?option=com_content&view=article&id=3&Itemid=21 consulté le 12 septembre 2014.

D'un point de vue réglementaire, la libéralisation du secteur pétrolier est consacrée le 28 septembre 2001 par la codification des agréments d'exercer dans le secteur par un arrêté du ministre chargé de l'énergie, Yves Mbelle, (cf. tableau 19). Les treize types d'agréments portent sur le raffinage (agrément de type A), le stockage des produits pétroliers (agrément de type B), le transport routier des produits pétroliers (agrément de type C1), le transport ferroviaire des produits pétroliers (agrément de type C2), le transport maritime des produits pétroliers (agrément de type C3), la distribution de l'ensemble des produits pétroliers (agrément de type D1), la distribution exclusive du pétrole lampant (agrément de type D2), la distribution exclusive du GPL (agrément de type D3), l'exercice exclusif des activités de ventes de soutes maritimes ou d'aviation (agrément de type D4), l'importation des produits pétroliers (agrément de type E1), l'exportation des produits pétroliers (agrément de type E2), le contrôle de la qualité des produits pétroliers (agrément de type F1) et le contrôle de la qualité et de la provenance des produits pétroliers (agrément de type F2).

À la faveur de la libéralisation, de nombreux agréments sont accordés. Seulement, l'ouverture d'un marché aussi alléchant à la concurrence y attire de nombreux aventuriers[616]. Le secteur pétrolier se complexifie, permettant à de nouvelles entreprises de faire leur entrée dans cette activité, dont de nombreuses PME contrôlées par des nationaux. Parmi celles-ci, on cite les sociétés First Oil, Petrolex, Cameroon Oil Company (CAMOCO), Delta Petroleum, la Société de Traitement et de Distribution des Hydrocarbures (SOTRADHY), la Société de Transport et de Commerce Général (STCG), Blessing, la Société Camerounaise-Italienne (SOCAMIT), la Société Camerounaise d'Exportation et de Distribution de l'Ensemble des Produits Pétroliers (SOCAEPE), Bocom Petroleum, Algo, Gulfin et Neptune Oil.

L'expérience de la Société Camerounaise de Transformation Métallique (SCTM) constitue un exemple et un précédent qui rend compte de la difficulté de l'entrée des entreprises privées camerounaises

---

616 Entretien avec Charlemagne Mbiakop, directeur commercial de Delta Petroleum ; ex-employé de First Oil, Douala, 28 juin 2011. L'activité de ces nouveaux acteurs s'apparente, estime-t-il à du « *Buy and sellam* ». Cette expression est dérivée des termes anglais *Buy them, sell them* ; elle renvoie à l'activité des intermédiaires dans le commerce qui consiste à racheter un produit pour le revendre, en dégageant une marge bénéficiaire parfois conséquente.

dans le secteur de la distribution des produits pétroliers telle qu'elle se manifeste de la fin des années 1980 au début des années 2000. La SCTM est créée en 1986 par Christophe Sielenou. Originaire de la localité de Kékem, dans la région de l'Ouest, il est né en 1949. Il se lance en affaires dès 1974 en fondant plusieurs entreprises dont la Société camerounaise de l'électroménager en 1982, la SCTM en 1986, et la Société de développement agro-industriel en 1999. La SCTM est spécialisée dans la fabrication des bouteilles de gaz domestique. Cette entreprise acquiert vite un monopole de fait dans ce domaine. Elle devient par la suite l'unique unité de fabrication de bouteilles en usage au Cameroun[617]. L'introduction d'une nouvelle norme de fabrication de bouteilles en 1987 concourt à préserver cet état de fait et les sociétés de distribution sont invitées à utiliser ces bouteilles. Les rapports déjà tendus entre la SCTM et les sociétés pétrolières membres du GPP au sujet de la qualité des bouteilles normalisées se dégradent lorsque celle-ci obtient un agrément pour la distribution de gaz domestique ou gaz de pétrole liquéfié (GPL) au Cameroun le 23 juin 1987[618]. La SCTM entre ainsi en concurrence avec CAMGAZ, la filiale de distribution de gaz domestique de Total au Cameroun.

Cette diversification de ses activités, le directeur général de la SCTM la présente comme une nécessité de survie face à la réticence des distributeurs traditionnels à utiliser les bouteilles qu'elle produit[619]. Il faut néanmoins attendre août 1989 pour qu'une série d'accords entre la CSPH et SCTM, la SCDP et SCTM, ainsi que la SONARA et SCTM permettent à celle-ci de disposer d'une capacité de stockage et d'enfûtage. L'arrivée de la SCTM sur le marché du GPL suscite l'inquiétude des opérateurs traditionnels qui contrôlent la SCDP. Jusqu'alors, la filière fonctionne sur une base consensuelle entre ces opérateurs étrangers[620]. La question de l'interchangeabilité des bouteilles de gaz domestique[621], issue

617 CDA-SCDP, Experts Comptables Associés (ECA), Audit de la filière GPL. Rapport de mission, 1997, p. 36.

618 Ibid

619 C. Tchacounte Lengue, *Les privatisations en Afrique : l'exemple du Cameroun*, Paris, L'Harmattan, 2011, p. 242.

620 CDA-SCDP, Experts Comptables Associés (ECA), Audit de la filière GPL, p. 35.

621 Le principe d'interchangeabilité doit permettre au consommateur d'acheter du gaz domestique, indifféremment de l'opérateur dont il détient la bouteille, dans tout point de vente.

de la nouvelle norme de fabrication de bouteilles et largement favorable à la SCTM, est par ailleurs l'épicentre de la bataille entre le GPP et la SCTM. Pour contourner les difficultés d'approvisionnement en gaz domestique, le gouvernement camerounais entreprend d'instaurer ce système en 1992. On peut aussi raisonnablement penser que celui-ci est un subtil artifice pour tenter de mettre au pas les opérateurs traditionnels réticents à utiliser les bouteilles fabriquées par la SCTM.

À l'enthousiasme de cette entreprise à se conformer au nouveau système s'oppose le refus des autres marketers de le mettre en œuvre[622]. La situation se présente mal pour les entreprises membres du GPP au début des années 1990. La SCTM, du fait de son monopole en matière de fabrication des bouteilles, en dispose de 280 000. Elle retient par ailleurs, en l'absence d'accord, 160 000 bouteilles de ses concurrents. Ceux-ci ne se retrouvent possesseurs que de 230 000 bouteilles. Le rapport du cabinet Experts Comptables Associés (ECA) indique à ce sujet que

> Le fondement de l'action du GPP étant le contrôle du marché, ses membres ont évolué timidement dans leur position quand ils se sont aperçus que celle-ci leur était défavorable sur le marché. À ce moment-là, le tort était déjà fait et ils ne pouvaient plus récupérer suffisamment de bouteilles pour faire face aux stocks détenus par la SCTM[623].

La SCTM réussit par conséquent à s'imposer comme un acteur important du marché du gaz domestique au Cameroun, nonobstant le poids des sociétés pétrolières avec qui elle entre en concurrence (cf. graphique 11).

Elle a d'ailleurs pour elle l'avantage d'être à la fois fabricant de bouteilles et distributeur de gaz domestique. Toutefois, son entrée dans la distribution de GPL n'a que peu d'effet sur la consommation de gaz domestique au Cameroun, celle-ci stagnant autour de 23 000 tonnes au milieu des années 1990. Le principal changement intervient donc dans la rupture du monopole que détiennent les compagnies étrangères réunies au sein du GPP. La SCTM et le GPP se lancent alors dans une critique acerbe et réciproque de leurs actions. Dans cet exercice de diatribe, ils se reprochent mutuellement une absence de loyauté, le refus de mettre en application la réglementation spécifique du secteur et l'« utilisation » de l'administration publique et de leurs positions dans le

---

622 CDA-SCDP, Experts Comptables Associés (ECA), Rapport final de l'audit de la filière GPL, 1997, p. 82.

623 *Ibid.*

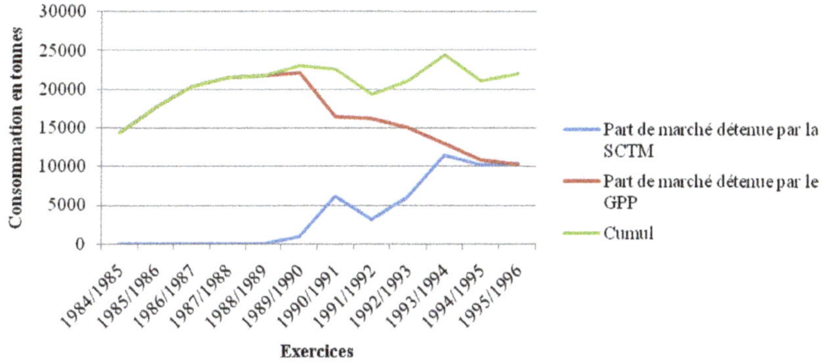

Graphique 11: La consommation de GPL au Cameroun de 1984 à 1996 (en tonnes)
Source : CDA-SCDP, Experts Comptables Associés (ECA), Rapport final de l'audit, p. 163.

secteur de la distribution des produits pétroliers pour remettre en cause la concurrence[624].

Le rôle de personnalités politiques nationales dans le façonnement de ce nouvel agencement de la distribution de produits pétroliers au Cameroun est pour le moins ambigu. La presse a souvent indiqué que la réussite de la SCTM est rendue possible par les interventions du chef d'État camerounais Paul Biya[625], voire de l'un de ses proches collaborateurs Édouard Akame Mfoumou[626], sans doute pour assurer la promotion du capital privé national dans une activité essentiellement contrôlée par les sociétés étrangères[627]. D'ailleurs, Christophe Sielenou ne bénéficie pas seul de ce coup de pouce. D'autres jeunes entrepreneurs nationaux à

---

624 CDA-SCDP, Experts Comptables Associés (ECA), Audit de la filière GPL, pp. 38–39.

625 D. Nkwebo, « Nécrologie : infortuné Christophe Siélenou », *Le Jour*, n° 987, 27 juillet 2011.

626 Il est directeur général de la Banque internationale pour le Commerce et l'Industrie du Cameroun (BICIC) entre 1984 et 1989, puis secrétaire général de la Présidence de la République en 1989 et ministre de l'Économie et des Finances entre 1996 et 2001.

627 Entretien avec Charlemagne Mbiakop, 28 juin 2011. Celui-ci analyse cette volonté de l'exécutif camerounais à remettre en cause les positions dominantes des sociétés pétrolières étrangères, en grande majorité françaises, par la suspicion qu'il porterait sur leur implication dans la tentative de coup d'État de 1984.

l'instar de James Onobiono et Alphonse J. Bibehe, à la tête de la Société industrielle de tabac (SITABAC) et de SIAC Isenbeck respectivement auraient été soutenus par Akame Mfoumou notamment[628]. L'expérience difficile de la SCTM marque donc le début de l'incursion des PME nationales dans le secteur.

Par ailleurs, à l'entrée remarquée des nationaux dans le secteur s'est greffé un phénomène souvent relégué à la marge de l'évolution de l'activité de distribution de produits pétroliers au Cameroun : la libéralisation du secteur pétrolier s'est aussi faite par le bas, par le truchement de la contrebande. Ce phénomène n'est pas nouveau au Cameroun. En avril 1954 par exemple, une correspondance du délégué du Nord-Cameroun adressée au président de la Chambre de Commerce à Douala et relative à la vente de carburants dans cette région relevait déjà l'exportation illégale de gasoil et d'essence vers le Tchad[629].

Au début de la décennie 1990, dans le contexte de la crise, la contrebande des produits pétroliers prend de l'ampleur et s'attaque de façon incisive aux intérêts des détenteurs de l'économie de la distribution des produits pétroliers. Elle invente de façon parallèle des stratégies pour échapper à la répression lancée par l'État[630]. Portée par une économie qui devient toujours un peu plus informelle, la contrebande génère une concurrence jugée « déloyale ». La vente du « *Federal* » au Cameroun comme dans les autres pays d'Afrique centrale et de l'Ouest, contribue à y créer un véritable marché parallèle des produits pétroliers[631].

Le prix moyen de cette essence en grande partie issue des raffineries du Nigéria, auquel n'est ajoutée aucune charge fiscale, est plus attractif

---

628 M. Enguéléguélé, « L'analyse des politiques publiques dans les pays d'Afrique subsaharienne : les apports de la notion de 'référentiel' et du concept de 'médiation' », *L'Afrique politique 2002 : Islams d'Afrique : entre le local et le global*, 2003, pp. 241–242.

629 Bulletin d'information de la CCIAC, n° 4, avril 1954, p. 177.

630 Parmi les initiatives prises par l'État pour lutter contre la contrebande, on retient l'Opération Coup de poing dans les circonscriptions de Bafoussam et de Bandjoun de la région de l'Ouest et l'Opération Daurade dans le Sud-ouest.

631 Voir sur le phénomène de la contrebande de produits pétroliers CDA-SCDP, Enquête sur la contrebande de produits pétroliers au Cameroun ; J. Herrera, « Du « fédéral » et des « Koweïtiens » : la fraude de l'essence nigériane au Cameroun », *Autrepart*, n° 6, 1998, pp. 181–202 ; OCISCA, Les échanges transfrontaliers entre le Cameroun et le Nigéria, Rapport final, février 1995, pp. 23–29.

que celui de l'essence produite par la SONARA[632]. Très vite, la rentabilité de cette activité contribue à diversifier les sources nigérianes d'approvisionnement. De plus en plus de quantités proposées sur le marché camerounais proviennent de fuites lors des transferts de produits pétroliers de la SONARA à la SCDP, de la SCDP à ses dépôts régionaux, de la SCDP aux distributeurs et de vol à la Régie des Chemins de Fer du Cameroun (REGIFERCAM) qui assure le transport de ces produits vers le Nord du pays, dans les aéroports et dans les soutes de l'armée[633].

En attendant qu'une étude concrète soit menée à ce sujet, on peut envisager qu'en plus d'avoir eu une incidence sur les recettes fiscales de l'État[634], la contrebande a une incidence sur l'activité des stations-service (cf. graphique 12). Ce serait d'ailleurs dans ce contexte que celles d'Agip et de BP ont disparu du paysage camerounais[635].

---

[632] Javier Herrera en donne une illustration en s'appuyant sur le prix de l'essence à Garoua :

Période	**Prix maximum du litre de *Federal* en francs CFA**	**Prix officiel à la pompe en francs CFA**
Avril –mai 1993	190	195
Août –septembre 1994	261	329
Novembre –décembre 1994	256	329
Mars 1995	252	285
Avril 1995	239	285
Février 1996	304	330
Avril 1996		340

Source : Herrera, art. cit., p. 191.

[633] CDA-SCDP, Enquête sur la contrebande de produits pétroliers au Cameroun.

[634] Aerts, op. cit., pp. 178–180 : dans l'impossibilité de percevoir la taxe spéciale sur les produits pétroliers, cela afin de réduire les écarts de prix entre les produits de contrebande et les produits raffinés par la SONARA, l'État a accusé un manque à gagner de 7 305 462 356 francs CFA au cours de l'exercice 1988/1989 et de 13 224 759 720 francs CFA au cours de l'exercice suivant ; voir également Herrera, art. cit., pp. 184 et 195.

[635] CDA-SCDP, Enquête sur la contrebande… Il faut néanmoins relativiser le caractère déterminant de la contrebande sur la fin des activités de BP, notamment au Cameroun. Ce choix devrait être replacé dans la stratégie régionale de la compagnie pétrolière : Tidiani Ben Al Houssein estime ainsi que la raison du départ de BP de l'Afrique au début des années 1990 était le besoin de désinvestir

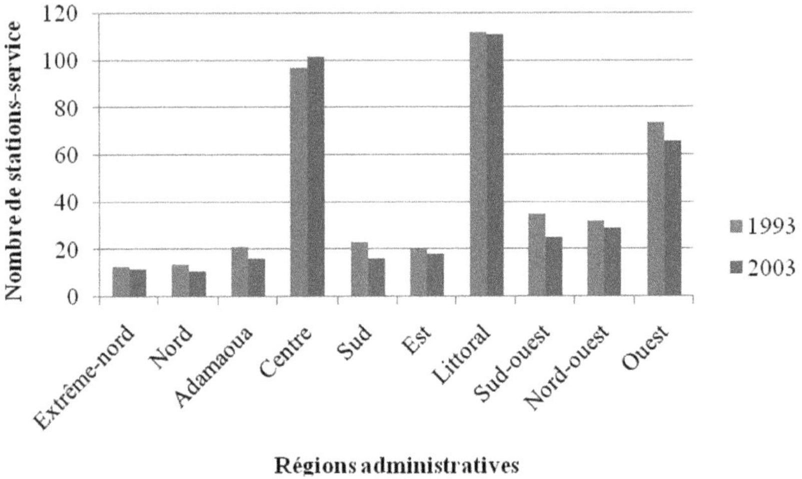

Graphique 12: Les stations-service au Cameroun, par régions (1993–2003)
Source : CDA-SCDP, Experts Comptables Associés (ECA), Audit de la filière GPL, p. 23 ; CDA-SCDP, MINMEE, Stratégie du ministère de l'eau et de l'énergie, p. 253.

On note de manière générale une régression de l'activité et de la présence des stations-service entre 1993 et 2003. Les régions de l'Ouest et du Sud-ouest où le commerce du « *Federal* » est d'une certaine importance affichent des niveaux de régression plus importants. Le Centre est épargné par ce phénomène, enregistrant même une augmentation du nombre de stations-service. Pour peu que ces statistiques soient justes, elles mettent en exergue l'importance du phénomène de contrebande sur l'activité autorisée de la distribution des produits pétroliers au Cameroun. On passe ainsi de 441 stations-service en 1993 à 406 en 2003. En dehors de la région du Centre et de sa capitale Yaoundé où la présence de la force publique décourage sans doute le développement de ce phénomène, on note partout ailleurs la fermeture de stations-service entre 1993 et

pour poursuivre sa restructuration entamée en 1992. Voir à ce sujet Tidiani Ben Al Houssein, « Situation du marché de la distribution pétrolière en Afrique de l'ouest : quelles conditions pour la naissance d'un champion africain dans la distribution pétrolière ? », Communication à la Conférence sur le pétrole et le gaz en Afrique, 2 avril 2013, consulté sur http://www.lecalame.info/debats/item/214-quelles-conditions-pour-la-naissance-d%E2%80%99un-champion-africain-dans-la-distribution-p%C3%A9troli%C3%A8re-

2003. À l'analyse, il s'avère également que les zones rurales sont les plus affectées par ce recul de la distribution licite des produits pétroliers.

Si la libéralisation permet de reconstituer quelque peu le tissu des stations-service dans les villes, elle ne permet pas de restaurer l'approvisionnement des centres ruraux. 231 stations-service étaient implantées dans ces centres en 1993 ; en 2003, il n'y en a plus que 76. Malgré les incitations du gouvernement, le caractère attractif et l'intérêt pécuniaire de l'activité de distribution poussent les sociétés de distribution à multiplier leur présence dans les centres urbains où la consommation est plus intéressante[636].

Malgré la déréglementation, l'accès aux produits pétroliers reste donc une grande préoccupation aux ramifications économiques, mais aussi sociales. On se souvient qu'en février 2008, le Cameroun a fait face à ce qui a été qualifié minimalement d'« émeutes de la faim ». Beaucoup semblent avoir oublié qu'elles sont parties d'un préavis de grève des transporteurs effarouchés par l'augmentation du prix des carburants. Quelques mois auparavant, des émeutes avaient éclaté dans diverses localités du pays en réaction aux problèmes d'approvisionnement en énergie électrique. Dans cet autre secteur traversé par la libéralisation, les rapports entre acteurs publics et privés se sont également avérés mouvementés.

B. La réforme du secteur de l'électricité

La crise est un vecteur de changements. L'histoire de l'énergie et plus singulièrement de l'électricité au Cameroun, à différentes périodes, l'illustre. La crise économique des années 1980–1990 y génère en effet des changements significatifs dans la production, le transport, la distribution de l'énergie électrique, mais également dans la réglementation de ces activités. La privatisation de la Société Nationale d'Électricité (SONEL) en 2001 est le symbole de ces changements. Cette opération s'inscrit dans une logique plus sinueuse de modification des rapports entre l'État et le capital privé.

---

[636] Entretien avec Charlemagne Mbiakop, 28 juin 2011.

1. *De la privatisation de la SONEL à l'avènement d'AES SONEL : les premières tensions*

La SONEL, en situation de monopole vertical dans le secteur de l'électricité au Cameroun depuis 1974, commence à présenter des signes d'essoufflement à la fin des années 1980. Ses résultats d'exploitation, en progression, contrastent avec sa situation financière devenue précaire. En effet, la puissance installée au Cameroun est passée de 316 à 843 MW de 1975 à 1998 ; la production d'électricité est passée de 1 312 GWh à 2 417 GWh au cours de la même période par exemple[637]. Pourtant, la situation financière de l'entreprise inquiète : ses besoins d'investissements sont estimés en 1994 à 512 millions de dollars[638]. L'entreprise fait également face à d'importants impayés de la part de ses clients publics[639]. Les coupures intempestives de la fourniture d'énergie électrique à la veille du Sommet Afrique-France (17–19 janvier 2001) dans la ville de Yaoundé sont alors le signe que les problèmes techniques se multiplient eux aussi.

Certains ne manquent pas d'imputer ces inefficacités organisationnelles et techniques, par ailleurs observables dans une grande majorité des entreprises monopolisant l'activité électrique à travers le monde, à l'absence de concurrence. Après de longues décennies au cours desquelles le monopole de l'entreprise publique a été forgé comme une évidence, la concurrence et le capital privé sont progressivement réintroduits dans le

---

637 S.A. Godong, *Implanter le capitalisme en Afrique : Bonne gouvernance et meilleures pratiques de gestion face aux cultures locales*, Karthala Éditions, 2011, p. 74.

638 F. Tchapga, op. cit., p. 149. À la même période, les besoins d'investissements de la SEEG sont de 173 millions et ceux d'EECI/CI de 15 millions, ce qui reflète assez bien l'ampleur des difficultés financières de la SONEL. Voir aussi Godong, op. cit., pp. 74–75. Ce dernier met l'accent sur les dysfonctionnements de plus en plus prononcés de la fourniture de l'énergie électrique dus à la vétusté des équipements de production.

639 MINEPAT, 6A197, SONEL, Le secteur de l'électricité au Cameroun, 1998, p. 5. En 1996–1997, les impayés de l'État à la SONEL ainsi que ceux des Communes s'élèvent à 13,5 milliards de francs CFA. En 1997, l'État du Cameroun et ses différents démembrements accusaient des impayés évalués à 18,5 milliards de francs CFA à la SONEL, soit environ 88 % des 21,04 milliards de francs CFA de la dette échue non payée de cette entreprise. Voir MINEPAT/ARSEL, Étude/audit de la consommation et de la conservation d'énergie électrique dans le secteur public, Résumé exécutif, décembre 2003, p. 9.

secteur. Les premières expériences sont à cet effet américaine (1978) et britannique (1989)[640].

Les réformes du secteur électrique visent ainsi à quitter d'un système monopolistique à un système concurrentiel, introduisant la déréglementation progressive du secteur à l'échelle mondiale[641]. C'est ce que défend John E. Besant-Jones lorsqu'il note : "*Competition is introduced to power markets to achieve price reductions and improvements in electricity services (...) The social costs of private ownership could exceed the benefits under weak competitive conditions*"[642]. La déréglementation, par le biais de la levée des monopoles et de l'ouverture à la concurrence, s'impose donc comme une nécessité pour contourner ces inefficacités et amoindrir les tensions de trésorerie des entreprises d'électricité[643].

Dans le cadre de l'ajustement structurel, un contrat de performance est ainsi signé entre la SONEL et l'État du Cameroun le 22 juin 1989. Il a pour objectif d'assainir la situation financière de l'entreprise. Chacune des parties prend une série d'engagements censés converger vers ce but. À cet effet, la direction de la SONEL s'engage à rendre plus rationnelle et plus efficace la gestion de l'entreprise. L'État prend quant à lui l'engagement de l'aider à rééquilibrer sa situation financière[644]. Le 3 octobre 1990 pourtant, le gouvernement rend publique sa décision de privatiser la SONEL[645].

C'est finalement en juin 1995 que la réforme du secteur de l'électricité au Cameroun est amorcée. Toutefois, les modalités de cette opération ne sont formellement précisées qu'à la fin de l'année 1999 lorsque le gouvernement fait part de son intention de céder aux investisseurs

---

640 C. Stoffaës, « La dérégulation de l'électricité a-t-elle atteint ses limites ? », IEPF, *Liaison Énergie-Francophonie*, n° 73, 2006, p. 21.

641 E. Boutitié, G. Reinaud, « L'électricité désintégrée ? », *Conjoncture-Paribas*, septembre 1997, repris dans « La mutation du secteur de l'électricité », *Problèmes économiques*, n° 2544, 28 novembre 1997, pp. 29–32.

642 J.E. Besant-Jones, Reforming Power Markets in Developing Countries: What have we learned? Washington D.C., The World Bank, 2006, p. 71.

643 Tchapga, op. cit., p. 144.

644 CDA-SCDP, MINMEE/Agence canadienne de développement international, Plan énergétique national phase 1 : étude sur la tarification de l'électricité au Cameroun, vol. 1, Rapport définitif, Lavalin International Inc., Montréal, Québec, 1990, pp 19–20.

645 Se référer au décret n° 90/1423 du 3 octobre 1990 portant décision de privatisation d'entreprises du secteur public au Cameroun.

privés 51 % du capital social de la SONEL[646]. C'est en réalité dans une restructuration profonde de son industrie électrique, par le biais de la libéralisation des activités de production, de transport et de distribution de l'énergie électrique, que se lance le Cameroun à la fin des années 1990[647]. Le libéralisme et la déréglementation triomphent. La présence d'une filiale de la Banque mondiale, la Société Financière Internationale (SFI), aux côtés du gouvernement à titre de conseiller pour la privatisation de la SONEL, le garantit[648].

Cinq groupes et consortiums internationaux sont préqualifiés à cet effet : SAUR International, un consortium EDF/Bouygues (France), Hydro-Québec (Canada), AES Corporation (États-Unis), Tractabel/Eskom (Afrique du Sud) et Union Fenosa (Espagne)[649]. De ces entreprises, seules AES et SAUR sont retenues en novembre 2000, la dernière citée émettant par la suite des réserves quant à la délicate situation financière de la SONEL[650]. C'est finalement AES qui reprend le contrôle de l'entreprise le 18 juillet 2001.

À la SONEL dissoute se substitue donc AES SONEL dont le capital social est réparti entre le groupe AES Corporation (51%), l'État du

---

646 A. Bagui Kari, *Regard sur les privatisations au Cameroun*, Yaoundé, IPAN, 2001, p. 36.

647 Pour une présentation détaillée de la restructuration du secteur électrique au Cameroun, voir R. Balla, C. Essouma Akono, I. Fontawouo et L.S. Same, « Cameroun : analyse du contrat en vigueur », in D. Lévy, A. Ged (dir), *Partenariat public privé dans le secteur de l'électricité*, vol. 2, Publications de l'IEPF, 2007, pp. 107–136.

648 Bagui Kari, op. cit., p.36.

649 *Ibid.*, pp. 36–37. La Société d'Aménagement Urbain et Rural est créée en 1933 par Pierre Crussard. Elle se spécialise dans la conception et l'exploitation des installations de production d'eau. Elle est acquise par Bouygues en 1984 et commence à développer en 1994 un partenariat avec EDF pour permettre leur développement commun à l'international. La Commission hydroélectrique du Québec (Hydro-Québec), est quant à elle créée en 1944 par la Loi québécoise d'expropriation des actifs électriques et gaziers. Elle est l'une des premières entreprises électriques à dépasser le cap de 1 milliard de dollar de bénéfice net, en 2000. En 2001–2002, elle entame sa réorganisation par la séparation de ses activités de production, de distribution et d'équipement. Applied Energy Services (AES Corporation) est un groupe créé en 1981. Eskom, elle, est une entreprise sud-africaine créée en 1923 avec pour objet la production et la distribution de l'énergie électrique. Unión Fenosa est créée en 1982 de la fusion de Unión Eléctrica et de Fuerzas Eléctricas del Noroeste S.A.

650 Bagui Kari, op. cit., p. 37.

Cameroun (44%) et le personnel de l'entreprise (5%). Un contrat de concession est établi entre l'État et AES SONEL pour une durée de 20 ans (cf. tableau 20). Les ambitions de cette nouvelle entité, portées par une communication vigoureuse, sont d'améliorer de manière substantielle l'offre de service en matière de fourniture de l'énergie électrique au Cameroun.

Très vite pourtant, l'idylle tourne court. Les coupures de la fourniture d'énergie électrique se multiplient, devenant de plus en plus longues et de plus en plus répétées. Elles vulgarisent le vocable « délestage » au Cameroun. La faute est rejetée sur le déficit énergétique du pays. Les conséquences sont significatives sur le plan industriel puisque l'ensemble des unités de production doivent réduire leur production. La réaction

Tableau 20: Quelques dispositions du contrat de concession d'AES SONEL

Aspect	Description
Augmentations tarifaires	Le calendrier des augmentations de prix est le suivant (hors inflation) : 18 juillet 2001 5 % 18 juillet 2002 7.5 % 18 juillet 2003 7.5 % 18 juillet 2004 7.5 % 18 juillet 2005 0 %
Continuité de service	Une période initiale de 3 ans sans pénalité a été accordée à AES-SONEL. Après cette période de 3 ans, une pénalité de 700 FCFA/kWh est appliquée pour les kWh non fournis.
Électrification	Chaque année, 68 000 nouveaux foyers devraient être raccordés au réseau de distribution. Au bout de 20 ans, l'objectif est d'avoir 1 million de nouveaux foyers électrifiés.
Investissements	Un investissement de 1 000 milliards de FCFA (environ 200 millions de dollars US) devrait être réalisé en 5 ans dans de nouvelles infrastructures, y compris l'hydroélectricité. Cet investissement sera financé par des flux de trésorerie et des prêts. L'investissement dans le projet de barrage de Lom Pangar a également été mentionné.
Marges bénéficiaires	Une marge bénéficiaire garantie a été spécifiée dans le contrat de concession.

Source : Pineau P.-O., "Transparency in the Dark – An Assessment of the Cameroonian Electricity Sector Reform", 1st African Energy Week, Abuja, March 24, 2004, p. 7.

d'ALUCAM, la principale d'entre elles, est intéressante à évoquer. La correspondance que son directeur général, Raphaël Titi Manyaka, adresse au directeur général d'AES SONEL, sans doute entre la fin de l'année 2001 et le début de l'année 2002, en rend compte :

> Pour des raisons techniques évidentes de maintien en équilibre du réseau AES-SONEL que je n'ai pas besoin de rappeler ici, écrit-il, Alucam n'a pas d'autres choix que de se conformer aux demandes de réduction de puissance que votre dispatching adresse à notre salle de contrôle. Ces demandes insuffisamment programmées et souvent même totalement imprévisibles, sont en réalité des ordres auxquels nous devons nous conformer dans les plus brefs délais. Comme vous le savez, puisque cela est bien exposé en annexe de notre Contrat et que j'ai eu maintes fois l'occasion de vous le rappeler, cela perturbe gravement la marche de nos installations et nous cause des pertes de production très importantes. Nous sommes donc en toutes circonstances « captifs » de votre gestion qui nous a très gravement affectés au cours du trimestre écoulé[651].

Après une entame ironique où la situation est clairement présentée, la correspondance prend vite une saveur amère. Mise en demeure, rappel des obligations contractuelles et des dispositions d'indemnisation se succèdent pour tenter de contraindre la direction d'AES SONEL à trouver des solutions urgentes et durables au problème de la fourniture d'énergie électrique à ALUCAM. Il est sans doute indiqué de rappeler que l'industrie métallurgique est tributaire de la disponibilité et de l'accessibilité de cette énergie et que l'implantation d'ALUCAM au Cameroun a largement conditionné le développement de l'industrie électrique dans ce pays.

Au-delà du cas d'ALUCAM, il faut indiquer que c'est l'ensemble de la production du Cameroun qui est affecté par ces délestages. Les pertes de production subies par les entreprises industrielles du fait des interruptions de la fourniture d'électricité sont évaluées à près de 60 milliards de francs CFA en 2006[652]. Cet état de fait génère le ralentissement de la croissance

---

[651] MINEPAT, 6A197, Correspondance n° RTM/HTM/040/02/DG.ALU (Raphaël Titi Manyaka) au DG AES SONEL, s.d., probablement entre la fin 2001 et le début 2002, p. 1.

[652] T. Tamo Tatietse, A. Kemajou, B.S. Diboma, « Offre d'électricité et développement des entreprises industrielles au Cameroun », URL : www.polytechcm.org/IMG/pdf/publication.pdf, consulté le 5 juillet 2013. Cette évaluation reprend les données fournies par B.S. Diboma, « Offre d'énergie électrique et développement

des entreprises, la baisse des investissements productifs et la baisse de productivité de celles-ci. La croissance annuelle du PIB national est ainsi ralentie d'1 %[653].

Sur le plan social, les difficultés d'AES SONEL à assurer la fourniture régulière en énergie électrique sont décriées par une grande partie de la population. Une enquête de l'ARSEL, datée de 2012, étaye cette situation. Sur un échantillon de 10 000 abonnés, soit 9860 abonnés en basse tension et 140 abonnés en moyenne tension, 57,4 % des enquêtés estiment que l'interruption de la fourniture de l'énergie électrique intervient au moins 4 fois par semaine[654]. Ce type de frustrations, permanentes depuis la privatisation, se soldent par des émeutes violentes aux mois de septembre 2007 dans la localité d'Abong Mbang à l'Est du pays, et de novembre 2007 dans la localité de Kumba dans le Sud-ouest[655]. Aux trois morts déplorés, ainsi qu'à l'incendie des bâtiments publics lors de ces événements, il faut rajouter les nombreux drames familiaux causés par des incendies partis de la mauvaise utilisation de bougies pour l'éclairage lors des interruptions de la fourniture d'énergie électrique et par des court-circuits. Dans le même temps, la commercialisation de groupes électrogènes se développe[656]. Leur usage est cependant controversé du fait des nuisances sonores qu'ils génèrent et de l'investissement supplémentaire qu'impose l'achat du combustible. C'est donc à une véritable précarité énergétique que sont exposés les Camerounais depuis la privatisation.

Les difficultés de fourniture de l'énergie électrique par AES SONEL au milieu des années 1990 permettent de remarquer l'émergence d'un nouveau type d'acteurs : les associations de consommateurs. Elles existent certes depuis le début des années 1990, mais leur présence est ravivée par le processus généralisé de libéralisation de l'économie. AES-SONEL

des industries au Cameroun», mémoire de DEA en Sciences de l'Ingénieur, Université de Douala, 2007.

653 *Ibid.* Les auteurs citent en référence P.O. Pineau, "Electricity sector reform in Cameroon: is privatisation a solution?" *Energy Policy*, Special issues "Africa: improving Energy services for poor", vol. 30, 2002, pp. 999–1012.

654 ARSEL, Rapport annuel 2012, p. 24.

655 P.G. Bikidik, Analyse du secteur de l'énergie électrique au Cameroun, bilan des actions de plaidoyers et système de tarification de l'électricité, Réseau associatif des consommateurs de l'énergie, s.d., pp. 10–12.

656 *Ibid.*

elle-même reconnaît l'existence de 24 d'entre elles, en initiant avec elles un cadre de concertation[657]. Le gouvernement lui également reconnaît leur importance, ce qui débouche sur la promulgation d'une loi-cadre n° 2011/012 portant protection du consommateur au Cameroun le 6 mai 2011. Le foisonnement d'associations des consommateurs est sans doute l'un des aspects les plus négligés de l'analyse de la mise en œuvre de la libéralisation économique au Cameroun. Ceux-ci s'intègrent pourtant dans la logique de pouvoir des entreprises qui suscite un contre-pouvoir de la part du consommateur. L'économiste John Kenneth Galbraith analyse ainsi cette situation :

> Les consommateurs s'organisent en associations pour réclamer une meilleure information, pour obtenir des lois protectrices destinées à garantir la sûreté, la durabilité et la qualité des produits qu'ils achètent (...) Ce mouvement

---

[657] AES-SONEL, «Scoring associations de consommateurs pour la plateforme», URL : www.aessoneltoday.com/plate-forme-associations-de-consommateurs-et-aes-sonel/fr/download/file/0,0/129,nous-invitons-les-presidents-des-associations-de-consommateurs-ci-dessus-listes-a-consulter-le-scoring, consulté le 12 septembre 2014. Il s'agit de : Mission Clarité pour les droits des consommateurs en électricité créée en 2001, Mouvement national des consommateurs (MNC) créé en 2008, Association camerounaise des consommateurs d'énergie (ACCEAPE) créée en 2009, Association camerounaise pour la protection des consommateurs (ACPC) créée en 2000, Association religieuse pour la défense des consommateurs (RADC), Cameroon Network for Development & Environment (CNDE CONSO) créé en 1997, Millénaire International Plus (MIPLUS) créé en 1999, Union des consommateurs du Cameroun (UCOCAM) créée en 1994, Association de défense des droits des consommateurs d'eau et de l'énergie électrique du Cameroun (ASCEEEL) créée en 2009, Consommateurs associés du Cameroun (CAC) créé en 2007, Fonds juridique pour la protection et la défense des consommateurs au Cameroun (FOPRODEC) créé en 2006, Organization for Consumers Sovereignty (OCOSO) créée en 2003, Chambre Nationale des Consommateurs du Cameroun (CNACOC) créée en 1994, Mouvement Lumière et Justice (MLJ), Ligue Camerounaise des Consommateurs (LCC) créée en 2002, Groupement National de Défense des Droits des Consommateurs (GNDDC) créé en 2006, Organisation pour la protection des droits et intérêts humains (OPDIH) créée en 2009, Action Stratégique pour un Développement Global (ASDEG) créé en 1998, Ligue Africaine de Défense des Droits de l'Homme et des Libertés (LADOHL) créée en 2006, Public Concern créé en 2002, Bureau National de Protection des Consommateurs (BNPC) créé en 1994, Organisme d'Appui à la Protection Civile (OAPC) créé en 2006, CIC CONSO créé en 2009, Association Nationale pour la Défense et la Protection des Consommateurs (ANDPC) créée en 2007.

que nous appelons le «consumérisme» est un parfait exemple de pouvoir compensatoire[658].

Les initiatives de certaines associations telles que le Réseau associatif des consommateurs de l'énergie au Cameroun (RACE) ou de l'ASDEG permet de se faire une idée de l'action globale menée par les associations de consommateurs dans le secteur de l'électricité au Cameroun. Le RACE par exemple est un collectif d'associations et de particuliers intéressés à la gestion durable des ressources fossiles et à l'accès équitable à toutes formes d'énergie. Cette ONG œuvre à la promotion des droits et à la défense des intérêts économiques et sociaux des consommateurs par la mobilisation de l'opinion publique et l'interpellation des pouvoirs publics.

L'ASDEG est quant à elle une ONG établie à Bafoussam et ayant pour mission l'identification et l'appui aux actions pouvant contribuer à l'épanouissement de l'homme dans la perspective d'un développement local durable. Elle s'illustre en 2010 par la publication d'une série d'enquêtes intitulée : Plaidoyer pour la réduction du coût d'électricité et d'eau au Cameroun[659].

Les difficultés qui s'accumulent dans la distribution de l'électricité au Cameroun sont liées à la privatisation de ce secteur. Nombreux sont ceux qui pensent que la valeur de l'entreprise SONEL a été surestimée au moment de la privatisation. Citant un rapport du ministère du Développement industriel et commercial, Kengne Fodouop relève ainsi que «les capacités opérationnelles de la société ont été surestimées à 60 % et, … la demande effective d'énergie du secteur public minorée d'au moins trois points»[660]. Les tensions et les désaccords entre les pouvoirs

---

658 J.K. Galbraith, N. Salinger, *Tout savoir – ou presque – sur l'économie*, Paris, Éditions du Seuil, 1978, p. 181.

659 Trois synthèses sont réalisées : Maxime Kamdem Kamdem, Enquête et analyse de la problématique du coût de l'électricité au Cameroun, le cas de Yaoundé; Paul Gérémie Bikidik, Analyse du secteur de l'énergie électrique, bilan des actions de plaidoyers et tarification; Zacharie Saha & Germain Dzoyem Sokeng, Enquête et analyse de la problématique du coût de l'électricité et d'eau dans une ville universitaire du Cameroun : le cas de Dschang. URL http://www.ladiaconie.net/asdeg.net/images/stories/ducuments/pdf230911/electricite_eau_rapport_diagnostic_final_asdeg_val.pdf.

660 Kengne Fodouop, «Une stabilité politique rare», in Kengne Fodouop (dir), *Le Cameroun. Autopsie d'une exception plurielle en Afrique*, Paris, L'Harmattan, 2010, p. 258.

publics et AES SONEL se multiplient. Depuis lors, on observe dans le secteur de l'électricité de nouveaux développements, initiés par les différents acteurs, et qui laisse à penser que la mutation de ce secteur est loin d'être achevée au Cameroun[661].

2. *Vers un nouveau rôle de l'État dans le secteur de l'électricité au Cameroun ?*

On peut raisonnablement s'interroger sur le sens de la privatisation du secteur électrique au Cameroun. L'activité, contrôlée par le capital public jusqu'en 2001, passe majoritairement aux mains de l'actionnariat privé. AES SONEL, comme la SONEL avant elle, hérite d'une situation de monopole de fait. Le contrat de concession qui lie AES SONEL à l'État accorde à cette entreprise un monopole sur la vente de l'énergie électrique aux usagers « basse tension » toute la durée de la concession. Il fait également d'elle l'acheteur unique pendant les cinq premières années de la concession[662]. Ces dispositions verrouillent donc le secteur contre toute possibilité de libéraliser véritablement la production, dans le court terme, et la distribution, dans le long terme, malgré les directives libérales qui commandent à travers le monde une désintégration des monopoles en activités confiées à des acteurs différents.

La restructuration du secteur électrique camerounais de 1998 consacre néanmoins l'existence de plusieurs producteurs. Bien entendu, la production autonome pour l'électrification rurale et des activités industrielles spécifiques est préservée, voire renforcée. La création de l'Agence d'Électrification Rurale (AER) le 24 décembre 1998, dont le rôle est de promouvoir l'électrification des zones rurales, laisse envisager un intérêt nouveau autour de la problématique souvent négligée. Plus significativement, de gros producteurs se constituent dans la deuxième moitié des années 2000 : Electricity Development Corporation (EDC)

---

661 La cession des actifs d'AES au fonds d'investissement Actis en 2014 n'en est qu'un des indicateurs les plus récents. À l'annonce de ce retrait, quelques consortiums et groupes se sont prononcés en faveur d'une reprise de la société d'électricité. Parmi celles-ci, on a relevé le consortium composé du fonds souverain d'Abou Dhabi, Mubadala Development Company, et du producteur indépendant d'électricité ContourGlobal. C'est finalement, le fonds d'investissement britannique Actis qui reprend les actifs d'AES au Cameroun pour un montant de 220 millions de dollar US.

662 Pineau, art. cit., p. 5.

en 2006, Hydro Mekin en 2010, Kribi Power Development Corporation (KPDC) en 2007 et Dibamba Power Development Corporation (DPDC) en 2010. Dans le cas de KPDC par exemple, AES SONEL (56 % du capital) et l'État (44 % du capital) s'associent pour développer, construire et exploiter des centrales électriques. La principale réalisation de cette entité est la construction de la centrale à gaz de Kribi et sa mise en activité le 28 décembre 2012.

Dans les deux premiers cas, l'État du Cameroun se constitue actionnaire unique de ces entités dont l'objectif est de prendre une part considérable dans le développement du secteur de l'électricité. La revue *Marchés africains* en vient à titrer en 2008 : « L'État tente de reprendre en main sa politique énergétique »[663]. On a en effet pensé qu'avec la privatisation de la SONEL et la création de l'ARSEL, l'État central se serait totalement désengagé de ce secteur[664]. La création de nouvelles entreprises publiques vient pourtant démonter toute certitude quant aux intentions et à l'action du gouvernement dans ce secteur. Est-ce pour faire face à l'incapacité d'AES SONEL à résorber seul le déficit énergétique national ? Est-ce *a contrario* pour poursuivre la libéralisation du secteur en levant le pseudo-monopole d'AES SONEL tout en assurant de façon provisoire peut-être l'existence de la concurrence ?

Les deux options semblent plausibles. Dans le premier cas, on pourrait suggérer que, dans l'absolu, une telle intervention de l'État ne se justifierait que si des inefficacités persistaient dans le secteur[665]. Dans le second cas, on doit bien reconnaître que la modification de la législation qui encadre les activités électriques au Cameroun suggère que la mutation du secteur reste d'actualité[666]. Et encore, l'un n'exclut pas l'autre : les

---

663 V. Lescot, « L'État tente de reprendre en main sa politique énergétique », *Marchés africains*, hors-série, n° 6, 2008, p. 46.

664 Une vive critique entoure la mise en place de l'ARSEL au Cameroun et son rôle véritable dans le secteur réformé de l'électricité : A. Nguelietou met par exemple en cause l'insuffisance des moyens et le manque d'indépendance de cet organisme de régulation du fait qu'il a été placé sous la tutelle administrative du ministère en charge de l'énergie, ce qui serait contraire aux principes d'indépendance des établissements publics indépendants auxquels est comparable l'ARSEL. Nguelieutou, art. cit., p. 10.

665 P. Mouandjo B. Lewis, *État et régulation en Afrique*, tome 3 : *l'économie politique de l'Afrique au XXIe siècle*, Paris, L'Harmattan, 2002, p. 26.

666 Après l'adoption de la Loi n° 2011/022 du 14 décembre 2011 régissant le secteur de l'électricité au Cameroun, la lecture du rapport 2012 de l'ARSEL permet d'entrevoir les pistes de la mutation à venir. On y parle en effet de projet de décret

dysfonctionnements du secteur, malgré la réforme et la privatisation, sont bien de nature à susciter le parachèvement de la réforme initiée. Quoiqu'il en soit, l'évolution du secteur de l'électricité ouvre la voie à de nouveaux agencements entre l'État et le capital privé. Depuis le 29 décembre 2006, une loi fixe le régime général des contrats de partenariat entre la puissance publique et le capital privé. Celle-ci ne définit cependant pas les formes de partenariat. Elle se contente de préciser les modalités de recours à ces contrats, leur contenu, leurs conditions d'exécution, le mode de sélection du partenaire privé ainsi que d'autres aspects fiscaux, financiers, fonciers et domaniaux.

De manière empirique toutefois, il existe une grande diversité de contrats de partenariats public-privé largement expérimentés dans le secteur de l'électricité à travers le monde. En réalité, tous ces contrats ne sont rien d'autre que des formes de délégation de gestion usuelles rassemblées sous le vocable de « partenariats public-privé »[667]. On évoque de plus en plus des contrats en BOT (Build, Own, Transfer) ; BOOT (Build, Own, Operate, Transfer) ; BOO (Build, Own, Operate) ; BLT (Build, Lease, Transfer) ; DBFO (Design, Build, Finance, Operate) ; BTO (Build, Transfer, Operate)[668]. Il faut d'ailleurs y rajouter des formes plus connues comme l'affermage, le contrat de gestion, la franchise, la libre concurrence, la sous-traitance et la concession. Les projets de barrages et de centrales hydroélectriques et thermiques sont nombreux au Cameroun, où se mettent en pratique ces arrangements (Lom Pangar,

portant création, organisation et fonctionnement du Fonds de développement du secteur de l'électricité ; de projet de texte portant organisation et fonctionnement de la société de transport et de gestion du réseau de transport ; de projet des statuts de la Société Nationale de Transport de l'Électricité, en abrégé « SONATREL » ; de projet de décret fixant les modalités de perception et de répartition des pénalités pour les infractions commises en matière d'électricité ; de projet de décret régissant les activités de l'électrification rurale ; de projet d'arrêté fixant les modalités de contrôle de conformité des installations électriques intérieures ; de projet de décret portant création et fonctionnement de l'Agence de Maîtrise d'énergie et des énergies renouvelables. Voir ARSEL, Rapport annuel 2012, p. 17.

667 Le partenariat public-privé renvoie à « un contrat qu'associe les compétences du secteur public et du secteur privé pour des opérateurs de conception, de construction, de financement et de gestion d'équipement ou de services publics » M. Nguessan, P. Langlois, L. Biaou, *L'apport du partenariat public-privé dans le financement des projets en efficacité énergétique*, Publications de l'IEPF, 2008, p. 30.

668 Tchapga, op. cit., pp. 162–172 ; Lévy, Ged (dir), *Partenariat public privé dans le secteur de l'électricité*, vol. 1..., pp. 33–45 ; P. Sinclair, « Les différentes formes institutionnelles et leurs fondements juridiques », in OIF, op. cit., pp. 49–58.

Nachtigal, Song Ndong, Song Mbengue, Kikot, Memve'ele, Bini entre autres). La plupart de ces projets ont une orientation industrielle et pas nécessairement sociale. Le développement des sites de Nachtigal, Song-Mbengue, Grand-Ngodi et Kikot est initialement dédié à l'extension d'ALUCAM. Celui de Njock devrait être développé par le Groupe POSCO/DAEWOO International Corporation qui travaille à l'exploitation champ minier de fer de Ngovayang.

Le rôle de l'État dans les économies africaines contemporaines semble aujourd'hui piégé entre le désir d'interventionnisme et le choix de la libéralisation. Comme le souligne Mouhamadou Deme en faisant référence aux pays africains :

> Le débat idéologique dans ces pays est dominé par une alternative simpliste, étatisation ou privatisation, c'est-à-dire l'étouffement par un régime patrimonial ou la désintégration par le FMI et la Banque Mondiale. Comme si l'on devait choisir entre la peste et le choléra[669].

Les partenariats public-privé pourraient alors constituer une alternative à ces contradictions doctrinales ainsi qu'un avenir durable et efficace aux rapports entre l'État et le capital privé. Cette vision complémentaire de l'activité économique, notamment dans le secteur de l'énergie, vise à donner un nouveau souffle au secteur public tout en promouvant le secteur privé[670]. Devant une telle vivacité, Christian Stoffaës lance : « gageons que l'électricité sera, à nouveau comme elle fut au milieu du XXe siècle, un secteur symbolique de ces approches nouvelles de la recherche d'une « Troisième Voie », un compromis pragmatique entre la concurrence et le service public »[671].

Les rapports entre l'État et le capital privé sont, en définitive, mouvementés depuis la crise. Le triomphe du libéralisme sur l'interventionnisme en est le principal accélérateur. La crise a des effets dévastateurs sur l'économie et sur la société, mais également sur l'entreprise publique camerounaise. Pour y faire face, l'État se résout à mettre en application des PAS dès 1988. La réhabilitation des entreprises publiques occupe alors une place importante dans l'histoire récente de ce pays. Dans ses traits généraux, cette situation se résume à un recul de l'État

---

669 M. Deme, « Les privatisations, une solution pour l'Afrique ? », *Politiques et management public*, vol. 13, n° 2, 1995, 50e numéro, cahier 2, p. 122.

670 *Ibid.*, p. 123.

671 Stoffaës, art. cit., p. 23.

compensé par le retour du privé. Une perception aussi manichéenne peut néanmoins tenir de l'exagération, si l'on se focalise sur le développement du secteur de l'énergie par exemple, au cours de cette période.

Les rapports public-privé s'expriment différemment dans le domaine des hydrocarbures et dans celui de l'électricité. Dans le premier cas, on note le malaise évident de l'État à délaisser le contrôle du secteur au capital privé : malgré l'annonce de leur privatisation, la SCDP et la SONARA ne perdent rien de leur caractère public, voire de leur monopole. Par contre, un vent de déréglementation, voulue ou subie, contribue à intensifier la concurrence dans la distribution des produits pétroliers. Cette plus grande ouverture à la concurrence se traduit par l'incursion des entreprises camerounaises, dont la SCTM.

Dans le domaine de l'énergie électrique, le principal changement est la privatisation de la SONEL en 2001. Après un quart de siècle, l'entreprise garante du monopole public affichait des signes évidents d'essoufflement. L'absence de concurrence finit par révéler les inefficacités de l'industrie électrique. La cession de l'entreprise au capital privé s'opère donc, suscitant de grands espoirs. Le début de l'activité d'AES SONEL, transformé en ENEO en 2014, laisse cependant perplexe quant à ce qui a été présenté comme l'avantage de la privatisation des entreprises publiques, à savoir l'amélioration du service public. On peut alors envisager que des agencements nouveaux entre l'État et le capital privé sont à venir, notamment dans le domaine des énergies renouvelables.

CHAPITRE VIII

LE DÉFI DES ÉNERGIES RENOUVELABLES

L'évocation du système énergétique camerounais serait incomplète si l'on n'y associait l'usage du bois de feu et plus largement des énergies renouvelables. Celles-ci désignent des formes d'énergie issues de ressources infinies. Elles recouvrent une diversité de formes et d'usages. Les plus connues sont le bois et la biomasse, le solaire, l'éolien ainsi que l'hydraulique.

Dans les pays du Sud, le bois de feu est certainement la plus utilisée de ces sources d'énergie. Les éléments de la statistique permettent d'ailleurs de suggérer que les 3/5e de la consommation du Cameroun au début du XXIe siècle dépendent de cette catégorie de produits énergétiques[672]. La lente intégration des énergies modernes dans les habitudes des différentes strates sociales laisse raisonnablement à penser que cette proportion était encore plus élevée au cours des premières décennies d'après-indépendance et plus encore au cours des périodes précoloniale et coloniale. La prise en compte des énergies renouvelables dans cette partie de notre travail tient donc de l'intérêt tardif qui leur est accordé dans la compréhension du système énergétique du Cameroun, même si elles sont restées les principales sources de combustibles. La relative accessibilité ainsi que la « modernité » des énergies conventionnelles les ont reléguées au rang d'« énergies des pauvres ». La survenue de la crise économique des années 1980 a contribué à modifier cette tendance.

Ce chapitre interroge la problématique de la promotion des énergies renouvelables dans un pays qui, à l'instar d'autres pays du Sud, est confronté à partir de la fin des années 1980 à de nombreux aléas dont les effets de la crise économique. Celle-ci intensifie de nouveaux rapports dans l'économie nationale puisque, face aux difficultés de l'État à maintenir un engagement entrepreneurial aussi intense qu'au cours de la période précédente, les initiatives économiques parallèles, voire

---

672 CDA-SCDP, MINMEE/Agence canadienne de développement international, Projet de politique et de plan énergétiques pour le Cameroun, Direction de l'énergie / Lavalin International Inc., décembre 1990, p. 51.

informelles, se multiplient. Elles accaparent par exemple la gestion des énergies renouvelables.

L'analyse porte sur l'état des ressources énergétiques renouvelables au Cameroun ainsi que sur l'intérêt qu'elles y suscitent. Elle permet d'insister aussi sur la structuration progressive des différentes filières de ce secteur.

I. Les ressources énergétiques renouvelables au Cameroun

La notion d'énergie est souvent confondue au Cameroun à celle de l'électricité et davantage à celle de l'hydroélectricité. L'administration française estime en 1955 encore que « la seule source d'énergie actuellement connue et exploitable au Cameroun est l'énergie hydraulique »[673], faisant fi de l'utilisation de la biomasse. Les activités liées à l'exploitation des énergies renouvelables sont par conséquent demeurées marginales. En l'absence de statistiques fiables par exemple, les coupes de bois servant à la construction et celles servant au chauffage sont confondues. Ces mesures faussent ainsi les calculs afférant au bois de feu. En 1958, le service des statistiques d'Outre-mer reconnaît aussi la non-comptabilisation des coupes de bois de chauffage au Cameroun et tente de justifier cette défaillance par le prétendu caractère non industriel de cette source d'énergie[674]. La ressource-bois, comme les autres énergies renouvelables, constitue pourtant une ressource importante au Cameroun, du point de vue énergétique.

A. Le potentiel ligneux du Cameroun

Le bois de chauffage, parce qu'il demeure la principale ressource énergétique au Cameroun et plus largement en Afrique au sud du Sahara, est d'un intérêt capital dans l'étude du système énergétique de cette partie du monde[675]. Situé au fond du golfe de Guinée, au-dessus de l'Équateur,

---

673 Rapport annuel du gouvernement français à l'Assemblée générale des Nations Unies sur l'administration du Cameroun placé sous tutelle de la France, année 1955, p. 9.

674 Service des statistiques d'Outre-mer, *Outre-mer 1958*, p. 330.

675 L'Afrique n'est d'ailleurs pas la seule région où le bois constitue une ressource énergétique aussi importante. L'Europe d'avant la Révolution industrielle en

le Cameroun dispose quant à lui d'un formidable potentiel végétal. Il est ainsi admis que près de la moitié du pays est couverte de forêt.

1. Une ressource-bois importante

Le bois constitue un potentiel non négligeable pour le Cameroun. Il fait d'ailleurs partie d'un ensemble plus important : la biomasse. Cette notion renvoie à l'ensemble des organismes vivants sur les continents et dans les océans, qu'ils soient des micro-organismes, des plantes ou des animaux. Cependant, son exploitation comme source d'énergie concerne principalement les plantes et les arbres[676]. Les principaux produits que l'on en tire sont le bois de feu et les déchets de bois, le charbon de bois, la bagasse ainsi que les déchets de coton et de palme. De manière générale, la biomasse est brûlée directement, produisant ainsi de la chaleur. Mais elle peut également être convertie en d'autres formes d'énergie utilisables, comme le méthanol ou des carburants tels que l'éthanol et le biodiesel.

Il faut noter que, du fait de son étalement sur des zones climatiques différentes, le Cameroun ne dispose pas d'un continuum végétal. Au sud, fortement arrosé et humide, deux formations végétales dominent : ce sont en grande partie la forêt dense et moins significativement la forêt dégradée. Au Nord du pays par contre, le climat soudano-sahélien prime, avec une pluviosité qui y est inférieure à 1 000 millimètres par an. Comme à l'ouest, la formation végétale dominante est la savane arborée ou boisée. Ces deux régions se distinguent par ailleurs par la densité de la population qui y est forte et constitue un élément important dans la compréhension de l'évolution du couvert végétal.

2. Le bois : une ressource fragile

De façon générale, la végétation du Cameroun subit une évolution constante due surtout aux activités anthropiques. H. Jacques-Félix

---

est une illustration. De nos jours, cette prépondérance du bois-énergie doit être étendue à tous les pays, principalement aux pays du Sud et plus largement aux pays en difficulté. Voir R. Peltier, P. Montagne, « Le bois de feu peut-il sauver les forêts ? », *Bois et forêts des tropiques*, 1997, n° 252, p. 34. Lors du Sommet mondial sur le développement durable à Johannesburg en août–septembre 2002, on révèle que près de 2 milliards de personnes dépendent pour leur approvisionnement énergétique du bois et de la biomasse à travers le monde. Cette ressource est d'ailleurs d'un usage plus important en Asie du Sud-est qu'en Afrique.

676 B. Chabot, « Énergies renouvelables », *Encyclopedia Universalis*, 2002, p. 235.

observe ainsi la savanisation rapide des régions intermédiaires entre le Sahel et la forêt (l'Adamaoua et l'Ouest principalement) entre la fin des années 1940 et celle de la décennie 1960[677]. L'Institut de l'énergie des pays ayant en commun l'usage du français (IEPF) estime en 1988 que « le prélèvement de bois de feu est souvent présenté comme la cause principale, voire unique, de la déforestation d'une grande partie du Tiers Monde. Mais, le lien entre les deux phénomènes n'est pas toujours aussi simple »[678]. Les aléas climatiques ainsi que les autres usages qui sont faits du bois ne peuvent être ignorés.

Le paysage camerounais est donc, en grande partie, la résultante de travaux agricoles et de l'exploitation du bois d'œuvre et de chauffage. Ainsi, les forêts-galeries, végétation initiale des hautes terres de l'Ouest camerounais, ont subi au fil du temps la forte pression de l'activité humaine, au point de se transformer en savanes herbeuses parsemées d'arbustes. Dans le grand sud, l'évolution du paysage est davantage due à l'exploitation forestière. Celle-ci va bon train depuis la colonisation. Cette activité est d'abord consacrée à la recherche de quelques espèces de bois tropicaux durant le protectorat allemand. Elle porte aujourd'hui sur un nombre plus important d'espèces végétales. On ne peut plus se détourner des scènes désolantes de camions et de wagons transportant des grumes de bois de l'intérieur du pays vers la côte pour alimenter l'intense commerce international.

Dans le but de résorber cette situation, l'arrêt de la pression de l'homme sur la ressource-bois a peu de chance d'être envisagé dans un pays comme le Cameroun où, d'une part le prélèvement de bois de feu issu de la forêt reste un moyen essentiel d'accès à la ressource énergétique et d'autre part, l'exploitation forestière constitue une source importante de devises. En 1975, l'exportation du bois, sous ses formes brute et transformées, rapportait plus de dix milliards de francs CFA à ce pays[679].

---

677 H. Jacques-Félix, « Évolution de la végétation au Cameroun sous l'influence de l'homme », *Journal d'agriculture tropicale et de botanique appliquée*, vol. XV, n° 9–10–11, septembre–octobre–novembre 1968, pp. 351–352.

678 IEPF, *Guide de l'énergie,* Paris, ministère de la Coopération et du Développement, 1988, p. 27.

679 Y. Morel, *Tableaux économiques du Cameroun*, Douala, Collège Libermann, 1978, p. 34.

En 2006, la valeur annuelle des exportations de produits forestiers est de 244 milliards de francs CFA[680].

Un changement en la matière doit nécessairement impliquer l'État, à la fois comme partie intéressée au bénéfice de l'activité forestière et garant du bien-être commun. Il doit aussi impliquer les acteurs économiques et sociaux concernés par ces activités. Les initiatives prises jusqu'alors n'ont que peu de succès. Ainsi, l'action des structures d'État, mises en place seulement à la fin des années 1970, n'est pas particulièrement probante. Différents organismes publics sont créés dans cette optique. Faisant suite au Fonds forestier, le Centre national de développement des forêts (CENADEFOR) est créé en juin 1981. Il a pour mission de valoriser les forêts et promouvoir le bois camerounais. Son action, éloignée de la protection des forêts, est complétée dès décembre 1982 par celle de l'Office national de régénération des forêts (ONAREF). Cet autre organisme est censé, dans le cadre de l'Opération Sahel vert principalement, créer des plantations forestières. Ces deux premières structures sont dissoutes en février 1990 et remplacées par l'Office national de développement des forêts (ONADEF). Cette dernière structure travaille depuis lors à la réalisation d'inventaires forestiers, à l'élaboration et l'exécution de plans d'aménagement et de régénération des forêts domaniales, à l'exécution de tout programme de lutte contre la désertification, de protection des zones à écologie fragile ainsi qu'à toute action de développement de la filière bois[681].

L'une des mesures les plus importantes prises pour faire face au déboisement et à la désertification au nord du Cameroun consiste en grande partie en son reboisement[682]. L'initiative la plus significative dans

680 D. Brown, K. Schreckenberg, N. Bird, P. Cerutti, F.D. Gatto, C. Diaw, T. Fomété, C. Luttrell, G. Navarro, R. Oberndorf, H. Thiel, A. Wells, *Bois legal : vérification et gouvernance dans le secteur forestier*, Bogor Barat, CIFOR (Centre de recherche forestière internationale), 2009, p. 159.

681 Pour une analyse plus précise du développement de la foresterie au Cameroun, se référer à D. Gautier, C. Seignobos, « Histoire des actions de foresterie dans les projets de développement rural au Nord-Cameroun », communication au Colloque « *Savanes africaines en mutation, des acteurs face à de nouveaux défis* », Garoua, 27–31 mai 2002.

682 L'interdiction en mai 2010 par le gouverneur Joseph Beti Assomo de la coupe de bois dans la région de l'Extrême-Nord, dont l'écosystème se fragilise au fil du temps, est également présentée comme une décision administrative visant à améliorer une situation devenue préoccupante.

ce cadre reste l'« Opération Sahel vert. » Elle est lancée en 1977, dans un contexte marqué par l'avancée fulgurante du désert et par la persistance de la crise du bois-énergie au Sahel. Cette crise qui affecte la majeure partie des pays de l'Afrique sahélienne au cours de la décennie 1970 est la conséquence de la grande sécheresse que connaît la région en 1974. Celle-ci favorise en effet le déboisement et l'avancée du désert, ainsi qu'une ruée sans précédent vers la ressource-bois[683]. Ce phénomène est par ailleurs aggravé par le renchérissement des prix des produits pétroliers du fait des chocs pétroliers[684]. L'Opération Sahel vert vise la mise en place de massifs forestiers dans cette zone pour tenter de modifier l'écologie locale. La création de plantations forestières à caractère communautaire est également envisagée. Des espèces végétales à croissance rapide telles que l'acacia et l'eucalyptus sont ainsi introduites et une dizaine de millions d'arbres sont plantés. Mais, de nombreuses anecdotes rendent compte des résultats mitigés enregistrés au cours de cette opération. Bare Voudsou raconte par exemple qu'en 1981, dans la localité de Badjouma située à 30 kilomètres au nord de la ville de Garoua :

> Un chantier fut confié aux paysans du village. De jeunes plants furent distribués, la plantation commença et tout se déroula pour le mieux. Lorsque les experts vinrent quelques mois plus tard contrôler la plantation, ils découvrirent que quelques plants avaient été enfouis à l'envers ! Bien sûr les paysans savaient parfaitement différencier les branches des racines, mais ils savaient également qu'ils avaient été arrachés à leurs travaux agricoles pour planter ces arbres[685].

Malgré la volonté des pouvoirs publics de donner un caractère communautaire à la création et à la gestion de ces plantations, les populations ne sont pas suffisamment sensibilisées au bien-fondé de l'opération. Elles ne semblent pas non plus avoir une conscience claire des bénéfices qu'elles pourraient directement en tirer, relativement à l'amélioration des modalités d'accès à la ressource-bois. Si cette initiative vise globalement à encourager les populations locales à intégrer les avantages du reboisement et de la protection de leur écosystème, on peut donc avancer que, sur cet aspect, elle n'est pas une grande réussite.

---

683 Sow H., *Le bois-énergie au Sahel. Environnement et développement*, Paris, ACCT/CTA/Karthala, 1990, p. 47.

684 *Ibid.*

685 Voudsou Bare, « L'approvisionnement en bois de la ville de Maroua », mémoire de Maîtrise en Géographie, Université de Yaoundé, 1989, p. 77.

Cependant, on ne peut ignorer les résultats impressionnants qui font de certaines localités du Nord des enclaves de verdure, à l'exemple de Maroua ou de Pouss. La survenue de la crise économique à la fin des années 1980 concourt à plonger le projet dans la léthargie. C'est dans le cadre du Plan national de lutte contre la désertification en 2008 que l'Opération Sahel vert est réactivée, principalement dans les départements du Mayo-Kani et du Logone et Chari.

B. La situation des autres énergies renouvelables

La part importante du bois comme ressource renouvelable ne fait pas oublier celle des autres éléments de cette catégorie. S'il est admis que ces sources d'énergie constituent des ressources renouvelables[686], on doit pouvoir apporter une nuance à leur caractère nouveau, à défaut de le récuser. Ce sont en effet des formes d'énergie connues et utilisées de longue date.

> Tant que les activités humaines se sont réduites à la chasse et à la cueillette, peut-on ainsi noter, où même à l'agriculture et l'élevage traditionnels, l'énergie nécessaire a été prélevée sur des ressources renouvelables : l'eau et le vent, avec les moulins (...) Le passage à la civilisation industrielle s'est traduit par un recours systématique aux énergies non renouvelables : le charbon, tout d'abord, puis le pétrole et maintenant l'énergie nucléaire[687].

L'intérêt manifesté pour les énergies renouvelables depuis la crise pétrolière de 1973 comme alternatives aux énergies fossiles[688] ne correspond alors qu'à un moment de l'histoire longue de ces formes d'énergie. Par ailleurs,

---

686 Adrian Bradbrook suggère d'ailleurs une réserve quant au caractère renouvelable de l'une de ces ressources, la géothermie en l'occurrence, la durée de vie des réserves souterraines d'eau chaude pouvant être déterminée. Voir A.J. Bradbrook, « Le développement du droit sur les énergies renouvelables et les économies d'énergie », *Revue internationale de droit comparé*, vol. 47, n° 2, avril–juin 1995, p. 528. Par ailleurs, bien que l'on classe le bois et le charbon de bois dans les énergies renouvelables, il faut noter que leur exploitation ne manque pas de soulever de nombreux problèmes d'ordre environnemental notamment l'épuisement de la ressource, comme sus-évoquée, et la pollution atmosphérique.

687 C. Vauge, M. Bellanger, *L'aube des énergies solaires*, Paris, Hachette, 1980, p. 10.

688 P. Radanne, « Chocs et contre-chocs pétroliers (1960–2060) », *Annales des mines*, octobre 2003, p. 34. Le développement des énergies renouvelables, au même titre que les économies d'énergie et les progrès de l'exploitation gazière, constitue l'une des réponses énergétiques au choc de 1973.

les conditions géographiques auxquelles le Cameroun est soumis lui confèrent d'intéressantes potentialités énergétiques renouvelables.

1. Des formes variées d'énergie

Le Cameroun dispose de nombreuses ressources énergétiques utiles. Mais leur prise en compte comme élément à part entière du système énergétique reste conditionnée par des aléas propres au développement du secteur de l'énergie dans ce pays. Ce sont principalement la place importante des hydrocarbures et l'avantage économique de l'hydroélectricité. Les chocs pétroliers de la décennie 1970 contribuent à modifier la situation sans la révolutionner.

Les énergies renouvelables recouvrent différentes formes d'énergie. Il serait difficile d'en établir une classification d'après leur importance quantitative, voire qualitative. Christian Vauge et Marc Bellanger n'hésitent pourtant pas à présenter l'énergie solaire comme la principale d'entre elles. Ils font d'ailleurs référence à «des énergies solaires», considérant que le vent, le bois et la biomasse mais aussi des énergies fossiles telles que le pétrole et l'uranium ne sont autres que des formes, des émanations de l'activité solaire sur la Terre[689].

L'énergie solaire est constituée de la chaleur et de la lumière produites par le rayonnement du soleil. Si l'homme a de façon inévitable recours à cette forme d'énergie, les premières techniques mises en œuvre pour permettre une meilleure utilisation de cette ressource dateraient d'entre le septième et le troisième siècle av. J.-C. lorsqu'Athéniens et Précolombiens ont conçu des miroirs concaves pour allumer des feux dans leurs temples. L'usage thermique de l'énergie solaire permet le réchauffement des liquides et des matériaux. Il est devenu un élément incontournable de l'habitat. Son usage photovoltaïque quant à lui permet la conversion directe de l'énergie solaire en énergie électrique. Celle-ci est utilisée de manière répandue dans l'électrification des sites isolés, principalement pour les télécommunications, la signalisation, le pompage, la réfrigération et l'éclairage public.

L'énergie éolienne est quant à elle issue du vent, convertie en énergie mécanique puis, souvent, en énergie électrique. Cette conversion se fait par la rotation des aubes de turbines qui génère du courant électrique par l'intermédiaire d'un générateur électrique. Les techniques liées à l'éolien

689 Vauge, Bellanger, op. cit., pp. 9–10.

sont imaginées depuis plus de 5 000 ans av. J.-C. par les Égyptiens, pour la navigation, et depuis le deuxième siècle av. J.-C. par les Perses, à travers les premiers moulins à vent. L'énergie éolienne, convertie en énergie électrique, est utilisée dans les parcs éoliens connectés aux réseaux électriques nationaux ainsi que dans les petites turbines individuelles pour fournir de l'électricité aux plantations et aux habitations isolées.

On occulte parfois à tort la place de l'hydraulique dans le renouvelable. Une explication de cette méprise est son utilisation dans la production d'une énergie conventionnelle : l'hydroélectricité. L'eau sur la Terre est pourtant considérée comme une ressource renouvelable. Son énergie, captée le plus souvent au niveau des chutes, est convertie en énergie mécanique puis en énergie électrique. Celle-ci est ensuite injectée dans les réseaux électriques nationaux et internationaux. Mais, les petites unités de production (mini ou micro-hydraulique) servent davantage à l'électrification rurale et des collectivités.

2. Des potentialités non négligeables

Il est difficile de traiter avec précision de la situation des énergies renouvelables au Cameroun. Les études à ce sujet sont restées peu nombreuses, techniques et peu vulgarisées. Les ressources renouvelables sont pourtant aussi diverses que considérables. Sur le plan géographique, le Cameroun, à l'instar d'autres pays du continent, a une disposition géomorphologique faite de bassins intérieurs et de soulèvements du socle avant la mer qui constituent un avantage certain du point de vue de l'hydrographie. Les eaux coulent ainsi des zones les plus élevées vers les zones de plus basse altitude. Leur parcours jusqu'au littoral est parsemé de chutes et de rapides dont l'intérêt est évident pour la construction d'équipements de production hydroélectrique[690]. Ce potentiel est renforcé par une abondante pluviosité.

L'existence de ces conditions constitue une motivation dans la prospection hydroélectrique. Les explorateurs européens avaient déjà souligné les caractéristiques des cours d'eau du Cameroun. L'intérêt s'était vite porté sur la Sanaga, le plus long fleuve du pays (918 km). Celui-ci dévale le plateau central dans une série de chutes et de rapides avant de se jeter dans l'Océan atlantique. Les chutes d'Edéa sont ainsi choisies en

---

690 A.S. Mbock Minlend, « L'équipement hydroélectrique du Cameroun », *Revue de géographie du Cameroun*, vol. IX, n° 1 et 2, 1990, p. 70.

1944 pour accueillir l'une des premières centrales hydroélectriques du pays. L'un des inventaires les plus significatifs dans ce cadre reste celui des sites hydroélectriques mené en 1967. Il répond aux orientations du Deuxième plan quinquennal qui commande « la poursuite d'études pour permettre l'aménagement hydro-électrique d'un site capable de fournir 4 à 500 millions de kWh »[691]. Différents inventaires et études du potentiel hydroélectrique sont menés avant et après l'indépendance. Ceux-ci débouchent sur des projets d'aménagement souvent restés à l'état de projet, du fait combiné de leur faible rentabilité et de la difficulté à lever des financements pour les réaliser.

En 1979, la Société Nationale d'Électricité (SONEL) lance une opération d'inventaire des ressources hydroélectriques du Cameroun, dans l'optique de permettre l'aménagement des sites inventoriés les plus prometteurs. L'opération, qui dure jusqu'en 1982, consiste à actualiser les données recueillies en 1967 et à étendre l'inventaire sur l'ensemble du territoire national. Les résultats de cet inventaire auquel participe EDF permettent de constater que la Sanaga et ses affluents gardent un rôle incontournable dans le système énergétique du Cameroun. Il s'avère également que 112 sites hydroélectriques sont répertoriés, dont 59 considérés comme économiquement exploitables. Avec 23 000 MW, le Cameroun dispose ainsi du second potentiel hydroélectrique sauvage en Afrique après la République démocratique du Congo. On considère que près de 40% de ce potentiel est économiquement exploitable pour une production d'environ 1,115 TWh par an[692]. Mais depuis l'indépendance, les intentions ainsi que l'action publiques portent sur l'aménagement de grands sites hydroélectriques, ignorant voire gommant les initiatives prises en matière d'aménagement des mini et des micro-centrales.

S'agissant de l'énergie solaire, l'analyse de l'ensoleillement de ce pays permet de déterminer deux principales zones d'insolation correspondant aux deux principales zones écologiques. Le grand Nord, zone septentrionale et sèche, bénéficie d'un ensoleillement régulier avec un niveau d'insolation de 5, 8 kWh/Jour/m^2. Les principales stations

691 MINAEP, Deuxième plan quinquennal de développement économique et social (annexes régionales), juillet 1966–juin 1971, p. 10.

692 CDA-SCDP, MINMEE / Agence canadienne de développement international, Projet de politique et de plan énergétiques pour le Cameroun, Direction de l'énergie/Lavalin International Inc., 1990, p. 26; M. Tchionang, *L'énergie pour le développement au Cameroun*, Paris, L'Harmattan, 2011, p. 76.

de mesure y sont Maroua, Garoua et Ngaoundéré. Le grand Sud, zone méridionale, pluvieuse et humide, a un niveau d'insolation plus faible, soit près de 4 kWh/Jour/m^2. Les principales stations sont Yoko, Nkoundja, Mamfe, Douala, Yaoundé, Batouri et Ambam (cf. tableau 21). On considère en 1990 que le Cameroun est capable de produire près de 2327, 5 TWh d'électricité par an, issue de l'énergie solaire[693].

Le potentiel éolien est également important et peut substantiellement servir à améliorer l'hydraulique villageoise. La zone écologique nord du Cameroun offre en la matière le plus de possibilités. Dans la localité de Kaélé où est installée une station d'enregistrement des vitesses et des directions du vent au cours du Cinquième plan quinquennal[694], le vent atteint une vitesse supérieure à 4,5 mètres par seconde près de 9 mois par an. La moyenne de la zone est de plus de deux mètres par seconde. L'énergie géothermique quant à elle émane des nombreuses sources chaudes réparties sur l'ensemble du pays. Cependant, les principaux points géothermiques que sont les localités de Laoupouga, de Katip et de Foulbé près de Ngaoundéré, la zone de Manengoumba, la zone du lac Monoun et la région du mont Cameroun, ne sont pas convenablement étudiés pour déterminer l'intérêt de leur exploitation.

Par ailleurs, l'absence de statistiques et les contraintes techniques rendent souvent inopérantes les perspectives dans le développement de ces énergies au Cameroun. Leurs défauts sont évoqués. On retient ainsi leur caractère dilué : elles ne peuvent que de façon rudimentaire être utilisées sous leur forme primaire et nécessitent un outillage spécial. Il faut par exemple indiquer que l'accessibilité à ces énergies reste onéreuse. Elles ne sont pas à la portée des consommateurs à revenus moyens. De même, le défi de leur stockage reste une grande contrainte. Enfin, les changements constants des saisons, du climat et de la météorologie rendent l'approvisionnement parfois aléatoire.

Ces défauts et ces contraintes ne sont cependant pas de nature à annuler les avantages qu'on en tire. À la différence des énergies conventionnelles, il est en effet possible d'envisager pour ce type d'énergie une gestion décentralisée, plus adaptée au besoin des collectivités et n'imposant pas la mise en place de réseaux imposants. Leur caractère alternatif constitue

---

693 CDA-SCDP, MINMEE, Projet de politique et de plan énergétiques, p. 26.

694 MINPAT, Sixième plan quinquennal de développement économique, social et culturel, Yaoundé, SOPECAM, 1986, p. 128.

Tableau 21: Valeur moyenne d'ensoleillement au Cameroun (en Wh/jour/m^2) en 1996

Mois	Ambam	Yaoundé	Douala	Batouri	Mamfé	Yoko	Ngaoundéré	Garoua	Maroua
Janvier	3651	4657	4645	4142	4647	6079	6312	6140	6126
Février	4230	4793	4788	4669	4923	6141	6742	7008	6926
Mars	4012	4422	4316	4625	4504	5657	6045	6518	6582
Avril	4782	4491	4703	4498	4725	5882	5272	6460	6368
Mai	4770	4525	4430	5250	4487	6217	5776	6694	6211
Juin	4042	3518	3230	3835	3881	4971	4748	5449	5712
Juillet	2618	3155	2666	3071	3207	4303	4368	5777	5829
Août	2726	2950	2648	3468	3182	4414	4343	5213	5545
Septembre	3649	3755	3338	3962	3543	4792	5098	6226	6214
Octobre	3716	3379	3690	3775	3745	5166	4607	6315	6352
Novembre	3676	4306	4490	4765	4504	6531	6110	6598	6498
Décembre	3593	4373	4171	4151	4582	6036	6339	6149	6209
Moyenne	3804	4027	3925	4194	4161	5507	5480	6112	6214

Source : ministère de l'Eau et de l'Énergie, cité par Global Village Cameroon, Le Cameroun et l'économie d'énergie durable, Yaoundé, Global Village Cameroon, 1997.

également une garantie face à l'épuisement annoncé des énergies fossiles et la volatilité de leurs prix[695]. Dans un contexte où l'accès aux énergies conventionnelles est rendu difficile par la récurrence des ruptures d'approvisionnement et le renchérissement de leur coût, les énergies nouvelles s'imposent dans l'imaginaire collectif comme la solution au désarroi des populations. Les ressources énergétiques renouvelables sont donc sans conteste importantes au Cameroun et peuvent servir, de façon significative, à l'amélioration de l'offre d'énergie dans ce pays. L'histoire de cette catégorie d'énergie laisse cependant transparaître une faible utilisation de la ressource et leur difficile prise en compte dans le système énergétique du Cameroun.

II. Structure ancienne et structure récente du marché des énergies renouvelables

L'utilisation du renouvelable devient d'actualité comme déjà indiquée, après avoir longtemps été maintenue sous l'enchevêtrement de l'histoire des énergies conventionnelles. Au fil du temps, les modalités d'accès à ces ressources changent, laissant apparaître à l'analyse une structuration des filières du renouvelable qui évolue et se complexifie.

A. Formes premières de l'approvisionnement en énergies renouvelables au Cameroun

Il faut distinguer deux phases dans l'histoire de l'appropriation des énergies renouvelables au Cameroun. La première, prise ici en compte, renvoie aux modalités courantes d'accès à ces ressources. Dans cette première phase, on peut distinguer des caractéristiques propres aux énergies traditionnelles (la biomasse notamment) et aux autres sources renouvelables.

---

695 United Nations Environment Programme (UNEP), *Financing renewable energy in developing countries. Drivers and barriers for private finance in sub-Saharan Africa, a study and survey by UNEP Finance Initiative on the views, experiences and policy needs of energy financiers*, 2012, pp. 10–11.

1. L'approvisionnement usuel en bois de feu

Du fait de la croissance démographique, mais aussi de la faiblesse persistante du pouvoir d'achat, la demande en bois de feu reste importante au Cameroun, bien qu'il soit difficile d'en préciser avec exactitude les proportions. On note en 1981/1982 que la consommation de bois de feu est de 1 884 KTEP, issue sans doute de la collecte artisanale ou familiale[696]. En 2001/2002, celle-ci est de l'ordre de 3 195 KTEP[697], exprimant l'évolution constante des besoins.

La ressource-bois n'est cependant pas utilisée exclusivement à des fins énergétiques. Par conséquent, le prélèvement de bois de feu ne peut constituer la seule raison de la fragilisation du potentiel végétal. L'importance de l'exploitation forestière a déjà été mentionnée. Le bois est également utilisé dans l'artisanat et dans la médecine traditionnelle. Il faut d'ailleurs noter que les usages dépendent souvent des zones écologiques et des spécialisations régionales. Par exemple, on peut constater que sur le littoral, les usages les plus courants se retrouvent dans la construction de l'habitat ainsi que dans la construction de moyens de transport fluvial.

Le bois de feu constitue toutefois un combustible d'une grande importance dans les milieux ruraux. Les modes de collecte se résument initialement à l'auto-collecte et au ramassage de bois mort dans la flore locale en priorité. La collecte ou la récupération du bois des éclaircies forestières est également courante. Cette ressource est souvent perçue comme spécifique aux zones rurales. Il est vrai que, du fait de sa production aisée et à moindre coût dans ces zones, le bois de feu occupe une place prépondérante dans leur système d'approvisionnement énergétique. Des scènes cocasses d'élèves transportant des fagots de bois sur leurs têtes de beau matin, pour approvisionner le maître d'école dans les milieux ruraux, peuvent encore être observées aujourd'hui.

Dans les centres urbains cependant, cette ressource prend de plus en plus d'importance, non sans raison. L'Organisation des Nations Unies pour l'Alimentation et l'Agriculture (FAO) estime que

> La contribution du bois de feu en tant que source d'énergie ne se limite pas aux systèmes énergétiques ruraux ou aux secteurs de subsistance. Dans

---

[696] M. Nkutchet, op. cit., p. 115.

[697] *Ibid.*

> de nombreux pays, la demande urbaine représente une part croissante de la consommation de bois de feu tant du fait des migrations de ruraux qui conservent un mode de vie de type rural que de la dépendance des familles plus pauvres qui continuent à recourir au bois pour leurs besoins domestiques[698].

On peut alors indiquer que l'urbanisation a un grand impact sur la gestion de la ressource-bois et sur la structuration de la filière bois de feu. De par la nature de ses principaux utilisateurs, le bois de feu s'impose aussi comme « l'énergie des pauvres » dans un contexte où l'accès à la modernité oriente les strates moyennes et aisées de l'échelle sociale vers les énergies toutes aussi modernes (le gaz domestique pour la cuisine et l'électricité pour l'éclairage, le chauffage et les divertissements). Mais, il faut bien indiquer qu'une grande partie de la population rurale et urbaine recourt fréquemment au bois de feu, y compris les foyers aisés et à revenus moyens. La nature des consommateurs de bois de feu est assez variée : ce sont aussi bien les ménages, les forgerons que les vendeurs locaux de produits alimentaires (beignets, poisson à la braise…) Dans le Nord-Cameroun, comme le présente Ali Madi, les principaux utilisateurs de bois de feu sont les vendeurs de beignets (95,3 % d'entre eux), les forgerons (93,5 %) et les brasseurs de bière locale (60,6 %)[699].

Le choix du bois de feu collecté dépend de caractéristiques mécaniques et technologiques bien spécifiques. Les bois lourds et durs sont particulièrement recherchés pour leur pouvoir calorifique, pour leur lente combustion et pour le peu d'étincelles qu'ils produisent. Ils sont par ailleurs adaptés aux travaux de forge. Les bois légers sont quant à eux recherchés parce qu'ils sont faciles à casser. De manière générale également, les bois susceptibles d'indisposer leurs utilisateurs par l'importance de la fumée produite ou par leur odeur au cours de la combustion sont délaissés[700]. Une grande variété d'espèces végétales est ainsi prisée. Jean

---

698 M.R. Montalembert, J. Clément, Disponibilité de bois de feu dans les pays en développement, Rome, FAO, 1983, consulté le 8 mars 2012. URL : www.fao.org/docrep/X5329f/X5329f00.html

699 A. Madi, P. Huub, B. Sali, « La demande urbaine en bois énergie et la nécessité d'une gestion rationnelle des ressources naturelles. Le cas de Maroua à l'Extrême-Nord du Cameroun », communication au Colloque « *Savanes africaines en mutation, des acteurs face à de nouveaux défis* », Garoua, 27–31 mai 2002.

700 J. Gormo, « Les plantes et l'homme dans les sociétés toupouri et massa du Nord-Cameroun du XIXe au XXe siècle », Thèse de Doctorat/Ph.D en Histoire, Université de Ngaoundéré, 2004, p. 163.

Gormo note par exemple que dans le nord du Cameroun, les essences recherchées dans les forges sont : *Prosopis africana*, *Balanites aegyptiaca*, *Hymenocordia acida*, *Terminalia macroptera*, *Acacia ataxancantha* et *Kigelia africana*[701]. Dans le reste du pays, d'autres espèces sont utilisées à l'instar de *Terminalia avicennioïdes*, *Diospyros mespiliformis*, *Mitragyna inermis*, *Guierna senegalensis*, *Dalbergia melanoxylon*, *Ximenia americana*, *Acacia senegal*, *Strychnos spinosa*, *Annona senegalensis*, *Securidaca longipedonculata*, *Xerroderis stühlmannii*, *Gymnosporia senegalensis* et *Bombax costadum*. L'utilisation de la biomasse s'étend aussi à l'industrie.

2. Les premières initiatives d'utilisation industrielle des autres énergies renouvelables

La biomasse, du fait de son utilisation relativement facile, est l'un des combustibles industriels les plus utilisés. L'utilisation de sous-produits agricoles tels que la paille, la bagasse, la sciure de bois, le bois de rebus, les déchets de coton, de café et de canne à sucre est en effet répandue. Cela démontre une nouvelle fois que l'intérêt pour les énergies renouvelables ne constitue pas un simple effet de mode écologiste et répond en substance à la recherche, par les différents utilisateurs, de solutions énergétiques à la fois accessibles et peu coûteuses pour assurer leur approvisionnement. Dans ce cadre, l'agro-industrie s'illustre particulièrement au Cameroun. Le Plan énergétique national (PEN), censé apporter une orientation nouvelle au secteur de l'énergie au Cameroun à la fin des années 1990, entrevoit ainsi la transformation des déchets agroindustriels en énergie thermique[702]. Les expériences de sociétés agro-industrielles sont évoquées pour servir d'exemple, notamment celles de la Société Camerounaise de Palmeraies (SOCAPALM), de la Société de Développement du Coton (SODECOTON), de la Société Sucrière du Cameroun (SOSUCAM) et de la Cameroon Sugar Company (CAMSUCO)[703].

Avant 1981, la plupart de ces sociétés créées dans le cadre de l'affirmation de la capacité entrepreneuriale de l'État ont expérimenté l'utilisation de la biomasse afin de produire de l'électricité. Dans un contexte où la fourniture de l'énergie électrique aux unités industrielles est une mission essentielle de la SONEL, il faut comprendre cette

---

701 *Ibid.*, pp. 162–163.

702 CDA-SCDP, MINMEE, Projet de politique et de plan énergétiques, p. 27.

703 *Ibid.*, p. 58.

démarche d'auto-production : les entreprises en question sont souvent implantées dans des zones reculées et non électrifiées ou doivent compenser les déficits du service public par cette production autonome. Sur trois de ses sites, la SOCAPALM dispose à cette époque d'une capacité de production d'énergie électrique non négligeable. Les sites d'Edéa, d'Eséka et de Mbongo disposent de 165 kW, 240 kW et 400 kW respectivement. La SODECOTON et la SIFID de Dimako disposent respectivement d'une puissance de 2 360 kW et de 1 310 kW[704].

Ces unités industrielles ne sont cependant pas les seules à investir dans l'utilisation de la biomasse pour la production d'énergie électrique. En 1984/1985, la consommation totale de l'énergie issue de la biomasse est de 45,98 GWh[705]. Le Plan énergétique national inventorie également une soixantaine d'unités industrielles ayant recours à la biomasse, soit environ 30 % de la puissance installée autonome, totalisant ainsi une puissance de 23,6 MW[706].

B. Acteurs et marché des énergies renouvelables au Cameroun

L'histoire de l'appropriation des énergies renouvelables au Cameroun rend aussi compte de l'évolution de l'offre et de la demande, mais également des acteurs engagés dans les différentes filières d'approvisionnement.

1. Le marché du bois de feu

Le marché du bois de feu est sans conteste important et dynamique au Cameroun. Il s'appuie sur une ressource considérable, mais aussi sur une demande forte alimentée par toutes les couches sociales. Ce marché est complexe, dépendant des formes et des usages qui sont faits de la ressource. La disponibilité de la ressource, la proximité entre la zone d'abattage et le point de commercialisation, mais aussi la praticabilité des axes routiers d'accès à la ressource, représentent les principaux facteurs d'accessibilité au bois de feu[707]. Toutefois, du fait de l'éloignement

---

704 G. Bwelle, *Encyclopédie de la République Unie du Cameroun*, volume 3, Abidjan, NEA, 1981, p. 165.

705 *Ibid.*

706 CDA-SCDP, MINMEE, Plan énergétique national. Diagnostic sectoriel : les énergies nouvelles et renouvelables, janvier 1990, p. 27.

707 *Ibid.*

des zones d'approvisionnement, on observe que le ravitaillement en bois de feu dépasse de plus en plus le prélèvement courant du bois mort pour consister en la coupe du bois vivant. Ce phénomène est symptomatique de la modification voire de la complexification des modes d'approvisionnement en bois de feu. Il est également induit par une monétarisation accrue de l'économie : parce que les principaux consommateurs ont du mal à accéder à la ressource eux-mêmes, ils s'en remettent au marché qui dès lors détermine et dessine les nouveaux contours de la filière. On passe ainsi d'un approvisionnement issu de l'auto-collecte à un approvisionnement issu de la vente et de l'achat du bois de feu et du charbon de bois.

On attribue souvent l'émergence de cette filière à l'urbanisation. Selon Jean Gormo :

> Le développement des villes voit ainsi naître de nouvelles classes de populations aisées et moyennes qui ne supportent plus de souffrir en allant chercher du bois de feu, d'autant plus que les distances de ramassage s'éloignent en rapport avec l'évolution urbaine. Cette situation entraîne donc une forte demande en bois de feux. On assiste alors à la naissance des premiers professionnels du secteur économique du bois de feu. Ces paysans habitués à l'auto-collecte, vont chercher à pieds le bois de feu et le vendre en ville (sic)[708].

Ce schéma dépasse largement les limites géographiques du Nord-Cameroun pour s'appliquer à l'ensemble du pays[709]. Dans les principales villes camerounaises que sont Douala et Yaoundé, 92,15 % et 84,29 % respectivement des ménages s'approvisionnent en bois de feu au marché à la fin des années 1980[710]. Dans le reste du pays, largement rural, cette moyenne n'est que de 50 %[711].

Hamed Sow met également en lumière cette corrélation entre l'émergence des villes durant la colonisation et l'émergence d'un secteur bois de feu. Il estime que pendant longtemps, ce secteur est resté embryonnaire du fait de la faible urbanisation du continent. Mais l'expansion des villes, la monétarisation progressive de l'économie

---

708 Gormo, op. cit., p. 346.

709 *Ibid*, p. 345.

710 CDA-SCDP, MINMEE, Plan énergétique national. Diagnostic sectoriel : les énergies nouvelles et renouvelables, janvier 1990, p. 45.

711 *Ibid.*

urbaine, la création et le développement des activités qui contribuent à l'apparition de nouvelles classes privilégiées (fonctionnaires et commerçants) ainsi que l'étirement des zones d'approvisionnement ont permis à ce secteur de s'étendre[712].

Par ailleurs, ces deux phénomènes combinés, à savoir l'urbanisation et la monétarisation de l'économie, ont également contribué à la substitution de plus en plus marquée du charbon de bois au bois de feu[713]. La FAO constate ainsi que du fait de sa transformation qui la rend plus facile à transporter, à stocker et à utiliser, le charbon de bois tend souvent à remplacer sa matière première, le bois de feu[714]. Quelques explications sont aisément trouvées à ce phénomène. D'après l'IEPF : « le passage du bois au charbon, qui constitue une amélioration sensible pour le consommateur, s'effectue sans doute en fait lorsque les profits à tirer du commerce du charbon excèdent ceux jusqu'ici fournis par celui du bois »[715]. À la différence du charbon en effet, le bois est perçu comme un combustible traditionnel. Le charbon de bois représente quant à lui le combustible intermédiaire entre le bois et le gaz ou l'électricité. C'est le combustible typique de la classe moyenne en Afrique subsaharienne notamment. Il se distingue par l'absence de fumée au cours de sa combustion et son prix abordable.

De nombreuses espèces de bois servent à la fabrication du charbon. Ce sont : *Albizia zygia, A. adianthifolia, Alstonia boonei, Bridelia micrantha, Dacryodes macrophylla, Entandrophragma utile, Ficus thonningii, Lannea welwistchii, Macaranga asas, Maesopsis eminii, Mangifera indica, Milicia excelsa, Morinda lucida, Piptadeniastrum africanum, Phyllanthus discoideus, Presea maericana, Rauvolfia vomitoria, Theobroma cacao, Tetrapleura tetraptera, Voacanga africana* et *Xylopia aethiopica.*

L'importance du bois de feu se transcrit dans son rapport aux autres produits énergétiques. Le tableau suivant (cf. tableau 22) tente une comparaison entre les budgets alloués en 1994 à l'approvisionnement énergétique par les ménages au Cameroun. Il rend compte de la consommation énergétique dans les trois principales aires de consommation de bois de feu au Cameroun à savoir l'aire de Bamenda

712 Sow, op. cit., pp. 88–89.
713 Gormo, op. cit., p. 348.
714 Montalembert, op. cit.
715 IEPF, op. cit., p. 367.

dans la zone de savane, l'aire de Maroua dans la zone sahélienne et l'aire de Yaoundé dans la zone forestière[716].

Il ressort de ce tableau qu'une part importante du budget familial est consacrée à l'accès à l'énergie au Cameroun. Il peut d'ailleurs sembler surprenant que les ménages ruraux dépensent plus que les ménages urbains pour leur approvisionnement énergétique. Il faut cependant prendre ces valeurs relatives avec recul en considérant qu'en valeurs réelles, c'est la perception opposée qui ressort. Le budget énergie des urbains est plus important, mais concurrencé par d'autres dépenses moins importantes en zone rurale. De plus, le budget alloué au bois de feu est en augmentation du fait que le prix moyen du bois de feu renchérit lui aussi. Il est ainsi passé dans le Nord-Cameroun de 12,5 francs le kg en 1991 à 32,5 francs le kg en 2000[717].

Les énergies traditionnelles sont plus coûteuses que les énergies modernes comme le suggère le tableau ci-dessus. La structure de leur prix semble pourtant moins complexe. Le prix du bois de feu par exemple s'exprime dans une simple arithmétique. Il correspond, d'après l'IEPF, à l'addition de quatre facteurs :

> - les coûts du prélèvement et de la transformation qui rémunèrent le travail d'abattage, de collecte, de carbonisation éventuelle et de conditionnement pour le transport (fagots ou bûches pour le bois de feu, sacs pour le charbon de bois), – les coûts de transport du lieu d'extraction aux centres de consommation y compris les coûts de manutention (chargement, déchargement), – les frais et marges de distribution (exploitants forestiers, grossistes et détaillants), – les taxes et redevances forestières[718].

La structure du prix du bois de feu sus-suggérée ne prend cependant pas en compte la taxation informelle qui pèse sur les acteurs de la filière qui opèrent en dehors de la réglementation. Elle ne met pas non plus en lumière le fait que les prix pratiqués par ces acteurs informels seraient davantage élevés s'ils prenaient en compte le paiement des taxes et autres charges fiscales légales. L'un des éléments qui justifient donc les coûts

---

[716] C. Njomgang, « La crise des énergies traditionnelles : la recherche du prix d'équilibre dans le cas du bois de feu au Cameroun », in B. Bekolo-Ebe, Touna Mama, S.M. Fouda (dir), op. cit., p. 361.

[717] Madi, art. cit.

[718] *Ibid.*, p. 149.

Tableau 22: Dépenses liées à l'approvisionnement énergétique au Cameroun en 1994 (en francs CFA/ménage/mois)

	Villes			Zone d'habitation		Moyenne nationale
Type d'énergie	**Bamenda**	**Maroua**	**Yaoundé**	**Rural**	**Urbain**	
Bois	3693	8175	3336	3688	5892	5366
Charbon de bois	8	145	305	10	199	155
Pétrole	532	941	1072	665	923	863
GPL	1289	606	2593	355	3902	1542
Électricité	4759	4795	4759	1789	4789	4090
Budget énergie	10281	14662	12065	6507	15705	12016
Dépenses totales du ménage	74833	48742	107925	34729	86880	74728
Part de l'énergie dans le total des dépenses	13, 73 %	30, 08 %	11, 17 %	18, 73 %	18, 07 %	16, 07 %
Part des énergies traditionnelles (bois et charbon de bois) dans le budget énergie	35, 99 %	56, 74 %	30, 17 %	56, 83 %	38, 78 %	45, 94 %

Source : CDA-SCDP, TRANSADE, Enquête sur la consommation d'énergie domestique et leur impact sur l'environnement, réalisée dans le cadre du Programme énergétique africain (PEA), novembre 1994, cité par Experts Comptables Associés (ECA), Rapport final de l'audit de la filière GPL, 1997, p. 182.

relativement bas du bois de feu et de son dérivé, le charbon de bois, est l'insertion de cette filière dans l'économie informelle.

Une étude conjointe de l'Energy Sector Management Assistance Program (ESMAP) et du ministère des Mines, de l'Eau et de l'Énergie de 1991, dont Pépin Tchouaté fait une synthèse, répartit les acteurs de la filière bois de feu au Cameroun en six catégories. Les piétons et les cyclistes, les moins nantis de la filière, s'y intéressent de façon ponctuelle. Ils collectent principalement les bois morts et ceux issus de la jachère pour l'approvisionnement des centres urbains (Maroua, Garoua, Bamenda, Bafoussam, Douala et Yaoundé étant retenus dans cette étude) dont ils assurent de 2,4 à 2,5 % de la consommation[719]. Les conducteurs de pousse-pousse assurent à eux seuls 50 % de l'approvisionnement en bois de feu de Douala, et 17,1 % de l'approvisionnement total des six villes retenues dans l'étude. Les conducteurs de cars de transport en commun sont quant à eux des occasionnels de la filière du fait qu'ils profitent de l'absence de bagages pour transporter du bois. Ils participent pour 1,6 % de l'approvisionnement des principales villes du Cameroun. Les pick-up, sorte de camionnettes, permettent de transporter des quantités importantes de bois, soit 34,6 % de la consommation de ces villes. Avec les camions, on aboutit à des quantités considérables. 41,8 % de la consommation de bois de ces villes dépendent de ce moyen de transport[720].

L'économie du bois énergie, malgré sa complexification, conserve donc un fort caractère informel. La filière bois de feu est ainsi l'un des domaines où le secteur informel s'est le plus profondément incrusté depuis la survenue de la crise économique des années 1980. Le nombre d'emplois permanents y est de l'ordre de 40 000 personnes en 1988[721]. La difficulté de l'État à s'approprier la direction et le contrôle de ces filières, de même que le repli des couches sociales les plus basses de l'échelle

---

719 ESMAP/MINMEE, Fuelwood supply networks for urban area in Cameroon, 1991, cité par P. Tchouate Heteu, « Contribution des énergies renouvelables au développement durable du secteur électrique : le cas du Cameroun », Thèse de doctorat en sciences appliquées, Université catholique de Louvain, 2003.

720 *Ibid.*

721 CDA-SCDP, MINMEE, Projet de politique et de plan énergétiques, pp. 64–66. Ce chiffre a son importance dans la mesure où les secteurs de l'électricité et des hydrocarbures combinés comptent vraisemblablement à la même période près de 13 000 employés, d'après les mêmes sources.

sociale sur celles-ci, laissent envisager que ce trait devrait persister encore longtemps.

2. Visages nouveaux de l'entrepreneuriat dans les filières du renouvelable

Au Cameroun, la création d'un Laboratoire de recherches énergétiques en octobre 1980 peut être perçue comme gage de l'intérêt public pour les énergies renouvelables. L'une des missions de cet organisme est l'étude des potentialités nationales dans le domaine des énergies non conventionnelles. L'implication des pouvoirs publics dans le développement et la promotion de ces sources est cependant restée faible, voire insuffisante dans un pays où l'État a pris sur lui d'orienter les activités économiques.

L'action publique dans la structuration et l'évolution du secteur des énergies renouvelables est restée timide au Cameroun. Elle s'est réduite à de brèves et tardives évocations contenues dans les plans de développement. Ainsi, l'évaluation et l'amélioration de la production de bois et du charbon de bois ne sont envisagées qu'au Sixième plan quinquennal élaboré en 1985–1986. Il s'agit d'aménager des plantations de bois devant servir à la production de bois de feu autour des principales villes septentrionales[722] et de vulgariser des méthodes de production de charbon de bois dans le cadre des actions communautaires[723]. Un projet industriel de production de charbon de bois est par ailleurs initié au début des années 1980, impliquant des ménages et des PME à l'initiative du Programme des Nations Unies pour le Développement (PNUD)[724].

Mais, on peut aisément mettre en exergue l'absence d'entreprise de l'État dans le secteur. La réglementation elle-même reste imprécise et peu étoffée en la matière, comparativement à celle élaborée pour les énergies conventionnelles. Les quelques textes existants sont souvent désuets et inadaptés. Bare Voudsou indique ainsi que l'autorisation administrative de ramassage de bois mort constitue au Cameroun la principale mesure de régulation de l'exercice de la vente de bois de feu par la puissance publique. À la réalité, cette autorisation n'a que peu de valeur puisque

---

722 MINPAT, Sixième plan quinquennal de développement économique, social et culturel, Yaoundé, SOPECAM, 1986, p. 113.

723 *Ibid.*

724 Bwelle, op. cit., p. 165.

les acteurs de la filière se procurent à volonté des stocks de bois, bravant sans conséquence la régulation publique[725]. La structuration des énergies renouvelables laisse apparaître, face à la relative démission de l'État, des acteurs qui prospèrent de manière générale à la lisière de l'État. Ce sont principalement des organisations non gouvernementales (ONG) et le secteur informel, mais également des entreprises du secteur énergétique qui redéploient leurs activités.

De nombreuses ONG travaillent à la conception et à la promotion des techniques d'économie d'énergie (foyers améliorés) ainsi qu'à la promotion du renouvelable (solaire, micro-hydraulique, biogaz). Ce sont pour la plupart des ONG nationales de taille modeste qui œuvrent davantage pour le développement de communautés locales. Le contexte de foisonnement de ces organisations en Afrique renvoie à la crise de la dette qui éclate en 1982, la fin de la Guerre froide (1989–1991) et l'action controversée des institutions financières internationales qui, cumulées, ont plongé certains pays dans une situation économique et sociale désastreuse. La conséquence de cette situation est l'affaiblissement des pouvoirs publics, ce qui favorise activement les déréglementations et les abandons de souveraineté en tout genre au profit de la seule logique du marché soit, la dilution de l'État. Il faudrait également rajouter à ce contexte deux facteurs : la libéralisation de l'espace politique au cours des années 1990, avec l'adoption de loi sur la liberté d'association et la volonté des bailleurs de fonds de toucher directement les populations, en contournant l'État[726]. Les ONG s'infiltrent dans ce mouvement.

En Afrique, ces organisations constituent autant d'épines dans le pied des gouvernements fragiles, notamment celles qui œuvrent pour la défense des droits de l'homme, la promotion de la démocratie et la protection de l'environnement[727]. Elles s'assimilent parfois à un cheval de Troie de la libéralisation de ces pays. Il n'est donc pas anodin de constater que leur développement s'intensifie au cours de la décennie 1990. Dans le domaine de l'économie sociale par ailleurs, il est largement considéré que le retrait de l'État libère les initiatives créatrices des couches populaires, grâce à l'intervention d'instances décentralisées comme

---

725 Voudsou, op. cit., p. 72.

726 S.C. Abega, *Société civile et réduction de la pauvreté*, Yaoundé, CLE, 1999, p. 180.

727 T. Clarke, « Le soutien de la Communauté européenne aux ONG d'aide au développement », *Le Courrier ACP-UE*, n° 181, juin –juillet 2000, p. 54.

les ONG[728]. Celles-ci s'imposent comme un acteur incontournable du développement. La pertinence des ONG tient de ce qu'elles ont la capacité de procurer aux populations ce que ni l'État (biens collectifs et bien-être) ni le marché (emplois) ne peuvent plus offrir[729].

Le recul de l'État permet ainsi de faire germer des initiatives singulières dans le domaine de l'électrification rurale, avec des micro-centrales communautaires qui se multiplient. Dans le contexte de la crise économique des années 1980, la vulgarisation des économies d'énergie s'intensifie, notamment par la promotion des foyers améliorés et des autocuiseurs (cocotte-minute)[730]. Sur la base des enquêtes réalisées en 1997 par l'ONG Global Village Cameroon, on peut distinguer des organisations œuvrant dans la promotion et la fabrication des foyers améliorés (PROTEGE QV; CAPEDER; WWF; BASC; CIPCRE; l'Association pour la défense de l'environnement et de la sauvegarde de la nature; l'Atelier Foyers Améliorés; l'Association bois de feu; Monks of Mbengwi Monastery ; WASHUD) et dans la promotion des énergies renouvelables (Culture, science et technique pour le développement; FOCARFE; ERA-CAM; Partnership Management and Support Programme; ADEID)[731].

L'association Action pour un Développement Équitable Intégré et Durable (ADEID) par exemple est créée en 1990. Couvrant principalement la région de l'Ouest Cameroun, elle œuvre pour un développement équitable, participatif et durable et appuie les initiatives de valorisation des ressources, des matériaux et produits locaux. Ses actions lui permettent de contribuer à la sécurité et à la résilience énergétique pour l'amélioration du cadre de vie des communautés et le développement durable. Le Centre Africain des Technologies Appropriées et des Énergies Nouvelles et Renouvelables (ACREST)

---

728 Y. Guillermou, « Organisations paysannes et mutations rurales sur les hautes terres de l'Ouest Cameroun. Professionnalisation ou auto-promotion assistée? », in F. Bart, et A. Lenoble-Bart, *Afrique des réseaux et mondialisation*, Karthala, 2003, p. 62.

729 Touna Mama, « L'économie du développement appelle-t-elle un nouveau paradigme? », in B. Bekolo-Ebe et *al.* (dir), op. cit., p. 147.

730 CD-AES-SONEL, MINMEE, Rapport général des travaux de la réunion annuelle des responsables des services centraux et extérieurs du ministère des Mines et de l'Énergie, Yaoundé, 29 février – 3 mars 1988, pp. 10–12.

731 Global Village Cameroon, Le Cameroun et l'économie d'énergie durable, Yaoundé, Global Village Cameroon, 1997.

est quant à lui une association créée en 2003. Situé à Bangang, dans la région de l'Ouest Cameroun, il œuvre à la vulgarisation et la promotion des technologies appropriées et des énergies nouvelles et renouvelables permettant d'améliorer les conditions de vie des populations.

L'une des initiatives de l'ONG Global Village Cameroon donne par ailleurs une bonne illustration de la contribution de ces organisations à la promotion des énergies renouvelables. Cette ONG travaille à la construction d'une microcentrale photovoltaïque à Nganha, localité de la région de l'Adamaoua. Initiée en 2008 dans le cadre du programme *"Lighting Africa Development Marketplace"* de la Banque mondiale, à travers le projet de l'ONG Global Village Cameroon *"Solar Energy Provision for Lighting and Portable Water Provision to the Low Income Rural Community of the Ngan-ha Village in the Adamaoua Province"*, l'installation de cette microcentrale a pour objectif de fournir de l'électricité à environ 75 ménages, à la sous-préfecture, la mairie, le centre de santé et l'école primaire, ainsi que d'installer quelques lampadaires pour l'éclairage public.

Le secteur informel s'incruste aussi dans l'économie des énergies renouvelables, du bois de feu et de ses dérivés en l'occurrence. Mais cet accaparement renvoie à une dynamique plus vaste qui consiste en l'éclosion d'une économie parallèle à l'économie classique en crise. L'évocation que fait Émile Michel Hernandez, bien que lapidaire, résume assez bien la situation : « Alors que les entreprises africaines modernes, publiques ou privées, connaissent de grandes difficultés, écrit-il, celles relevant du secteur informel résistent à la crise et même se multiplient »[732]. Les raisons de ce succès du secteur informel sont à rechercher dans les caractéristiques des activités en question :

> Ce sont des activités faciles d'accès ; elles ont recours aux ressources locales ; les entreprises sont de propriété familiale ; l'échelle des opérations est restreinte ; les techniques sont à forte densité de main d'œuvre et adaptées à la dotation de ressources ; les qualifications s'acquièrent en dehors du système officiel ; les marchés échappent à tout règlement et sont ouverts à la concurrence ; les activités exercées sont avant tout fondées sur le travail et l'initiative individuels[733].

---

[732] Hernandez, art. cit., p. 105.

[733] C. Maldonado, C. Badiane, A.-L. Miélot, *Méthodes et instruments d'appui au secteur informel en Afrique francophone*, SEED Document de Travail No.24, 2002, p. 6.

La crise économique des années 1980 contribue largement à bouleverser l'économie camerounaise. Les mesures prises pour la résorber affectent aussi les activités économiques et la société. Le puissant vent de libéralisation qui souffle alors s'engouffre dans tous les aspects de la vie politique, économique, sociale et culturelle. Il contribue à diluer la substance de l'État post-colonial en lui arrachant sa cape d'État-providence. Face aux difficultés du quotidien qui s'accentuent, les populations doivent mettre en œuvre des stratégies de survie qui intègrent en grande partie l'économie informelle. Celle-ci constitue en effet une partie de l'économie qui s'affranchit de la réglementation et qui est pratiquée à la lisière de la législation sociale, fiscale et financière qui encadre l'économie classique[734]. Il faut néanmoins mettre en évidence l'hétérogénéité de ce secteur, du fait que les entrepreneurs informels ne suivent pas les mêmes trajectoires pour leur insertion dans les marchés de biens, du travail et du capital[735].

La crise engendre donc un effet de trouée : en érodant les activités économiques et professionnelles qui captent une portion importante de la population active, elle contribue à créer des activités parallèles de subsistance qui finissent par se constituer en filières incontournables de l'économie. La vivacité du secteur informel au Cameroun indique par ailleurs l'importance des activités exercées et des services proposés. Cette vivacité s'exprime à travers les nombreuses vocations commerciales qui jaillissent et s'organisent autour de filières.

L'un des traits les plus importants de l'économie informelle est la prédominance de l'entreprise individuelle ou familiale voire de la propriété de type associatif. La recherche d'un revenu de survie prime dans ces cas sur l'ambition de faire fructifier un capital[736]. Il est alors

---

734 Pierre Mouandjo B. Lewis fait de l'informel « une nébuleuse qui recouvre un bric-à-brac hétérogène de pratiques, unifiées par leur marginalité par rapport à la loi et à l'officiel » Mouandjo B. Lewis, *État et régulation en Afrique*, tome 3 : *l'économie politique de l'Afrique au XXI*[e] *siècle*, Paris, L'Harmattan, 2002, p. 123. Il faut cependant relever que l'existence d'un secteur informel remonte à la période coloniale, favorisée par l'accumulation aux portes des villes de « marginaux du capitalisme occidental » qui, face à la double impossibilité d'insertion dans le marché formel de l'emploi urbain et de retour au village, continuaient à survivre d'activités informelles et à s'amasser dans un habitat péri-urbain précaire. Voir C. Coquery-Vidrovitch, « Villes coloniales et histoire des Africains », *Vingtième Siècle. Revue d'histoire*, n° 20, octobre–décembre 1988, p. 71.

735 Maldonado et *al.*, op. cit., p. 10.

736 *Ibid.*

courant d'observer que les petits détaillants urbains de bois de feu ou de charbon de bois ne se contentent pas d'écouler ces produits. Ils se placent dans une attitude de commerce générale, proposant d'autres biens et services d'usage courant.

Reste à explorer, parmi ces nouveaux acteurs de la promotion des énergies renouvelables, les grandes entreprises du secteur énergétique qui explorent souvent des créneaux différents de leurs champs d'expertise habituels. C'est le cas de Total qui s'illustre dans la promotion des technologies solaires photovoltaïques au Cameroun depuis le début des années 1980, de MRS Power Cameroon qui manifeste en 2010 son intention d'expérimenter la production électrique à partir des courants marins, ou de Schneider Electric qui s'investit dans la réalisation de projets photovoltaïques. Depuis les années 1980, il existe également des installations photovoltaïques mises en place par des organismes tels que le ministère de la Défense, les aéroports et les chemins de fer. La REGIFERCAM s'appuie par exemple sur cette technologie pour assurer une partie du balisage des voies et de l'éclairage des gares[737].

La question de la gestion des ressources en bois-énergie et des énergies renouvelables est trop peu souvent prise en compte en économie et en histoire de l'énergie au Cameroun. Dans la pratique, le caractère marginal de ce secteur contraste pourtant avec l'importance des ressources concernées. Du point de vue climatique et hydrographique notamment, ce pays offre des potentialités d'un grand intérêt. L'occultation de ce secteur tient alors du peu d'élan entrepreneurial qu'on y a observé. D'une part, qualifié d'« énergie des pauvres », le bois de feu est longtemps resté d'une exploitation rudimentaire. D'autre part, l'obnubilation de l'État-providence par le développement des énergies conventionnelles a contribué à renforcer cette idée et à en retarder la structuration.

Avec la crise des années 1980–1990, l'État se dessaisit d'une grande part de ses compétences. Les populations, dont le pouvoir d'achat s'amenuise, redécouvrent les vertus du bois de feu et du charbon de bois. L'économie informelle, elle aussi vivifiée par la crise et le recul de la puissance publique, commence à esquisser les contours ce secteur nouveau. Dans le domaine des énergies renouvelables aussi, une prise de conscience s'opère ; elle est véhiculée par des ONG. Ces ressources

---

737 CDA-SCDP, MINMEE, Plan énergétique national. Diagnostic sectoriel : les énergies nouvelles, p. 54.

constituent une alternative non négligeable au renchérissement progressif du prix des énergies conventionnelles.

Malgré ces agencements, le secteur du bois de feu et des énergies renouvelables reste marginal du fait de sa structuration inachevée. De l'entrain de l'État à reprendre à son compte ce travail dépend sans nul doute une meilleure utilisation de ces ressources, cela à travers des politiques d'orientation du développement du secteur et l'élaboration de cadres législatifs adaptés[738].

La persistance de la crise économique des années 1980 au Cameroun, mais davantage les mesures prises pour la résorber, favorisent le retour au libéralisme économique. Dans ce mouvement dans lequel le rôle incitatif, voire contraignant, des bailleurs de fonds internationaux n'est pas à sous-estimer, l'État recule. On lui défend de continuer d'arborer sa tunique d'entrepreneur. Cet affaiblissement n'est pas sans conséquence sur le secteur de l'énergie.

Dans les industries du pétrole et de l'électricité, la libéralisation se traduit par une déréglementation généralisée. Illustration de cette remise en cause du bien-fondé de l'entrepreneuriat public, l'option de la privatisation est souvent évoquée. Elle aboutit en 2001 à la cession au capital privé de la majorité des actifs de la SONEL, l'un des symboles jusqu'alors de l'interventionnisme au Cameroun. En 2001, l'essentiel des éléments idéologiques, législatifs et normatifs nécessaires aux mutations observées depuis lors est déjà en place. Les agencements entre le capital privé et la puissance publique sont néanmoins loin d'être achevés : la libéralisation y donne une nouvelle impulsion au travail normatif. C'est ce que semble indiquer l'actualisation de la loi de l'électricité en 2011. L'État réaffirme sa volonté d'entreprendre tout en assurant l'orientation et la régulation des activités. L'économie mixte, prise comme gestion concertée de l'économie par l'État et l'entrepreneuriat privé, se revivifie à nouveau.

---

738 Bradbrook, art. cit., p. 529; B. Mallet, D. Gautier, A. Kassambara, J.N. Marien, P. Montagne, M. Nkoua, « Le bois énergie en Afrique subsaharienne. Pratiques traditionnelles, réalités d'aujourd'hui et potentialités majeures pour le futur », XIIIe Congrès forestier mondial, Buenos Aires, 18–23 octobre 2009, p. 4. Dans le cadre de la poursuite de la réforme du secteur de l'électricité au Cameroun, les pouvoirs publics ont marqué leur volonté de promouvoir le développement des énergies renouvelables. Voir Loi n° 2011/022 du 14 décembre 2011 régissant le secteur de l'électricité au Cameroun ; se référer notamment aux articles 64 à 67.

Dans le domaine de l'approvisionnement en bois de feu et de promotion des énergies renouvelables, où l'État ne jouait déjà qu'un rôle marginal, la crise génère des initiatives censées apporter une alternative à la défaillance des pouvoirs publics. La libéralisation se fait *de facto*. L'un des corollaires de la crise, à savoir le développement de l'économie informelle, finit notamment par irradier le commerce de bois de feu. Les ONG florissantes reprennent à leur compte la promotion des énergies renouvelables.

CONCLUSION GÉNÉRALE

La structuration du secteur énergétique au Cameroun au cours du XXe siècle renseigne sur les effets des rapports entre l'État et le capital privé. Le caractère vital et hautement capitalistique de l'énergie en fait un secteur où les rapports entre eux, par le biais de leurs entreprises, sont tendus, mais déterminants pour garantir le développement propre du secteur, des considérations politiques ou des effets induits sur la société et le reste de l'économie. Une approche diachronique de la question permet de dessiner trois périodes à cette histoire, correspondant à chacune des parties de cet ouvrage.

Pendant la période coloniale, l'initiative privée a d'abord pris le dessus sur la puissance publique dans la fondation de ce secteur. Il se trouve en effet que le choix du libéralisme par l'Allemagne et la volonté du gouvernement impérial de concentrer son action au Kamerun sur la pacification du pays a permis de laisser le champ économique aux mains des investisseurs privés, durant les premières années tout au moins. Dans le domaine des hydrocarbures, ce sont des entreprises privées qui se sont lancées les premières dans la recherche de l'or noir ; la WAPV et la *Kamerun Bergwerck Aktiengesellschaft* en l'occurrence. Progressivement, et répondant à une remise en cause de l'importance des entreprises privées allemandes dans les colonies, l'administration a affirmé sa volonté d'orienter l'économie, réduisant ainsi la marge de manœuvre de ces entreprises. Cette tendance s'est renforcée après la Première Guerre mondiale, le Cameroun étant passé sous le double mandat français et anglais.

Si les hésitations de l'administration tardent quelque peu à se dissiper comme on l'a noté dans le développement de l'électricité par les entreprises agricoles jusqu'aux années 1930, cette dernière finit toutefois par étoffer l'outil réglementaire devant permettre l'action des entreprises privées dans le domaine de l'électricité et des hydrocarbures. Le Syndicat d'études et de recherches pétrolifères de Logo-baba et la CCDEE plus significativement ont ainsi démarré leurs activités sur le territoire avant qu'un changement d'attitude dans la politique coloniale ne vienne remettre en cause la prédominance du privé sur le public : des sociétés d'économie mixte sont créées dans le cadre des « plans FIDES ». Ce sont la SEREPCA qui monopolise la recherche de pétrole et ENELCAM qui entretient un difficile duopole avec la CCDEE. Il convient de souligner l'existence au Nigéria, avec compétence sur le Cameroun sous administration britannique, de l'ECN dans le domaine de l'électricité.

Telle est globalement la situation lors de l'accession du Cameroun oriental à l'indépendance et de la Réunification avec le Cameroun occidental. Une trajectoire nette se dégage à partir de ce moment. C'est le renforcement de l'interventionnisme voire l'affirmation d'un certain étatisme. Il faut sans doute relativiser l'idée d'une incursion de l'État pour pallier l'absence d'investissements privés. L'idée-maîtresse est l'étatisme donc, *a contrario*, la volonté de ne pas laisser le capital privé sans contrôle. Et dans le contexte de la décolonisation, il s'agit d'atténuer l'importance de l'investissement étranger métropolitain, même si on le recherche obstinément par ailleurs. Cette position duelle conduit à la création des sociétés d'économie mixte et moins significativement d'entreprises d'État. C'est l'ère des sociétés nationales.

L'État se décide dans ce contexte à affirmer son contrôle sur le secteur de l'énergie comme sur l'ensemble des activités économiques. Comme au cours des autres périodes, il faut bien distinguer un développement différencié des sous-secteurs des hydrocarbures et de l'électricité, répondant à leurs spécificités techniques, gestionnaires et stratégiques. Dans le domaine des hydrocarbures, plusieurs mouvements sont à prendre en compte : la participation du Cameroun à la construction de la raffinerie communautaire de Port-Gentil et la création de la SONARA, la réglementation de l'activité de stockage et la création de la SCDP, le début de la production de pétrole et la création de la SNH ainsi que de la SEGAZCAM. Les rapports entre la puissance publique et le capital privé étranger génèrent dans ce secteur des oligopoles. Dans le domaine de l'électricité, par contre, c'est le monopole public qui s'affirme. Cette démarche se résume dans la création de la POWERCAM ainsi que d'EDC, et leur fusion, avec ENELCAM, dans la SONEL que nous considérons comme l'un des archétypes de l'étatisme au Cameroun.

Par ailleurs, l'engouement pour l'entreprise publique au cours de ces deux premières périodes s'estompe quelque peu au cours de la dernière période qu'engendre la crise économique de la fin des années 1980. L'entrepreneuriat public en est l'une des causes principales. L'adoption de PAS consacre par la suite un démantèlement sans précédent du secteur public. Une nouvelle fois dans le secteur de l'énergie, deux trajectoires se dessinent : dans le domaine des hydrocarbures frappé par la baisse de la production et le contre-choc pétrolier, la libéralisation prospère, remettant lentement en cause les oligopoles existants. De nouveaux acteurs émergent également au rang desquels des entreprises privées nationales. L'État s'obstine pourtant à garder une présence forte dans le secteur ; ni la SCDP, ni la SONARA ne sont livrées au capital privé triomphant. À l'inverse, après moult tergiversations dans le domaine de l'électricité, la SONEL est en grande partie cédée à des investisseurs privés en 2001. Cela marque un tournant majeur dans l'histoire de l'énergie au Cameroun. On aurait pu oublier un versant important de l'activité énergétique que la crise a permis de « redécouvrir », à savoir l'économie du bois de feu et des énergies renouvelables. Son développement et la structuration de ses filières sont en effet tributaires de cette crise et de ses implications sur le recul de l'État, libérant de nombreuses initiatives populaires et privées. La dernière période prend en compte cet aspect.

Ce sont donc des rapports complexes qu'entretiennent la puissance publique et le capital privé dans le secteur de l'énergie au Cameroun au cours des périodes concernées. On y note la fabrication d'une véritable culture de l'État qui rend difficile son désengagement ; les intérêts nationaux et les intérêts partisans sont beaucoup trop importants pour que cette perspective se réalise. On peut même envisager que l'entreprise publique, comme réponse structurée de l'État aux problèmes économiques, financiers et politiques qui se posent à lui, reste la principale forme d'intervention directe des pouvoirs publics dans l'économie et le secteur de l'énergie de manière spécifique. Pour Jean-Marie Martin :

> Tous les États n'ont pas les mêmes raisons d'intervenir dans le fonctionnement des activités énergétiques. Selon le degré de développement de l'économie nationale, son système économique ou son degré de dépendance externe, les priorités vont à la sécurité des approvisionnements, à la protection des consommateurs ou au contrôle de la gestion des ressources naturelles[739].

Ces raisons, il faut s'en convaincre, sont loin de constituer aujourd'hui des problèmes résolus. Le contrôle, l'orientation et la direction de ce secteur par l'État devraient donc être maintenus[740].

Au Cameroun, la puissance publique s'est assurée une présence forte dans le secteur de l'énergie, aussi bien par la réglementation que par la création d'entreprises publiques. Les nombreuses expériences de sociétés

---

[739] J.-M. Martin, *L'économie mondiale de l'énergie*, Paris, La Découverte, 1990, p. 79.

[740] C. Perrot, *Énergie et matières premières*, Montreuil, Bréal, 1986, p. 215.

d'économie mixte, de duopoles et d'oligopoles permettent aussi de constater qu'à la gestion de ce secteur ont presque toujours été associées les entreprises privées.

Par ailleurs, il faut rechercher les motifs, les raisons profondes des mutations du secteur de l'énergie dans l'histoire politique et économique du Cameroun. Sur le temps considéré, les aléas sont nombreux qui ont déterminé les choix faits dans ce secteur : c'est le triomphe épisodique du libéralisme et de l'interventionnisme comme modèle économique à travers le monde ; ce sont la colonisation, l'accession à l'indépendance, la Réunification, l'Unification, l'étatisme et le néocolonialisme au Cameroun ; c'est l'aspiration à la solidarité régionale et la réalité froide de la compétition entre les nations ; c'est la crise économique… Autant de facteurs qui peuvent sembler sans rapport, mais qui tournent tous autour de l'idée que l'État, pris comme acteur et comme processus, se fait de son rôle économique.

Tous ces éléments ont généré entre la puissance publique et le capital privé des périodes de tension, souvent, et des périodes d'accalmie, rares. Ils ont aussi permis de générer des outils de référence d'une grande diversité qui précisent, s'abrogeant les uns les autres, la nature des rapports entre ces deux acteurs du jeu économique. Parmi ces outils, les lois, décrets, arrêtés et les contrats de concession de service occupent une place de choix.

C'est dans cette perspective que le choix de l'entreprise publique trouve son sens. Celle-ci a, par rapport à l'entreprise privée, une plus grande portée politique. Par contre, les éléments ne sont pas nombreux pour défendre l'idée d'un accroissement de la portée sociale, au sens de satisfaction du bien-être collectif, par la création d'entreprises publiques au Cameroun au cours de la période prise en compte. Cela a sans doute été le but, mais les résultats sur l'électrification, sur la sécurité des approvisionnements ou sur les prix, quoiqu'intéressants, sont loin d'être décisifs, justifiant les critiques qui s'abattent sur cette forme d'entreprise.

En fin de compte, l'importance économique, stratégique, politique, financière et sociale de l'énergie en fait un secteur où les rapports public-privé sont particulièrement intenses, déterminés par des aléas idéologiques, politiques, sociaux et énergétiques divers. Une lecture linéaire des partenariats État-entreprises dans ce secteur n'est donc pas pertinente. Les changements économiques, la modification des choix idéologiques et les mutations politiques constituent autant de ruptures qui donnent tout son intérêt à l'histoire de l'énergie. En cela, c'est bien une étude de « processus » qui s'impose, en ce qu'elle dépasse les continuités, le statu quo et les régularités. Mais, cette histoire globale envisagée a tendance à se diluer dans une économie politique trop théorique et peu soucieuse des singularités nationales. Il y a également la part d'histoire sociale de cette exploration qu'il faut continuer d'approfondir.

ANNEXES

Annexe 1 : Chronologie des rapports public-privé dans le secteur de l'énergie au Cameroun

1884

Signature des traités germano-duala; début de l'administration allemande au Cameroun (12–14 juillet)

1890

Instauration du régime de concessions

1897

Création de la WAPV (janvier)

1904

Mise en évidence d'indices de pétrole dans la zone Wouri-Mungo par la WAPV (avril)

Création de la Kamerun Bergwerck Aktiengesellschaft

1904–1907

Prospections pétrolières conduites à Logbaba par Kamerun Bergwerck Aktiengesellschaft et Internationale Bohrgesellschaft

1916

Chute de la forteresse de Mora (18 février) ; fin de la Première Guerre mondiale au Cameroun; fin de l'administration allemande; partition du Cameroun entre l'Angleterre et la France; début de l'administration franco-britannique (4 mars)

1920

Projet d'électrification de la ligne de chemin de fer Dschang – Nkongsamba

1922

Approbation des textes des mandats français et anglais sur le Cameroun par le Conseil de la SDN (20 juillet)

1923

Attribution d'un permis de recherche d'hydrocarbures à la SNC (décembre)

1924

Travaux de recherche de lignite à Dschang. Ces travaux ont été ensuite conduits en 1927 et en 1940. Les résultats décevants quant à la taille du gisement et à sa rentabilité économique ont conduit à l'abandon de cette initiative

1925

Création du Syndicat d'études et de recherches pétrolifères de Logo-Baba (février)

1925–1930

Projets d'électrification de Buea à partir d'usines hydroélectriques installées dans les plantations privées d'Ekona et de Mukonje

1928

Création de la CCDEE (26 avril)

Mission géologique conduite par Koretsky jusqu'en 1929

1929

Arrêté du Haut-commissaire Marchand réservant au territoire le droit de recherche d'hydrocarbures sur le permis de la SNC (29 novembre)

Implantation de la CCDEE à Douala ; début de l'électrification de la ville

Inauguration des centrales de Luermannfalls et de Malale pour fournir de l'électricité à la région de Muyuka

1930–1931

Discussions autour du projet de création d'une société des pétroles au Cameroun

1931

Construction de la centrale diésel de Koumassi ; début de l'éclairage public à Douala

Mission géologique conduite par Brunswig jusqu'en 1932

1935

Mission géologique conduite par de Vriès jusqu'en 1936. Au cours de celle-ci, il a établi la première carte géologique du bassin sédimentaire de Douala

1940

Adoption du *Colonial Development and Welfare Act* dans les territoires britanniques

1942

Élaboration du projet de barrage et de centrale d'Edéa pour fournir l'énergie électrique à Yaoundé

1946

Adoption du Ten-Year Plan of Development and Welfare for the Cameroons under United Kingdom Trusteeship (7 février)

Adoption de la loi portant établissement des plans d'équipement outre-mer dans les territoires français ; lancement des « plans FIDES » (30 avril)

Approbation de l'accord de tutelle française et anglaise sur le Cameroun par l'Assemblée générale des Nations Unies (14 décembre)

Discussions autour du projet de syndicat ou de société de recherche de pétrole au Cameroun

Mission géologique conduite par Andreff jusqu'en 1949 à l'initiative du BRP. Au cours de celle-ci, il a établi une carte géologique détaillée du bassin sédimentaire de Douala

1947

Création de la CFDPA à l'initiative de la CFP (mars)

Attribution d'un permis de recherche d'hydrocarbures à Léon Migaux agissant pour le compte du BRP. Ce permis a été renouvelé en 1950 (25 juin)

Attribution de la gérance des régies d'électricité de Yaoundé, Nkongsamba et Maroua à la CCDEE

Création de la CFDPC à l'initiative de la CFP (décembre)

1948

Création d'ENELCAM (3 mars)

Construction de la centrale thermique de Bota

1949–1951

Désaccords, négociations puis accord entre la CFP et APT sur l'entreposage de produits pétroliers en Afrique française

1949–1975

Construction du barrage et de la centrale hydroélectrique d'Edéa ; la première phase d'aménagement (Edéa I) s'est effectuée de 1949 à 1953. La deuxième phase (Edéa II) et la troisième phase (Edéa III), respectivement de 1955 à 1958 et de 1967 à 1975, ont consisté en l'extension de la puissance installée de la centrale

1950

Création d'ECN. Ses compétences en matière de contrôle de l'activité électrique se sont étendues sur le Cameroun britannique dès 1952

1951

Création de la SEREPCA (27 septembre)

Construction de la centrale thermique de Douala Bassa

1952

Attribution d'un permis de recherche d'hydrocarbures à la SEREPCA (20 février)

1953–1957

Mise en évidence d'indices et de réserves d'hydrocarbures à Bomono, Souellaba, Logbaba

1954

Création d'ALUCAM ; implantation de l'usine d'aluminium à Edéa ; établissement du premier contrat de fourniture d'électricité entre ENELCAM et ALUCAM

1955

Éruption lors d'une campagne de forage de la SEREPCA à Logbaba. Intervention du « pompier volant », l'Américain Myron Kinley

1956

Attribution d'un permis de recherches minières au Commissariat à l'Énergie Atomique (CEA) au Cameroun pour la recherche de substances radioactives (uranium, thorium) ; du Jonchay évoque des travaux en la matière dès 1953. Les résultats décevants liés au peu d'indices mis en évidence ont conduit à la fin de la prospection au Cameroun en 1959

1960

Accession de la partie française du Cameroun à la souveraineté internationale (1er janvier)

1960 -1987

Le Cameroun applique des Plans quinquennaux de développement : premier plan (1960–1965) ; deuxième plan (1966–1971) ; troisième plan (1971–1976), quatrième plan (1976–1981) ; cinquième plan (1981–1986) ; sixième plan lancé en 1986 et interrompu par l'application du programme d'ajustement structurel

1961

Réunification du Cameroun occidental et du Cameroun oriental (1er octobre)

Idée de la réorganisation du secteur de l'électricité au Cameroun après l'indépendance

1962

Création de la *West Cameroon Electricity Corporation* (POWERCAM) (22 octobre)

1963

Création d'EDC par la séparation des activités d'ENELCAM

Début de la prospection offshore au Cameroun par Elf SEREPCA

Fin d'activité de la CCDEE au Cameroun

1964

Décision à Fort-Lamy de créer une raffinerie communautaire entre le Cameroun, la Centrafrique, le Congo-Brazzaville, le Gabon et le Tchad (11 février)

1965

Lancement de l'idée de « libéralisme planifié » par Ahmadou Ahidjo ; renforcement de l'interventionnisme

Création de la SER (octobre)

1967

Création de la SNEC (22 mai)

1972

Référendum et passage de l'État fédéral à l'État unitaire (20 mai, 2 juin)

1973

Séparation des activités d'EDC et de la SNEC (1er janvier)

Création de la SONARA ; les tractations pour la construction de la raffinerie, entamées dès 1972, n'aboutissent à la mise en service de l'unité de raffinage qu'en 1981 (21 mars)

Création de la CSPH pour réguler les prix des produits pétroliers face aux fluctuations du marché international des hydrocarbures (10 mai)

Début du premier choc pétrolier (17 octobre)

1974

Création de la SONEL par la fusion ENELCAM-EDC (18 mai)

1975

Lancement de l'idée de « développement autocentré » par Ahmadou Ahidjo ; renforcement de l'étatisme

Dissolution de POWERCAM et incorporation de ses actifs à la SONEL (novembre)

1976

Début de la construction du barrage et de la centrale de Songloulou. Ces travaux d'aménagement ont été achevés en 1981

1977

Adoption d'une nouvelle réglementation/organisation de l'activité de stockage et de distribution de produits pétroliers au Cameroun. Cette réforme aboutit à la création de la SCDP

Lancement de l'Opération Sahel vert pour le reboisement de la zone sahélienne

Le Cameroun devient producteur de pétrole

1978

Début de la construction du barrage et de la centrale de Lagdo. Ces travaux d'aménagement ont été achevés en 1984

Législation établissant les accords d'association et de partage de production pétrolière au Cameroun (loi n° 78-14 du 29 décembre 1978) complétée par la loi n° 78-24 du 29 décembre 1978 fixant l'assiette, les taux de recouvrement des droits fixes, redevances et taxes minières, dont pétrolières

1979

Création de la SCDP à l'issue des négociations entamées en 1978 entre l'État et les entreprises opératrices (1er juillet)

1980

Création de la SNH (12 mars)

Création de la SEGAZCAM (9 juillet)

Création du Laboratoire de Recherches Énergétiques (LRE)

1982

Démission d'Ahmadou Ahidjo ; accession à la Présidence de la République de Paul Biya (4–6 novembre)

1983

Lancement du Projet Liquigaz ; abandonné en 1992

Première législation nationale portant régime de l'électricité au Cameroun (26 novembre)

1985

Contre-choc pétrolier jusqu'en 1986

1986

Création de la SCTM

1987

Entrée du Cameroun en crise

1988

Premier PAS au Cameroun (septembre). Le Cameroun a, au total, appliqué 6 PAS jusqu'en septembre 2003

1991–1993

Intensification de contrebande de produits pétroliers au Cameroun

1992

Instauration du principe d'interchangeabilité des bouteilles de gaz (19 mars) par la Circulaire n° 012/MINMEE/MINDIC. À cause des désaccords persistants entre la SCTM et les autres opérateurs membres du GPP, ce principe est encore difficilement mis en œuvre

1998

Adoption de plusieurs textes encadrant la libéralisation du secteur pétrolier

Adoption de la Loi régissant le secteur de l'électricité au Cameroun (loi n° 98/022) (24 décembre)

1999

Adoption du Code pétrolier du Cameroun (loi n° 99-013) (22 décembre)

2001

Privatisation de la SONEL ; sa privatisation, envisagée dès 1990, n'a été annoncée finalement qu'en juin 2000. Création d'AES SONEL (18 juillet)

Arrêté codifiant les agréments d'exercer dans le secteur pétrolier aval au Cameroun ; libéralisation (28 septembre)

2002

Adoption du code gazier du Cameroun (loi n° 2002/013) (30 décembre)

2006

Les médias nationaux évoquent la possibilité de la suppression de la subvention du prix des produits pétroliers au Cameroun (octobre). Ce débat a été relancé en juillet 2012

Création d'EDC (29 novembre)

Loi fixant le régime général des contrats de partenariat (n° 2006/012) (29 décembre)

2007

Émeutes électriques à Abong Mbang (septembre) et à Kumba (novembre)

2009

Décret portant création, organisation et fonctionnement d'un Fonds d'énergie rurale (n° 2009/409) (10 décembre)

2010

Création d'Hydro Mékin (18 octobre)

2011

Adoption d'une nouvelle Loi régissant le secteur de l'électricité au Cameroun (loi n° 2011/022) (14 décembre)

2012

Début de la construction du barrage de Memve'ele

Début de la construction du barrage de Lom Pangar

Mise en activité de la centrale à gaz de Kribi (28 décembre)

2014

Reprise des actifs d'AES au Cameroun par le fonds d'investissement britannique Actis (27 mai). Le souhait du groupe AES de se retirer du capital d'AES SONEL a été révélé à la mi-2013

AES SONEL devient ENEO Cameroun (12 septembre)

Annexe 2 : Lexique de l'énergie

Abonnement électrique : Convention passée entre une personne physique ou morale et une société électrique pour la fourniture ou la livraison d'électricité, et matérialisée par un document signé par les parties ou par une simple demande acceptée par cette société.

Accords 50-50 : Accords par lesquels les bénéfices tirés des ventes de pétrole brut sont répartis de façon égale entre les compagnies pétrolières et les pays producteurs de pétrole. Avant la fin des années 1940, les pays producteurs de pétrole recevaient généralement une part minoritaire des profits pétroliers. Venezuela a été le premier producteur à obtenir un accord 50-50, en 1948.

Accords de participation : Accords par lesquels certains pays producteurs de pétrole acquièrent des parts des sociétés étrangères opérant sur leur territoire.

Alternateur : Génératrice tournante qui fournit de l'énergie électrique sous forme de courant alternatif lorsque le rotor est entraîné par une machine primaire (turbine ou moteur).

Ampère (A) : Unité du système international servant à la mesure du courant électrique. Son multiple le plus usité est le kiloampère (kA) soit mille ampères.

Auto-producteur : Personne produisant de l'électricité pour son usage exclusif et qui n'entreprend ni le transport, ni la distribution de celle-ci sur le territoire où elle est établie, sauf dans le cas où le transport est destiné à son usage propre.

Autorisation : Acte juridique délivré par l'autorité compétente, permettant la réalisation d'une activité dans le secteur de l'énergie, et constatant que l'opérateur remplit les conditions et les obligations auxquelles il est soumis par la présente loi et ses textes d'application.

Baril : Unité de mesure utilisée pour le pétrole brut et ses dérivés. Un baril de pétrole équivaut à 42 gallons américains, soit environ 35 gallons impériaux (précisément 34,9723) ou 159 litres (précisément 158,9873).

Barrage : Ouvrage construit en travers du lit d'un cours d'eau pour en retenir les eaux et, dans le cas d'un complexe hydroélectrique, pour créer ou aménager une chute en vue d'actionner les turbines d'une centrale.

Biocarburant : Carburant constitué en tout ou partie de dérivés industriels (alcools, éthers, huiles et esters) obtenus après transformation de produits d'origine végétale ou animale.

Biomasse : Produits, déchets et résidus d'origine végétale ou animale provenant de l'agriculture, la sylviculture et l'industrie, et utilisés à des fins énergétiques. Ils peuvent être utilisés directement (bois-énergie) soit après une méthanisation (biogaz) ou de nouvelles transformations chimiques (biocarburant).

Bitume : Forme de pétrole brut dégradé qui a perdu la plupart de ses fractions les plus légères et est à la fois dense et très visqueux.

Bois-énergie : Bois et produits dérivés, tels que le charbon de bois, la sciure, les copeaux, les granulés ou pellets bois (issus du compactage des sous-produits de transformation du bois), etc. utilisés à des fins énergétiques.

Boucle : Ensemble de lignes et de postes à haute tension qui, en ceinturant une région géographique donnée, permet de multiplier les axes d'alimentation électrique et d'améliorer ainsi la sécurité de l'alimentation et la fiabilité de réseau de transport.

Brut de référence : Pétrole brut qui sert de base pour le calcul du prix des autres pétroles bruts.

Carburants : Combustible issu du raffinage d'hydrocarbures qui fournit l'énergie à un moteur thermique.

Centrale à réservoir : Centrale alimentée par l'eau accumulée dans un lac artificiel créé au moyen d'un barrage.

Centrale au fil de l'eau : Centrale alimentée directement par un cours d'eau et ne disposant pratiquement d'aucune réserve. Sa puissance varie donc suivant le débit du cours d'eau.

Centrale diesel : Centrale produisant de l'énergie à partir de la combustion d'un hydrocarbure dans un ou plusieurs moteurs diesels.

Centrale éolienne : Centrale produisant de l'énergie électrique à partir de l'énergie cinétique du vent. L'alternateur est entraîné par une turbine actionnée par la force du vent.

Centrale hydroélectrique : Usine installée sur un cours d'eau, dans laquelle l'énergie mécanique de l'eau est transformée en énergie électrique. On classe les centrales de ce type en deux catégories principales : les centrales à réservoir et les centrales au fil de l'eau.

Centrale nucléaire : Centrale qui fonctionne à partir d'un réacteur nucléaire, lequel chauffe l'eau qui, transformée en vapeur, fait tourner une turbine reliée à un alternateur.

Centrale thermique : Centrale produisant de l'énergie électrique à partir de l'énergie thermique. Parmi les centrales de ce type, on retrouve notamment les centrales thermiques classiques, les centrales nucléaires, les centrales à moteurs diesels et les centrales à turbines à gaz.

Choc pétrolier : Modification brutale de l'offre de pétrole, combinant hausse du prix et augmentation de la consommation et/ou baisse de la production. Le premier choc pétrolier (1973) est la conséquence de la réduction de la production et de l'embargo des membres de l'OPAEP sur les livraisons de pétrole à certains pays occidentaux (États-Unis, Pays-Bas), en réaction à leur soutien à Israël lors de la Guerre du Kippour. Le deuxième choc pétrolier (1979) est caractérisé par la hausse du prix du pétrole, multiplié par 2,7 entre la mi-1978 et 1981. Cette hausse a été provoquée par les effets combinés de la Révolution iranienne, de la fuite du Shah et de la guerre Iran-Irak.

Client domestique : Client qui utilise l'énergie ou d'autres services d'une entreprise énergétique pour des fins exclusives d'habitation dans un logement.

Client industriel : Client qui utilise l'énergie ou d'autres services d'une entreprise énergétique principalement pour la fabrication, l'assemblage ou la transformation de marchandises ou de denrées, ou pour l'extraction de matières premières.

Cogénération : Principe de production simultanée d'électricité et de chaleur, cette chaleur étant issue de la production électrique.

Concession : Convention conclue de manière exclusive entre l'État et un opérateur, lui permettant d'exploiter le domaine public dans des limites territoriales précises et pour une durée déterminée, en vue d'assurer la production, le transport et la distribution d'énergie sur la base d'un cahier de charges.

Concessionnaire : Personne titulaire d'une concession de production, de transport ou de distribution d'énergie.

Contrat de partage de production : Contrat pétrolier par lequel le titulaire reçoit une rémunération en nature en disposant d'une part de la production.

Contrat pétrolier : Contrat de concession ou contrat de partage de production conclu après entre l'État et un opérateur pour effectuer, à titre exclusif, la recherche et l'exploitation des hydrocarbures à l'intérieur d'un périmètre défini.

Contre-choc pétrolier : Effondrement des prix du pétrole entre 1985 et 1986. En 1986, les prix en moyenne 14,32 dollars le baril, en baisse de 27,53 dollar US en 1985. Lors de leur point bas en 1986, ils étaient dans le voisinage de 8 dollar le baril. Cette baisse était le résultat de surproduction de pétrole due au ralentissement de l'économie après l'envolée des prix lors des chocs pétroliers de 1973 et de 1979.

Courant (électrique) : Déplacement de charges électriques d'un point à un autre dans un conducteur. Le courant est alternatif ou continu. Il s'exprime en ampères (A).

Courant alternatif (c.a.) : Courant électrique qui change régulièrement et périodiquement de sens à une fréquence de 50 Hertz.

Courant continu (c.c.) : Courant se propageant toujours dans le même sens.

Délestage : Coupure de l'alimentation électrique par l'exploitant du réseau lorsqu'il y a nécessité de rétablir l'équilibre entre la production et la consommation.

Densité API : Mesure de la densité du pétrole brut et des produits pétroliers mis au point par l'American Petroleum Institute. La gravité API est exprimée en° API (API degrés).

Disjoncteur : Appareil servant à interrompre les courants de charge normale ainsi que les courants de défaut.

Distribution électrique : Établissement et exploitation des réseaux électriques de moyenne et basse tension en vue de la vente d'électricité au public.

Efficacité énergétique : Réalisation d'activités du secteur de l'énergie suivant le principe du moindre coût.

Électricité : Énergie générée à partir des sources primaires (cours d'eau, lacs ou marées), des matières premières minérales (charbon, pétrole, substances nucléaires, sources géothermiques ou autres), ou des sources d'énergie renouvelables (rayonnement solaire, vent, biomasse, etc.).

Électricité basse tension (BT) : Plage de tension inférieure à 1000 volts en courant alternatif et inférieure à 1500 volts en courant continu.

Électricité haute tension (HT) : Plage de tension comprise entre 30 000 volts et 225 000 volts.

Électricité moyenne tension (MT) : Plage de tension comprise entre 1000 volts et 30 000 volts en courant alternatif et comprise entre 1 500 volts et 30 000 volts en courant continu.

Électricité très haute tension (THT) : Plage de tension supérieure à 225 000 volts.

Électrification rurale : Activité de production, de transport, de distribution ou de vente de l`électricité pour approvisionner des clients en zone rurale. Seule la partie de la production ou du transport qui arrive aux clients en zone rurale est qualifiée comme d'électrification rurale.

Énergie : Grandeur physique, exprimée en joules ou en kilowattheures (kWh), caractérisant l'aptitude d'un système (hydraulique, thermique, etc.) à fournir un travail. La référence au terme « énergie » s'applique très souvent aux sources dont elle est extraite ou aux moyens par lesquels elle est acheminée. On distingue alors, entre autres : les énergies fossiles, l'énergie nucléaire, l'énergie solaire, l'énergie électrique, l'énergie chimique, l'énergie thermique.

Énergie alternative : Ensemble des sources d'énergie autres que les combustibles fossiles, l'énergie nucléaire ou l'énergie hydroélectrique. Elle comprend les énergies solaire, éolienne, issue de la houle, marémotrice et géothermique notamment. Les sources d'énergie alternatives sont destinées à être respectueux de l'environnement et sont souvent renouvelables.

Énergie d'origine marine : Énergie hydraulique des mers, dont les facteurs de mouvement sont les vagues, les courants marins, la marée, l'éolien offshore, ou dont les facteurs sont les gradients de température ou de salinité.

Énergie éolienne : Énergie mécanique des masses d'air dans l'atmosphère.

Énergie géothermique : Énergie mécanique produite à partir de la chaleur souterraine.

Énergie solaire photovoltaïque : Énergie issue de la conversion de la lumière du soleil en courant électrique par effet photovoltaïque des matériaux semi-conducteurs photosensibles.

Énergie solaire thermique : Énergie thermique produite par effet des rayons du soleil sur un fluide donnant lieu à la production des vapeurs devant entraîner les turbines.

Éolienne : Machine permettant de transformer l'énergie éolienne en énergie électrique.

Essence : Distillat de pétrole brut constitué d'un mélange d'hydrocarbures, qui sert notamment de carburant.

Fioul : Distillat lourd, résidu ou mélange utilisé comme combustible pour la production de chaleur.

Gaz : Hydrocarbures gazeux existant à l'état naturel, autrement dénommé gaz naturel, ou résultant des opérations de raffinage d'hydrocarbures, ainsi que tous produits et substances connexes extraits desdits hydrocarbures gazeux.

Gaz à effet de serre : Gaz qui absorbent l'énergie émise par la Terre (sous forme de rayonnement infrarouge) et qui la rayonnent, à leur tour, vers le sol, provoquant ainsi un réchauffement de la surface du globe. Les principaux gaz à effet de serre sont la vapeur d'eau, le gaz carbonique et le méthane.

Gaz de pétrole liquéfié (GPL) : Mélange d'hydrocarbures légers stocké à l'état liquide, et issu du raffinage du pétrole pour 40 % et du traitement du gaz naturel pour 60 %. Les hydrocarbures constituant le GPL, dans son appellation officielle, sont essentiellement le propane et butane; le mélange peut contenir jusqu'à 0,5 % d'autres hydrocarbures légers tels que le butadiène.

Gaz naturel liquéfié (GNL) : Gaz naturel, composé essentiellement de méthane, condensé à l'état liquide. Cette opération réduit son volume original d'environ 1/600 et favorise ainsi son transport sur de longue distance.

Gazole : Carburant pour moteur diesel.

Générateur (électrique) : Appareil qui transforme une énergie quelconque (thermique, mécanique, etc.) en énergie électrique.

Hydrocarbures : Composants liquides ou gazeux existant à l'état naturel, autrement dénommés pétrole brut ou gaz naturel selon le cas, ainsi que tous les produits et substances connexes extraits en association avec lesdits hydrocarbures.

Interconnexion : Liaison assurant des mouvements d'énergie dans les deux sens entre réseaux.

Interrupteur : Appareil qui sert à interrompre les courants de charge normale.

Kilovoltampères (kVA) : Unité de mesure de la puissance utilisée pour déterminer la quantité d'énergie par unité de temps susceptible d'être injectée dans l'installation intérieure d'électricité du consommateur final. Plus la puissance du compteur est élevée, et plus il est possible de brancher simultanément un grand nombre d'appareils électriques puissants sur l'installation intérieure d'électricité.

Kilowatt (kW) : Multiple du watt, unité de mesure de la puissance.

Kilowattheure (kWh) : Multiple du wattheure, unité de mesure de l'énergie électrique et de la consommation.

Licence : Acte juridique délivré par l'autorité compétente à un opérateur qualifié ayant été sélectionné pour exercer des activités de production indépendante, de vente d'énergie ainsi que des activités d'importation et d'exportation destinées, totalement ou partiellement, à des distributeurs.

Ligne aérienne : Ligne électrique dont les conducteurs sont maintenus à une distance calculée du sol au moyen de supports appropriés (pylônes ou poteaux), destinée au transport d'énergie électrique.

Ligne de distribution : Ligne fournissant l'énergie électrique aux clients à partir d'un poste de distribution.

Ligne électrique privée : ligne de transport d'électricité à très haute, haute, moyenne ou basse tension, destinée à l'usage exclusif de son propriétaire, et installé sur une propriété privée dont elle respecte les droits afférents.

Ligne souterraine : Ligne électrique posée en pleine terre, en galerie ou dans une canalisation destinée expressément au transport d'énergie électrique.

Mégawatt (MW) : Multiple du watt, unité de mesure de la puissance.

Pipeline : Canalisation pour le transport des fluides. Les pipelines spécialisés peuvent être appelés oléoducs, gazoducs, etc.

Poste d'interconnexion : emplacement de l'ensemble des équipements, matériels ou installations permettant d'assurer une interconnexion.

Poste de transformation : Poste où sont regroupés des transformateurs permettant l'interconnexion de réseaux électriques à des tensions différentes. Les postes de transformation sont appelés abaisseurs lorsqu'ils servent à abaisser la tension, et élévateurs lorsqu'ils servent à l'élever.

Producteur : Personne physique ou morale titulaire du droit d'exploitation d'une installation destinée à produire de l'énergie, et qui vend et fournit sa production à des tiers.

Production décentralisée : Unité de production d'électricité destinée à satisfaire les besoins en électricité des usagers situés loin des réseaux interconnectés et ne pouvant s'y raccorder à moyen terme.

Produit pétrolier : Produit ou mélange de produits renfermant au moins 70 % d'hydrocarbures, résultant du raffinage du pétrole brut et contenant ou non des additifs, qui sert ou pourrait servir de combustible principalement, mais aussi de lubrifiant ou de fluide hydraulique. Il s'agit, entre autres des produits suivants : essence, diesel, carburant aviation, kérosène, naphta, huile lubrifiante, mazout, huile moteur.

Prospection : Activités préliminaires de détection d'indices d'hydrocarbures, notamment par l'utilisation de méthodes géologiques, géophysiques ou géotechniques, à l'exclusion des forages dépassant une profondeur de trois cents (300) mètres.

Puissance : Capacité d'accomplir un travail, qui s'exprime généralement en watts (W), kilowatts (kW) et mégawatts (MW). Pour les besoins de l'exploitation, il convient de distinguer différents types de puissance : appelée, disponible, installée, interruptible, raccordée et souscrite.

Puissance appelée : Quantité d'électricité demandée par les installations électriques et les appareils des clients raccordés au réseau.

Puissance installée : Somme des puissances nominales que peuvent fournir les machines et les appareils de production d'une installation.

Raffinage : Ensemble des procédés d'extraction de produits utiles à partir de pétrole brut, y compris divers types de carburants, lubrifiants et matières premières pour la pétrochimie.

Recherche ou **Exploration** : Activités de prospection détaillée dont les forages d'exploitation destinés à découvrir des gisements d'hydrocarbures commercialement exploitables, ainsi que les activités d'évaluation, de délimitation d'une découverte d'hydrocarbures présumée commerciale et l'abandon des puits d'exploration.

Redevance (*royalty*) : Somme versée à échéances périodiques en contrepartie d'un avantage concédé contractuellement.

Réseau de distribution : Système constitué des différentes artères principales, et réseaux électriques secondaires, permettant de transporter l'énergie depuis la centrale vers les points de livraison. La limite géographique aval du réseau de distribution publique (ou limite géographique amont des installations intérieures) est représentée par le point de livraison constitué des bornes en aval du dispositif de comptage de l'énergie.

Réseau de transport : Système de conducteurs constituant les lignes d'électricité à très haute et haute tension et de postes de transformation entre la très haute et la haute tension ou la haute et la moyenne tension, aux fins de délivrer de l'électricité jusqu'aux points de livraison haute ou moyenne tension.

Réseau électrique : Ensemble des ouvrages, des installations et des équipements de production, de transport et de distribution permettant d'acheminer l'électricité des sources de production aux points de livraison.

Restructuration : Modification de la structure et de l'organisation du marché de l'énergie dans le but d'introduire la concurrence dans sa production. Les termes suivants : « dérégulation », « dérégulation électrique », « déréglementation », « ouverture des marchés », « libéralisation des marchés » et « ouverture à la concurrence » ne sont pas synonymes et les notions qui s'y rattachent ne décrivent souvent qu'une partie des changements qui s'opèrent dans le marché de l'énergie.

Sable bitumineux (ou bitumeux) : Mélange, à l'état naturel, de bitume brut, de sable, d'argile minérale et de l'eau.

Secteur pétrolier amont : Secteur de l'industrie pétrolière qui exerce des activités d'exploration de pétrole brut ou de gaz naturel et de forage ainsi que de production de ces matières premières.

Secteur pétrolier aval : Secteur de l'industrie pétrolière qui se charge de transformer le pétrole brut en produits pétroliers raffinés et d'assurer les activités intermédiaires pouvant mener jusqu'à la vente finale de ces produits aux consommateurs.

Service public : Toute activité de production, de transport, de distribution ou d'importation d'énergie électrique en vue de sa mise à la disposition du public.

Société gazière : société commerciale ou établissement public à objet industriel et commercial justifiant des capacités techniques et financières pour mener à bien des opérations dans le domaine gazier.

Société pétrolière : Société commerciale ou établissement public à caractère industriel et commercial justifiant des capacités techniques et financières pour mener à bien des opérations dans le domaine pétrolier.

Sources d'énergie primaires : Sources existantes dans leur état naturel et qui peuvent être soit utilisées directement en tant que combustible, comme les matières organiques (pétrole, huile, schiste, charbon, tourbe, biomasse, gaz combustible, uranium), soit converties en d'autres formes comme combustible nucléaire, soit dérivées des sources d'énergie renouvelables (hydraulique, solaire, éolienne, marée motrice et géothermique), soit des résidus des activités humaines.

Sources d'énergie renouvelables : Sources qui existent naturellement et qui sont renouvelées de manière continue par la nature.

Sources d'énergie secondaires : Sources résultant de la conversion des sources d'énergies primaires, avec perte d'une portion du capital original d'énergie, par un procédé de transformation.

Stockage : Réception et conservation temporaire de quantités de produits pétroliers pour un usage ultérieur, y compris par le biais de l'utilisation de réservoirs, de formations géologiques poreuses, de cavités naturelles ou créées artificiellement.

Syndrome hollandais : situation observée lorsqu'un pays découvre et exploite une nouvelle ressource naturelle, comme le pétrole, puis subit une baisse de la compétitivité de ses secteurs économiques traditionnels.

Système interconnecté : Ensemble de systèmes de transport et de distribution reliés par le moyen d'un ou plusieurs interconnecteurs.

Tension (électrique) : Différence de potentiel ou de niveau électrique entre deux points, par exemple un conducteur et la masse. Plus la différence est grande, plus la tension est élevée. Le distributeur alimente les installations électriques de ses clients en basse, moyenne et haute tension. Ces tensions sont normalisées. La tension (V) multipliée par le courant (A) égale la puissance (W).

Usager : Personne physique ou morale connectée à un réseau de distribution en vue d'être approvisionnée en énergie au point de livraison.

Volt (V) : Unité du système international servant à la mesure de la tension. Le multiple le plus usité est kilovolt (kV) soit mille volts.

Watt (W) : Unité du système international servant à la mesure de la puissance (active). Les multiples les plus usités sont kilowatt (kW) = mille watts ; mégawatt (MW) = 1 million de watts ; gigawatt (GW) = 1 million de kilowatts ; térawatt (TW) = 1 milliard de kilowatts.

Watt crête (Wc) : Puissance crête d'un système photovoltaïque. Elle correspond à la puissance électrique délivrée par ce système dans des conditions standards d'ensoleillement (1000 W/m^2), de température (25 °C) et de standardisation du spectre de la lumière (AM 1,5).

Wattheure (Wh) : Unité du système international servant à la mesure de l'énergie électrique. Les multiples les plus usités sont kilowattheure (kWh) = mille wattheures ; mégawattheure (MWh) = 1 million de wattheures ; gigawattheure (GWh) = 1 million de kilowattheures ; térawattheure (TWh) = 1 milliard de kilowattheures.

SOURCES ET RÉFÉRENCES

SOURCES D'ARCHIVES

Archives du Ministère de l'énergie et de l'eau (non classées)

Direction des mines et de la géologie, Rapport annuel 1954, 1956, 1957, 1958,1959–1960.

Service des mines du Cameroun, Rapport annuel 1953.

Anonyme, « Le plan d'équipement du Cameroun ».

Archives du Ministère de la planification, de la programmation du développement et de l'aménagement du territoire (MINEPAT)

MINAEP, Premier plan quinquennal de développement économique, social et culturel, Yaoundé, Imprimerie nationale, 1961.

MINAEP, Deuxième plan quinquennal de développement économique, social et culturel, Choisi-le-Roi, Imprimerie de France, 1969.

MINPAT, Troisième plan quinquennal de développement économique, social et culturel, Douala, Les 4 points cardinaux, 1971.

MINPAT, Quatrième plan quinquennal de développement économique, social et culturel, Yaoundé, SOPECAM, 1977.

MINPAT, Cinquième plan quinquennal de développement économique, social et culturel, Yaoundé, SOPECAM, 1981.

MINPAT, Sixième plan quinquennal de développement économique, social et culturel, Yaoundé, SOPECAM, 1986.

6A81, SNH : activité, 1999–2004. Élaboration du plan directeur de développement des ressources gazières.

6A145, Sociétés d'État : concertation, 1966–2004. Conseils d'administration des sociétés d'État au cours de cette période.

6A197, SONEL : privatisation, 2001–2002. Privatisation de la SONEL en 2002.

6A17, CSPH : activité, 1993–1995. Procès-verbaux des 30e, 31e et 32e sessions ordinaires du Comité de gestion de la CSPH. Avril 1994.

6A29, SONARA : activité, 1970–1977.

Archives Nationales de Yaoundé (ANY)

a) Archives coloniales (AC)

1AC8753, Électricité. Tarifs. 1957.

1AC8982, Eau et électricité. Tarifs. 1956.

1AC6816, Ngaoundéré. Électricité. 1956.

1AC8688, SEREPCA. Capital. Augmentation. 1955.

1AC8059, Douala. Shell. Emplacement. 1954.

1AC8050, Rapport présenté par la Commission des travaux publics et du plan à l'ATCAM. 1954.

1AC8309, Électricité. Tarifs. 1953.

1AC8310, Dschang. Électricité. Gérance. 1953.

1AC4528, ENELCAM. Capital. Augmentation. 1953.

1AC94, Pétrole. 1951–1953. Recherches pétrolières au Cameroun.

1AC507, Projet de tranche 1950–1951, justifications adressées par M. Sanmarco. 1950.

1AC695, Études et réalisations des équipements pour la production et la distribution d'énergie électrique dans certaines villes du Territoire. 1950.

1AC9787, Projet de constitution d'une société des pétroles du Cameroun. 1950.

1AC730, Plan d'adduction en eau et d'électrification des principaux centres du Territoire. 1949–1950.

1AC527, Électrification du Cameroun. 1948–1950.

1AC528, Régies. Électricité. Gérance. 1948.

1AC587, Électrification du Cameroun. 1947.

1AC3823, Rapport sur le développement économique et social du Cameroun. 1947.

1AC6331, Grands travaux, 1944.

1AC5138, Programme triennal de Grands Travaux, 1943–1944–1945. Territoire du Cameroun. 1942.

2AC8198, Rapport annuel de la subdivision d'Edéa. 1958.

2AC5030, ENELCAM. Concession. 1957.

2AC5046, Edéa. Station d'essence. 1956.

2AC2274, Arrêté renouvelant l'autorisation personnelle accordée à la SEREPCA. 1956.

2AC2683, Lettre du Haut-commissaire au président du conseil d'administration d'ENELCAM relative au rachat d'actions détenues par le CCFOM. 1956.

2AC2024, Nkongsamba. Compagnie française de distribution des pétroles en Afrique. Emplacement. 1956.

2AC9397, L'éruption de gaz de Logbaba. 1955.

2AC2358, Arrêté autorisant la SEREPCA à implanter des forages sur la route Douala- Edéa. 1953.

2AC49, Plan de modernisation et de développement. 1951.

2AC4159, Rapport de présentation du Haut-commissaire Soucadaux à M. Le président de l'ARCAM d'un projet d'attribution d'un permis de recherche d'hydrocarbures à la SEREPCA. 1951.

2AC9402, Énergie électrique du Cameroun, activités. 1948–1949.

2AC1931, Edéa. Aménagement d'Edéa, de l'île et de ses environs. 1948.

2AC9403, Énergie électrique du Cameroun. Statuts. 1948.

2AC9182, Consommation d'essence, 1943–1953. 1947.

2AC3258, Rapport de la commission des Grands Travaux au conseil consultatif économique et financier. 1942.

2AC3865, Recherche d'hydrocarbures au Cameroun. 1935.

3AC226, Hydrocarbures. Distribution. 1956.

b) Affaires politiques et administratives (APA)

APA 10775/B, Question de rendement.1951.

APA 11549, Rapport annuel de la région Sanaga-maritime, 1950–1951.

APA 12053/C, Emploi des mots colonies et colonial dans les textes officiels. 1949.

APA 11937/A, Exposé général de la situation dans les territoires occupés de l'Ancien Cameroun. 1920.

c) Vt (Versement)

Vt 3/55, Haut-commissariat. FIDES. Plan. 1953–1958.

d) NF (Nouveau Fonds)

NF522/1, Cameroun. Hydrocarbures. 1950.

e) (FA) Fonds Allemand

FA 1/ 752, Observations relatives au régime de la Sanaga à Edéa, 1907 – 1910.

f) Rapports annuels

Rapports annuels adressés par le gouvernement français au conseil de la Société des Nations sur l'administration sous mandat du Territoire du Cameroun, années 1926, 1927, 1932, 1934, 1936, 1948.

Rapports annuels du gouvernement français à l'Assemblée générale des Nations Unies sur l'administration du Cameroun placé sous tutelle de la France, années1949 à 1957.

Archives Nationales de Buéa

Ba 1949/1 Annual Report 1949. Cameroons Province.

Ba 1945/1 Annual report. Cameroons Province. 1945.

Ba 1931/5 Annual Report. League of Nations Report. 1931.

Ba 1924/2 Annual Report. Report of the League of Nations. 1924.

Ba 1916/2 Annual Report. Provincial on Cameroons Province. 1916.

Rj 1982/1 Electricity Supply or Supply of Electric Generators to Isolated Administrative Head Quarters – Also other Electrical Supply Report from Ministry of Mines and Power. 1982–1988.

Rj 1973/1 Electricity Corporation in West Cameroon (POWERCAM) Enquiry into 1973.

Rj 1972/2 Electricity Corporation. Financial matters. West Cameroon. 1972.

Rj 1972/1 West Cameroon Electricity Corporation: Staff matters. 1972.

Rj 1971/2 Electricity Corporation. A Report of the Committee to examine various Alternatives and Ways of Collaboration between West Cameroon Electricity Corporation and Electricité du Cameroun. 1971.

Rj 1970/3 Electricity Bills. Settlement of West Cameroon. 1970.

Rj 1970/ 4 Hydro-Electrical. Introductory Note on Harnessing of the Make Waterfall for Hydro-electrical Purposes. Papers Relating to the Application for Acceptance under Section B of the Investment Code. 1970.

Rj 1969/1 West Cameroon Electricity Corporation Undertakings. 1969.

Rj 1967/1 West Cameroon Electricity Corporation. 25th August 1967 to 30th March 1972.

Rj 1966/3 Electricity Corporation West Cameroon. 1966.

Rj 1966/ 2 WCEC – Électricité du Cameroun. 1966.

Rj 1965/4 POWERCAM. Corporation Board. West Cameroon. 1965.

Rj 1965/1 Committee of Investigation into the West Cameroon Electricity Corporation. 1965.

Rj 1965 / 5 Electricity Corporation. Report of Committee of Investigation into the West Cameroon. 1965.

Rj 1965 / 3 Electricity West Cameroon. Ombe River Project. 1965.

Rj 1964 / 3 Electricity Power in Cameroon. 1964.

Rj 1963/2 Petitions and complaints West Cameroon Electricity Corporation. 1963.

Rj 1962/6 First and Fourth Report of the West Cameroon Electricity Corporation. 1962–1963 and 1965–1966.

Rj 1962/3 West Cameroon Electricity Corporation: Staff and Corporation members. 1962.

Rj 1962 / 5 POWERCAM. West Cameroon Electricity Corporation. 1962.

Rj 1959/1 Dams. Multi-purpose dams on the River Niger System. 1959.

Rj 1945/1 Nigeria. Annual Report of the Electricity Branch. Public Works Department for the year 1945–46 Lagos, Government printer, 1947, 17 p. + Appendix.

Rj 1944/1 Electricity Development Advisory Committee on Economic Development and Social Welfare. Cameroons Provincial Committee.

Rj (1963) 1 Licence to operate Electricity installation. Cameroon Development Corporation. 1963.

Rj (1962)2 Electricity Corporation. West Cameroon. 1962.

Rj (1962)1 West Cameroon Electricity Undertakings. 1962.

Rj (1960)1 PWD and WCA Electricity Corporation Circulars. 1960.

Rj (1951) Njoke Hydro-Electric Scheme and other Correspondence relating to. 1950.

Rj (1951) Hydro-Electric Schemes. Bamenda Province. 1951.

Rj (1948)1 Street Lighting at Victoria and Buea. 1948.

Rj (1932)1 Electric installation. Ekona-Mpundu Reserve. 1932.

Rj (1930)1 Ombe Plantation. Application for permission to install Electric Power-station at Ombe River. Victoria Division 1930.

Rj (1925)1 Electric Light. Buea 1925. Victoria Division.

Archives Départementales de Dschang (non classées) (ADD)

a) Direction des travaux publics, Dossiers financiers, juridiques et administratifs, 1942–1967

Compte-rendu d'exploitation de la régie de Dschang, février 1954.

Compte-rendu d'exploitation de la régie de Dschang, mars 1954.

Direction des travaux publics, Dossiers financiers, juridiques et administratifs 1942–1967.

Procès-verbal du Conseil de surveillance de la régie d'électricité de Dschang, 30 mai 1958.

b)Agence camerounaise de presse (ACAP)

Bulletin quotidien d'information n° 41, mardi 20 février 1973, 24 p.

Bulletin quotidien d'information n° 50, samedi 2 mars 1974, 15 p.

Bulletin quotidien d'information n° 51, dimanche 3 mars 1974, 31 p.

c)Divers

Arrêté n° 20 /MECN/DOE/SP fixant les prix de l'essence tourisme, du gasoil et du pétrole dans l'État du Cameroun oriental, 25 mai 1965.

Correspondance du Chef de la Région bamiléké à Monsieur le ministre des affaires économiques relative au projet de construction d'un barrage à Dschang, 6 décembre 1958.

Archives Nationales de la France d'Outre-mer – Aix-en-Provence / France (FR ANOM)

FR ANOM, PA19/3/39, Affaires économiques. Fiches concernant les « sociétés d'État » et les « sociétés d'économie mixte ».

FR ANOM, PA19/19/268, Péchiney (Conférence)

FR ANOM, AGEFOM/907/2695, Cameroun, affaires économiques, administration générale : correspondance en 1931–1932 au sujet de l'approvisionnement en électricité

FR ANOM, AGEFOM/799/1857, Documentation Cameroun

FR ANOM, AGEFOM/1005/3563, Cameroun, généralités. 1945–1960

FR ANOM, 1AFFPOL/2535/3 & 5, La crise économique aux colonies. Coupures de presse 1930–1932 & Cameroun, activités économiques, la crise économique 1930/1932

FR ANOM, 1AFFPOL/2522/7, Activités économiques. Conférence économique de la France métropolitaine et d'outre-mer : réponse du Cameroun au questionnaire du Ministre 1934–1935

FR ANOM, 3TP/258, Douala. Hydrocarbures

FR ANOM, 3TP/259, Hydrocarbures

FR ANOM, 1TP/775, dossier 5, Pourvoir de la Compagnie Coloniale de distribution d'énergie électrique (1935–1943)

FR ANOM, 1TP/1111, dossier 21, Pourvoir de la Compagnie Coloniale de distribution d'énergie électrique (1933–1937)

Archives historiques d'EDF – Blois / France (Archives EDF/GDF)

Archives EDF/GDF, Boîte 801688, Énergie électrique du Cameroun : (1948–1959).

Archives EDF/GDF, Boîte 925883, Bénin (ancien Dahomey) : Compagnie coloniale de distribution d'énergie, réseau de distribution électrique du Bas Dahomey, travaux et gérance : dossier de concours, convention, avenants, notes et correspondances (1947–1956)

Archives EDF/GDF, Boîte 925886, Cameroun : sociétés électriques camerounaises, collaboration : conventions, avenants et protocoles d'accords (1966–1970) / rapports d'activité mensuels d'électricité du Cameroun (1969–1972).

Archives EDF/GDF, Boîte 925891, Cameroun, Énergie électrique du Cameroun (ENELCAM). Augmentation de capital : bulletins de souscription, correspondance et éclatement au profit d'EDC : note de présentation illustrée de l'entreprise, constitution par apport, rapports d'assemblées générales et correspondance (1951–1973).

Archives EDF/GDF, Boîte 925892, Cameroun, ENELCAM : conseil d'administration : ordres du jour, projets de procès-verbaux et procès-verbaux des séances (1948–1968).

Archives EDF/GDF, Boîte 925893, Cameroun, ENELCAM : assemblées générales : ordres du jour, mémorandum des questions principales, liste des actionnaires, procès-verbaux des séances et correspondance (1948–1968).

Archives EDF/GDF, Boîte 925894, Cameroun, ENELCAM : assemblée générale extraordinaire : ordres du jour, procès-verbaux des séances et correspondance (1950–1965) / comité de direction : mémorandum des questions traitées et compte-rendu des réunions (1948–1953).

Archives EDF/GDF, Boîte 925901, Cameroun, Société Nationale des Eaux du Cameroun (SNEC) : conseil d'administration : procès-verbaux des séances; assemblée générale : procès-verbaux des séances et rapports (1967–1972) / comptabilité, gestion de l'exercice : comptes rendus (1969–1972) / personnel, recrutement : dossier de candidature et correspondance (1970–1974) / barrage de Mayo-Onlo, aménagement : études techniques et financières et correspondance (1982–1983).

Archives EDF/GDF, Boîte 925902, Cameroun, Société Nationale d'Électricité du Cameroun (SONEL) : statuts, conseil d'administration : ordres du jour, procès-verbaux des séances (1963–1974)

Archives EDF/GDF, Boîte 925903, Cameroun, SONEL. Assemblée générale : résolutions, procès-verbaux des séances et correspondance (1963–1968).

Archives EDF/GDF, Boîte 925904, Cameroun, SONEL. Agents retraités, démissionnaires, décédés et réintégrés : dossiers individuels (1962–1976) / Centre de formation professionnelle, implantation : projet, proposition d'aménagement, plans et correspondance (1978–1979).

Archives EDF/GDF, Boîte 925905, Cameroun, SONEL. Informatisation, diagnostic : avant-projet, rapport de mission, notes et correspondance (1975–1977) / assistance technique, protocole d'accord avec EDF : documents préparatoires (1978–1979) / consommation électrique nationale, analyse rétrospective et prospective de 1978 à 2003 : rapports illustrés et correspondance (1978).

Archives EDF/GDF, Boîte 943626, Étude du marché de l'électricité au Cameroun.

Archives EDF/GDF, Boîte 972328, Électricité du Cameroun, fonctionnement des sociétés et des réseaux d'électricité.

Archives EDF/GDF, Boîte 973378, Étude générale de l'électrification : rapports sur perspectives, facteurs économiques et analyses (1965–1968).

Archives EDF/GDF, Boîte 973380, Étude générale de l'électrification : marché (1964) / Gérance de distribution publique d'électricité des centres tertiaires : convention et rapport (1965–1967) / Étude de centrales et de réseaux de distribution d'énergie électrique : conventions et correspondances (1959–1963) / Contrats avec EDF, ALUCAM, ENELCAM : notes et correspondance (1948–1967) / Étude tarifaire : rapports (1986).

Archives du groupe TOTAL, Paris – La Défense-France (AG TOTAL)

AG TOTAL, 07AH0049-50, SNH, Rapport d'avancement contrats gaz, 1982

AG TOTAL, 07AH0049-56, SEGAZCAM, Conseil de gérance.

AG TOTAL, 10AH0847-6, SEREPCA : Rapports de gestion – Rapports d'assemblées générales – statuts – Convention d'établissement 1951–1961.

AG TOTAL, 10AH0847-7, SEREPCA : Rapports d'assemblées générales – Rapports de gestion 1951–1967.

AG TOTAL, 11AH0182-2, Raffinage Distribution : Société équatoriale de raffinage (SER). Raffinerie de Port Gentil au Gabon, 1968.

AG TOTAL, 11AH0214-3, ELF SEREPCA : Bilan français 1976–1978.

AG TOTAL, 14ACC/CONSEIL-1, Conseils du 20/9/1978. Création de la succursale – Conseils 1979–1980–1981 et Assemblées générales ordinaires 1978–1981. (Nouvelle cote : 85ZW621-1)

AG TOTAL, 1AFR/DDER-14, SONARA, Documents divers, 1973 (Nouvelle cote : 88ZY182-14)

AG TOTAL, 1FR/DDER-16, SONARA, Procès-verbaux de réunions (1972–1981) (Nouvelle cote : 88ZY182-16)

AG TOTAL, 86.6/-5, CFDPA : Dépôt de Douala, note de présentation – Programme – Texte de convention entre CFDPC et le Haut-Commissaire de la République au Cameroun – Arrêté accordant à la CFDPC l'autorisation d'occuper le domaine public – Correspondance janvier 1953, 1949–1953. (Nouvelle cote : 86ZW254-5)

AG TOTAL, 86.6/-6, CFDPA : Dépôt de Douala, note de présentation – Programme – Texte de la négociation avec African Petroleum Terminals (APT) sur l'exploitation des dépôts d'Abidjan et de Douala – Correspondance et notes 15/03/1949 – 29/09/1951. (Nouvelle cote : 86ZW254-6)

AG TOTAL, 86.6/-8, CFDPA : Assemblées générales ordinaires 1961/1969 et Assemblées générales extraordinaires 1962/1969. (Nouvelle cote : 86ZW254-8)

AG TOTAL, 94AC135-62, SONARA, Conseil d'administration du 18 novembre 1977.

AG TOTAL, CFP, Documents sur l'exercice 1947 à 1959, 1965–1966, 1973–1974, 1979–1980.

Centre de documentation et d'archives de la Société camerounaise des dépôts pétroliers – Douala (non classées) (CDA-SCDP)

Anonyme, Enquête sur la contrebande des produits pétroliers au Cameroun, 1998.

Arrêté n° 014/MINMEE/DMTNI/SDATNI/SAT portant autorisation d'exploitation d'un établissement de première (1e) classe.

Bassoro Aminou (Président de la CTPL), Note technique pour le Conseil d'administration de la SCDP du 29 juin 2004 : état d'avancement du processus de privatisation, 23 juin 2004.

Calan Ramolino & Associés, Étude préparatoire et mise en œuvre de la privatisation de la société Camerounaise des Dépôts Pétroliers (SCDP). Rapport stratégique préliminaire, août 2002.

CTPL, Privatisation de la Société des Dépôts Pétroliers du Cameroun (SCDP) : note de stratégie, septembre 2000.

Dossier : Étude privatisation SCDP 2002.

Experts Comptables Associés (ECA), Audit de la filière GPL. Rapport de mission, 1997.

Experts Comptables Associés (ECA), Rapport final de l'audit de la filière GPL, 1997.

Liquigaz, Réseau intégré de distribution de GPL au Cameroun. Implantation de la phase1, septembre 1991.

Mémoire d'AE au Directeur général de la SCDP relatif au Projet de proposition de gestion des capacités pour faire face à la libéralisation et aux nouvelles lois du marché.

MINMEE/Agence canadienne de développement international, Plan énergétique national phase 1 : étude sur la tarification de l'électricité au Cameroun, vol. 1, Rapport définitif, Lavalin International Inc., Montréal, Québec, 1990.

MINMEE/Agence canadienne de développement international, Projet de politique et de plan énergétiques pour le Cameroun, Direction de l'énergie/Lavalin International Inc., décembre 1990.

MINMEE, Plan énergétique national. Diagnostic sectoriel : les énergies nouvelles et renouvelables, janvier 1990.

MINMEE, Plan énergétique national. Monographie énergétique. L'électricité, janvier 1990.

MINMEE, Stratégie du Ministère de l'eau et de l'énergie : étude diagnostique, Yaoundé, octobre 2004.

SCDP, Mémorandum. Stocks de sécurité SNH. Coût mise en entrepôt, s.d.

SCDP, Étude introductive à la relance du secteur pétrolier au Cameroun, 1991.

SCDP, « Modernisation du centre gaz de Bonabéri », s.d.

SCDP, Plan stratégique horizon an 2000, novembre 1995.

SCDP, Rapport sur la situation socioéconomique de la SCDP, décembre 2001.

Sexsmith F. J., Mise en œuvre de la libéralisation des importations des produits pétroliers à la Caisse de stabilisation des prix des hydrocarbures – gouvernement de la République du Cameroun. Projet de rapport, International Downstream Oil Advisor, 1998.

Décret n° 77/528 du 23 décembre 1977 portant réglementation du stockage et de la distribution des produits pétroliers.

SCDP, Rapport du Conseil à l'Assemblée générale, 4 décembre 1979.

Décret n° 92/304/PM du 18 septembre 1992 modifiant le décret n° 77/528 du 23 décembre 1977 portant réglementation du stockage et de la distribution des produits pétroliers

Arrêté n° 000057 MINMEE/CAB du 23 août 2002 portant agrément de la Société Camerounaise des Dépôts Pétroliers (SDCP), B.P. 2271 Douala, à l'exercice des activités de stockage des produits pétroliers au Cameroun.

Arrêté n° 0368/MINCOMMERCE/CSPH du 16 août 2005 fixant les prix du gaz de pétrole liquéfié (GPL) applicables dans les différentes localités de la République du Cameroun.

Centre de documentation d'AES SONEL (CD-AES-SONEL)

CCCE, Rapport d'activité annuel 1986, Paris, CCCE, 1986.

Chambre de commerce, d'industrie et des mines, Note de conjoncture, février 1988.

MINMEE, Rapport général des travaux de la réunion annuelle des responsables des services centraux et extérieurs du Ministère des mines et de l'énergie, Yaoundé, 29 février – 3 mars 1988.

MINPAT-MINDIC, Séminaire de présentation du plan directeur d'industrialisation du Cameroun, 19–22 juillet 1988 (actes du séminaire).

SONEL, Atlas du potentiel hydroélectrique du Cameroun, SONEL, 1983.

SOURCES IMPRIMEES OUVRAGES

Abwa D., Ayissi L., Tsala Tsala C. (dir), *Regards croisés sur les cinquantenaires du Cameroun indépendant et réunifié*, Paris, L'Harmattan, 2012.

Abwa D., *Cameroun : histoire d'un nationalisme 1884–1961*, Yaoundé, Éditions Clé, 2010.

Abwa D., *Commissaires et Hauts-commissaires de la France au Cameroun (1916–1960). Ces hommes qui ont façonné politiquement le Cameroun*, Yaoundé, PUY/PUCAC, 2000.

Aerts J.-J., Cogneau D., Herrera J., de Monchy G. et Roubaud F., *L'économie camerounaise : un espoir évanoui*, Paris, Karthala, 2000.

Abega S.C., *Société civile et réduction de la pauvreté*, Yaoundé, CLE, 1999.

Ahidjo A., *Anthologie des discours 1957–1979*, 4 tomes, Les nouvelles éditions africaines, 1980.

Aicardi de Saint-Paul A., *Gabon: The Development of a Nation*, Routledge, 1989.

Ambrosi C., Ambrosi A., *La France 1870–1990*, Paris, Masson, 1991.

Amin S., *L'accumulation à l'échelle mondiale*, 2 tomes, Paris, Éditions Anthropos, 1970.

Anonyme, *Entreprises et entrepreneurs en Afrique XIXe et XXe siècles*, tome 2 : actes du colloque organisé en décembre 1981, Paris, L'Harmattan, 1983.

Anonyme, *Les secrets de la performance des entreprises publiques camerounaises*, actes du colloque (Douala, 9–10 mars 1987), *Revue camerounaise de management*, numéro spécial, 1987.

Anonyme, *Perspectives de l'économie camerounaise à l'horizon 1991.*

Assiga Ateba E.M., *Économie des entreprises publiques au Cameroun*, Presses universitaires d'Afrique, 2009.

Atangana M.- R., *Capitalisme et nationalisme au Cameroun au lendemain de la seconde guerre mondiale (1946–1956)*, Paris, Publications de la Sorbonne, 1998.

Bagui Kari A., *Regard sur les privatisations au Cameroun*, Yaoundé, IPAN, 2001.

Bancel N., Blanchard P. et Gervereau L., *Images et colonies : iconographie et propagande coloniale sur l'Afrique française de 1880 à 1962*, Bibliothèque de documentation internationale contemporaine, Association Connaissance de l'histoire de l'Afrique contemporaine, Paris, 1993.

Barjot D., Lefeuvre D., Berthonnet A., Cœuré S. (dir), *L'électrification outre-mer de la fin du XIXe siècle aux premières décolonisations*, Publications de la Société française d'histoire d'outre-mer, 2002.

Bekolo-Ebe B., Touna Mama, Fouda S.M. (dir), *Dynamiques de développement : débats théoriques et enjeux politiques à l'aube du XXIe siècle*, Paris, Montchrestien, 2003.

Beltran A., Bouneau C., Bouvier Y., Varaschin D., Williot J.P., *État et énergie XIXe–XXe siècle*, Séminaire 2002–2006, Paris, Comité pour l'histoire économique et financière de la France/La Documentation française, 2009.

Beltran A., Couvreux J.-P., *Électricité de France : 50 ans d'histoire à l'international*, Paris, Le cherche midi éditeur, 1996.

Ben Hammouda H., *L'économie politique du post-ajustement*, Paris, Karthala, 1999.

Besant-Jones J.E., *Reforming Power Markets in Developing Countries: What have we learned?* Washington D.C., The World Bank, 2006.

Biya P., *Pour le libéralisme communautaire*, Lausanne, Éditions Marcel Fabre, 1987.

Bloch M., *Apologie pour l'histoire ou métier d'historien*, Paris, Armand Colin, 1997.

Bouthillier G., *La nationalisation du gaz et de l'électricité en France. Contribution à l'étude des décisions politiques*, Paris, Fondation nationale des sciences politiques, 1968.

Bouvier J., *Les Rothschild : histoire d'un capitalisme familial*, Paris, Éditions Complexe, 1992.

Brand D., Durousset M., *La France : histoire et politiques économiques depuis 1914*, Paris, Sirey, 1991.

Breton M., Zaccour G., *Industrie pétrolière : outils d'aide à la décision et études de cas*, actes du colloque (Douala, Cameroun, 28, 29 et 30 avril 1993), Paris, Éditions TECHNIP, 1994.

Bret-Rouzaut N. et Favennec J.-P. (dir), *Recherche et production du pétrole et du gaz : réserve, coûts, contrats*, Paris, Éditions TECHNIP/Publications de l'Institut français du pétrole, 2002.

Brunschwig H., *Le partage de l'Afrique noire*, Paris, Flammarion, 1971.

Bureau politique de l'UNC, *La pensée politique d'Ahmadou Ahidjo*, Monte-Carlo, Les Éditions Paul Bory, 1968.

Bwelle G., *Encyclopédie de la République Unie du Cameroun*, volume 3, Abidjan, NEA, 1981.

Carsalade Y., *Les grandes étapes de l'histoire économique : revisiter le passé pour comprendre le présent et anticiper l'avenir*, Palaiseau, Éditions École Polytechnique, 2002.

Chammard P. (de), *Problèmes pétroliers de la France et de la Communauté*, Paris, Montchrestien, 1959.

Champaud J., *Villes et campagnes du Cameroun de l'Ouest*, Volume 98 de Mémoires ORSTOM, IRD Éditions, 1983.

Chanson-Jabeur C., Coquery-Vidrovitch C., Goerg O., (dir), *Politiques d'équipement et services urbains dans les villes du Sud : étude comparée,* Paris, L'Harmattan, 2004.

Chauleur, P., *L'œuvre de la France au Cameroun*, Yaoundé, 1936.

Chenot B., *Les entreprises nationalisées*, Paris, PUF, 1983.

Conférence mondiale de l'énergie, *Terminologie de l'énergie*, Londres, Pergamon Press, 1986.

Courade G. (dir), *Le village camerounais à l'heure de l'ajustement*, Paris, Karthala, 1994.

Croset J.-P. et *al.*, *Encyclopédie Axis*, volume 4, Paris, Hachette, 1993.

Delion A., *L'État et les entreprises publiques*, Paris, Sirey, 1959.

Deltombe T., Domergue M., Tatsitsa J., *Kamerun ! Une guerre cachée aux origines de la Françafrique (1948–1971)*, Paris, La Découverte, 2011.

Dimi C.-R., *Historicité et rationalité de la démocratie africaine : Essai de philosophie politique*, Éditions L'Harmattan, 2007.

Dufau J., *Les entreprises publiques*, Paris, Éditions de l'Actualité juridique, 1973.

Eboua S., *Ahidjo et la logique du pouvoir*, Paris, Éditions L'Harmattan, 1995.

Ela J.M., *Quand l'État pénètre en brousse… Les ripostes paysannes à la crise*, Paris, Karthala Éditions, 1990.

Elenga Mbuyinga, *Tribalisme et problème national en Afrique noire : le cas du Kamerun. Contribution à l'étude de la question des nationalités et du problème régional*, Paris, L'Harmattan, 1989.

Erzan M., *Histoire du pétrole*, Paris, L'Harmattan, 2010.

Etoga Eily F., *Sur les chemins du développement : essai d'histoire des faits économiques du Cameroun*, Yaoundé, CEPMAE, 1971.

Eyelom, F., *Le partage du Cameroun entre la France et l'Angleterre*, Paris, L'Harmattan, 2003.

Favreau L. et Fall A. S., *L'Afrique qui se refait : Initiatives socioéconomiques des communautés et développement en Afrique noire*, Presses de l'Université du Québec, 2007.

Fondja Wandji Y.D., *Le Cameroun et la question énergétique*, Paris, L'Harmattan, 2007.

Fru Doh E., *Africa's Political Wastelands: the bastardization of Cameroon*, African Books Collective, 2008.

Galbraith J.K., Salinger N., *Tout savoir – ou presque – sur l'économie*, Paris, Éditions du Seuil, 1978.

Gann L.H., Duigan P., *Colonialism in Africa 1870–1960*, vol. 1, *The history and Politics of colonialism 1870–1914*, Cambridge, Cambridge University Press, 1977.

Gann L.H., Duigan P., *The Rulers of German Africa 1884–1914*, Stanford, Stanford University Press, 1977.

Ghosh P. K. (dir), *Energy policy and Third World development*, Westport, Greenwood press, 1984.

Girod J., *L'énergie en Afrique*, Paris, Karthala, 1994.

Godong S.A., *Implanter le capitalisme en Afrique : Bonne gouvernance et meilleures pratiques de gestion face aux cultures locales*, Karthala Éditions, 2011.

Guérard S., *Regards croisés sur l'économie mixte. Approche pluridisciplinaire : droit public, droit privé*, Paris, L'Harmattan, 2006.

Hausen K., *Deutsche Kolonialherrschaft in Africa. Wirtschaftinteressen und kolonialverwaltung in Kamerun vor 1914*, Zurich et Freiburg, Atlantis, 1970.

Hesselbach W., *Les entreprises d'intérêt général*, Paris – La Haye, Mouton, 1973.

Hugon P., *Analyse du sous-développement en Afrique noire. L'exemple de l'économie du Cameroun*, Paris, PUF, 1968.

Hugon P., *Économie de l'Afrique*, Paris, La Découverte, 2003.

IEPF, *Guide de l'énergie,* Paris, Ministère de la coopération et du développement, 1988.

Institut national de la statistique, *Annuaire statistique du Cameroun 2000.*

Isnard H., *Géographie de la décolonisation*, Paris, PUF, 1971.

Jonchay I. (du), *L'industrialisation de l'Afrique*, Paris, Payot, 1953.

Karekezi S., Ranja T., *Renewable Energy Technologies in Africa*, London, Zed Books Ltd/AFREPREN/SEI, 1997.

Kengne Fodouop (dir), *Le Cameroun. Autopsie d'une exception plurielle en Afrique*, Paris, L'Harmattan, 2010.

Kinley J., *Call Kinley: adventures of an oil well fire-fighter*, Tulsa, cock-a-hoop, 2001.

Kounou M., *Pétrole et pauvreté au sud du Sahara. Analyse des fondements de l'économie politique du pétrole dans le golfe de Guinée*, Yaoundé, Éditions Clé, 2006.

Lakehal M., *Dictionnaire de science politique : Les 1500 termes politiques et diplomatiques pour rédiger, comprendre et répondre au Discours politique*, Paris, L'Harmattan, 2007.

Laparra M., Grinberg I. (dir.), *Alucam, un destin africain. 50 ans d'aluminium au Cameroun, 1957–2007*, Aix-en-Provence, REF.2C Éditions.

Lapointe A., Taghvaï H., *L'industrie des hydrocarbures : défis et opportunités*, actes du colloque (Tunis, Tunisie, 27–29 avril 1994), IEPF-CEAI-EHEC, Paris, Éditions Technip, 1995.

Lapointe A., Zaccour G. (dir.), *Ajustements structurels et gestion du secteur énergétique en Afrique*, actes du colloque (Douala, Cameroun, 14–15 mai 1992), Paris, Éditions Technip, 1993.

Le Floch-Prigent L., *Affaire Elf, affaire d'État. Entretiens avec Éric Decouty*, Le Cherche Midi, 2012.

Lekoulekissa R., *L'électrification en Afrique : le cas du Gabon (1935–1985)*, Paris, L'Harmattan, 2011.

Lembezat B., *Le Cameroun*, Paris, Éditions Maritimes et coloniales, 1954.

Lévy D., Ged A. (dir), *Partenariat public privé dans le secteur de l'électricité*, vol. 1 et 2, Publications de l'IEPF, 2007.

Lokolo M. C., *Repères juridiques de l'aval pétrolier et de l'aval gazier au Cameroun*, Yaoundé, Les presses de l'imprimerie Les Grandes éditions, 2010.

Luneau M., *Les énergies nouvelles : qu'en espérer ?* Paris, La Documentation française, 1988.

Maillet P., Cassette-carry, M., *L'énergie*, Paris, PUF, 1989.

Mainet G., *Douala ville principale du Cameroun*, ORSTOM, 1981.

Markovitch J. T., *L'industrie française de 1789 à 1964. Analyse des faits*, Paris, institut de science économique appliquée, 1966.

Marseille J., *Empire colonial et capitalisme français : histoire d'un divorce*, Paris, Albin Michel, 2005.

Martin J. M., *L'économie mondiale de l'énergie*, Paris, la Découverte, 1990.

Marty F., Voisin A. et Trosa S., *Les partenariats public-privé*, Paris, La Découverte, 2006.

Massé R., *Comment se sont-ils électrifiés ? Deux études de cas de politique nationale d'électrification : France, États-Unis*, Collection Études et travaux, série en ligne, n° 3, Éditions du Gret, 2004.

Massengo G.-B., *L'économie pétrolière du Congo*, Paris, Éditions L'Harmattan, 2005.

Maurice V., *Edéa : première usine africaine de production d'aluminium*, s.l, s.d.

Mazrui A.A, Wondji C. (dir), *Histoire générale de l'Afrique, tome VIII : l'Afrique depuis 1935*, Paris, UNESCO, 1998.

Mbembe A., *La naissance du maquis dans le Sud Cameroun (1920–1960)*, Paris, Karthala, 1996.

Michels S., Temgoua A.-P. (dir), *La politique de la mémoire coloniale en Allemagne et au Cameroun*, actes du colloque, Münster, Lit Verlag, 2005.

Morel Y., *Tableaux économiques du Cameroun*, Douala, Collège Libermann, 1978.

Mouandjo B. Lewis P., *État et régulation en Afrique*, tome 3 : *l'économie politique de l'Afrique au XXIe siècle*, Paris, L'Harmattan, 2002.

Musso P., *Le temps de l'État-Entreprise. Berlusconi, Trump, Macron*, Paris, Fayard, 2019.

Mveng E., *Histoire du Cameroun*, tome 2, Yaoundé, CEPER, 1985.

Nellis R.J., *Les entreprises publiques dans l'Afrique au sud du Sahara*, Washington, Banque mondiale, 1988.

Ngandjeu J., *Le Cameroun et la crise : renaissance ou blocage ?* Paris, L'Harmattan, 1988.

Ngango G., *Les investissements d'origine extérieure en Afrique noire francophone : statut et incidence sur le développement*, Paris, Présence Africaine, 1973.

Ngayap P. F., *Cameroun : qui gouverne ? De Ahidjo à Biya, l'héritage et l'enjeu*, Paris, L'Harmattan, 1983.

Ngodi E., *Pétrole et géopolitique en Afrique centrale*, Paris, L'Harmattan, 2008.

Nguessan M., Langlois P., Biaou L., *L'apport du partenariat public-privé dans le financement des projets en efficacité énergétique*, Publications de l'IEPF, 2008.

Nguini Effa J.-B., *De la tour Elf à la prison centrale de New-Bell : Histoire d'une déchéance sociale injuste et réflexions sur la gouvernance au Cameroun*, Paris, L'Harmattan, 2011.

Nguini Effa J.-B., *Les hydrocarbures dans le monde, en Afrique et au Cameroun*, Paris, L'Harmattan, 2013.

Njeuma M.Z. (dir), *Histoire du Cameroun (XIXe s.-début XXe s.)*, Paris, L'Harmattan, 1989.

Nkutchet M., *L'énergie au Cameroun*, Paris, L'Harmattan, 2004.

Okala J.T., *La décennie Biya au Cameroun : de la grâce à la disgrâce*, Paris, L'Harmattan, 1996.

Ombe Ndzana V., *Agriculture, pétrole et politique au Cameroun : sortir de la crise ?* Paris, L'Harmattan 1987.

Organisation Internationale de la Francophonie (OIF), *Vers de nouvelles organisations du secteur électrique : les réformes, les acteurs et les expériences*, Actes colloques 1998–2005, Publications de l'IEPF, 2005.

Oyono D., *Avec ou sans la France ? : La politique africaine du Cameroun depuis 1960*, Éditions L'Harmattan, 1991.

Oyono D., *Colonie ou mandat international ? : La politique française au Cameroun de 1919 à 1946*, Paris, Éditions L'Harmattan, 1992.

Parker D., *The Official History of Privatisation, vol1, The Formative years 1970–1987*, London, Routledge, 2009.

Percebois J., *Économie de l'énergie*, Paris, Economica, 1989.

Perrot C., *Énergie et matières premières*, Montreuil, Bréal, 1986.

Pianet A., *L'industrie minière au Cameroun*, Paris, encyclopédie d'Outre-mer, 1956.

Pigeaud F., *Au Cameroun de Paul Biya*, Paris, Karthala, 2011.

Raffinot M., *Dette extérieure et ajustement structurel*, Paris, EDICEF, 1991.

Rudin H. R., *Germans in the Cameroons, 1884–1914. A case study in Modern Imperialism*, New Haven, Yale University Press, 1938.

Sallé C., Debyser J., *Formation des gisements de pétrole : étude des phénomènes géologiques fondamentaux*, Éditions TECHNIP, 1976.

Salles P., *Initiation économique et sociale, tome 1 : la production et ses problèmes*, Paris, Bordas, 1975.

Sarraut A., *La mise en valeur des colonies françaises*, Paris, Payot, 1923.

Savas E.S., *Privatisation et partenariats public-privé*, Paris, Nouveaux Horizons, 2002.

Service des mines du Cameroun français, *Recueil de textes portant réglementation minière au Cameroun français*, Yaoundé, 1943.

Service des statistiques d'Outre-mer, *Outre-mer 1958 : Tableau économique et social des États et Territoires d'Outre-mer à la veille de la mise en place des nouvelles institutions*, 1958.

Shirley M., Nellis J., *Réforme des entreprises publiques : les leçons de l'expérience*, Washington, Banque Mondiale, 1991.

Silem A., Albertini J.-M. (dir), *Lexique d'économie*, Paris, Dalloz, 2004.

SONEL, *Atlas du potentiel hydroélectrique du Cameroun*, SONEL, 1983.

Soros G., *La crise du capitalisme mondial : l'intégrisme des marchés*, Paris, Plon, 1998.

Sow H., *Le bois-énergie au Sahel. Environnement et développement*, Paris, ACCT/CTA/Karthala, 1990.

Stiglitz J., *La grande désillusion*, Paris, Fayard, 2002.

Stoecker H., *Kamerun unter Deutscher Kolonialherrschaft*, volume 1, Berlin, Rütten & Loening, 1960.

Système d'information énergétique du Cameroun, Rapport 2007, MINEE, février 2008.

Système d'information énergétique du Cameroun, *Recueil des textes régissant le secteur pétrolier au Cameroun*, février 1998.

Tamba I, Tchatchouang J.C., Doua R. (dir), *L'Afrique centrale, le paradoxe de la richesse : industries extractives, gouvernance et développement social dans les pays de la CEMAC*, Yaoundé, Presses universitaires d'Afrique, 2007.

Tchacounte Lengue C., *Les privatisations en Afrique : l'exemple du Cameroun*, Paris, L'Harmattan, 2011.

Tchemo H. M., *La Francophonie de sang, 1940 : aperçu sur l'effort de guerre en Afrique centrale (AEF-Cameroun),* Yaoundé, CLE, 2004.

Tchionang M., *L'énergie pour le développement au Cameroun*, Paris, L'Harmattan, 2011.

Tedga P. J. M., *Entreprises publiques, État et crise au Cameroun : faillite d'un système*, Paris, L'Harmattan, 1990.

Temgoua A. P., *Le Cameroun à l'époque des Allemands 1884–1916*, Paris, L'Harmattan, 2014.

Thuiller G., Tulard J., *La méthode en Histoire*, Paris, PUF, 1986.

Touna Mama, *Crise économique et politique de déréglementation au Cameroun*, Paris, L'Harmattan, 1996.

Toyin Falola, *Development Planning and Decolonization in Nigeria*, University Press of Florida, 1996.

Toyin Falola, *Economic Reforms and Modernization in Nigeria, 1945–1965*, Kent State University Press, 2004.

Traub-Merz R., Yates D. (dir), *Oil policy in the Gulf of Guinea*, Yaoundé, Friedrich Ebert Stiftung, 2007.

UNESCO, *Des frontières en Afrique du XIIe au XXe siècle*, Paris, UNESCO, 2005.

Vassiliou M.S., *Historical Dictionary of the Petroleum Industry*, Lanham, The Scarecrow Press Inc., 2009.

Vauge C., Bellanger M., *L'aube des énergies solaires*, Paris, Hachette, 1980.

Verschave F.-X., *De la Françafrique à la Mafiafrique*, Bruxelles, Éditions Tribord, 2004.

Verschave F.-X., *La Françafrique. Le plus long scandale de la République*, Éditions Stock, 1998.

Vesse A. (dir), *Étude de l'économie camerounaise en 1957, tome 1 : activités des entreprises*, Yaoundé, Service de statistique générale, (s.d.).

Welch Jr. C., *Dream of unity – Africanism and political unification in West Africa*, New York, Cornell University press, 1966.

ARTICLES ET COMMUNICATIONS

Abwa D., « Plaidoyer pour l'écriture de l'Histoire contemporaine du Cameroun », *Ngaoundéré-Anthropos*, volume VII, 2002, p. 11.

Alduy, P., « La maîtrise de ses sources d'hydrocarbures est une nécessité vitale pour l'Union française », *Marchés coloniaux du monde*, n° 442, mai 1954, pp. 1273–1276.

Andreani T., « La privatisation des services publics est une privatisation de la démocratie », *Actuel Marx*, n° 34, 2003, pp. 43–62.

Anonyme, « Après la course aux mégatonnes le "sur-mesure" nucléaire », *Science et vie*, n° 730, juillet 1978, pp. 24–31.

Anonyme, « La raffinerie de pétrole de Port Gentil est destinée à satisfaire les besoins des États d'Afrique équatoriale et du Cameroun », *Industries et travaux d'outremer*, n° 154, septembre 1966, pp. 762–763.

Anonyme, « Monopoles publics, concessions, politique et droit de la concurrence : le cas de AES SONEL », Intergovernemental Group of Experts on Competition Law and Policy, Genève, 7–9 juillet 2009, 7 p.

Barjot D., « Introduction », *Revue économique*, vol. 58, n° 1 : Où va l'histoire des entreprises ? janvier 2007, pp. 5–30.

Beltran A., « La "fée électricité", reine et servante », *Vingtième Siècle. Revue d'histoire*, n° 16, octobre–décembre 1987, pp. 90–95.

Ben Hammouda H., « Les théories du développement du post-ajustement », *Économie appliquée*, tome LI, n° 2, 1998, pp. 95–121.

Bikidik P. G., « Quand pétrole et misère font bon ménage : sous le voile de la gestion des revenus de l'or noir au Cameroun », *Cameroon Journal on Democracy and Human Rights*, vol. 2, n° 1, pp. 51–58.

Biwolé Fouda J., « Privatisation des industries de réseaux et développement durable : le cas du Cameroun », Chaire d'histoire économique et d'économie du développement, janvier 2010, 22 p.

Boisson F., « Le mandat français au Cameroun », *Politique étrangère*, n° 1, 1938, pp. 59–67.

Boulanger E., « Le nationalisme économique dans l'œillère libérale : de l'antithèse au frère illégitime », *Économie politique internationale – Cahier de recherche*, janvier 2004, 17 p.

Bradbrook Adrian J., « Le développement du droit sur les énergies renouvelables et les économies d'énergie », *Revue internationale de droit comparé*, vol. 47, n° 2, avril–juin 1995, pp. 527–547.

Brunel S., « Les difficultés du Cameroun : fin d'un modèle ou crise de croissance ? », *L'information géographique*, vol. 67, n° 1, 2003, pp. 134–142.

Brunet R., « Le pétrole en Afrique française », *L'information géographique*, vol. 22, n° 1, 1958, pp. 26–35.

Busino G., « Sciences sociales et histoire », *Revue européenne des sciences sociales*, tome XLI, n° 127, 2003, pp. 119–171.

Capot-Rey R., « La situation politique et économique des anciennes colonies allemandes », *Annales de géographie*, tome 31, n° 174, 1922, pp. 509–515.

Capot-Rey R., « Un mandat modèle : le Cameroun français », *Annales de géographie*, tome 47, n° 269, 1938, pp. 552–555.

Capponi A., « Le lignite de Dschang », *Bulletin de la société d'études camerounaises*, n° 7, 1974, pp. 75–86.

Chabot B., « Énergies renouvelables », in *Encyclopedia Universalis*, 2002, p. 235.

Chaillou B., « Définition et typologie de la sous-traitance », *Revue économique*, vol. 28, n° 2, mars 1977, pp. 262–285.

Chevalier J.M., « L'Afrique et le pétrole : entre malédiction des importations et des exportations », *Afrique contemporaine*, n° 216,2005, pp. 57–64.

Chevallier J., « L'État régulateur », *Revue française d'administration publique*, vol. 3, n° 111, 2004, pp. 473–482.

Colin J.-Ph., « Regard sur l'institutionnalisme américain », *Cahiers des sciences humaines*, n° 26, vol. 3, 1990, pp. 365–377.

Conac G., « Portrait du chef d'État », *Pouvoirs. Revue française d'études constitutionnelles et politiques*, n° 25 (Les pouvoirs africains), 1983, pp. 121–130.

Contamin B., Fauré Y.-A., « Des économies et des États en Afrique francophone : comprendre l'interventionnisme », *Cahiers des sciences humaines*, vol. 28, n° 2, 1992, pp. 305–326.

Coquery-Vidrovitch C., « La mise en dépendance de l'Afrique noire. Essai de périodisation, 1800–1970 », *Cahiers d'études africaines*, vol. 16, n° 61–62, 1976, pp. 7–58.

Coquery-Vidrovitch C., « Villes coloniales et histoire des Africains », *Vingtième Siècle. Revue d'histoire*, n° 20, octobre–décembre 1988, pp. 49–73.

Daviet J.-P., « Mémoires de l'entreprise française du XIXe siècle », *Revue d'Histoire du XIXe siècle*, n° 23, 2001, pp. 105–119.

Deme M., « Les privatisations, une solution pour l'Afrique ? », *Politiques et management public*, vol. 13, n° 2, 1995, 50e numéro, cahier 2, pp. 97–140.

Dessouane P., Verre P., « Cameroun : du développement autocentré au national-libéralisme », *Politique africaine*, n° 22, 1986, pp. 111–119.

Deutchoua X. L., « Noir silence sur l'or noir », *Les cahiers de Mutations*, n° 040, octobre, 2006, p. 4.

Devolvé P., « La privatisation du service de l'État », *Pouvoirs*, n° 117, 2006, pp. 107–120.

Dézanneau L., « L'industrie pétrolière en Afrique. Elle ne se limite plus au secteur de la distribution », *Industries et travaux d'outremer*, n° 148, mars 1966, pp. 155–165.

Doslater G., « Les chemins sinueux de la pensée économique libérale », *L'économie politique*, vol. 4, n° 44, 2009, pp. 42–64.

Duroselle J.-B., « Les conflits entre États et compagnies privées. Note introductive », *Revue française de science politique*, 17e année, n° 2, 1967, pp. 286–293.

Enguéléguélé M., « L'analyse des politiques publiques dans les pays d'Afrique subsaharienne : les apports de la notion de 'référentiel' et du concept de 'médiation' », *L'Afrique politique 2002 : Islams d'Afrique : entre le local et le global*, 2003, pp. 233–253.

Favennec J.-P. et Copinschi P., « Les nouveaux enjeux pétroliers en Afrique », *Politique Africaine*, n° 89, mars 2003, pp. 127–148.

Feys R., « Charbon », *Encyclopaedia Universalis*, volume 4, Paris, Encyclopaedia Universalis, 1974, p. 169.

Foisneau L., « Gouverner selon la volonté générale : la souveraineté selon Rousseau et les théories de la raison d'État », *Les études philosophiques*, n° 83, 2007, pp. 463–479.

Folefack D.P., Abou S., « Commercialisation du bois de chauffe en zone sahélienne du Cameroun », *Sècheresse*, vol. 20, n° 3, juillet–août–septembre 2009, pp. 312–318.

Gallissot R., « De la colonisation à l'indépendance, les métamorphoses du couple " entreprise privée – État" », *Entreprises et entrepreneurs en Afrique (XIXe–XXe siècles)*, actes du colloque, tome 2, Paris, L'Harmattan, 1983, pp. 607–634.

Gautier D., Seignobos C., « Histoire des actions de foresterie dans les projets de développement rural au Nord-Cameroun », communication au Colloque « Savanes africaines en mutation, des acteurs face à de nouveaux défis », Garoua, 27–31 mai 2002.

Girard P., « Quel futur pour la production et l'utilisation du charbon de bois en Afrique ? », *Unasylva 211*, vol. 53, 2002, pp. 30–34.

Gouellain R., « Douala : formation et développement de la ville pendant la colonisation », *Cahiers d'études africaines*, vol. 13, cahier 51, 1973, pp. 442–468.

Guillaumont P., Bonjean C., « Fonctions de comportement de l'État dans la détermination des prix au producteur pour les cultures d'exportation », *Économie & prévision*, n° 97, tome 1 (l'économie du développement), 1991, pp. 61–68.

Guillermou Y., «Organisations paysannes et mutations rurales sur les hautes terres de l'Ouest Cameroun. Professionnalisation ou auto-promotion assistée?», in F. Bart et A. Lenoble-Bart, *Afrique des réseaux et mondialisation*, Karthala, 2003, pp. 60–83.

Hernandez E.-M., « L'État et l'entrepreneur informel en Afrique », *Revue internationale PME*, vol. 10, n° 1, 1997, pp. 103–122

Herrera J., « Du "fédéral" et des "koweïtiens" : la fraude de l'essence nigériane au Cameroun », *Autrepart*, n° 6, 1998, pp. 181–202.

Hirsch J.-P. et Minard P., « Pour une histoire des pratiques constitutionnelles dans l'industrie française, XVIIIe – XIXe siècles», in L. Bergeron et P. Bourdellais (dir.), *La France est-elle douée pour l'industrie?* Paris, Belin, 1998, pp. 135–158.

Hibou B., « Banque mondiale : les méfaits du catéchisme économique. L'exemple de l'Afrique subsaharienne », *Esprit*, n° 245, août – septembre 1998, pp. 98–139.

Hoffherr R., « Les compagnies à charte comme instruments de mise en valeur de l'Afrique », *Politique étrangère*, n° 2, 1937, pp. 162–176.

Hoffherr, R., « Le Cameroun, exportateur d'énergie », *Marchés coloniaux du monde*, n° 442, mai 1954, pp. 1569–1571.

Hopkins A.G., "Imperial Business in Africa. Part.2: Interpretations", *The Journal of African History*, vol. 17, n° 2, 1976, pp. 267–290.

Hopkins A.G., "Imperial Business in Africa. Part1: Sources", *The Journal of African History*, vol. 17, n° 1, 1976, pp. 29–48.

Hugon P., « Stratégies comparées des pays africains du golfe de Guinée à l'épreuve du contre-choc pétrolier », *Tiers-Monde*, tome 30, n° 120, 1989, pp. 755–778.

Jacquemot P., « La désétatisation en Afrique subsaharienne. Enjeux et perspectives », *Tiers-Monde*, tome 29, n° 114, 1988, pp. 271–293.

Jacques-Félix H., « Évolution de la végétation au Cameroun sous l'influence de l'homme », *Journal d'agriculture tropicale et de botanique appliquée*, vol. XV, n° 9–10–11, septembre–octobre–novembre 1968, pp. 350–356.

Joseph G., « Le mandat sur le Cameroun », *Marchés coloniaux du monde*, n° 340, 17 mai 1958, pp. 1247–1249.

Joseph R.A. , "The German Question in French Cameroun, 1919–1939", *Comparative Studies in Society and History*, Vol. 17, N° 1, 1975, pp. 65–90.

Juhe-Beaulaton D., « Bois de chauffe et charbon de bois : évolution de la production au cours du XXe siècle dans le Sud du Bénin », Corvol A., *Le bois source d'énergie : naguère et aujourd'hui*, *Cahier d'études* n° 10, Forêt, environnement et société, CNRS, 2000, pp. 30–38.

Kouosseu J., Pokam Kamdem M.W., « L'électricité et le fédéralisme au Cameroun : la West Cameroon Electricity Corporation (POWERCAM) 1962—1975 », *Journal gabonais d'Histoire économique et sociale (JGHES)*, n° 1, janvier-juin 2013, pp. 27–42.

Lemoine J., « L'électrification, les adductions d'eau et l'assainissement dans les villes du Cameroun », *Marchés coloniaux du monde*, n° 340, 17 mai 1952, pp. 1382–1389.

L'Huillier M., « La stratégie de la Compagnie Française des Pétroles durant la Seconde Guerre Mondiale : sauvegarder l'essentiel », *Histoire, économie et société*, 11e année, n° 3 (Stratégies industrielles sous l'occupation), 1992, pp. 463–478.

Madi A., Huub P., Sali B., « La demande urbaine en bois énergie et la nécessité d'une gestion rationnelle des ressources naturelles. Le cas de Maroua à l'extrémité-Nord du Cameroun », communication au Colloque « Savanes africaines en mutation, des acteurs face à de nouveaux défis », Garoua, 27–31 mai 2002.

Magrin G., « L'Afrique sub-saharienne face aux famines énergétiques », *EchoGéo*, n° 3, décembre 2007, 12 p.

Mallet B., Gautier D., Kassambara A., Marien J.N., Montagne P., Nkoua M., « Le bois énergie en Afrique subsaharienne. Pratiques traditionnelles, réalités d'aujourd'hui et potentialités majeures pour le futur », XIIIe Congrès forestier mondial, Buenos Aires, 18–23 octobre 2009, 9 p.

Manga Zambo E.J., « Les fondements et les enjeux de la privatisation au Cameroun », in *Cahiers de l'UCAC*, 2000, pp. 131–162.

Marseille J., « Nouvelles lectures sur les avenirs flous de la longue crise », *Vingtième Siècle, Revue d'histoire*, n° 69, janvier–mars 2001, pp. 31–42.

Marseille J., « L'investissement français dans l'Empire colonial : l'enquête du gouvernement de Vichy (1943) », in *Revue historique*, n° 512, octobre–décembre 1974, pp. 409–432.

Martin J.-M., « Chronique sur l'énergie : les investissements des compagnies pétrolières et l'évolution des approvisionnements », *Revue d'économie industrielle*, vol. 15, 1er trimestre 1981, pp. 92–110.

Mbadinga M., « Elf et Port-Gentil (Gabon) », *Networks and Communications Studies (NETCOM)*, vol. 4, n° 3–4, 2000, pp. 267–282.

Mbembe A., « Du gouvernement privé indirect », *Politique africaine*, n° 73, mars 1999, pp. 103–121.

Mbembe A., « Le Cameroun après la mort d'Ahmadou Ahidjo », *Politique africaine*, n° 37, 1990, pp. 117–122.

Mbock Minlend A.S., « L'équipement hydroélectrique du Cameroun », *Revue de géographie du Cameroun*, vol. IX, nos 1 et 2, 1990, pp. 68–80.

Médard J.F., « L'État patrimonialisé », *Politique africaine*, n° 39, 1990, pp. 25–36.

Michel M., « Les plantations allemandes du mont Cameroun (1885–1914) », *Revue française d'histoire d'outre-mer*, tome 57, n° 207, 1970, pp. 183–213.

Mukoko B., « Ajustement autonome au Cameroun : éléments de diagnostic d'une crise », *Tiers-Monde*, tome 29, n° 114, 1988, pp. 426–442.

Ngodi E., « Gestion des ressources pétrolières et développement en Afrique », communication à la 11e Assemblée générale du CODESRIA, Maputo, 6–10 décembre 2005, 30 p.

Nguelieutou A., « L'évolution de l'action publique au Cameroun : l'émergence de l'État régulateur », *Polis RCSP*, vol. 15, n° 1&2, 2008, 25 p.

Nguihé Kanté P., « Les contraintes de la privatisation des entreprises publiques et parapubliques au Cameroun », *Revue internationale de droit économique*, n° 4, tome XVI, 2002, pp. 603–625.

Nzomo Tcheunta J., « Le processus de privatisation des entreprises publiques et parapubliques au Cameroun : quel bilan ? », in *Annales de la Faculté des sciences juridiques et politiques*, vol. 10, 2006, pp. 169–182.

Owona A., « Les liens franco-camerounais ne datent pas d'aujourd'hui », *Cameroon-tribune*, numéro spécial, 8 février 1979, pp. 43–46.

Owona Nguini E.M., « L'État et les milieux d'affaires au Cameroun : autoritarisme, ajustement au marché et démocratie (1986–1996) », *Polis : Revue camerounaise de science politique*, vol. 2, n° 2, 1996, pp. 43–67.

Percebois J., « Les stratégies de réponse face aux chocs pétroliers. Quels enseignements au vu de quelques expériences ? », in A. Beltran, C. Bouneau, Y. Bouvier, D. Varaschin, J.-P. Williot, *État et énergie XIXe – XXe siècle*, Séminaire 2002–2006, Paris, Comité pour l'histoire économique et financière de la France/La Documentation française, 2009, pp. 443–454.

Peltier R., Montagne P., « Le bois de feu peut-il sauver les forêts ? », *Bois et forêts des tropiques*, 1997, n° 252, pp. 34–37.

Perrin F., « Le pétrole, 25 ans après le premier choc pétrolier. Que reste-t-il des deux chocs pétroliers ? », *Économie internationale*, n° 2586, octobre 1998, pp. 22–28.

Pineau P.-O., "Transparency in the Dark – An Assessment of the Cameroonian Electricity Sector Reform", 1st African Energy Week, Abuja, 24 mars 2004.

Plane P., « Entreprises publiques et développement économique : l'évaluation de la performance revisitée », *Économie appliquée*, tome XLIX, n° 1, 1996, pp. 141–163.

Plane P., « La privatisation des services publics en Afrique subsaharienne. Enjeux et incertitudes », *Revue économique*, vol. 47, n° 6, 1996, pp. 1409–1421.

Pokam Kamdem M.W., « L'industrialisation du Cameroun : 50 ans d'une méthode des essais et erreurs », in A. Fomethe (éd), *Cinquante ans d'Indépendance et de Réunification du Cameroun : bilan, enjeux et perspectives*, Dschang, Presses universitaires de Dschang, 2013, pp. 303–333.

Pokam Kamdem M.W., « La question des dépôts pétroliers au Cameroun : enjeux économiques et impérialistes (1947–1952) », *Outre-Mers. Revue d'histoire*, tome 103, n° 388–389, 2015, pp. 203–219.

Pokam Kamdem M.W., Koufan Menkene J., « Énergie et colonisation au Cameroun (1888–1959) », *Kaliao*, vol. 3, n° 5, mars, 2011, pp. 37–55.

Radanne P., « Chocs et contre-chocs pétroliers (1960–2060) », *Annales des mines*, octobre 2003, pp. 31–44.

Riedinger M., « La distribution des carburants dans les TOM », *Marchés coloniaux du monde*, n° 429, 30 janvier 1954, pp. 281–285.

Rosellini C., « La répartition de la rente pétrolière en Afrique centrale : enjeux et perspectives », *Afrique contemporaine*, n° 216, vol. 4, 2005, pp. 125–138.

Sigisbert G., « La participation des États dans le raffinage et la distribution des produits pétroliers en Afrique noire francophone », *Europe Outremer*, n° 549, juin 1977, pp. 33–42.

Simpson E. S., "Electricity production in Nigeria", *Economic Geography*, n° 45, vol. 3, juillet 1969, pp. 239–257.

Steyn P., "Oil Exploration in Colonial Nigeria", XIV International Economic History Congress, Helsinki, 2006, 20 p.

Szostak M., « Méthodes de la formation et de l'extension du secteur public dans les pays périphériques », *Tiers-monde*, tome 24, n° 93, 1983, pp. 53–74.

Tchoungang, « L'entreprise publique camerounaise face au défi du désengagement de l'État », *Revue camerounaise de management*, numéro spécial, 1987, pp. 104–112.

Tsafack Nanfosso R.A., « Économie politique d'une dynamique dans les exportations camerounaises », *Nordic Journal of African Studies*, n° 15, tome 3, 2006, pp. 344–366.

Uhaldeborde J.-M., « Partenariat public-privé et efficacité économique : les aléas d'une complémentarité antagonique », *Revue d'économie financière*, hors-série, 1995, pp. 65–79.

Voisin C., « La privatisation, une question d'"incitations" : propriété, réglementation et information », *Revue d'économie politique*, vol. 105, n° 3, mai – juin 1995, pp. 481–514.

Watanabe S., « *Quo Vadis Africa ?* La stratégie de développement de la Banque mondiale vue par le Japon », *Tiers-monde*, vol. 38, n° 150, 1997, pp. 311–330.

Willame J.C., « Cameroun : les avatars d'un libéralisme planifié », *Politique africaine*, n° 18, 1985, pp. 44–70.

THESES ET MEMOIRES

Ardurat C., « L'électrification du Sénégal de la fin du XIXème siècle à la Seconde Guerre mondiale », mémoire de Maîtrise d'Histoire contemporaine, Université Montaigne – Bordeaux III, 2009.

Avom D., « Intégration monétaire préalable ou résultat de l'intégration économique ? Le cas des pays membres de la CEMAC (Communauté Économique et Monétaire de l'Afrique centrale) », thèse de doctorat NR en Sciences économiques, Université Lumière Lyon 2, 1999.

Beltran A., « L'énergie électrique dans la région parisienne entre 1878 et 1946 : production, distribution et consommation d'électricité dans le département de la Seine », Thèse de Doctorat d'État en Histoire, Université de Paris IV – Sorbonne, décembre 1995.

Dikoume Albert François, « Les travaux publics au Cameroun sous administration française de 1922 à 1960 : mutations économiques et sociales », Thèse de Doctorat d'État en Histoire, Université de Yaoundé I, 2006.

Engilberge A., « L'électrification de l'Oubangui-Chari (1945–1960). Planification et réalités de l'électrification d'un territoire d'Outre-mer », mémoire de Maîtrise d'Histoire contemporaine, Université d'Aix-Marseille, mai 2002.

Gormo J., « Les plantes et l'homme dans les sociétés toupouri et massa du Nord-Cameroun du XIXe au XXe siècle », Thèse de Doctorat/Ph.D en Histoire, Université de Ngaoundéré, 2004.

Gwanfogbe M. Basung, "An Economic History of the British Cameroons 1916–1960. (A study in economic evolution of the British Cameroons)", mémoire de DES en Histoire, Université de Yaoundé, 1975.

Ivanov D., « Les différentes formes de partenariats public-privé et leur implantation en Russie », mémoire de Master en administration publique, ENA, 2007.

Kamdem Kamdem M., « Privatisation et bien-être social : le cas de l'électricité au Cameroun », mémoire de DEA en Sciences économiques, Université de Yaoundé II.

Kaptué L., « Travail et main-d'œuvre au Cameroun sous régime français 1916–1952. Approche historique », mémoire de *Master's degree* en Histoire, Université de Yaoundé, 1978.

Kendjio J., « La crise de l'énergie et la balance commerciale des pays sous-développés (exemple du Cameroun) », mémoire de Licence en Économie, Université de Yaoundé, 1977.

Lekoulekissa R., « L'électrification du Gabon, 1935–1985. Stratégies, mutations et limites », Thèse de doctorat d'histoire, Aix-Marseille Université, octobre 2009.

Lele A. F., « Les agences de régulation au Cameroun », mémoire de Master en administration publique des fonctionnaires internationaux, Paris, ENA, 2005.

Mouanjo J.-D., « L'investissement public français au Cameroun de 1945 à 1960 », mémoire de Maîtrise en Histoire, Université de Yaoundé, 1991.

Ndjieunde G., « La création des entreprises industrielles au Cameroun de 1950 à 1970 », Thèse complémentaire de Sciences économiques, Université de Paris Dauphine, 1971.

Ngandjeu J., « Contribution de l'Électricité du Cameroun à la symbiose ville-campagne. L'exemple de N'Lohe-Nkongsamba – Loum – Mbanga », enquête de fin d'année en vue de l'obtention du Diplôme supérieur de journalisme, ESIJY, 1973.

Njike Y., « Yaoundé, une ville en pleine expansion 1922–1959 », mémoire de Maîtrise en Histoire, Université de Yaoundé I, 2000.

Njoh S., « Le FIDES et son impact sur le développement économique et social du Cameroun sous tutelle française 1947–1957 », mémoire de DIPES II en Histoire, École Normale Supérieure de Yaoundé, 1991.

Njomkam J-A., « L'énergie et le développement du Cameroun : l'exemple du complexe électro-métallurgique d'Edéa », mémoire présenté en vue de l'obtention du Diplôme d'ingénieur commercial, Université de Grenoble, 1966.

Pokam Kamdem M.W., « L'énergie dans le processus de mise en valeur du Cameroun français (1946–1959) », mémoire de Maîtrise en Histoire, Université de Yaoundé I, 2007.

Pokam Kamdem M.W., « L'entreprise et le secteur de l'énergie au Cameroun : dynamique des agencements public-privé (1904–2004) », mémoire de DEA en Histoire, Université de Dschang, 2009.

Saupique T., « L'électrification de Dakar de 1945 à 1970 », mémoire de Maîtrise d'Histoire, Université de Paris VII, 2000.

Tchapga F., « L'ouverture des réseaux électriques des pays d'Afrique subsaharienne aux capitaux privés : choix organisationnels et contraintes institutionnelles », Thèse de Doctorat en Sciences économiques, Université de Paris XIII, 2002.

Tchouate Heteu P., « Contribution des énergies renouvelables au développement durable du secteur électrique : le cas du Cameroun », Thèse de doctorat en sciences appliquées, Université catholique de Louvain, 2003.

Tomedi A., « La gestion des stocks dans une entreprise. Cas de la SCDP », Rapport de stage de Maîtrise en administration des entreprises, Université de Paris XII Val de Marne Créteil, 1993.

Varashin D., « États et électricité en Europe occidentale », Habilitation à diriger les recherches, Université Pierre-Mendès-France/Grenoble 2, 1997.

Voudsou Bare, « L'approvisionnement en bois de la ville de Maroua », mémoire de Maîtrise en Géographie, Université de Yaoundé, 1989.

Ze E., « La sécurisation des stocks pétroliers à la Société Camerounaise des dépôts pétroliers (SCDP) : esquisse de conciliation des enjeux stratégiques et sécuritaires », mémoire professionnel de Master en stratégie, défense, gestion des conflits et des catastrophes, université de Yaoundé II, 2007.

RAPPORTS RELIES ET DOCUMENTS DE PRESSE

Anonyme, Perspectives de l'économie camerounaise à l'horizon 1991.

ARSEL, Rapport annuel 2012.

Bikidik P.G., Analyse du secteur de l'énergie électrique au Cameroun, bilan des actions de plaidoyers et système de tarification de l'électricité, Réseau associatif des consommateurs de l'énergie, sd, Centre français du commerce extérieur, Cameroun, Paris, CFCE, 1993.

Chavane B., Bilan et perspectives des privatisations en Afrique francophone : une étape de la democratization ? Genève, Bureau international du Travail, 1996.

Document de stratégie de réduction de la pauvreté – Cameroun, 2003.

Document de stratégie pour la croissance et l'emploi – Cameroun, 2009.

EDIAFRIC, L'économie camerounaise, Paris, EDIAFRIC, 1981.

EDIAFRIC, L'économie des pays d'Afrique centrale, Paris, EDIAFRIC, 1971.

EDIAFRIC, L'industrie camerounaise, Paris EDIAFRIC, 1985.

EDIAFRIC, Le pétrole et le gaz en Afrique, Paris, EDIAFRIC, 1983.

Global Village Cameroon, État des lieux du cadre réglementaire du secteur des énergies renouvelables au Cameroun. Rapport d'analyse, 2012.

Global Village Cameroon, Le Cameroun et l'économie d'énergie durable, 1997.

IEPF, *Liaison Énergie-Francophonie*, n° 44, 3e trimestre 1999 (Les réformes institutionnelles du secteur électrique).

IEPF, *Liaison Énergie-Francophonie*, n° 73, 4e trimestre 2006 (Les réformes du secteur électrique. Quel bilan, quelles perspectives pour l'Afrique ?).

Laboratoire de recherche énergétique, Mesures du rayonnement solaire en République unie du Cameroun, Direction générale de la recherche scientifique et technique, août 1983.

Maldonado C., Badiane C., Miélot A.-L., Méthodes et instruments d'appui au secteur informel en Afrique francophone, SEED, Document de Travail, n° 24, 2002.

Marchés coloniaux du monde : Cameroun 1952, n° 340, 17 mai 1952.

Marchés tropicaux et méditerranéens, supplément au n° 1306, 21 novembre 1970.

MINEPAT/ARSEL, Étude/audit de la consommation et de la conservation d'énergie électrique dans le secteur public, Résumé exécutif, décembre 2003.

Ministère de l'Administration Territoriale et de la Décentralisation – Annuaire Statistique 2013.

Ministère de l'industrie, des mines et du développement technologique/ Prescriptor, Étude d'impact économique et social de la filière aluminium au Cameroun, Rapport Final, avril 2008.

OCISCA, Les échanges transfrontaliers entre le Cameroun et le Nigéria, Rapport final, février 1995.

Pouna E., La situation du bois-énergie au Cameroun depuis 1990, Commission européenne – FAO – BAD, septembre 1999.

Rajhi T., Benabdallah M., Hmissi W., Impact des chocs pétroliers sur les économies africaines : une enquête empirique (version préliminaire), BAD, novembre 2006.

Société d'Études pour le Développement Économique et Social, Rapport sur les possibilités de développement industriel du Cameroun, 1960.

SONEL, Compte rendu de gestion, exercice 1980–1981.

SONEL, Compte rendu de gestion, exercice 1982–1983.

SONEL, Compte rendu de gestion, exercice 1984–1985.

United Nations Environment Programme (UNEP), Financing renewable energy in developing countries. Drivers and barriers for private finance in sub-Saharan Africa, a study and survey by UNEP Finance Initiative on the views, experiences and policy needs of energy financiers, 2012.

RESSOURCES EN LIGNE

AES-SONEL, « Scoring associations de consommateurs pour la plateforme », URL : www.aessoneltoday.com/plate-forme-associations-de-consommateurs-et-aes-sonel/fr/download/file/0,0/129,nous-invitons-les-presidents-des-associations-de-consommateurs-ci-dessus-listes-a-consulter-le-scoring, consulté le 12 septembre 2014.

Aker Wirth (société), "History of Anton Raky", URL : http://www.wirth-erkelenz.de/index.php?id=249, consulté le 7 juin 2012.

Antenne 2, « Contre choc pétrolier », URL : http://www.ina.fr/economie-et-societe/vie-economique/video/CAB02051247/contre-choc-petrolier.fr.html, consulté le 25 janvier 2013.

Banque mondiale, « Background on Cameroon's Privatization Program », sur http://www.fdi.net/documents/WorldBank/databases/plink/cam/pes.htm, consulté le 17 septembre 2014.

Bayie Kamanda, "Cameroon: The Retrenched Workers of the Civil Service and Parastatals. Assessing the Needs for the Reforms", *Le Bulletin de l'APAD*, n° 18, URL : http://apad.revues.org/document453.html, consulté le 02 avril 2010.

France 3, « Historique de l'OPEP », URL : http://www.ina.fr/video/CAC00048864/historique-opep.fr.html, consulté le 25 janvier 2013.

Kenfack J., « Mini-réseau hybride en Afrique centrale », URL : http://www.climateparl.net/cpcontent/pdfs/Mini%20r%C3%A9seau%20hybride%20en%20Afrique%20centrale%20pour%20Limbe.pdf, consulté le 7 juin 2012.

Koutassila J.-P., « Le syndrome hollandais : théorie et vérification empirique au Congo et au Cameroun », Document de travail n° 24, Centre d'économie du développement, 23 p., URL : http://ged.u-bordeaux4.fr/ceddt24.pdf, consulté le 26 janvier 2013.

Massé P., Vigier R., « Biographie de Léon Migaux (1976) », URL : www.annales.org/archives/x/migaux.html, consulté le 15 septembre 2006.

Montalembert M.R., Clément J., *Disponibilité de bois de feu dans les pays en développement*, Rome, FAO, 1983, 119 p. URL : www.fao.org/docrep/X5329f/X5329f00.htm, consulté le 8 mars 2012.

Ngnikam E., Tanawa E., Rapport du Cameroun, Observatoire mondial de la viabilité énergétique, 9 p. URL : www.helio-international.org/helio/France/rapports/Cameroun.html, consulté le 15 septembre 2006.

Ngoh V.J. , "The Origin of the marginalization of former southern Cameroonians (Anglophones), 1961–1966: An historical analysis", *Journal of Third World Studies*, (http://findarticles.com/p/articles/mi_qa3821/ai_n8835936/), consulté le 13 juin 2011

Tabet Construction, « About Us », URL : http://www.tabetconstruction.com/about.html, consulté le 25 janvier 2013.

Tamo Tatietse T., Kemajou A., Diboma B.S., « Offre d'électricité et développement des entreprises industrielles au Cameroun », 28 p. URL : www.polytechcm.org/IMG/pdf/publication.pdf, consulté le 5 juillet 2013.

Tidiani Ben Al Houssein, « Situation du marché de la distribution pétrolière en Afrique de l'ouest : quelles conditions pour la naissance d'un champion africain dans la distribution pétrolière ? », Communication à la Conférence sur le pétrole et le gaz en Afrique, 2 avril 2013, consulté sur http://www.lecalame.info/debats/item/214-quelles-conditions-pour-la-naissance-d%E2%80%99un-champion-africain-dans-la-distribution-p%C3%A9troli%C3%A8re-, consulté le 5 juillet 2013.

TABLE DES MATIÈRES

Indice

Collection « Histoire de l'énergie »

La collection « Histoire de l'énergie » est née du constat de l'éparpillement des publications sur le thème de l'énergie, au moment même où le champ est en profond renouvellement. Le projet scientifique de la collection consiste à rendre compte, par la publication de thèses, d'actes de colloques ou de travaux de recherche, de la diversité des approches scientifiques. Proposer une vaste réflexion sur les différentes énergies, tant pour ce qui est de leur production que de leur consommation, étudier au plus près les acteurs (entreprises, États, consommateurs), les marchés, les modes de vie : l'ambition est de privilégier une mise en perspective historique globale dans laquelle les différentes énergies sont tout à la fois concurrentes et complémentaires. En ouvrant cette voie volontairement large, la collection « Histoire de l'énergie » entend faire circuler et se rencontrer des travaux académiques venus d'horizons variés.

*

Le Comité d'histoire de l'électricité est l'héritier de l'Association pour l'histoire de l'électricité en France, créée en 1982 par Marcel Boiteux, alors PDG d'EDF, Maurice Magnien et François Caron, professeur à l'Université Paris-Sorbonne. Grâce au concours de la Fondation Groupe EDF, la mission qu'il se donne est double : soutenir la recherche sur l'histoire et le patrimoine de l'électricité et en diffuser les résultats.

Titres parus

Vol. 12 – Williams Pokam Kamdem, *L'énergie au Cameroun au XXe siècle. Entre la puissance publique et les entreprises, une histoire intriquée*, 2021.

Vol. 11 – François Pelletier, *D'une guerre à l'autre : Itinéraire pétrolier d'Ernest Mercier*, 2020.

Vol. 10 – François-Mathieu Poupeau, *L'électricité et les pouvoirs locaux en France (1880-1980). Une autre histoire du service public*, 2017.

Vol. 9 – Caroline Suzor, *Le Groupe Empain en France. Une saga industrielle et familiale*, 2016.

Vol. 8 – Alain Beltran, Léonard Laborie, Pierre Lanthier, Stéphanie Le Gallic (eds.), *Electric Worlds / Mondes électriques. Creations, Circulations, Tensions, Transitions (19th-21th C.)*, 2016.

Vol. 7 – Marcela Efmertová et André Grelon (dir.), avec la collaboration de Jan Mikeš, *Des ingénieurs pour un monde nouveau. Histoire des enseignements électrotechniques (Europe, Amériques), XIXe-XXe siècle*, 2016.

Vol. 6 – Yves Bouvier, *Connexions électriques. Technologies, hommes et marchés dans les relations entre la Compagnie générale d'électricité et l'État, 1898-1992*, 2014.

Vol. 5 – Renan Viguié, *La traversée électrique des Pyrénées. Histoire de l'interconnexion entre la France et l'Espagne*, 2012.

Vol. 4 – Christophe Bouneau, Yves Bouvier, Léonard Laborie, Denis Varaschin and Renan Viguié (dir.), *Les paysages de l'électricité. Perspectives historiques et enjeux contemporains (XIXe-XXIe siècles)*, 2012.

Vol. 3 – Cyrille Foasso, *Atomes sous surveillance. Une histoire de la sûreté nucléaire en France*, 2012.

Vol. 2 – Yves Bouvier (dir.), *Les défis énergétiques du XXIe siècle. Transition, concurrence et efficacité au prisme des sciences humaines*, 2012.

Vol. 1 – Yves Bouvier, Robert Fox, Pascal Griset and Anna Guagnini (eds.), *De l'atelier au laboratoire. Recherche et innovation dans l'industrie électrique, XIXe-XXe siècles / From Workshop to Laboratory. Research and Innovation in Electric Industry, 19-20th Centuries*, 2011.

www.peterlang.com

www.ingramcontent.com/pod-product-compliance
Ingram Content Group UK Ltd.
Pitfield, Milton Keynes, MK11 3LW, UK
UKHW021921290926
8980IPUK00016B/1395

9 782807 618763